# 提高动物福利
## ——有效的实践方法

**Improving Animal Welfare**

**A Practical Approach**

［美］Temple Grandin　主编

顾宪红　主译

中国农业大学出版社

·北京·

# 内 容 简 介

　　本书涵盖了动物福利的测量和评估以及提高动物福利的实践方法,涉及动物操作处理、安乐死、痛苦的外科手术程序、运输、屠宰以及役畜处置,强调基于动物的测量结果,如体况、跛腿、病变、行为和皮毛状况评分,以及衡量操作处理、致昏实践中数值评分的使用。此外,也涉及良好饲养管理质量的益处、经济因素、伦理和激励生产者行之有效的方法。

　　本书适用于将动物福利项目付诸实践,以期提高全世界范围内动物生存条件的人们。同时适用于动物福利审核或官员培训以及畜牧和兽医科学等方面的研究人员、教师和高年级学生。对于从事动物饲养管理和照料的一线人员,本书可以对如何改善饲养条件、如何处置动物提供指导和帮助。

## 图书在版编目(CIP)数据

提高动物福利——有效的实践方法/(美)格朗丹(Temple Grandin)主编;顾宪红主译.
—北京:中国农业大学出版社,2013.10
书名原文:Improving Animal Welfare:A Practical Approach
ISBN 978-7-5655-0824-0

Ⅰ.①提… Ⅱ.①格… ②顾… Ⅲ.①动物保护 Ⅳ.①S863

中国版本图书馆 CIP 数据核字(2013)第 228239 号

| | |
|---|---|
| 书　　名 | 提高动物福利——有效的实践方法 |
| | Improving Animal Welfare:A Practical Approach |
| 作　　者 | Temple Grandin　主编　顾宪红　主译 |

| | | | |
|---|---|---|---|
| 策划编辑 | 宋俊果 | 责任编辑 | 王艳欣 |
| 封面设计 | 郑　川 | 责任校对 | 陈　莹　王晓凤 |
| 出版发行 | 中国农业大学出版社 | | |
| 社　　址 | 北京市海淀区圆明园西路 2 号 | 邮政编码 | 100193 |
| 电　　话 | 发行部 010-62818525,8625 | 读者服务部 | 010-62732336 |
| | 编辑部 010-62732617,2618 | 出　版　部 | 010-62733440 |
| 网　　址 | http://www.cau.edu.cn/caup | E-mail | cbsszs @ cau.edu.cn |
| 经　　销 | 新华书店 | | |
| 印　　刷 | 涿州市星河印刷有限公司 | | |
| 版　　次 | 2014 年 3 月第 1 版　　2014 年 3 月第 1 次印刷 | | |
| 规　　格 | 787×1 092　　16 开本　　21.75 印张　　540 千字 | | |
| 定　　价 | 80.00 元 | | |

**图书如有质量问题本社发行部负责调换**

本书简体中文版本翻译自 Temple Grandin 主编的"Improving Animal Welfare：A Practical Approach"。


©CAB International 2010.


The Chinese edition is an approved translation of the work published by and the copyright of CAB INTERNATIONAL.

中文简体版本由 CAB INTERNATIONAL 授予中国农业大学出版社专有权利出版发行。

All rights reserved. No part of this book may be reproduced or transmitted in any form or by any means，electronic or mechanical，including photocopying，recording or by any information storage and retrieval system，without permission in writing from the publisher.

版权所有。本书任何部分之文字及图片，如未获得版权者之书面同意不得以任何方式抄袭、节录或翻译。

著作权合同登记图字：01-2011-1663

# 作　　者

[美]天普·格朗丹　主编
美国科罗拉多州立大学动物科学系

**Temple Grandin**

Department of Animal Sciences
Colorado State University
USA

# 翻 译 人 员

| 主　译 | 顾宪红 | | | |
|---|---|---|---|---|
| 译校者 | 顾宪红 | 郝　月 | 王九峰 | 耿爱莲 |
| | 赵兴波 | 张树敏 | 夏　东 | 张凡建 |
| | 张增玉 | 向　海 | 范启鹏 | 于永生 |
| | 闫晓钢 | 冯跃进 | 陆　扬 | 李荣杰 |
| | 魏星灿 | 尹德华 | 张俊玲 | 刘吉茹 |

# 合 作 者

**Anne Marie de Passillé**, Research Scientist, Pacific Agri-Food Research Centre, Agri-Food Canada, 6947 #7 Highway, PO Box 1000, Agassiz, British Columbia V0M 1A0, Canada; annemarie.depassille@agr.gc.ca

**Lily N. Edwards**, Assistant Professor in Animal Behavior, Department of Animal Science and Industry, Kansas State University, 248 Weber Hall, Manhattan, KS 66506-0201, USA; lilynedwards@gmail.com and lne@k-state.edu

**Temple Grandin**, Professor, Department of Animal Sciences, Colorado State University, Fort Collins, CO 80523-1171, USA; Cheryl.miller@colostate.edu

**Camie R. Heleski**, Instructor/Coordinator, Department of Animal Science, Michigan State University, East Lansing, MI 48824, USA; heleski@msu.edu

**Jeff Hill**, Provincial Livestock Welfare Specialist, Innovative Livestock Solutions, Blackie, Alberta T0L 0J0, Canada; Jeffery.Hill@gov.ab.ca

**David C.J. Main**, Senior Lecturer in Animal Welfare, Department of Clinical Veterinary Science, University of Bristol, Langford, Bristol BS40 5DU, UK; D.C.J.Main@Bristol.ac.uk

**Amy K. McLean**, Graduate Student, Department of Animal Science, Michigan State University, East Lansing, MI 48824, USA; mcleana5@msu.edu

**David J. Mellor**, Professor, Animal Welfare Science and Bioethics Centre, Institute of Food, Nutrition and Human Health, College of Sciences, Massey University, Palmerston North 4442, New Zealand; D.J.Mellor@massey.ac.nz

**Bernard Rollin**, Professor, Department of Philosophy, Colorado State University, Fort Collins, CO 80523-1171, USA; Bernard.rollin@colostate.edu

**Jeffrey Rushen**, Research Scientist, Pacific Agri-Food Research Centre, Agri-Food Canada, 6947 #7 Highway, PO Box 1000, Agassiz, British Columbia V0M 1A0, Canada; jeff.rushen@agr.gc.ca

**Jan K. Shearer**, Professor of Veterinary Diagnostic and Production Animal Medicine, College of Veterinary Medicine, Iowa State University, Ames, IA 50011, USA; jshearer@iastate.edu

**Kevin J. Stafford**, Professor Animal Welfare Science and Bioethics Centre, Institute of Veterinary, Animal and Biomedical Sciences, College of Sciences, Massey University, Palmerston North 4442, New Zealand; K.J.Stafford@massey.ac.nz

**Janice C. Swanson**, Professor, Department of Animal Science, Michigan State University, East Lansing, MI 48824, USA; swansoj@anr.msu.edu

**Helen R. Whay**, Senior Research Fellow, Department of Clinical Veterinary Science, University of Bristol, Langford, Bristol BS40 5DU, UK; bec.whay@bristol.ac.uk

**Tina Widowski**, Director, The Campbell Centre for the Study of Animal Welfare, Department of Animal and Poultry Science, University of Guelph, Guelph, Ontario, Canada; twidowsk@uoguelph.ca

**Jennifer Woods**, J. Woods Livestock Services, RR#1, Blackie, Alberta T0L 0J0, Canada; livestockhandling@mac.com

# 翻译者的话

《提高动物福利——有效的实践方法》(*Improving Animal Welfare：A Practical Approach*)由美国科罗拉多州立大学动物科学系 T. Grandin 教授组织多名作者编写而成。这些作者来自美国、加拿大、英国和新西兰，具有在发达和发展中国家改善动物福利的丰富经验。在总结大量文献的基础上，本书特别强调在生产实践中实施切实可行的改善动物福利的有效方案，除了农场动物福利评估及其相关测量指标，还涉及动物操作处理、安乐死、痛苦的外科手术程序、运输、屠宰及役畜处置、员工良好素质、经济因素等领域。

消费者对健康养殖、动物源食品安全以及动物福利立法的关注促使在饲养、运输和屠宰农场动物全过程中实施更多的福利化管理项目。尽管关于动物行为、伦理以及影响动物福利的因素方面的材料较多，但指导兽医、农场管理者如何评估动物福利并提高他们在这一方面的技能的信息却很少。本书作为一本教材，目的在于帮助动物生产一线从业者采用改善动物福利的实用方法，并在科学研究与生产应用之间架起联系的桥梁。

本书适用于将动物福利项目付诸实践，以期提高全世界范围内动物生存条件的人们。同时适用于动物福利审核或官员培训以及畜牧和兽医科学等方面的研究人员、教师和高年级学生。对于从事动物饲养管理和照料的一线人员，本书可以对如何改善饲养条件、如何处置动物提供指导和帮助。

在此，还要特别感谢"奶牛产业技术体系北京市创新团队"项目对本书简体中文版的顺利出版提供的资助。

顾宪红

2013 年 6 月

# 原 版 前 言

　　动物福利引起世界各地越来越多的关注。现在世界动物卫生组织(OIE)陆生动物卫生法典中纳入了动物运输、屠宰和疾病控制中动物扑杀的建议标准。在一些国家,动物福利是一个新的概念。本书提供的实用信息,能够使兽医、管理者和动物科学家实施有效的切实可行的方案,以提高动物福利,对学生和动物福利专家的培训尤其有用。书中强调的是一种国际的做法。其中两位作者在世界动物卫生组织动物福利委员会工作过,本书综述了该组织指导方针最重要的部分。作者们来自美国、加拿大、英国和新西兰,他们具有在发达国家和发展中国家改善动物福利的丰富经验。除了在北美和欧洲,他们也在巴西、马里、非洲西部、乌拉圭、智利、澳大利亚、菲律宾、墨西哥、中国、泰国、阿根廷和新西兰工作过。《提高动物福利——有效的实践方法》介绍了如何测量和评估福利,并针对动物的操作处理、安乐死、痛苦的外科手术程序、运输、屠宰及役畜处置等动物福利关注的主要领域,提供提高实践水平的指导方法。另一个主要的侧重点是,如何使用以动物为基础的结果作为评价指标,如体况、跛腿、病变、行为和皮毛状况评分。本书也包括了使用数值评分来衡量操作处理和致昏实践的内容。测量是至关重要的,因为人们总是根据他们的测量进行管理。本书引用重要的科研论文作为主要参考文献,但并不是文献的完全综述。还有一些章节涉及良好饲养管理质量的益处、经济因素、伦理和激励生产者行之有效的方法,也有助于动物福利的改善。这本书的目标读者是将动物福利项目落实到实践中,从而为世界各地的动物改善条件的人们。

# 目　　录

# 第1章　利用评估提高畜禽和鱼类福利的重要性

**Temple Grandin**

**Colorado State University，Fort Collins，Colorado，USA**

为了提高动物福利,我们需要掌握如何实施审核程序及其他策略的信息。关于动物福利研究的优秀书籍和文章数不胜数,主要包括动物福利问题的程度、哲学问题、动物权利及立法等。但在实践中,却缺少能够具体指导我们如何有效提高动物福利的资料。由于可以使动物福利得到改善的具体措施非常少,因此我们常常需要通过立法来禁止一些不良行径,但结果却收效甚微。而本书恰恰介绍了如何从实践上提高动物福利,可以作为兽医、动物学家、生产商、运营商、审核师、政府机构工作人员、质检人员及在动物领域工作的其他人员的实践操作指南。

在书中,作者搭建了科学研究与实际应用间的桥梁。基于十多年来针对主要的零售商和餐饮业制定和实施福利审核系统的经验,作者(Grandin,2003,2005)提出了实施动物福利计划的一些建议。在过去的35年里,作者走访了25个国家总共500多家农场和屠宰厂。因此,本书将更为有效地帮助读者获取有关提高动物福利的知识,从而真正提高农场、运输车辆中和屠宰厂牲畜、家禽和鱼类的福利待遇。施行一项有效福利计划的原则适用于所有动物。现在,动物福利是一个世界性问题(Fraser,2008a)。世界动物卫生组织(OIE)已经出台针对畜禽屠宰厂和牲畜运输的动物福利指南(Petrini 和 Wilson,2005;OIE,2008,2009a,b)。而对于鱼类这个新兴的动物福利问题,OIE 也将出台关于鱼类人道宰杀的指南(Hastein,2007)。

如今,大型食品零售商和快餐连锁店都要求供应商遵守动物福利准则。因此,在世界范围内,经济因素是提高动物福利的一个重要诱因。当然,非政府组织(NGO)动物宣传团体在制定动物福利准则和法规的过程中也发挥着重要作用。此外,当全世界在互联网上看到虐待动物的视频时,大众也开始意识到我们应当为改善动物福利而努力。

## 1.1　福利评估的重要性

本节中我们将讨论评估动物福利的重要性。这一节中还介绍了如何利用数值评估来提高动物的福利及生产力。为了有效管理和提高动物福利,首先要对动物的福利状况做出评估。具体来说,有两种基本类型。一种比较简单,一般用于农场实践;另一种比较复杂和昂贵,大多以研究和诊断为目的。比如,后者可用于验证一些简单实用的农场评估方法是否合理。研究性评估方法的另一个重要目的就是验证一些提高动物福利的普通商业操作的效果。虽然有许多优秀的书籍和期刊刊登了大量的调查研究信息,但本书的重点是关于动物福利计划的实际应用，因此笔者不会总结所有的研究结果，也不会总结世界上所有不同的动物福利立法。

## 1.2  编写目的

写这本书的目的包括五个方面：

1. 在提高畜禽和鱼类的福利和待遇方面，提供有效实用的审核、监管和评估方案。

2. 针对一些涉及动物福利的重要过程，比如屠宰、运输、抓捕、麻醉以及一些痛苦的外科手术，提供一些有用的信息，以便生产者可以直接提高动物的相关福利待遇。

3. 帮助读者理解动物行为在动物福利评估及饲养和管理系统设计中的重要作用。

4. 从实践出发，讨论动物福利所涉及的伦理问题。

5. 认识经济因素在改善福利和减少农业损失方面是如何发挥作用的。畜禽在饲养、管理、抓捕和运输方面福利状况的改善将有助于提高动物生产力，并降低由于外伤、疾病、死亡、跛腿和其他问题造成的损失。

当今，动物福利是一个全球性问题，因此，本书内容对于全世界均有参考价值。

## 1.3  评估内容

畜牧生产者会定期测量动物的增重、死亡率和疾病，但却不会评估引起动物疼痛和痛苦的一些指标，如跛腿、瘀伤或是否使用电刺棒。跛腿是在多种畜禽中出现的最严重的福利问题之一。我们常用利多卡因这种麻醉剂来缓解由于奶牛跛腿而造成的痛苦（Rushen 等，2006；Flowers 等，2007）。对于一些没有经过评估的情况，人们往往无法有效地处理。集约化圈养情况下的奶牛跛腿问题就是一个很好的例子。近年来，在水泥地面饲养的奶牛跛腿问题呈上升趋势。出现这种情况的原因之一是，在跛腿病情严重前没有人进行过这方面的评估。英国一项最新的研究显示，16.2％的奶牛有跛腿问题（Rutherford 等，2009）。散养奶牛平均有24.6％临床表现为跛腿（Espejo 等，2006）。但是，在排名前10％的奶牛场中跛腿却只占5.4％（Espejo 等，2006）。英国对 53 个奶牛场进行的一项调查显示，在最好的 20％的奶牛场中，只有 0％～6％的奶牛表现跛腿；在最差的 20％奶牛场中，有 33％～62％的奶牛有跛腿（Webster，2005a，b）。这表明，良好的管理可以减少跛腿问题。同时，对于经产母猪，跛腿也是一个重大的福利问题。被淘汰的母猪中有 72％是由于运动障碍，而造成此问题的主要原因是关节炎（24％）和骨折（16％）（Kirk 等，2005）。

作者于 1995—2008 年间发现出栏猪的跛腿现象大幅度增长。美国瘦肉型快速生长猪一个主要生产者没有对猪进行过任何关于跛腿的测量，直到发现一些猪群约 50％达出栏体重的猪临床表现为跛腿，并且这些猪的腿型差。该生产者当时专注于选育瘦肉率高、眼肌面积大、生长迅速的猪，却没有注意到 10 年间有越来越多的猪发生跛腿。跛腿增加主要由遗传引起，因为猪总是圈养在使用了很多年的水泥板条地面猪舍中。美国最近的一项研究表明，21％的母猪出现跛腿问题（VanSickle，2008）。而美国明尼苏达州一项针对母猪的研究则表明，如果腿型差，则繁殖母猪被淘汰的风险也会相应增加。由于腿型而被淘汰的母猪中，前肢跛腿的占16.37％，而后肢则占 12.90％（Tiranti 和 Morrison，2006）。在西班牙所做的一项研究表明，腿型异常与母猪的高淘汰率有关（deSeville 等，2008）。挑选有标准前后腿型的后备母猪有利于获得更好的福利和生产力。

## 1.4　防止习以为常

为什么在采取防治措施前,奶牛和猪就会出现如此严重的跛腿呢? 管理猪场或者奶牛场的人只看到自己管理的动物,而很少将它们和其他群体的猪或牛进行对比。况且,跛腿个体是在几年间慢慢增加的,没有对该指标的评估是很难察觉到的。这种情况是个很好的例子,称之为"习以为常"。作者发现了跛腿猪数量的增加而饲养员却没发现,主要因为作者观察了许多不同屠宰厂数以千计的猪。通过观察发现,在相似圈舍由不同饲养员饲养的待宰猪在跛腿及腿型缺陷的比例上有很大差别。为改善这一问题,先进的奶牛和猪养殖场已正式将跛腿和腿型的评估纳入他们的计划中。跛腿是最严重的动物福利问题之一。图 1.1 列举了猪的正常腿型和不同异常腿型的图片。我们很容易为所有畜禽做出这种图。当挑选种畜时就可以参考这些图了。

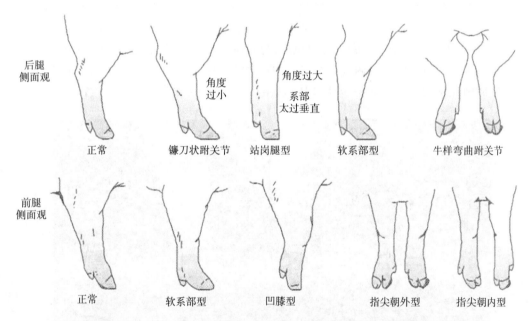

**图 1.1**　猪腿型评分图。生产者育种时可参考塑料层压腿型图。腿型不标准的动物更容易跛腿。最左边的图是正常腿型,其他的都是异常的。其他动物,如牛有类似的异常腿型。

## 1.5　没有评估造成的动物管理恶化

作者观察到,如果没有人发现的话,动物管理方法会慢慢恶化,并且会越来越粗暴。多年来,作者举办了很多专题讲座,都是关于大农场、养殖场和屠宰厂畜舍中猪和牛的低应激处理和安静运输的。许多管理者都非常乐意将这些新方法用于实践中。他们要求员工遵照动物运输的行为准则,禁止对动物吼叫并大大减少电刺棒的使用。但一年后,当笔者再次评估他们的动物管理方法时,却失望地发现,许多员工已恢复成原来粗暴的方式。而当告诉其管理者他们对动物的管理方法不恰当时,他们往往表现得很惊讶和失望。由于回归粗暴的过程是在过去的一年里慢慢发生的,因此管理者丝毫没有察觉。由于管理者没有一个客观的方法来衡量这些对动物的处理方法,因此导致陋习习以为常。第 3 章和第 9 章中将介绍一种客观评价牲畜管理办法的简单方法。

## 1.6　比较法的重要性

作者调查了大量的农场后发现,在众多农场中,动物的管理方法和生活条件有好有坏。Fulwider 等(2007)调查了 113 家散养奶牛场的奶牛腿部损伤和肿胀的发病率。图 1.2 展示了一头牛的严重腿部肿胀。表 1.1 表明,最好的 20％和最差的 20％奶牛场的情况大不相同,最好的 20％奶牛场中没有牛患跗关节肿胀,而最差的 20％奶牛场则有 7.4％～12.5％的发病率。加拿大的一项对 317 个奶牛场的研究发现,26％的奶牛场管理良好,因此牛的跗关节没有开放性伤口。可是,16％的奶牛场确实很差,15％或更多的奶牛跗关节有开放性伤口(Zurbrigg 等,2005a,b)。而另外一项对英国 53 家奶牛场的研究表明,最好的 20％奶牛场有 0％～13.6％的牛有跛腿,而最差的 20％奶牛场中有 34.9％～54.4％的牛有跛腿(Wray 等,2003)。奶牛兽医小组一致认为,跛腿、肿胀和跗关节溃烂是需要改善的最严重的福利问题(Wray 等,2003)。很多最差奶牛场的生产者没有意识到,与其他 80％的同行比起来,自己的奶牛场有多差。在加拿大安大略省的一项调查表明,40％的奶牛场中牛的断尾率为 0％,而在最差的 20％奶牛场中的断尾率为 5％～50％(OMAFRA,2005)。

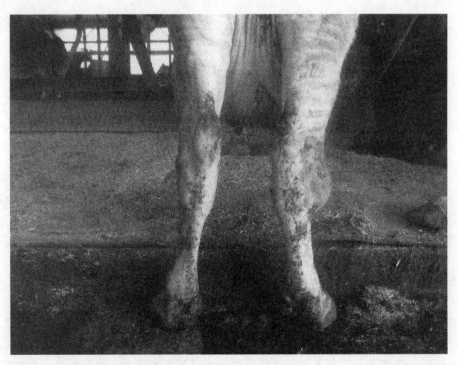

**图 1.2**　奶牛严重腿部损伤,腿部有直径 7.4 cm 的肿胀(棒球大小)。像这样的照片应该保存在卡片夹中,以便进行腿部损伤评分(来源:Wendy Fulwider)。

Knowles 等(2008)在英国进行了一次大规模的调查,调查表明 27.6% 的鸡有跛腿,在六点评分系统中可评为 3 分或更高。该评分系统包括从正常到无法行走的情况。得 3 分的禽类可以行走,但跛腿明显。五家不同的禽类公司的情况差别很大,而且在同一公司里最好的和最糟糕的群体中也有差异。最好的群体里得 3 分以上的跛腿禽的比例为 0%,而在最差的群体里,83.7% 的禽类有明显跛腿。176 个禽群中,得 3 分的跛腿的标准偏差为 24.3%。高水平的标准偏差表明,在最好的和最坏的农场之间跛腿有巨大差别。而美国还没公开的一组鸡场数据(该数据正在被主要客户审核)表明,3 kg 的鸡只有 2% 明显跛腿。

表 1.1　113 家散养奶牛场奶牛福利问题比较(来源:Fulwider 等,2007)。　　　　　%

| 福利项目 | 牛的比例 | | | | |
| --- | --- | --- | --- | --- | --- |
| | 最好的 20% 牛场 | 次好的 20% 牛场 | 中等的 20% 牛场 | 次差的 20% 牛场 | 最差的 20% 牛场 |
| 仅跗关节脱毛 | 0~10 | 10.6~20 | 20.8~35.8 | 36.2~54.4 | 56~96.1 |
| 跗关节肿胀 | 0 | 0.7~1.7 | 1.9~4.2 | 4.2~11.9 | 7.4~12.5 |
| 严重肿胀[a] | 0 | 0 | 0 | 0~1.5 | 1.8~10.7 |
| 清洁度差的牛[b] | 0~5 | 5.3~9.8 | 10.3~15.4 | 16.8~28.9 | 29.4~100 |
| 股部损伤 | 0 | 0 | 0 | 0 | 0~28.8 |

[a] 腿部肿胀直径超过 7.4 cm(棒球大小),或有开放性或渗出性损伤的牛评为腿部严重肿胀。

[b] 身上、腹部、乳房或腿的上部沾染干粪或湿粪的牛评为清洁度差。

## 1.7　动物管理方法和致昏的数值评分

Grandin(2005,2007)讨论了在屠宰厂实施的具体评估手段,作为审核动物福利的方法。麦当劳公司、温迪国际快餐连锁集团(Wendy's)、乐购(Tesco)、国际(International)、汉堡王(Burger King)、全食食品零售公司(Whole Foods)和许多其他大型购进肉类的客户现在正使用该评估系统。该系统采用客观数值打分法来评价动物的致昏手段和处理方法,而不是让一个审核人员主观判断。在使用这个体系进行审核之前,常常见到一些不利于福利的现象,如对每个动物多次用电刺棒驱赶,或某些屠宰厂的捕获栓枪不进行保养修理等。

审核之前的基准数据表明,只有 30% 的屠宰厂一次有效致昏率达 95%。而审核开始后,由于屠宰厂担心会失去大客户,所以一次有效致昏率达 95% 的屠宰厂比例上升至 90% 以上(图 1.3)。审核和调查数据均表明,缺乏对捕获栓枪的保养是不良致昏的主要原因。

减少电刺棒的使用也得到了同样显著的效果。电刺棒的使用由原来多次下降到整个屠宰厂 75% 以上的牛和猪不再使用电刺棒驱赶(Grandin,2005)。对南美大牧场进行的研究表明,培训管理人员和改善具体的管理过程,能使牛的踩踏伤及疫苗落种率大大降低。具体来说,与给一组无序的动物接种疫苗相比,在头柱栏限制下对动物一次一头地认真接种可使动物的踩伤率由 10% 降至 0%,疫苗落种率由 7% 降至 1%(Chiquitelli Neto 等,2002;Paranhos de Costa,2008)。

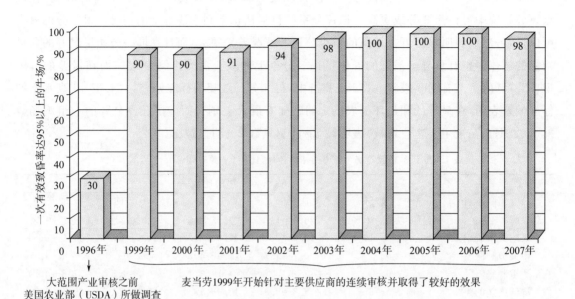

**图 1.3** 一次有效致昏率达 95％以上牛场的比例。得分底线是 1996 年在美国 10 家屠宰厂测得的。自从 1999 年餐馆审核开始后，每年被审核的屠宰厂数目由 41 家升至 59 家。审核开始的 4 年后，得分大大增加，因为现在屠宰厂已经开始记录致昏器械的维修情况和测试致昏器的螺栓速度。

## 1.8 农场或屠宰厂改进的衡量

农场主和屠宰厂主也可通过客观测量来量化自身的提高，并且这也有利于进行连续的内部审核，从而可以防止回到原来草率或粗暴的做法。

每周或每月的测量结果可以判定管理方法是正在改善、保持，还是慢慢恶化。有关动物福利的常规测量项目，比如跛腿或腿部损伤问题，将有助于农场负责人判断他们的兽医、圈舍、饲养管理等情况是在改善还是在变糟糕。

测量也可用于判别一套新设备、一个新的管理程序或一次维修是否使条件得到了改善。图 1.4 表明像在固定器入口处增加一盏灯这样简单的做法，就会大大降低猪畏缩不前和拒绝进入而使用电刺棒驱赶的情况。增加一盏灯，降低了猪的畏缩不前，也降低了猪的电刺棒驱赶次数。这是因为猪有趋向于光照的天性（Van Putten 和 Elshof，1978；Grandin，1982；Tanida 等，1996）。另外，测量也使得生产者容易挑出难以管理的动物。图 1.5 表明，一些猪群较难驱赶，使用电刺棒的次数和猪的尖叫增多。在第 3 章将更详细地介绍评估动物福利的测量手段。

## 1.9 福利的四项基本指导原则

加拿大英属哥伦比亚国际大学的 David Fraser（2008b）指出，从伦理和学术角度来看，优

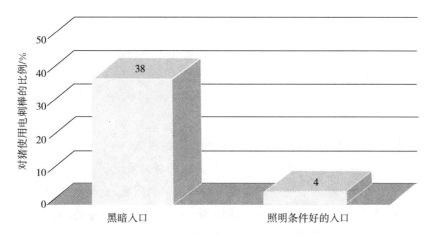

**图 1.4**　在固定器入口处增设灯能够降低对猪使用电刺棒的次数。简单的改变，如在致昏间入口处增设灯，会大大降低猪畏缩不前和拒绝进入的情况，因此可以降低电刺棒的使用次数。所有操作者都要求受过良好训练，只有在猪犹豫不前或者倒退时才使用电刺棒。

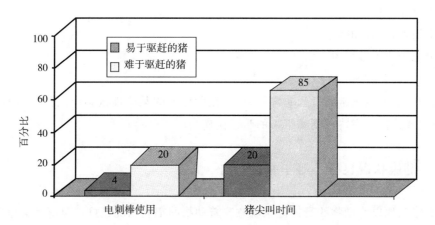

**图 1.5**　由训练有素的人员驱赶，只有当猪拒绝走时才使用电刺棒的情况下，易于驱赶和难于驱赶的猪的电刺棒使用情况和尖叫情况的比较。相比其他猪，一些猪更易激动并且难以驾驭。对于每家的猪都进行评估可以帮助我们发现有问题的猪。这些猪更容易犹豫不前，也更难进栏。在小型屠宰厂可以通过记录尖叫猪的数目来评估尖叫这项指标。但在大型厂里这种方法难以实现，所以要记录屠宰间处于安静的时间比例。

良的动物福利有四项基本指导原则：

　　1.维持基本的健康——例如，给动物提供充足的饲料、水、疫苗、畜舍和良好的空气质量，防止疾病和减少死亡损失。保持畜禽的体况和生产力。健康是动物福利的一个重要组成部分，但它不是唯一的因素。

　　2.减轻疼痛和痛苦——例如，去角时使用麻醉剂，防止跛腿，减少擦伤，防止受伤，消除引起恐惧或疼痛的粗暴行为，摒弃应激反应大的管理方法。避免饥饿、干渴和冷热应激。

　　3.满足其自然行为和情感状态——例如，给蛋鸡提供产蛋箱，给猪舍铺垫稻草。使动物自由地表达正常行为(见第 8 章；Duncan,1998)。

4.环境中的自然因素——例如,舍外活动或自然光照。

由欧洲四个国家的研究人员组成的研究组已经提出了动物福利四项准则的另外一种划分方法(Botreau 等,2007)。这四条准则是：

1.饲喂福利——避免长期饥渴。

2.畜舍福利——包括温度舒适和活动自由。

3.健康福利——包括防止受伤、生病和外科操作中的疼痛。

4.行为福利——包括社会行为的表达以及良好的人畜关系。

在下一节中,作者在一系列表格中归纳了一些动物福利问题,更易于使兽医和管理人员对农场和屠宰厂实施改善措施。Fraser 指导原则的第一、二条(即维持动物的健康及减少疼痛和痛苦)涵盖了大部分由于疏忽或虐待所致的严重问题。对于在 Brambell 报告和世界动物卫生组织(OIE,2008)法典中涉及的动物福利基本原则,David Fraser 指导原则的前两条也涵盖了其 4/5 的内容。OIE 法典(2008)指出五项基本原则为：

1.免于饥饿、干渴和营养不良。

2.免于身体和热不适。

3.免于痛苦、伤害和疾病。

4.自由地表达正常行为。

5.免于恐惧和痛苦。

当然,使动物表达正常的行为非常重要,但在世界上的某些地区,首要任务是消除由于忽视、缺乏知识或纯粹的虐待给动物带来的明显伤痛。

## 1.10　健康状况良好不等于福利良好

很多人错误地以为动物的身体健康就意味着动物的福利状况良好。良好的健康状况只是良好福利的一个重要组成部分。OIE(2009a,b)法典指出"良好的福利需要预防疾病和兽医治疗"。然而在某些情况下,动物可能很健康,但它的福利却很差。例如,一头奶牛是健康的,而且产奶量高,但她可能因为躺在没有足够软垫的畜栏中而造成带来疼痛的腿部损伤。Fulwider 等(2007)发现高产奶牛的腿部更容易受伤,并且生产年限也较短。生长基因定向选育的鸡通常出现跛腿和腿变形的比率较高(Knowles 等,2008)。另一个福利问题的例子是,健康的蛋鸡挤在极其狭小的笼子里,连卧下都做不到。

一些动物由于迅速增重导致运输难度加大,并且难以保障良好的福利管理方式。某些根据增重快而选育的猪,当体重增加到 130 kg 时容易出现疲倦和虚弱。作者也观察到饲喂过量莱克多巴胺(Paylean®)的健康猪,它们身体太弱,连从畜栏的一端走到另一端都成问题,可是 30 年前的猪还强健到足以走过很长的陡坡。这也是一个恶劣的福利状况被认为是正常的例子。

健康的动物如果被安置在不能正常表达社会和种属特异性行为的环境中,也可能出现异常行为,比如转圈、妊娠栏内的母猪咬栏、咬尾、撕咬毛发等。第 8 章和第 15 章介绍动物的行为需求,并介绍一些关于农场动物行为的优秀书籍(Broom 和 Fraser,2007;Fraser,2008b)。

## 1.11　减轻疼痛和痛苦

许多福利问题会造成动物的疼痛和痛苦,而且有大量科学研究、综述文章和书籍证明畜禽能够感受到痛苦和恐惧(Gentle 等,1990;Rogan 和 LeDoux,1996;Grandin,1997;Panksepp,1998;Grandin 和 Johnson,2005,2009)。大鼠(rat)和鸡感到疼痛时会进行自我治疗(Danbury 等,2000;Colpaert 等,2001)。例如当它们发生跛腿或关节疼痛时,会吃一些苦味食物或者喝加了止痛药的水。为了更利于实施动物福利计划,我们将动物的疼痛和痛苦分为四类:

1.大部分情况下,虐待或者忽视会导致动物的明显痛苦,这些情况必须立即得到纠正(表1.2)。

2.常见的会导致疼痛的管理操作(框 1.1)。

3.在抓捕和运输中引起的恐惧应激,而良好的管理可以降低这种应激(见第 4、5 和 7 章)。

4.动物机体的超负荷运转(框 1.2)。

**表 1.2　必须立即纠正由于虐待、忽视或者管理不善而导致的严重的动物福利问题。**

| 管理和运输中应禁止<br>的行为和条件[a] | 由不良的畜舍、环境条件、营养或健<br>康问题所引起的福利问题 | 屠宰厂应禁止的行为[a] |
|---|---|---|
| ·打、摔或踢动物 | ·使动物饥饿或严重脱水 | ·在有感觉、意识清醒的动物身上施以褪毛、剥皮、卸腿及其他胴体分割操作 |
| ·通过戳眼睛或挑脚筋的方法来限制其行动 | ·氨含量高导致眼和肺受损 | |
| ·拖拽和击倒动物 | ·极热或极寒导致的死亡或严重应激 | ·用电流固定动物(Lambooy,1985;Grandin 等,1986;Pascoe,1986),不要和有效致昏混淆 |
| ·运输卡车装载过多,导致倒下动物被踩踏 | ·由于缺少垫草或圈舍设计不当而导致的严重肿胀或其他损伤 | |
| ·故意驱使动物踏过其他动物的头顶 | ·动物周身沾染粪便,没有干燥的地方休息 | ·屠宰前切断动物脊髓这种不会立即使其失去知觉的方法(Limon 等,2008) |
| ·戳动物的敏感部位,如眼、肛门或口 | ·不及时治疗明显的疾病 | ·采用会引起严重应激的方法固定有意识的动物,如绑住牛的一条腿抬起牛 |
| ·断尾断腿 | ·营养不良 | |
| ·过度使役动物 | ·会造成许多动物跛腿的条件 | |
| ·用锐器扎动物 | ·役用动物的鞍具带来的损伤 | |
| ·会导致动物频繁跌倒、受伤或瘀伤的环境 | | |

[a]栏目中所列的涉及管理、运输和屠宰的条目违反了 OIE(2009a,b)法典关于屠宰和运输方面的规定。OIE 关于动物福利方面的准则是全世界都必须遵守的基本要求。要想达到更高水平的福利,还需要一些额外的要求。许多国家拥有很多附加要求。动物福利准则涉及很多复杂的伦理考量,相比而言,不同国家的疾病控制标准更容易达成一致。

### 1.11.1 引起畜禽疼痛的常见操作

框 1.1 中列举了生产者日常施于动物并会引起疼痛的所有操作。人们在采取这些行为时大多不使用麻醉剂或者止痛药。大量研究表明，牲畜去角时必须避免产生痛苦（Faulkner 和 Weary，2000；Stafford 和 Mellor，2005a），并强烈推荐应在幼年时对犊牛施行烧灼去角术。Stafford 和 Mellor（2005b）指出，与犊牛相比，成年牛断角时会分泌更多的皮质醇。另外一项研究表明，动物去势时使用止痛药能较好地保证福利。事实上，关于是否有必要对动物进行这些处理已引起了人们大量的争议和讨论。我们将在第 6 章进一步探讨引起动物疼痛的管理操作。虽然不同国家关于动物福利的立法和准则千变万化，但大部分研究人员和兽医机构一致同意，在对动物体腔施以大型手术时（比如对母牛实施卵巢切除术），必须使用麻醉剂。

表 1.3 表明，引起动物疼痛的行为是很容易打分和计量的。表 1.3 列出了在对羔羊、牛、犊牛、仔猪施行引起疼痛的操作后动物的行为。在执行疼痛操作后应立即（至少 1 h 内）检查动物急性疼痛症状并进行评分。

若需要观察动物的长期疼痛症状，可在一段时间内连续评分。实验表明，动物出现的这些症状与反映疼痛和应激的生理指标具有相关性（Molony 和 Kent，1997；Eicher 和 Dailey，2002；Sylvester 等，2004；Stafford 和 Mellor，2005b；Vihuela-Fernandez 等，2007）。由外科手术引起的动物疼痛症状会因手术过程和动物种类的不同而不同。量化与疼痛相关的行为会为我们提供一个简单经济的方式来评估大量动物的福利状况。当动物发现有人观察它时，它常会隐藏与疼痛相关的行为。所以为了准确评估与疼痛相关行为的发生，观察者需要躲过动物的视线或者使用远程视频相机拍照。

### 1.11.2 动物疼痛或应激操作的发声评分法

对牛和猪的尖叫（squeal）、哞叫（moo）和吼叫（bellow）声进行评分利于确定可导致动物应激的操作。Watts 和 Stookey（1998）指出，发声（vocalization）评分法可用于评估一群动物共同表现的应激状态，但不能用于评估每一个动物的个体福利。Watts 和 Stookey（1998）发现，烧烙标记会引起 23％的牛发声，而冷冻标记引起牛发声的比例只有 3％。牛的叫声在评估严重应激方面很有用（Watts 和 Stookey，1998）。与突然断奶相比，使用低应激的断奶方式可以使犊牛的发声现象明显减少（Price 等，2003；Haley 等，2005），并且其增重更为明显。

> **框 1.1** 常见的会引起疼痛的管理操作。
> - 禽类断喙。
> - 切除雌性动物卵巢。
> - 雄性动物去势。
> - 去角。
> - 耳缘切口标记。
> - 给公猪拔獠牙。
> - 剪断仔猪犬齿。
> - 剪断奶牛和猪的尾巴。
> - 切除耳朵或做大豁口标记。
> - 对羊进行割皮防蝇术——将羔羊肛门周围褶皱的皮肤割掉，以防绿豆蝇产卵。
> - 皮标——切割出皮肤条块做标记。
> - 断尾。
> - 烙铁打标。

---

**框 1.2**　动物机体超负荷所引起的福利问题。

- 生长迅速的猪与家禽出现的跛腿与腿部畸形（Fernandez de Seville 等，2008；Knowles 等，2008）。
- 某些经过基因选育的猪和鸡攻击性增强（Craig 和 Muir，1998）。
- 转基因动物将来要面对的问题（OIE，2006）。
- 某些根据生长迅速选出的瘦肉猪应激性增强。
- 高瘦肉率的牛有较高比例的产犊问题（Webster，2005a，b）。
- 由 β-受体激动剂如莱克多巴胺引起牛的热应激问题（Grandin，2007）。
- 由于使用 rBST（促进奶牛产奶量增加的生长激素）而引起的奶牛健康问题（Willeberg，1993；Kronfield，1994；Collier 等，2001）。
- 应激基因引起的猪应激综合征（该病症会增加猪的死亡率）（Murray 和 Johnson，1998）。
- 由于基因原因或者使用 β-受体激动剂如莱克多巴胺而导致的猪肌无力，并且不愿意走动（Marchant-Forde 等，2003；Grandin，2007）。
- 给猪投喂莱克多巴胺而导致的裂蹄和蹄部损伤（Poletto 等，2009）。
- 根据高增重选育的动物，当为防止肥胖而控制其采食时，它们会有极高的食欲和沮丧感。
- 家禽的新陈代谢问题可能增加其死亡率（Parkdel 等，2005）。
- 由于过量使用 β-受体激动剂如莱克多巴胺或齐帕特罗而导致的牛跛腿。
- β-受体激动剂莱克多巴胺的使用会增加猪互相咬斗的发生（Garner 等，2008）。
- 异常腿型和对生产性状的过度筛选而导致的跛腿。
- 只使用了 2 个泌乳期的奶牛。

---

**表 1.3**　羔羊、牛、犊牛、仔猪和其他动物中易于量化的与疼痛相关的行为。在对动物施行疼痛操作后可评估这些行为（来源：Molony 和 Kent，1997；Eicher 和 Dailey，2002；Sylvester 等，2004；Stafford 和 Mellor，2005a；Vihuela-Fernandez 等，2007）。

| 与疼痛相关的行为 | 动物种类[a] | 与疼痛相关的行为 | 动物种类[a] |
|---|---|---|---|
| 身体一侧异常扭曲或者趴着的时间 | 羔羊、犊牛、牛 | 摇尾次数 | 犊牛、牛 |
| | | 站立不动的时间 | 犊牛、牛 |
| 侧卧时间 | 羔羊、犊牛、牛 | 不停走动的时间 | 犊牛、牛 |
| 顿足次数 | 羔羊、犊牛、牛 | 发抖的时间 | 犊牛 |
| 踢腿次数 | 羔羊 | 躺着的时间 | 所有动物 |
| 撇嘴次数 | 羔羊 | 蜷缩的时间 | 仔猪 |
| 动耳次数 | 牛、犊牛 | 跪着的时间 | 仔猪 |

[a] 这些研究以犊牛、羔羊和仔猪为观察对象，但其他动物也可能表现出这些行为。

　　另一项研究发现，在屠宰厂抓捕和致昏时，98% 的牛会因遭受不良的操作（如被电刺棒戳击、无效致昏以及固定设备过度紧缩）而发出声音（Grandin，1998b）。发声评分法有效地见证了改进设备和管理行为是如何降低发声得分的（Grandin，2001）。表 1.4 中的一些数据显示，拥挤坡道固定动物所引起的哞叫与应激操作所引起的哞叫是不同的。该表也显示，减少对安格斯肉牛粗暴的电刺激采精可以减少它们的发声。

**表 1.4**    公牛对固定或者固定加电刺激采精的反应，下表为每头牛的平均发声数
（来源：B. D. Voisinet 和 T. Grandin，1997，该数据未发表）。

| 项目 | 在有闸门的拥挤坡道固定动物 | 高压电采精仪器 | 低压电采精仪器 |
|---|---|---|---|
| 每头公牛的平均发声数[a] | 0.15±0.1 | 8.9±1.1[b] | 3.9±1.0[b] |

[a] 记录每个处理导致哞叫的总数，并用它除以公牛数目得到的结果。

[b] 高电压和低电压组在 $P \leq 0.001$ 水平上差异显著。

发声评分法应当运用到其他一些操作中，比如打标记、去势、断奶、固定和抓捕等。动物在受到疼痛或应激操作时所发出的叫声与应激的生理指标呈正相关（Dunn，1990；Warriss 等，1994；White 等，1995）。动物在感受到痛觉的同时会分泌神经肽 P 物质。比如做去势手术的牛发声越多，这种物质就分泌得越多（Coitzee 等，2008）。

但对于绵羊，我们无法使用发声评分法来测试它们对疼痛操作的反应以及被固定或驯养时的应激程度。因为与牛和猪不同，羊在受伤或害怕时往往保持沉默。

绵羊是完全没有防御能力的被捕食者。长期的进化使得它们在受伤时保持沉默，防止将它们的弱点暴露给敌人。但是给羔羊断奶时，离开母亲的羔羊会大声地叫唤，这是羊感到痛苦时发出叫声的唯一情况。此外，发声评分法也不能用于用电固定的动物，因为固定会防止动物发声。同时，这些固定装置会引起动物的高度恐慌，实际操作中不应当使用（见第 5 章）。

### 1.11.3    如何给发声行为打分

针对牛和猪，有两种有效的发声打分法，该方法可以在农场、大牧场或屠宰厂简单运用：

1. 为了确定发声动物的比例，要对每一个动物（无论沉默还是发声的）打分。这种简单的方法对于评估电刺棒的过度使用或其他管理问题是很有效的（Grandin，1998a，2005）。

2. 要记录一群动物中发声动物的总数。再用这个数除以动物的总数，得到每个动物的平均发声得分。

## 1.12    行为学指标与生理学指标

许多科学家和兽医更倾向于从生理学角度而不是行为学角度来评估动物福利。而对于科学性研究，我们建议综合使用生理学指标、生产性能指标和行为学指标。生理学指标检测会面临一些问题，比如对一些常规农场来说，对皮质醇的实验室测试过于昂贵。而行为学指标评价的主要优势是易于在农场中运用。研究人员应该找出易于观察的行为学指标，并且非常有必要对山羊、骆驼、驴和其他多种动物进行研究。已有研究发现，动物发声的分贝数和其痛苦程度是相关的，越紧张分贝数越高（Watts 和 Stookey，1998）。可惜这种方法需要昂贵的设备，对一般的农场来说是不实际的。但是这项研究在理解动物的情感方面非常有价值。

### 1.12.1    恐惧

当动物被固定或驯养时，由于恐惧应激可能会变得激动或兴奋。粗暴的管理和反复的电刺激都会增加恐惧应激。糟糕的管理方法引起的应激会大大增加应激激素水平（Grandin，

1997)。Pearson 等(1977)发现,与在大型嘈杂的屠宰厂被宰杀相比,在一个小型安静的屠宰室里被宰杀的绵羊,其皮质醇水平更低。而在管理过程中,动物由于害怕人类或者激动,会导致增重减少及生产力下降(Hemsworth 和 Coleman,1994;Voisinet 等,1997)。目前可以完全绘制出动物脑中的恐惧回路。Rogan 和 LeDoux(1996)以及 Grandin(1997)先后综述了与恐惧相关的文献。科学家们能够断定,大脑中包含一个管理恐惧的中心,称之为杏仁核。破坏杏仁核会使先天和后天的恐惧反应消失(Davis,1992)。电刺激大鼠和猫的杏仁核,会使皮质醇水平升高(Setckleiv 等,1961;Matheson 等,1971;Redgate 和 Fabringer,1973)。杏仁核也是人类的恐惧中枢(Rogan 和 LeDoux,1996)。感到恐惧的动物,福利自然差。我们在第 4 章针对畜禽在管理和固定时的恐惧应激进行了深入探讨,并综述了许多研究成果。这些研究都表明,降低恐惧应激的良好管理能带来更多的好处。

### 1.12.2　紧张性不动——表面平静实则恐惧

一些动物和鸟类感到害怕时会高度激动,而其他一些动物则会进入紧张性不动状态,保持完全不动,而且看起来很平静。人们已经广泛研究家禽的这种现象。将一只鸡背朝下放在一个 U 形槽里,轻轻地将其压制 10 s 就可以诱发紧张性不动(Faure 和 Mills,1998)。而一旦诱发了紧张性不动,至少 10 s 内鸡不会试图站立起来(Jones,1987)。经过基因选育的家禽如果感到高度恐惧则会保持更久时间的不动(Jones 和 Mills,1982)。我们可以将单只禽在紧张性不动状态下保持静止的时间作为评价禽类恐惧的指标(Jones,1984)。电击、持续光照等紧张性刺激会使家禽增加紧张性不动的持久性(Hughes,1979;Campo 等,2007)。实际上,很多人误以为鸡进入紧张性不动状态是平静放松的表现。而我们可以运用紧张性不动测试来评价引起家禽紧张的情况。

### 1.12.3　鱼类会感到痛苦吗

自 21 世纪初,对鱼类福利的研究不断增加。其中有很多近期的动物福利论文和专利就是探讨加工厂里鱼类致昏设备的。其中大量的研究是关于硬骨鱼类的,比如人工养殖的鲑鱼、鳟鱼、罗非鱼及一些其他有鳍鱼类。英国、加拿大、挪威、巴西和其他一些国家的科学家已经撰写了关于硬骨鱼类福利问题的材料(Chandroo 等,2004;Braithwaite 和 Boulcott,2007;Lund 等,2007;Volpato 等,2007;Branson,2008)。Lund 等(2007)指出鱼类可以感觉到伤害性刺激,这些作者总结说:"农场养殖鱼类的受惊问题应该得到关注,我们应该努力确保它们的福利尽可能得到满足。"

研究表明,鱼类对疼痛刺激的反应不仅仅是简单的反射。对于鱼类可以感受到痛苦最具说服力的证据来自于 Sneddon(2003)、Sneddon 等(2003a,b)和 Reilly 等(2008)的研究。他们将乙酸注入鱼的嘴唇制造疼痛刺激。一些鱼会怪异地来回游动并且在水池壁上摩擦被注酸的嘴唇。但是某些个体会表现出这种行为,而其他的却不会。在所有物种的疼痛研究中,不同个体间有很大差异是很常见的。此外,这种行为的发生与否也有种间差异。例如,斑马鱼就没有这种行为(Reilly 等,2008)。

Dunlap 等(2005)的一项研究表明,鱼类可以形成恐惧的条件反射,它们的反应通过一种复杂的方式受到其他鱼的影响。也有证据表明,和哺乳动物相似,当鱼类受到管理应激时,也会出现皮质醇水平的升高。需要证实硬骨鱼能够感受痛苦的最终试验是自身疗法试验。该试验已清楚地表明,大鼠和鸡可通过自身疗法来缓解疼痛(Danbury 等,2000;Colpaert 等,2001)。

从实践的观点来看,这项研究表明,在屠宰厂应该使用致昏设备来致昏鱼类。养鱼场里一些行为学表现很容易计量,比如失去平衡(鱼类肚皮朝上)、呼吸频率增加、激动地游动等(Newby 和 Stevens,2008)。其他一些研究人员对鱼类的某些行为进行了记分,如迅速游动的逃跑反应和被称为毛特纳诱发式(Mauthner-initiated)受惊反应的拍尾行为(Eaton 等,1977)。对于鱼类福利,我们必须研究出更多简单实用的农场评估方法。因为鱼类的应激反应存在着显著的种间差异,我们必须研究出具体的行为评估方法以便用于农场每个品种的鱼。

### 1.12.4　无脊椎动物

搜索鱼类福利的文献时作者只找到一篇关于无脊椎动物(如虾)的痛觉研究。这项研究是贝尔法斯特女王大学的 Stuart Barr 做的。在这个试验中,研究人员在虾的第二触角注入乙酸,虾的反应是在水缸壁上摩擦它的第二触角(Barrett,2008)。当然还有许多研究需要做。在编写本章时,作者建议应该发起农场硬骨鱼的福利计划,而且需要在无脊椎动物领域进行更深入的研究。

## 1.13　动物机体超负荷运转

基因选育越来越高产的动物,以及使用优化生产性能的物质而导致机体的超负荷运转,都可能引起动物的疼痛和痛苦。其中包括 β-受体激动剂的滥用、rBST(生长激素)及其他优化生产性能的物质所引起的福利问题。这其中很多会引起动物严重的痛苦。

框 1.2 列举了为获取特定的生产性能而进行基因选育,或者滥用激素或 β-受体激动剂(如莱克多巴胺)而引起的福利问题,并列举了所有使动物机体严重超负荷运转所导致的结果。作者认为动物机体的超负荷运转是导致许多严重福利问题的原因。但是超负荷也有程度上的差别。适当的选育高产性能一般不会对动物福利产生负面效应,谨慎使用低剂量的性能优化物质也是无害的。动物机体就像不断加速的汽车引擎,适当的加速无害,但是如果引擎过速就会适得其反。但饲养者和生产者往往等到问题非常严重时才会发现。

## 1.14　满足动物的自然行为和情感状态

Fraser(2008b)认为情感状态是动物福利的中心问题。动物的情感状态是它表现许多自然行为的动机。科学研究表明,动物倾向于表现某些物种的典型性行为。猪喜欢在柔软的纤维材料(比如稻草、玉米秸秆、碎木屑及其他圈舍铺垫材料)上活动休息(Van de Weerd 等,2003;Studnitz 等,2007;Day 等,2008;Van de Weerd 和 Day,2009;见第 8 章)。作者观察到,与旧稻草相比,猪更喜欢新鲜的稻草。当稻草被嚼碎后,猪就会失去兴趣。Fraser(1975)发现给限位栏中的母猪提供少量的稻草可以防止其出现异常的刻板行为。综合这些研究,笔者发现应该每天定量配给猪麦秸、稻草或玉米秸来满足它们休息和咀嚼的需要。其他已经得到科学研究证明的行为需求有:为蛋鸡提供产蛋箱和栖木(Duncan 和 Kite,1989;Hughes 等,1993;Freire 等,1997;Olsson 和 Keeling,2000;Cordiner 和 Savory,2001)。母鸡倾向于寻找产蛋箱,这样它藏在里面就不会害怕。找一个隐蔽的地方产蛋是鸡的本能,这能保护家养鸡的祖先——野生鸡不被捕食者吃掉。

我们可以用客观方法来测量一个动物表现自然行为的动机强度:(1)不饲喂的情况下,动物表现某一自然行为的时间;(2)动物想要得到某样东西时触动开关的次数;(3)测量逐渐增加的门重量(Widowski和Duncan,2000;见第15章)。

科学研究表明,想要给动物提供高水平的福利,就应满足动物表现最高动机的行为需求(O'Hara和O'Connor,2007)。行为需求的确重要,但是表1.2也列出了在情况相当糟糕的一些地方,需要首先改正的严重福利问题有哪些。框1.3则列出了最重要的行为需求。

---

**框1.3  动物应当满足的基本行为需求。**

· 给反刍动物和马属动物粗饲料。

· 给动物提供充足的空间,使其能正常转身、站立和躺下。

· 为家禽提供隐蔽的产蛋箱。

· 为家禽提供栖木。

· 给猪提供稻草或其他纤维材料,使其能拱和咀嚼。

· 生活在无趣的笼子里或露天的动物会表现出反复的刻板行为,这说明它们的生活环境很糟糕,不能满足它们的行为需求。应当采取一些环境富集措施来阻止这种不正常的重复行为(见第8章)。

· 与其他动物的社会交往机会。

· 提供适宜的生活环境,避免伤害性的异常行为,比如啄羽、拔毛或咬尾(这些伤害非常容易测量)。

---

## 1.15  自然因素和伦理考虑

与前三项准则——健康、疼痛和自然行为有许多研究证据支持相比,第四项关于提供天然材料的科学根据很少。多项科学研究支持前三项准则,而第四项准则主要出于伦理考虑。兽医、管理者和从事动物福利项目的人们绝对不能忽视伦理考虑。许多有机食品组织和大型肉类买家要求饲养的动物一定要能出来活动并且接受阳光照射。但人们往往在给予动物自然资源的同时却忽视了第一和第二条原则而使动物福利低下。良好的动物福利的基本组成要素就是健康。作者曾经见过全是病猪的室外猪群和大都是健康猪的优越室外猪群。不同于科学无法给出明确答案的伦理考虑,人们对于可以给出明确答案的动物福利问题更容易达成一致意见。伦理考虑是立法者、动物保护组织和决策人员做决定过程中不容忽视的一部分。Lassen等(2008)做了一个较好的总结:"对于那些专业从事动物生产的人来说,这篇文章的主要内容就是:你们应该意识到伦理假设及其潜在的观点冲突,并且把它纳入动物福利问题的探讨中。"科学解释不了所有的伦理问题。在某些情况下,伦理甚至会推翻科学。妊娠母猪的限位栏问题就是个很好的例子。研究发现,在限位栏里饲养的母猪会非常高产,但是2/3的公众不同意把母猪养在限位栏中,因为在这种条件下母猪不能转身。作者经常在乘坐航班时将生活在限位栏里的妊娠母猪的照片给邻座的乘客看,其中1/3的乘客没异议,1/3会说"那样似乎不太好",而另1/3的乘客则表示不愿这样对待猪。甚至有人说"我不会把我的犬养在那里的"。大约2/3的公众不喜欢将母猪关在限位栏里。2008年在加利福尼亚,63%的投票者要求禁止使用妊娠母猪限位栏。欧洲和美国都在逐步淘汰母猪限位栏。农场动物也是有感情的,作者认为人们应该为肉用动物和役用动物提供适宜的生活环境。将一只动物束缚在小笼子里,一生大部分时间都不能转身,这根本给不了它适宜的生活。

## 1.16    做出伦理决定

科学研究表明,对动物而言,某些行为需求要比其他行为需求更加重要。比如对蛋鸡来说,为它提供隐蔽的产蛋箱比让它能洗沙浴更重要(Widowski 和 Duncan,2000)。O'Hara 和 O'Connor(2007)指出,必须允许动物的优先行为来满足它基本的行为需求。作者在框 1.3 里介绍了应满足的畜禽基本行为需求。满足其他行为如禽类的沙浴、猪的泥坑打滚等,会达到更好的福利效果。

科学可以帮助人们在动物福利方面做出较正确的决定,但是却不能解答一些伦理层面上的问题(见第 2 章)。为了帮助生产者做出正确的决定,很多政府组织和大型肉类买家设立了动物福利咨询委员会。作者就服务于家畜行业协会、大零售商和连锁餐厅的这类咨询委员会。大部分委员会是由动物福利领域的科研人员、动物保护组织和一般民众组成的。他们可以提出建议和指导。在欧洲,咨询委员会可以为立法提建议。而在英国,农场动物福利协会(Farm Animal Welfare Council,FAWC)已经为政府做了多年的提议工作。另一个例子就是挪威国家兽医协会的动物伦理委员会,其成员有专家也有民众(Mejdell,2006)。

## 1.17    测量和伦理

用数值来量化某些指标(如跛腿、电刺棒使用情况、啄羽或福利问题涉及的其他领域)能有效地证明实践操作或者环境条件是改善了还是恶化了。应该禁止为限制牛的行动而戳它的眼睛、挑断腿筋这类残暴的行为。但是,要完全排除跛腿是不可能的。第 3 章会探讨较为符合实际的方法,将跛腿动物的比例限制在可以通过福利审核的合理范围内。实际上,在良好的管理方式下,跛腿的比例是很低的。

从伦理的观点看,用生理指标如皮质醇水平或心率解释动物福利更加困难。什么水平的皮质醇是可以接受的呢?有一种能帮助人们在生理指标测量方面做出符合伦理的决定的最实用方法,就是用造成应激或痛苦的处理和大部分人所能接受的对照条件(比如固定动物)做比较。最好是将其与相同研究中、处于正常条件的同种动物进行比较,以便对生理数据做出评估。

对于过高的生理学测量值,大部分咨询委员会的科研人员都会说“这是完全不可接受的”。例如像 Dunn(1990)报道的,牛平均 93 ng/mL 的皮质醇就非常高。由于管理方法不当,这个值比正常值高出了 30 个单位。在一群动物中参考平均生理测量值是很重要的。Grandin(1997)提供了应激评估的大量信息。另一个完全不可接受的情况是捕捉性肌病,这部分内容将在第 5 章中讨论。

## 1.18    动物治疗与人类治疗的伦理观比较

作者去了墨西哥,遇到一个男人带着一头瘦得皮包骨的病驴。当问及这头驴的惨状时,这个男人掀起衬衫,露出他肋骨突出的胸。他说"我也受着罪呢"。显然,他连自己都吃不饱,就更别提他的驴了。让他把全家的饭喂给这头驴,显然是不符合伦理的。

在这种情况下,要提高动物福利,最有建设性的建议就是,告诉他一些简单的方法去帮助他的驴,同时也是帮助他自己。比如简单地调整下挽具也许就能防止鞍伤。同样的,告诉这个人如何保养驴蹄,也许能使驴和主人继续生活下去(见第 13 章)。他没能力喂饱驴,但可以教给他一些简单有效的饲养方法,如给足水,使驴能活久点,也能干更多的活。对驴的跛腿、受伤和死亡等进行数值评分,有利于整个养驴业认识到何时该注意驴的福利并且不能过度使役,从而使驴的寿命增长。当然,即使在最贫穷的国家,也没有任何理由虐待动物。

## 1.19　动物福利评估重要指标索引

体况评分(body condition scoring,BCS)——第 3 和 13 章

跛腿评分——第 1 和 7 章

皮毛和羽毛状况评分——第 3 章

损伤评分——第 1、3 和 13 章

管理评分——第 3、5 和 9 章

运输损失评分——第 7 章

屠宰厂致昏评分——第 9 章

动物清洁度评分——第 3 章

行为学测量——第 1、8 和 15 章

疼痛评估——第 1 和 6 章

发声评分——第 1、5 和 9 章

热应激的喘息评分——第 7 章

伦理问题——第 1、2、8 和 12 章

牧场条件——第 3 章

应禁止的实践清单——第 1 章

(张凡建译,王九峰、郝月校)

## 参考文献

Barrett, L. (2008) Decapods feel the pinch. *Animal Behavior* 75, 743–744.

Botreau, R., Veissier, I., Butterwork, A., Bracke, M.B.M. and Keeling, L.J. (2007) Definition of criteria for overall assessment of animal welfare. *Animal Welfare* 16, 225–228.

Braithwaite, V.A. and Boulcott, P. (2007) Pain perception, aversion, and fear in fish. *Diseases in Aquatic Organisms* 75, 131–138.

Branson, E. (2008) *Fish Welfare*. Blackwell Publishing, Oxford, UK.

Broom, D.M. and Fraser, A.F. (2007) *Domestic Animal Welfare*. CAB International, Wallingford, UK.

Campo, J.L., Gil, M.G., Davila, S.G. and Munoz, I. (2007) Effect of lighting stress on fluctuating asymmetry, heterophil-lymphocyte ratio and tonic immobility duration in eleven breeds of chickens. *Journal of Poultry Science* 86, 37–45.

Chandroo, K.P., Duncan, I.J.H. and Moccia, R.D. (2004) Can fish suffer? Perspectives on pain, fear, and stress. *Applied Animal Behaviour Science* 86, 225–250.

Chiquitelli Neto, M., Paranhos de Costa, M.J.R., Piacoa, A.G. and Wolf, V. (2002) Manejo racional na vacinacio de bovinos Nelore: uma availacao preliminar da eficiencia e qualidade do trabalho. In: Josahkian, L.A.

(ed.) *5th Congresso dos Racos Zebuinas*. ABCZ, Uberaba, Brazil, pp. 361–362.

Coitzee, J.F., Lubbers, B.V., Toerber, S.E., Gehring, R., Thompson, D.U., White, B.J. and Apley, M.D. (2008) Plasma concentration of substance P and cortisol in beef calves after castration and simulated castration. *American Journal of Veterinary Research* 69, 751–752.

Collier, R.J., Byatt, J.C., Denham, S.C., Eppard, P.J., Fabellar, A.C., Hintz, R.L., McGrath, M.F., McLaughlin, C.L., Shearer, J.K., Veenhuizen, J.J. and Vicini, J.L. (2001) Effects of sustained release of bovine soma-totropin (sometribove) on animal health in commercial dairy herds. *Journal of Dairy Science* 84, 1098–1108.

Colpaert, F.C., Taryre, J.P., Alliaga, M. and Kock, W. (2001) Opiate self administration as a measure of chronic nocieptive pain in arthritic rats. *Pain* 91, 33–34.

Cordiner, L.S. and Savory, C.J. (2001) Use of perches and nest boxes by laying hens in relation to social status, based on examination of consistency of ranking orders and frequency of interaction. *Applied Animal Behaviour Science* 71, 305–317.

Craig, J.C. and Muir, W. (1998) Genetics and the behavior of chickens. In: Grandin, T. (ed.) *Genetics and the Behavior of Animals*. Academic Press (Elsevier), San Diego, California, pp. 265–298.

Danbury, T.C., Weeks, C.A., Chambers, J.P., Waterman-Pearson, A.E. and Kestin, S.C. (2000) Self selection of the analgesic drug carproten by lame broiler chickens. *Veterinary Research* 146, 307–311.

Davis, M. (1992) The role of the amygdala in fear and anxiety. *Annual Review of Neuroscience* 15, 353–375.

Day, J.E.L., Van deWeerd, H.A. and Edwards, A. (2008) The effect of varying lengths of straw bedding on the behavior of growing pigs. *Applied Animal Behaviour Science* 109, 249–260.

deSeville, X.F., Fagrega, E., Tibau, J. and Casellar, J. (2008) Effect of leg conformation on survivability of Duroc, Landrace, and Large White sows. *Journal of Animal Science* 86, 2392–2400.

Duncan, I.J.H. (1998) Behavior and behavioral needs. *Poultry Science* 77, 1766–1772.

Duncan, I.J.M. and Kite, V.G. (1989) Nest box selection and nest building behavior in the domestic hens. *Animal Behavior* 37, 215–231.

Dunlap, R., Millsopp, S. and Laming, P. (2005) Avoidance learning in goldfish (*Carassius auratus*) and trout (*Oncorhynchus mykiss*) and implications for pain perception. *Applied Animal Behaviour Science* 97, 2556–2571.

Dunn, C.S. (1990) Stress reaction in cattle undergoing ritual slaughter using two methods of restraint. *Veterinary Record* 126, 522–525.

Eaton, R.C., Bombardier, R.A. and Meger, D.L. (1977) The Mauthner initiated startle responses in teleost fish. *Journal of Experimental Biology* 66, 65–81.

Eicher, S.D. and Dailey, J.W. (2002) Indicators of acute pain and fly avoidance behaviors in Holstein calves following tail docking. *Journal of Dairy Science* 85, 2850–2858.

Espejo, L.A., Endres, M.I. and Salfer, J.A. (2006) Prevalence of lameness in high-producing Holstein cows housed in freestall barns in Minnesota. *Journal of Dairy Science* 89, 3052–3058.

Faulkner, P.M. and Weary, D.M. (2000) Reducing pain after dehorning in dairy calves. *Journal of Dairy Science* 83(9), 2037–2041.

Faure, J.M. and Mills, A.D. (1998) Improving the adapt-ability of animals by selection. In: Grandin, T. (ed.) *Genetics and the Behavior of Domestic Animals*. Academic Press (Elsevier), San Diego, California, pp. 233–265.

Fernandez de Seville, X., Febrega, E., Tibau, J. and Casellas, J. (2008) Effect of leg conformation on the survivability of Duroc, Landrace and Large White sows. *Journal of Animal Science* 86, 2392–2400.

Flowers, F.C., de Passillé, A.M., Weary, D.M., Sanderson, D.J. and Rushen, J. (2007) Softer, higher friction flooring improves gait of cows with and without sole ulcers. *Journal of Dairy Science* 90, 1235–1242.

Fraser, D. (1975) The effect of straw on the behavior of sows in tether stalls. *Animal Production* 21, 59–68.

Fraser, D. (2008a) Towards a global perspective on farm animal welfare. *Applied Animal Behaviour Science* 113, 330–339.

Fraser, D. (2008b) *Understanding Animal Welfare*. Wiley-Blackwell, Oxford, UK.

Freire, R., Applyby, M.C. and Hughes, B.O. (1997) Assessment of pre-laying motivation in the domestic hen by using social interaction. *Animal Behavior* 34, 313–319.

Fulwider, W.K., Grandin, T., Garrick, D.J., Engle, T.E., Lamm, W.D., Dalsted, N.L. and Rollin, B.E. (2007) Influence of free-stall base on tarsal joint lesions and hygiene in dairy cows. *Journal of Dairy Science* 90, 3559–3566.

Garner, J.P., Change, H.W., Richert, B.T. and Marchant-Forde, J.N. (2008) The effect of ractopamine gender and social rank on aggression and peripheral mono-amine levels in finishing pigs. *Journal of Animal Science* 86 (Supplement 1), 382 (abstract).

Gentle, M.J., Waddington, D., Hunter, L.N. and Jones, R.B. (1990) Behavioral evidence for persistent pain following partial beak amputation in chickens. *Applied Animal Behaviour Science* 27, 149–157.

Grandin, T. (1982) Pig behavior studies applied to slaughter plant design. *Applied Animal Ethology* 9, 141–151.

Grandin, T. (1997) Assessment of stress during handling and transport. *Journal of Animal Science* 75, 249–257.

Grandin, T. (1998a) Objective scoring of animal handling and stunning practices in slaughter plants. *Journal American Veterinary Medical Association* 212, 36–39.

Grandin, T. (1998b) The feasibility of using vocalization scoring as an indicator of poor welfare during slaughter. *Applied Animal Behaviour Science* 56, 121–128.

Grandin, T. (2001) Cattle vocalizations are associated with handling and equipment problems at beef slaughter plants. *Applied Animal Behaviour Science* 71, 191–201.

Grandin, T. (2003) The welfare of pigs during transport and slaughter. *Pig News and Information* 24, 83N–90N.

Grandin, T. (2005) Maintenance of good animal welfare standards in beef slaughter plants by use of auditing programs. *Journal of American Veterinary Medical Association* 226, 370–373.

Grandin, T. (2007) Introduction: effect of customer requirements, international standards and marketing structure on handling and transport of livestock and poultry. In: Grandin, T. (ed.) *Livestock Handling and Transport.* CAB International, Wallingford, UK, pp. 1–18.

Grandin, T. and Johnson, C. (2005) *Animals in Translation.* Scribner (Simon and Schuster), New York.

Grandin, T. and Johnson, C. (2009) *Animals Make Us Human.* Houghton Mifflin Harcourt, Boston, Massachusetts.

Grandin, T., Curtis, S.E., Widowski, T.M. and Thurman, J.C. (1986) Electro-immobilization versus mechanical restraint in an avoid-avoid choice test. *Journal of Animal Science* 62, 1469–1480.

Haley, D.B., Bailey, D.W. and Stookey, J.M. (2005) The effects of weaning beef calves in two stages on their behavior and growth rate. *Journal of Animal Science* 83, 2205–2214.

Hastein, T. (2007) OIE involvement in aquatic animal welfare: the need for development of guideline based on welfare for farming, transport and slaughter purposes in aquatic animals. *Developmental Biology* 129, 149–161.

Hemsworth, P.H. and Coleman, G.J. (1994) *Human Livestock Interaction.* CAB International, Wallingford, UK.

Hughes, B.O., Wilson, S., Appleby, M.C. and Smith, S.F. (1993) Comparison of bone volume and strength as measures of skeletal integrity in caged laying hens with access to perches. *Research in Veterinary Medicine* 54, 202–206.

Hughes, R.A. (1979) Shock induced tonic immobility in chickens as a function of post hatch age. *Animal Behavior* 27, 782–785.

Jones, R.B. (1984) Experimental novelty and tonic immobility in chickens (*Gallas domesticus*). *Behavioral Processes* 9, 255–260.

Jones, R.B. (1987) The assessment of fear in the domestic fowl. In: Zayan, R. and Duncan, I.J.H. (eds) *Cognitive Aspects of Social Behaviour in the Domestic Fowl.* Elsevier, Amsterdam, pp. 40–81.

Jones, R.B. and Mills, A.D. (1982) Estimation of fear in two lines of the domestic chick. Correlations between various methods. *Behavioral Processes* 8,
243–253.

Kirk, R.K., Svensmark, B., Elegaard, L.P. and Jensen, H.D. (2005) Locomotion disorders associated with sow mortality in Danish pig herds. *Journal of Veterinary Medicine and Physiological and Pathology Clinical Medicine* 52, 423–428.

Knowles, T.G., Kestin, S.C., Hasslam, S.M., Brown, S.N., Green, L.E., Butterworth, A., Pope, S.J., Pfeiffer, D. and Nicol, C.J. (2008) Leg disorders in broiler chickens: prevalance, risk factors and prevention. *PLOS One* 3(2). Available at: www.pubmedcentral.nih.gov/articlerender.fegi?artid=2212134 (accessed 17 June 2009).

Kronfield, D.S. (1994) Health management of dairy herds treated with bovine somatotropin. *Journal of American Veterinary Medical Association* 204, 116–130.

Lambooy, E. (1985) Electro-anesthesia or electro-immobilization of calves, sheep and pigs by Feenix Stockstill. *Veterinary Quarterly* 7, 120–126.

Lassen, J., Sandoe, P. and Forkman, B. (2008) Happy pigs are dirty – conflicting perspectives on animal welfare. *Livestock Science* 103, 221–230.

Limon, G., Gultian, J. and Gregory, N.G. (2008) A note on slaughter of llamas in Bolivia by the puntilla method. *Meat Science* 82, 405–406.

Lund, V., Mejdell, C.M., Rockinsberg, H., Anthony R. and Holstein, T. (2007) Expanding the moral circle: farmed fish as objects of moral concerns. *Diseases in Aquatic Organisms* 75, 109–118.

Marchant-Forde, J.N., Lay, D.C., Pajor, J.A., Richert, B.T. and Schinckel, A.P. (2003) The effects of ractopamine on the behavior and physiology of finishing pigs. *Journal of Animal Science* 81, 416–422.

Matheson, B.K., Branch, B.J. and Taylor, A.N. (1971) Effects of amygdoid stimulation on pituitary adrenal activity in conscious cats. *Brain Research* 32, 151.

Mejdell, C.M. (2006) The role of councils on animal ethics in assessing acceptable animal welfare standards in agriculture. *Livestock Science* 103, 292–296.

Molony, V. and Kent, J.E. (1997) Assessment of acute pain in farm animals using behavioral and physiological measurements. *Journal of Animal Science* 75, 266–272.

Murray, A.C. and Johnson, C.P. (1998) Importance of halothane gene on muscle quantity and preslaughter death in western Canadian pigs. *Canadian Journal of Animal Science* 78, 543–548.

Newby, N.C. and Stevens, E.D. (2008) The effects of the acetic acid pain test on feeding, swimming and respiratory responses in rainbow trout (*Oncorhynchus mykiss*). *Applied Animal Behaviour Science* 114, 260–269.

O'Hara, P. and O'Connor, C. (2007) Challenge of developing regulations for production animals and produce animal welfare outcomes that we want. *Journal of Veterinary Behavior, Clinical Applications and Research* 2, 205–212.

OIE (2006) *Introduction to the Recommendations for Animal Welfare, Terrestrial Animal Health Code.* World Organization for Animal Health, Paris, France.

OIE (2008) *Resolution from the 2nd OIE Global Conference on Animal Welfare*. World Organization for Animal Health Conference, Cairo, Egypt, 20–22 October.

OIE (2009a) *Transport of Animals by Land, Terrestrial Animal Health Code*. World Organization for Animal Health, Paris, France.

OIE (2009b) *Slaughter of Animals, Terrestrial Animal Health Code*. World Organization for Animal Health, Paris, France.

Olsson, L.A. and Keeling, L.J. (2000) Nighttime roosting in laying hens and the effect of thwarting access to perches. *Applied Animal Behaviour Science* 68, 243–256.

Ontario Ministry of Agricultural Food and Rural Affairs (OMAFRA) (2005) Score Your Farm or Cow Comfort. Ontario Ministry of Agricultural Food and Rural Affairs, Ontario, Canada. Available at: www.gov.on.ca/OMAFRA/english/livestock/dairy/facts/info_tsdimen.htm (accessed 17 June 2009).

Panksepp, J. (1998) *Affective Neuroscience*. Oxford University Press, New York.

Paranhos de Costa, M. (2008) Improving the welfare of cattle, practical experience in Brazil. In: Dawkins, M.S. and Bonney, R. (eds) *The Future of Animal Farming*. Blackwell Publishing, Oxford, UK, pp. 145–152.

Parkdel, A., Van Arendonk, J.A., Vereijken, A.L. and Bovenhuis, H. (2005) Genetic parameters of ascites related traits in broilers: correlations with feed efficiency and carcass traits. *British Poultry Science* 46, 43–51.

Pascoe, P.J. (1986) Humaneness of electro-immoblization for cattle. *American Journal of Veterinary Research* 10, 2252–2256.

Pearson, A.J., Kilgour, R., deLangen, H. and Payne, E. (1977) Hormonal responses of lambs to trucking, handling and electric stunning. *New Zealand Society for Animal Production* 37, 243–249.

Petrini, A. and Wilson, D. (2005) Philosophy, policy and procedures of the World Organization for Animal Health on the development of standards in animal welfare. *Review Science and Technology* 24, 665–671.

Poletto, R., Rostagno, M.H., Richert, B.T. and Marchant-Forde, J.N. (2009) Effects of a 'step up' ractopamine feeding program, sex and social rank on growth performance, hoof lesions, and enterobacteriaccae shedding in finishing pigs. *Journal of Animal Science* 87, 304–311.

Price, E.O., Harris, J.E., Borgwardt, R.E., Sween, M.L. and Connor, I.M. (2003) Fence line contact of beef calves with their dams at weaning reduces the negative effects of separation on behavior and growth rate. *Journal of Animal Science* 81, 116–121.

Redgate, E.S. and Fabringer, E.E. (1973) A comparison of pituitary adrenal activity elicited by electrical stimulation of preoptic amygdaloid and hypothalamic sites in the rat brain. *Neuroendocrinology* 12, 334.

Reilly, S.C., Quinn, J.P., Cossins, A.R. and Sneddon, L.V. (2008) Behavorial analysis of nocieptive event in fish: comparisons between three species demonstrate specific responses. *Applied Animal Behaviour Science* 114, 248–259.

Rogan, M.T. and LeDoux, J.E. (1996) Emotion systems. *Cells Synaptic Plasticity Cell* 85, 469–475.

Rushen, J., Pombourceq, E. and dePaisselle, A.M. (2006) Validation of two measures of lameness in dairy cows. *Applied Animal Behaviour Science* 106, 173–177.

Rutherford, K.M., Langford, F.M., Jack, M.C., Sherwood, L., Lawrence, A.B. and Haskell, M.J. (2009) Lameness prevalence and risk factors in organic and non-organic dairy herds in the United Kingdom. *Veterinary Journal* 180, 95–105.

Setckleiv, J., Skaug, O.E. and Kaada, B.R. (1961) Increase in plasma 17-hydroxycorticosteroids by cerebral cortical and amygdaloid stimulation in the cat. *Journal of Endocrinology* 22, 119.

Sneddon, L.U. (2003) The evidence for pain in fish: the use of morphine as an analgesic. *Applied Animal Behaviour Science* 83, 153–162.

Sneddon, L.U., Braithwaite, V.A. and Gentle, M.J. (2003a) Do fish have nociceptors: evidence for the evolution of vertebrate sensory system. *Proceedings of the Royal Society of London* B 270, 1115–1122.

Sneddon, L.U., Braithwaite, V.A. and Gentle, M.J. (2003b) Novel object test: examining pain and fear in the rainbow trout. *Journal of Pain* 4, 431–440.

Stafford, K.J. and Mellor, D.J. (2005a) Dehorning and disbudding distress and its alleviation in calves. *Veterinary Journal* 169(3), 337–349.

Stafford, K.J. and Mellor, D.J. (2005b) The welfare significance of the castration of cattle: a review. *New Zealand Veterinary Journal* 53, 271–278.

Studnitz, M., Jenson, M.B. and Pederson, L.J. (2007) Why do pigs root and in what will they root? A review on the exploratory behavior of pigs in relation to environmental enrichment. *Applied Animal Behaviour Science* 107, 183–197.

Sylvester, S.P., Stafford, K.J., Mellor, D.J., Bruce, R.A. and Ward, R.N. (2004) Behavioural responses of calves to amputation dehorning with and without local anesthesia. *Australian Veterinary Journal* 82, 697–700.

Tanida, H., Miura, A., Tanaka, T. and Yoshimoto, T. (1996) Behavioral responses of piglets to darkness and shadows. *Applied Animal Behaviour Science* 49, 173–183.

Tiranti, K.I. and Morrison, R.B. (2006) Association between limb conformation and reproduction of sows through the second parity. *American Journal of Veterinary Research* 67, 505–509.

Van de Weerd, H.A. and Day, J.E.L. (2009) A review of environmental enrichment for pigs housed in intensive housing systems. *Applied Animal Behaviour Science* 116, 1–20.

Van de Weerd, H.A., Docking, C.M., Day, J.E.L., Avery, P.J. and Edwards, S.A. (2003) A systematic approach towards developing environmental enrichment for pigs. *Applied Animal Behavioral Science* 84, 101–118.

Van Putten, G. and Elshof, W.J. (1978) Observations of the effects of transport on the well being and lean quality of slaughter pigs. *Animal Regulation Studies* 1, 247–271.

VanSickle, J. (2008) Sow lameness underrated. *National Hog Farmer* 15 June, p. 34.

Vihuela-Fernandez, I., Jones, E., Welsh, E.M. and Fleetwood-Walker, S.M. (2007) Pain mechanisms and their implication for the management of pain in farm and companion animals. *Veterinary Journal* 174, 227–239.

Voisinet, B.D., Grandin, T., Tatum, J.D., O'Connor, S.F. and Struthers, J.J. (1997) Feedlot cattle with calm temperaments have higher average gains than cattle with excitable temperaments. *Journal of Animal Science* 75, 892–896.

Volpato, G.I., Goncalves-de-Freitas, E. and Fernandes-deCastilho, M. (2007) Insights into the concept of fish welfare. *Applied Animal Behaviour Science* 75, 165–171.

Warriss, P.D., Brown, S.N. and Adams, S.I.M. (1994) Relationship between subjective and objective assessment stress at slaughter and meat quality in pigs. *Meat Science* 38, 329–340.

Watts, J.M. and Stookey, J.M. (1998) Effects of restraint and branding on rates and acoustic parameters of vocalization in beef cattle. *Applied Animal Behaviour Science* 62, 125–134.

Webster, J. (2005a) The assessment and implementation of animal welfare: theory into practice. *Review Science Technology Off. International Epiz.* 24, 723–734.

Webster, J. (2005b) *Animal Welfare, Limping Towards Eden.* Blackwell Publishing, Oxford, UK.

White, R.G., DeShazer, I.A., Tressler, C.J., Borcher, G.M., Davey, S., Waninge, A., Parkhurst, A.M., Milanuk, M.J. and Clems, E.T. (1995) Vocalizations and physiological response of pigs during castration with and without anesthetic. *Journal of Animal Science* 73, 381–386.

Widowski, T.M. and Duncan, I.J.H. (2000) Working for a dust bath: are hens increasing pleasure rather than relieving suffering? *Applied Animal Behaviour Science* 68, 39–53.

Willeberg, P. (1993) Bovine somatotropin and clinical mastitis: epidemiological assessment of the welfare risk. *Livestock Production Science* 36, 55–66.

Wray, H.R., Main, D.C.J., Green, L.E. and Webster, A.J.F. (2003) Assessment of welfare of dairy cattle using animal based measurements, direct observations, and investigation of farm records. *Veterinary Record* 153, 197–202.

Zurbrigg, K., Kelton, D., Anderson, N. and Millman, S. (2005a) Stall dimensions and the prevalence of lameness, injury, and cleanliness on 317 tie stall dairy farms in Ontario. *Canadian Journal of Animal Science* 46, 902–909.

Zurbrigg, K., Kelton, D., Anderson, N. and Millman, S. (2005b) Tie stall design and its relationship to lameness, injury, and cleanliness on 317 Ontario dairy farms. *Journal of Dairy Science* 88, 3201–3210.

# 第 2 章　为什么农场动物福利是重要的？社会和伦理背景

**Bernard Rollin**

**Colorado State University，Fort Collins，Colorado，USA**

在讨论农业产业（agricultural industry）中的动物福利时，存在一个巨大的、无处不在的概念性错误，它如此巨大，以致业界对社会不断关注农业动物的回应被忽视。这些关注正逐渐成为消费者不可商量的要求。不有效地回应这种关注会从根本上摧毁集约化畜牧业的经济基础。当人们与业界团体或美国兽医协会（American Veterinary Medical Association）讨论农场动物福利时，会发现同样的回应——动物福利仅仅关乎"真正的科学"（sound science）。

那些在皮尤委员会（Pew Commission）即知名的工业化农场动物生产国家委员会（National Commission on Industrial Farm Animal Production）任职的人，在与业界代表接触时经常遇到这种回应。这个委员会研究美国集约化畜牧业（Pew Commission，2008）。例如，一位猪肉生产者代表，在该委员会作证，回答说，工业化养殖行业的人对该委员会非常紧张，如果我们依据"真正的科学"得出我们的结论和建议，他们的焦虑就会得到减缓。希望能在那次交谈中纠正这种错误，并教育目前众多行业的代表，我回应她：

> "夫人，如果我们委员会提出如何在空间受限制条件下（in confinement）养猪的问题，科学当然可以为我们回答这个问题。但这不是委员会或社会要问的问题。我们要问的是，我们应该在空间受限制条件下养猪吗？而对于这个问题，与科学是不相关的。"

根据她"啊"的惊讶表现，我认为我并没有表达清楚我的观点。动物福利问题至少部分是"应该（道义上有责任）"的问题、伦理义务的问题。动物福利的概念是一种伦理概念，一旦对此理解了，科学就会带来相关数据。当我们询问有关动物的福利或一个人的福利时，我们问，我们应该给予动物什么，以及达到何种程度。一份涉及农业科学与技术委员会（Council for Agricultural Science and Technology，CAST）报告的文件，由美国农业科学家在 20 世纪 80 年代早期首先发表，讨论了动物福利，断言能否提供积极的动物福利的必要条件和充分条件是由动物生产力决定的。高产的动物享有良好的福利，非生产性动物享有不良的福利（CAST，1997）。

这一说法受到了很多质疑。首先，生产力是一个经济概念，预测整体经营情况，而福利预测动物个体情况。一种经营操作，如笼养蛋鸡在拥挤不堪的情况下可能非常有利可图，但作为个体的母鸡并不享有良好的福利。其次，我们应当看到，将生产力等同于福利，达到一定程度时，畜牧业合情合理的条件就是，当且只有动物生产状态良好，生产者就做得不错，正如方钉适合方孔尽可能少摩擦即可。然而在工业化条件下，动物并不是自然而然地适合其所处的小环境或自然环境，而要受限于"技术砂光机"（technological sanders）——抗生素、饲料添加剂、激素和温度控制系统，以允许生产者将方钉插入圆孔。这样动物没有死亡，却生产出越来越多的肉或奶。如果没有这些技术，动物就不可能高产。我们回过来比较一下畜牧业及其工业化过程。

　　这里回顾的关键一点是，即使农业科学与技术委员会报告的动物福利的定义没有遭遇到我们描述的麻烦，它仍然是一种伦理观念。报告中的定义本质上是说，我们给予动物什么以及达到何种程度仅仅是用来让它们创造利润。这反过来又会暗示，如果动物只要有食物、水和庇护所，它们就是幸运的，这些就是业内人士有时所宣称的。即使在 20 世纪 80 年代初，不管是动物倡导者还是其他人，对给予动物什么都有非常不同的伦理立场。事实上，英国农场动物福利协会（FAWC）在 20 世纪 70 年代提出的著名的五项基本原则（在 CAST 报告之前）就针对我们应给予动物什么描绘了完全不同的伦理观点，并申明：

　　*动物的福利包括动物身体和精神状态。我们认为，良好的动物福利意味着既健康又有幸福的感觉。任何由人管理的动物，至少必须免受不必要的痛苦。*

　　*我们也认为，动物的福利，不论在农场、运输途中，还是在市场或屠宰厂，都应考虑到"五项基本原则"的内容（见 www.fawc.org.uk）。*

　　*1. 为动物提供保持健康和精力所需要的清洁饮水和食物，使动物免受饥渴之苦；*

　　*2. 为动物提供适当的房舍和栖息场所，使动物能够舒适地休息，免受困顿不适之苦；*

　　*3. 为动物做好疾病预防，并给患病动物及时诊治，使动物免受疼痛和伤病之苦；*

　　*4. 为动物提供足够的空间、适当的设施和与同种动物伙伴在一起，使动物得以自由表达正常的行为；*

　　*5. 保证动物拥有避免心理痛苦的条件和处置方式，使动物免受恐惧和精神痛苦。*

（FAWC，2009）

　　显然，这两个定义包含着我们对动物伦理责任的非常不同的看法（还有不确定数量的其他定义）。当然，不能通过搜集事实或做实验来决定哪一个是正确的——确实，采用哪一种伦理框架实际上将决定研究动物福利科学的状态！

## 2.1　你的福利观决定什么是真正的科学

　　*澄清*：假设你认为，生产力高，动物就过得好，就像农业科学与技术委员会的报告所述。在这种情况下，福利科学的角色将是研究什么饲料、垫料、温度等最有效，以花最少的钱生产出最多的肉、奶或蛋——动物科学和兽医科学今天所做的许多都是这样。另一方面，如果你持FAWC 的福利观点，必须承认动物的自然行为和精神状态，并保证动物受到的疼痛、恐惧、痛苦和不适最小，这样生产效率将受到影响——按照农业科学与技术委员会关于福利的观点，这些不在考虑之列，除非它们对经济效率（economic productivity）有负面影响。因此，真正意义上，真正的科学并不确定你的福利观，而是你的福利观决定着真正的科学是什么！

　　不承认在动物福利观念中无法逃避的伦理成分不可避免地会滑向那些过去持有的彼此谈论的各种伦理观。因此，生产者忽视动物的疼痛、恐惧、痛苦、不适以及切除管理（truncated mobility）、恶劣的空气质量、社会隔离和贫瘠的环境，除非这些因素对"生产底线"产生负面影响。另一方面,动物保护者将这些因素放在首位考虑,而对系统的生产效率可能有多高完全无动于衷。

显然,这里出现了一个重大问题。如果动物福利的概念与伦理成分不可分,人们对农场动物负有责任的伦理观又明显不同、变化范围非常广,谁的伦理观应占主导地位? 谁能在法律或法规上规定怎样才算"动物福利"? 这对担忧"素食的积极分子固执地取消肉食"的农业生产关系巨大。事实上,这种担心当然是不必要的,因为这种极为激进的事情发生的机会微乎其微。然而,总的来说,社会上采用的伦理反映了社会共识,大多数人要么认为似是而非,要么愿意经过深思后接受。

我们所有人都有自己的个人伦理观,规范我们人生美好的一面。关于我们读什么、吃什么、对谁宽厚、具有什么政治和宗教信仰等其他众多的基本问题都可用我们个人的伦理观来回答。这些可从许多来源——家长、宗教机构、朋友、看书、看电影和电视——获得。就像善待动物协会(People for the Ethical Treatment of Animals,PETA)的成员所做的那样,当然一个人有权从伦理上相信:"吃肉就是谋杀",应该做素食主义者,使用来自动物研究的产品是不道德的,等等。

显然,一个社会,特别是自由的社会,容纳着这些令人眼花缭乱的个人伦理观以及相互间发生重大冲突的可能性。如果我的个人伦理观建立在宗教原教旨主义的信仰基础上,你的个人伦理观建立在赞美对肉体满足的基础上,我们注定要发生冲突,也许还会很严重。出于这个原因,也许除了在整体单一的文化中所有成员共享相同的价值观的情况,社会生活运行不能只以每个人的个人伦理观为依据。人们可能发现,在农区的小城镇具有类似的例子:那里不需要锁自家的门,不需要从车上取出钥匙,或者不需要为自己的人身安全担心。但这样的地方自然很少,而且可能数量还在减少。当然在较大的社区,极端的情况如纽约和伦敦,人们发现混乱的多元文化和相应的个人伦理观塞满了一个小小的地理空间。仅仅出于这个原因,以及控制那些可能利用别人的伦理观满足自己伦理观的人,需要一种社会共识伦理,一种超越个人的伦理观。这种社会共识伦理总是与法律相连接,对违反行为具有明显的约束力。随着社会的发展,出现不同的问题,导致社会伦理的变化。

那么,我的主张大约始于 20 世纪 60 年代后期,对待动物已经从一种个人伦理的范例转变成越来越多的社会伦理和法律范围内的议案。这种情况是如何发生的? 为什么? 会发生到何种程度?

如果将人类利用动物的历史追溯到开始驯养动物的 11 000 年前,你会发现,关于对待动物的社会伦理规则非常少。唯一例外是禁止故意的、毫无目的的残忍,即导致不必要的痛苦、苦难或过分忽视,如未能提供食物或水。这一规则在《旧约》中有很好的说明,许多禁令说明了它的存在。例如,人们被告知,当从产蛋箱收集鸡蛋时,应该留下一些鸡蛋,以免动物受到痛苦。犹太和清真屠宰由受过训练的人使用非常锋利的屠刀来完成,与棒击造成更多外伤相比,显然可以作为一种可行的替代方法(当然,这并不表明在生产能力非常大的工业化屠宰厂中这种屠宰方法是福利友好的)。犹太教的饮食教规禁止食用牛奶和肉类——不对吃母乳的牛犊怒斥——似乎旨在避免丧失对动物痛苦的敏感性。伊朗的 Raza Gharebaghi 和同事(2007)综述了禁止母婴分离的伊斯兰禁令。《古兰经》中也有许多段落提到,必须给工作动物提供食物和水(Al Masri,2007)。

在中世纪,St Thomas Aquinas 出于以人类为中心的原因,规定禁止残忍对待动物,这一规定依据先见之明的心理洞察力，即那些虐待动物的人会不可避免地发展到虐待人类。虽然 Aquinas 并没有将动物看作直接的道德关怀对象，但是依然坚决禁止虐待动物。

在 18 世纪后期的英国以及随后几年的其他地方，禁止故意地、离经叛道地、固执地、恶意残忍地虐待动物，即没有合理的目的使动物遭受痛苦，或者粗暴的忽视，如不给动物提供饮水或者食物，均被列入所有文明社会反虐待的法律中。尽管部分原因是采纳了限制动物痛苦的道德观，但是一个同样重要的原因是托马斯主义观点——要搜寻出可能伤害人类的个体，在美国和其他地方的案例能说清这一点。

在 19 世纪一个揭露出来的案件中，一名男子将鸽子抛向空中并向它们射击，以展示自己的技能，因为这种残忍的行为，这名男子受到了指控。杀死鸽子后，他吃了。法院裁定，这些鸽子不是"没有必要或不需要被杀"，因为这种杀害发生在"爱好于一种创造健康的运动过程中，旨在提升力量、身体的灵活性和勇气"。在讨论驯鸽在科罗拉多州遭受射击、类似 19 世纪的案例时，法院断言：

> 每一种导致动物疼痛和痛苦的行为，只要提出的目的或目标是合理和适当的，造成疼痛的行为就是必要和合理的，因为这种行为用来保护生命或财产，或为人提供必需品。

归于科罗拉多州法院的功劳，他们没有发现这种射击驯鸽满足了"有价值的动机"或"合理的目标"测试。然而，即使在今天，还有司法主张，射击驯鸽和"篱内狩猎"不违反当地的法律。

残忍对待动物与心理变态行为密切相关，这个观点显然是正确的。随着射击开始，是心理将要发生变态的征兆。在自己学校乱开枪的孩子大多有虐待动物的早期经历，就如莱文沃思监狱 80% 的暴力罪犯和大多数连环杀手一样。虐待动物者经常虐待妻子和子女（Ascione 等，2007；Volant 等，2008）。大多数的受虐妇女庇护所必须为家庭宠物饲养制定规则，因为施虐者会像伤害女人一样伤害动物。一些研究已表明儿童时期对动物残忍和对人的暴力行为之间的关系（Miller，2001）。但概念上这些法律对动物提供的保护很少。虐待动物只占人类施加给动物的痛苦的一小部分。例如，美国每年生产 90 亿只肉鸡，在抓捕和运输过程中许多都受到擦伤和骨折或其他骨骼肌损伤。在餐饮公司开始做动物福利审核前，草率、野蛮装卸造成 5% 的肉鸡遭受折翅的折磨，即令人吃惊的是有 4.5 亿只鸡受到像断臂一样的严重伤害。即使只有 1% 的鸡受到如此损伤（一个荒谬可笑的低比例），那么就有 0.9 亿只动物独自在那儿遭受痛苦——这丝毫不像发生了 0.9 亿件残酷的事件，这些鸡在法律上不受保护。在美国，它们甚至没有受到人道屠宰法的保护！在欧洲和加拿大，人道屠宰法律包括了家禽。

## 2.2 畜牧业的末日

为什么历史上保护动物的法律或社会伦理如此简约？当我最初开始从事动物伦理工作时，我认为，答案是对弱小动物自私自利的利用。后来我意识到，答案更加微妙，存在于我所称的"畜牧业的末日"中。

传统考虑，从聚集狩猎社会发展而来的人类文明总会促进农业的兴盛，即驯化动物和种植农作物。当然，这样允许人类预测食物供应，就像人类预测变幻莫测的自然世界——水灾，旱灾，飓风，台风，极端的热和冷，火灾等。的确，利用动物提供劳力和动力以及食品和纤维，成功地促进了种植业发展。

这归结于 Temple Grandin 博士所称的与动物的"古老契约"，即高度共生的关系，基本上保持了几千年不变。人类选择适于管理的动物，进一步通过育种和人工选择来塑造它们的性情和生产性状。这些动物包括牛、绵羊、山羊、马、犬、家禽和其他鸟类、猪、有蹄类动物和其他能驯化的动物。Calvin Schwabe(1978)，一名著名的兽医，曾给牛起了"人类母亲"的绰号。动物提供食物和纤维(如肉、奶、毛、皮革)，动力(拉、犁)，运输，充当武器(如马和大象)。随着人们在育种和管理动物方面有效的进展，生产力得到了提高。

人类受益的同时，动物也受益。人们以一种可预测的方式给动物提供生活必需品。这样就诞生了畜牧业的概念和共生契约的卓越实践与体现。"Husbandry"一词源于古斯堪的纳维亚语单词"hus"和"bond"，动物与家庭相联系。畜牧业的本质是看护。人类将动物放入可能对其最理想的环境中生长、繁衍，这种环境经过演变和选择。此外，人类为它们提供食物、水、庇护所，保障它们不被掠食，提供实用的医疗照顾，在分娩时提供助产，在饥荒期间提供食物，在干旱期间提供饮水，以及提供安全的环境和舒适的管理。

最终，必要的承担和常识被阐述成道德的义务，与自身利益息息相关。在诺亚的故事中，我们知道，上帝保护人类的同时，人类保护着动物。事实上，畜牧业伦理贯穿整个圣经；动物必须在安息日休息，就像我们一样，人们不应对吃奶的犊牛怒斥(这样我们就不会对动物需求及天性变得麻木不仁)；为了拯救动物，我们可以违反安息日教义。伊斯兰传统对利用动物也有类似的条文："当动物不能再忍受你的重量时，不要骑它，并要公平对待动物……如果动物筋疲力尽，必须让它休息一下"(Shahidi，1996)。

谚语告诉我们："聪明的人关心他的动物。"《旧约》中充满着不要给动物造成不必要的痛苦的禁令，以巴兰敲打其驴的奇怪的故事为例，按照上帝的说法，他将受到动物的惩罚。

第 23 版《诗篇》充分阐述了畜牧业伦理的真正影响力。其中，为了寻找上帝关于动物与人类理想关系的恰当比喻，《诗篇》作者引用了牧羊人：

上帝是我的牧羊人，我不应缺少。他使我躺卧在青草地上，他指导我来到静静的水边。他抚平我的灵魂。

我们不希望上帝提供的东西超过牧羊人提供给其动物的东西。确实，考虑一下古犹太羔羊。《圣经》告诉我们，如果没有牧羊人，动物不会轻易找到饲料或水，在众多天敌——狮子、豺、鬣犬、猛禽和野犬——出没的地方将无法生存。在牧羊人的庇护下，羔羊生存得很好，很安全。来自非洲的怒族、印加、西班牙巴斯克和印度具有不同文化的牧羊人和牧民谱写的诗和歌曲都涉及牧羊人(Kessler，2009)。所有这些传统促进了畜牧业的良好发展以及动物与土地的联系。

作为回报，动物提供了产品，有时甚至是生命，但是当它们活着的时候，它们活得很好。正如我们所看到的，即使屠宰，夺取动物的生命，也必须尽可能无痛，由一个经过训练的人用尖刀刺杀，以避免不必要的痛苦。古代宗教仪式屠宰，无论犹太教还是伊斯兰教，远比棍棒击杀仁慈，最重要的，那是当时可见到的最人道的方式。

当柏拉图讨论共和国理想的政治统治者时，他作了一个牧羊人与羊之间的比喻：统治者对于他的人们就好比牧羊人对于羊群。第四纪牧羊人，其存在是为了保护、维护和改善羊群，给他的报酬是按能力支付的工资。所以对统治者也该如此，进而阐明了我们的畜牧观对我们心灵状态的影响力。直到今天，牧师仍被称为教徒的牧羊人，"牧师"（pastor）起源于"田园"（pastoral）。

畜牧业奇异的妙处在于，它曾成为一个伦理和审慎的原则（Rollin,2003）。很明辨的，不遵守畜牧业的发展规律会无情地导致人类饲养动物的毁灭。不喂食，不给水，不防天敌，不尊重动物身体、生理、心理需求和天性，就变成了亚里士多德所说的终结——"母牛的身份，绵羊的身份"——这意味着你的动物无法生存和发展，你也是这样。畜牧业失败的最终制裁——自身利益的侵蚀——避免了需要为畜牧业的道德规范作任何详细的伦理讲解：凡对自身利益无动于衷的人是不可能被道德或法律禁令感动的！就这样，我们会发现在 20 世纪前关于动物伦理的书面材料及其法律汇编几乎没有，且大部分与我们讨论过的病态虐待有关。因此，缺乏动物伦理和法律可由动物的主要使用性质——农业及其需要的成就——良好的畜牧业来解释。

20 世纪中叶，许多国家的农牧业被工业化农业取代。Ruth Harrison（1964）在她的名著《动物机器》（*Animal Machines*）中描述了她在英国集约化养殖场观察到的可怕情况。鸡被塞进极小的笼子，用绳子拴系肉用小牛和母猪，使得它们无法转身。她的书被翻译成 7 种语言，推动了 Brambell 委员会的成立，并提出了五项基本原则（McKenna,2000；Van de Weerd 和 Sandilands,2000）。她的书令公众开始关心发生在英国家禽场、牛场和猪场的集约化养殖及养殖技术的不足。美国畜牧业工业化的发生有各种可以理解甚至值得称赞的理由，但这些理由需要重新评价。

1. 工业化农业约始于 20 世纪 40 年代，当时美国面临着与粮食有关的各种新挑战。首先，经济大萧条（Great Depression）和尘暴（Dust Bowl）（严重干旱）恶化了很多农民的处境，甚至更为引人注目地显露出民众闹饥荒的征兆，这在美国历史上是第一次。对等候领救济食品的队伍和施舍处的生动场景促使形成这样的愿望，即要确保廉价食品充分供应。到了 20 世纪 60 年代末和 70 年代，与欧洲相比，美国拥有生产单元大得多的大规模工业化畜牧业。

2. 在城市里可找到更好的工作，农村的老百姓成群结队来到城市，希望过上更美好的生活，造成了农业劳动力的潜在不足。

3. 随着城市和郊区的发展，各种开发侵占了农业用地，抬高了土地价格，将可用于农业种植的土地转为他用。

4. 农村的老百姓本来对农村缓慢的生活方式感到很快乐，一战和二战期间征兵，使他们混杂在市区和郊区中，从而对农业的生存方式产生不满。记得第一次世界大战后流行的一首歌："如何要年轻人待在农场（在他们已经看到巴黎后）？"具有讽刺意味的，到了 20 世纪 60 年代后期，许多城市人向往以小农场为代表的"简单生活"。现在，在发达国家，人们对购买当地小型家庭农场的动物产品产生了巨大兴趣。都市人渴望畜牧行业的回归。

5. 人口学家预测，人口在戏剧性地急剧增加，这已被证明是确定无误的。

6. 随着工业化在新领域的成功，特别是 Henry Ford 汽车概念的应用，工业化的概念或许无可避免地会应用到农业领域。（Ford 本人已经将屠宰厂描述成"拆卸线"。）

这样就诞生了农业工业化的做法，用机器代替劳力。农业学校传统的畜牧系改名为动物科技学院，象征性地标志着这种转变。在教科书中动物科技学院被定义为运用工业方法生产动物的院系。

在这种转变过程中，农业、畜牧业的传统准则——可持续发展（农业不只是作为一种谋生方式,而是一种生活方式),已经转变成追求效率和生产力。伴随着机器代替人力,接着需要大量资金,农场生产单元越来越多,结果形成了 20 世纪 70 年代的口头禅"要么扩大要么淘汰"。农业科研强调生产廉价和丰富的食物,并前所未有地向这个方向迈进。为了效率,动物受到空间限制,远离草料,大量的研究用来寻找廉价的营养来源,从而导致将不正常的成分喂给动物,造成家禽和牛的粪肥也出现异常。为了生产力,动物处于远离其自然需要的环境下。然而资源节约型畜牧业强调将方钉钉入方孔,圆钉钉进圆孔,尽可能小地产生冲突;工业化畜牧业被迫将方钉钉入圆孔,利用我命名的"技术砂光机",如抗生素、激素、极端的遗传选择、空气处理系统、人工冷却系统和人工授精,迫使动物处于非自然状态,而它们仍然能保持高产。

例如,看一下蛋产业,农业中最早实现工业化的领域之一。传统上,鸡自由地在场院中活动,能通过觅食以土地为生,表达它们的自然行为,如自由移动、筑巢、沙浴,逃避更好斗的动物,远离鸡窝排便,而且在一般情况下,能表达鸡的天性。然而蛋业的工业化,意味着把鸡放入小笼,在一些系统中,有六只鸡挤在一个小铁丝笼中,这样某一只鸡可能站在其他鸡身上,它们没法表达任何固有行为,甚至无法伸展翅膀。在缺少空间建立优势等级或啄序(pecking order)的情况下,它们同类相残,因此必须断喙,导致产生疼痛的神经瘤,因为喙是由神经支配的(Gentle 等,1990)。目前,动物在工厂的机器中属于便宜的一部分,甚至是最便宜的,因此完全可以消费。如果一个 19 世纪的农民试图有这样一个系统,随着动物因疾病在几周内死亡,他将会破产。为了产蛋和产肉,猪和鸡的一些遗传品系经过高度选择,以致它们抗病能力较差。猪已经变得容易感染疾病,一些农民已经安装了抗菌过滤器,滤掉进入猪舍的空气中的微生物(Vansickle,2008)。这是一种走向极端的技术砂光机。

确保人类、动物和土地持久平衡的稳态正在失去。把鸡放入笼子以及环境控制舍内的鸡笼需要大量资金、能源和技术"安排",例如,要运行排气扇以防止致命的氨积累。每只鸡的价值是微不足道的,所以需要更多的鸡;鸡很便宜,鸡笼很昂贵,所以每个笼要尽可能塞进更多鸡。鸡的高度聚集需要大量抗生素等药物,以防止疾病在拥挤的条件下迅速传播。动物的育种,完全以生产力为导向,遗传多样性——应对意外变化的一个安全网——正在丢失。普渡大学遗传学专家 Bill Muir 发现,与非商品家禽比,家禽商业品系已经失去其遗传多样性的 90%(Lundeen,2008)。Bill Muir 博士非常关注遗传多样性的缺失。小型家禽生产商因无法承受资本的需求消失了,农业作为一种生活方式以及一种谋生方式消失了。Thomas Jefferson 认为,作为社会骨干的小农户正被大型企业集团取代(Torgerson,1997)。巨大的公司实体,垂直整合,得到优惠。粪便成为一种污染物,而不是牧场的肥料,其处理成为一个问题。对畜牧业非常重要的地方性智慧和专有技术丢失了,有线的硬件"智能"进入"系统"。食品安全受到药物和化学品积累的威胁,抗生素广泛使用,以控制病菌,事实上有利于耐抗生素病原体品种的选择,因为易感品种都死光了。总之,系统失衡,需要不断投入以保持其运行,并要处理其产生的废弃物,生产其需要消耗的药品和化学品。动物悲惨地生活着,生产力已经将其幸福葬送。

在畜牧业工业化地区,对于动物每个人都会遇到同样令人沮丧的局面。例如,谈到乳品工业,曾一度被看作是田园牧歌、可持续畜牧业的典型画卷,动物在牧场吃草,生产出牛奶,排出的粪便肥沃着土壤,维持着牧场的生态平衡。虽然业界希望消费者相信这种情况仍然存在——美国加州乳品工业做的广告宣称,加州干酪产自"快乐的牛",而且展示了在牧场的奶牛——事实却完全不同。美国加州奶牛绝大多数在污垢和混凝土条件下生存，实际上从来没有看到过一片牧草叶，更不用说吃了。所以，这种欺骗是无耻的，以致乳品协会因虚假广告受到控告。我的一个朋友，一个从业 35 年的牛奶业生产者，非常直率地反对这种"无耻谎言"。

事实上，奶牛的生活并不愉快。现代农业普遍存在的一个问题是，动物都是依据生产力培育而成；对于奶牛，是根据产奶量培育而成。现今的奶牛产出的奶比 60 年前高 3～4 倍。1950 年，奶牛在一个哺乳期内平均年产 2 410 L 牛奶（5 314 lb）。50 年后，它已接近 9 072 L（20 000 lb）（Blaney，2002）。仅从 1995 年算到 2004 年，每头奶牛产奶量就增加了 16%。其结果是，腿上好像挂着奶袋，导致其站不稳。美国奶牛跛腿的比例很高，这些牛长期遭受严重的生殖问题。Espejo 等（2006）发现，饲养在散养（隔间）舍中的奶牛平均有 24.6% 跛腿（见第 1章）。在传统农业时期，一只奶牛可以连续生产 10 年，甚至 15 年，而现今的母牛只能维持 2 个多一点的泌乳期，这是代谢枯竭和追求日益增产的动物的结果，在美国使用牛生长激素（bovine somatotrophin，BST）进一步增加产量加速了这种变化。这种不自然的高产动物自然会患上乳腺炎，在美国部分地区，业界的反应是，在无麻醉的情况下断尾以减少粪便污染乳头，这种做法不但徒劳无功，还产生了新的福利问题。这个程序尽管仍然在实行，但已经明确表明与乳腺炎控制或体细胞数降低无关（Stull 等，2002）。（在我看来，应激和断尾的疼痛，以及随之而来的无法驱赶苍蝇可能更容易患上乳腺炎。）犊牛从出生后不久、接受初乳前就离开母牛，母牛和犊牛都会产生明显的痛苦。出生后，公犊可能被立即运到屠宰厂或饲养场，从而使它们产生应激和恐惧。

美国集约化的养猪业，少数几家公司生产 85% 的猪肉，也是造成重大痛苦的原因，却没有影响养猪产业。当然，考虑到猪的智力，受限制的养猪业（confinement swine industry）（在板条箱或限位栏——实际上是在小笼子中饲养妊娠母猪）可能是整个畜牧业中最令人震惊的事实。根据行业的建议，这种限位栏尺寸为高 0.9 m，宽 0.64 m，长 2.2 m，母猪整个约 4 年的生产周期都要待在里面，只有一个短暂的例外，我们稍后会详细阐述——即这种栏用于可能重达 275 kg 或以上的动物（在现实中很多栏更小）。母猪不能转身、走动，甚至不能搔到自己的臀部。体形大的母猪甚至不能平躺，大多数时间只能胸部着地躺卧。唯一的例外是分娩阶段——约 3 个星期，这时母猪被转移到"产仔栏"产仔，给仔猪哺乳。为产仔母猪留的空间并不大，但其周围有"隔离栏"，仔猪吃奶时不会因为母猪调整姿势而被压。

在粗放养殖的条件下，母猪在山坡上筑巢，排泄物可以浸入土地，每天吃草要走 2 km，与其他母猪轮流看护仔猪，所有的母猪都能吃上草。集约化生产如此剥夺了母猪的天性，母猪会发疯，表现出怪异与异常行为，如强迫性地咬栏，因为躺卧在被自己排泄物污染的混凝土地面上，母猪要忍受蹄、腿病变（见第 8 章和第 15 章）。

这些例子足以说明在空间受限的情况下动物缺乏良好的福利。确信无疑，这一连串的问题可以得到解决。一般来说，在空间受限的农业生产中所有动物（肉牛是个例外，它大部分时间生活在牧场，然后在肮脏的饲养场靠采食谷物完成育肥，在牧场它们可以表达许多自然习性）都遭受着放牧农业所没有的相同的福利问题。

1. 生产性疾病。根据定义，生产性疾病，如果不是因为生产方式所致，是不会存在或不会成为严重的流行病侵入的一种疾病。例如，肝脏和瘤胃脓肿，是因为给牛喂了过多的谷物，而不是粗饲料。经济上，生病的动物不只是抵消掉其余动物的增重。其他的例子有，空间受限的环境引起的奶牛乳腺炎、β-受体激动剂增加猪肌肉数量引起的乏力以及肉牛"运输热"(shipping fever)。有些课本涉及生产性疾病,我的一位同事称这种病为"兽医的耻辱",因为兽医应该努力消除引起这种疾病的条件,而不是治疗症状。

2. 熟知动物的工人流失。大型产业经营,如养猪场,工人工资最低,有时是非法的,经常流动,几乎没有动物知识。服务于空间受限的农业的农学家鼓吹,"智慧就在系统中",从而失去了畜牧业历史上的集体智慧,就如历史上的牧羊人现在已转变成为死记硬背、廉价的劳动力。

3. 缺乏个体关注。在放牧系统中,每个动物都是有价值的。在集约化养猪生产中,每个动物个体不值得考虑。结合考虑工人不再是看护人的事实,结果是显而易见的。

4. 不重视由动物自身生理和心理特性决定的需求。如前面提到的,技术砂光机让我们将动物饲养在违背其自然天性的条件下,从而强化了生产力,牺牲了有保障的康乐。

在这里绝对有必要强调,创造和延续这些系统的人们没有任何恶意的企图肆意欺凌动物的福利(几乎所有动物科学家和工业化农业的生产者都有放牧系统的背景)。未能在这些新系统考虑动物福利基本上源于概念上的错误。

让我们回顾一下,传统畜牧业的成功依赖于正确对待动物——总的来说,如果动物遭受痛苦,生产者就会受到损失。在这种情况下,以动物的生产力作为动物福利一个适宜(概略的)的评价指标,是完全合理的(应当做出一些改进)。那些发展了动物空间受到限制的农业生产系统的人们继续使用这一指标,没有区分工业化和传统畜牧业之间的明显差异。在工业化饲养条件下,前面提到的技术砂光机不但切断了生产力和福利之间的密切联系,而且就动物遭受的痛苦来说,并没有导致经济效率的损失。在这种情况下,如通过对高生产力的单一遗传选择,当代奶牛实际上出现了新的福利问题,例如代谢"疲劳"、蹄腿问题和生殖问题。在一项研究中,最高产的奶牛腿肿的百分比较高(Fulwider 等,2007)。在许多集约化奶牛场,母牛只能维持两个泌乳期。我们看到,前面提到的1982年的CAST报告(CAST,1982)体现了这种概念的错误。

动物福利并不是由农业工业化无意中引起的唯一问题。美国工业化农场动物生产皮尤委员会(The Pew Commission on Industrial Farm Animal Production in America),我曾有幸服务过,经过2年多的深入研究,最近发布了涉及所有这类问题的一个报告。(该报告可在www.ncifap.org.获得。)我们认为,虽然按照收银机的现金支出,工业化农业确实产生出了便宜的食物,但这种农业产生了许多明显的由社会(消费者)负担的成本,没有出现在收银机现金支出中(经济学家称之为成本外化)。这些费用包括:

1. 环境掠夺。例如,在高度集中的工业化农业中,动物废弃物处理成为污染的一个主要途径。相关的一个问题是空气污染。

2. 小农户和健全的农村社区的进一步消失。例如,美国失去了20世纪80年代初养猪生产者数量的85%。

3. 人类健康的风险成本。包括在高度受限环境下病原体的繁殖,在一些空间高度受限的单元中工作的人员呼吸困难,对空间受限的动物非治疗性使用低剂量抗生素产生抗生素耐药性以及食品安全等问题。

4. 动物福利——如已讨论的。

无论如何,让我们回到我们的主要话题:动物福利的观念毫无疑问体现了针对动物的社会伦理,对畜牧业的作用必须理解清楚,以满足社会需求。

## 2.3　公众对动物的关注增强

首先,在过去几年里,公众对对待动物的关注明显增加,特别是,当人们已经知道,当今对动物的应用没有建立一种公平的关系时更是如此,目前对动物的应用显然是掠夺性的,尤其在畜牧业以及动物研究和试验方面。这反过来又导致试图解决不受虐待法律包含的动物遭受折磨的法律向全球扩散,即使是虐待法律本身在美国 40 个州也得到了加强并提升到重罪状态。2004 年在州议会有 2 100 多部与动物福利有关的法律得到提议,实验动物的立法向欧洲和其他国家扩散。世界动物卫生组织(OIE)屠宰和运输福利法规关于动物福利的议题已经引起了发展中国家的关注。许多虐待行为由于舆论压力而避免,越来越多的消费者表示,愿意购买友好饲养生产的食品和没有进行过额外动物试验的化妆品。

随着媒体对动物议题报道的增多,社会对动物的普遍认识为,伴侣动物是“家庭成员”,许多人为动物说话,关于动物伦理的书籍越来越多,人们需要确信动物得到适当处理。而且,如我 30 年前预言,随着传统畜牧业的消失,反虐待伦理和法律看不到大多数动物经历的苦难,社会需要新的动物伦理,并期待对现存的人类伦理作适当修改,做出成效。正如柏拉图所说,伦理学产生于预先存在的伦理,不是通过创建新的原则(他所谓的“教学”),而是通过提醒人们现行伦理信念隐含的逻辑内涵扩展新的伦理领域。

很明显,我们的伦理信念一部分已延伸至动物。每一个社会都面临着两种利益的根本冲突——群体好和个体好。例如,向富人征税,对群体有益,但对财富个体却没有利益。正如为了群体利益征召年轻人入伍打仗,而对这些个体来说没有什么利益。许多社会,如极权社会,解决这种冲突时把社团实体放在首要地位。另一个唯一的极端做法就是使所有社会的决策一致,很明显这是不可能的。

关于畜牧业,放牧动物在牧场吃草、自由活动的田园景象是标志性的。正如《诗篇》之第 23 篇指出,食用动物的人们希望看到动物有像样的活法,而不是过得很痛苦、悲伤和沮丧。这就是工业化农业向幼稚的公众隐瞒了生产实际情况的部分原因——普渡关于饲养“快乐的鸡”的广告,或加州的“快乐的牛”的广告可以作证。一旦普通老百姓发现真相,就惊呆了。当我在皮尤委员会(Pew Commission)服务、其他委员第一次看到母猪限位栏时,许多人都流了泪,全都被激怒了。

正如我们采用尊重人性的基本原则而受到约束一样,人们希望看到一个类似的观念应用到动物身上。动物也有天性,我所说的终极来自亚里士多德——“猪的身份”,“牛的身份”。猪被“设计”在软壤土上走动,而不是待在妊娠栏中。如果这种情况在自然条件下不会像在传统畜牧业中表现的那样出现,人们希望看到立法来进行约束。这就是“动物权利”的主流意识。

如同财产,严格来说,动物不能有法定权利。但通过限制财产权,可以做到在功能上等同于权利。当我和其他人起草美国联邦关于实验动物的法律时,我们不否认,实验动物为研究人员所有。我们只是着眼于限制他们对自己财产的使用方面。我可以拥有我的车,但这并不意味着我可以在人行道上或在任何我选择的速度下驾驶它。同样,我们的法律规定,如果一个人在试验中伤害实验动物，他就必须控制其疼痛和苦恼。因此，可以说，实验动物有权利使自己的疼痛得到控制。

对农场动物，人们希望看到它们的基本需求和天性也即终极目标在饲养的系统中得到尊重。这种状况不再像传统畜牧业那样自然而然地出现，因此必须通过立法或法规来强制执行。2003年的一项盖洛普民意调查（Gallup poll）显示，62％的民众希望农场动物福利拥有立法上的保障。这就是我所说的"动物权利是一种主流现象"。因此，关于动物终极目标的饲养管理准则的法制化是传统畜牧业被摒弃的地方动物福利的形式。

因此，在今天的世界中，动物福利的伦理规定，我们饲养和使用动物的方式必须表现出尊重，并提供条件满足它们的心理需求及天性。因此，重要的是，工业化农业应该逐步淘汰那些违反动物天性、造成动物痛苦的生产系统，并用尊重它们天性的系统取代。

正如我告诉过许多畜牧业和兽医团体一样，这并不意味着动物科学的终结。它的意思是，当推动动物科学的基本价值变成追求效率和生产力时，动物科学必须转向我们讨论的系统设计——尊重动物的自然天性，减少动物的痛苦和苦恼，控制来自生产系统的环境退化，关注动物生产对农村社区和人类健康的影响，关注动物需求和天性。总之，动物科学必须改变成18世纪所说的"道德科学"。对动物福利的概念中不可约定的、长期被忽视的道德组成部分，畜牧行业必须接受并落到实处。

这就是为什么像母猪妊娠栏高度限制动物自由的系统要淘汰的原因。在英国它们已经被淘汰，欧洲的欧盟国家将在2013年禁用母猪妊娠栏。在美国和加拿大，来自消费者和动物权益团体的压力已经在促使诸如史密斯菲尔德（Smithfield）和枫叶（Maple Leaf）这些大公司淘汰母猪栏中发挥了作用。这正是对消费者伦理关注的一种回应。

（顾宪红译校）

## 参考文献

Al Masri, H. (2007) *Animal Welfare in Islam*. Islamic Foundation, London.

Ascione, F.R., Weber, C.V., Thompson, T.M., Heath, J., Maruyama, M. and Hayashi, K. (2007) Battered pets and domestic violence: animal abuse reported by women experiencing intimate violence and by nonabused women. *Violence Against Women* 13, 354–373.

Blaney, D.P. (2002) The changing landscape of milk production. United States Department of Agriculture (USDA), Statistical Bulletin Number 972. USDA Agricultural Research Service (ARS), Washington, DC.

Council for Agricultural Science and Technology (CAST) (1982) *Scientific Aspects of the Welfare of Food Animals*. Report #91. CAST, Ames, Iowa.

Council for Agricultural Science and Technology (CAST) (1997) *Wellbeing of Agricultural Animals Task Force Report, Chaired by Stanley Curtis*. CAST, Ames, Iowa.

Espejo, L.A., Endres, M.I. and Salfer, J.A. (2006) Prevalence of lameness in high producing Holstein cows housed in freestall barns in Minnesota. *Journal of Dairy Science* 89, 3052–3058.

Farm Animal Welfare Council (FAWC) (2009) Available at: http://www.fawc.org.uk/freedoms.htm (accessed 19 June 2009).

Fulwider, W.K., Grandin, T., Garrick, D.J., Engle, T.E., Lamm, W.D., Dalsted, N.L. and Rollin, B.E. (2007) Influence of free stall base on tarsal point lesions and hygiene in dairy cows. *Journal of Dairy Science* 90, 3559–3566.

Gallup (2003) Available at: www.gallup.com (accessed 18 June 2009).

Gentle, M.J., Waddington, D., Hunter, L.N. and Jones, R.B. (1990) Behavioral evidence for persistent pain following partial beak amputation in chickens. *Applied Animal Behavioural Science* 27, 149–157.

Gharebaghi, R., Reza Vaez Mahdavi, M., Ghasemi, H., Dibaei, A. and Heidary, F. (2007) Animal rights in Islam. In: *Proceedings of the Sixth World Congress in Alternatives and Animal Use in the Life Sciences*, 21–25 August 2007, Tokyo, Japan, pp. 61–63.

Harrison, R. (1964) (Reprinted 1966) *Animal Machines*. Ballantine Books, New York.

Kessler, B. (2009) *Goat Song*. Scribner, New York.

Lundeen, T. (2008) Poultry missing genetic diversity. *Feedstuffs*, 1 December, p. 11.

McKenna, C. (2000) Ruth Harrison. *Guardian*, 6 July. Available at: http://www.guardian.co.uk/news/2000jul/06/guardianobituaries (accessed 20 July 2008).

Miller, C. (2001) Childhood animal cruelty and interpersonal violence. *Clinical Physiological Review* 21, 735–749.

Pew Commission (2008) Putting Meat on the Table: Industrial Farm Production in America. Pew Commission on Industrial Farm Animal Production in America. Available at: www.PCIFAP.org (accessed 18 July 2008).

Rollin, B. (2003) *Farm Animal Welfare, Social, Bioethnical, and Research Issues*. Wiley, Chichester, UK.

Schwabe, C. (1978) *Cattle, Priests, and the Progress of Medicine*. University of Minnesota Press, Minneapolis, Minnesota.

Shahidi, S.J. (1996) *Translation of Nahj-albalagheh by Iman Ali enbe Abu Talih*. Cultural and Scientific Publishing, Iran, 286 pp.

Stull, C.L., Payne, M.A., Berry, S.L. and Hullinger, P.J. (2002) Evaluation of the scientific justification of tail docking in dairy cattle. *Journal of the American Veterinary Medical Association* 220, 1298–1303.

Torgerson, R. (1997) Jeffersonian democracy and the role of cooperatives. *Rural Cooperatives* 64(3), 2.

Van de Weerd, H. and Sandilands, V. (2000) Bringing the issue of animal welfare to the public: a biography of Ruth Harrison (1920–2000). *Applied Animal Behaviour Science* 113, 404–410.

Vansickle, J. (2008) Filtration works at a cost. *National Hog Farmer*, 15 November. Available at: http://nationalhogfarmer.com/facilities-equipment/ventilation/1115-filtration-works-cost/ (accessed 13 December 2008).

Volant, A.M., Johnson, J.A., Guillone, E. and Coleman, G.J. (2008) The relationship between domestic violence and animal abuse: an Australian Study. *Journal of Interpersonal Violence* 23, 1277–1295.

# 第3章  为评估农场和屠宰厂的动物福利采用有效的标准和评分体系

**Temple Grandin**

**Colorado State University，Fort Collins，Colorado，USA**

世界动物卫生组织(OIE)制定了最低动物福利标准,这些标准是每个国家都应该遵循的。标准主要有三类:

1. 国际标准,用来防止诸如 OIE(2009a,b)法典中规定的明显虐待行为。例如不能扯拽或摔扔意识清醒的动物。

2. 各国都应在法规中制定动物福利标准。例如英国规定所有农场的妊娠母猪均禁止使用母猪妊娠栏。

3. 私营标准,针对那些出售给餐饮连锁店和大型超市的动物。例如95%以上的牛在致昏箱内或者进入致昏箱时必须是安静的,不会发声(哞叫或者吼叫)。如有超过 5%的牛发声,将不能通过福利审核。

这些标准中包括为高度专业化的市场(如有机的、天然的、谷物饲喂或自由放养的动物)所制定的标准。例如当牛处于生长期时,必须饲养在牧场上。对于适合作为牧场的地方,动物生活场地最少要有 75%的田地或围场,而且场地中必须有 75%以上的地表被具有根系的植被所覆盖。

编制合理的私营标准与 OIE 的标准相容。编制时应避免与 OIE 直接冲突。例如在操作过程中,牛发声的数值得分会为执行 OIE 标准中的条款"动物在使用过程中应避免伤害、痛苦或损伤"(OIE,2009a)提供指导。所有类型的标准应该发布在网络上并且是易被浏览的网站上。这样可以透明化,且帮助制定标准的人减少不同标准之间的冲突。

## 3.1  制定清晰标准的必要性

许多有关动物福利、疾病控制、食品安全以及其他重要领域的标准和条例都过于模糊且主观化。在使用模糊的标准时,可能会有很多不同的解释。一位检员也许会用非常严格的方式来解释条款,而另一位检查员可能会允许虐待动物,并对条款做出宽松的解释。作者曾经为评估屠宰厂和农场的动物福利培训了许多审核员和检查员。这些人需要明确的信息,以了解什么条件是可以接受的,什么情况下认定审核失败或者什么情况是违法的。他们会问非常明确具体的问题。例如,瘀伤面积多大时可以认为是受损的胴体;用脚触碰动物时什么情况就认为是在踢动物；哪种行为被认为是虐待行为？ 在家禽舍中，他们会要求具体地描述一下可以接受的和不可以接受的垫料状况。

## 3.2　提高审核、评估和检查的一致性

一个好的审核培训项目必须行之有效。好的培训会提高不同审核员之间的一致性。通过良好的培训，不同审核员之间的判断差异会减少（Webster，2005）。

当标准的用词清晰明确时，进行福利评估的观察员之间的可靠性就会极大地提高。观察员之间的可靠性良好，不同的人对相同的一项评估的分数就会相近。作者从 66 家美国屠宰厂收集的资料表明，三位餐馆审核员，当他们需要评估捕获栓枪一次射击致昏的牛的比例（$P=0.529$），以及在通道和致昏箱中发声（哞叫或者吼叫）的牛的比例时（$P=0.22$），他们审核的结果没有差异。不过，当评估使用电刺棒移动的牛的比例时，不同审核员审核的结果具有显著差异（$P=0.004$）。对此的解释是致昏和发声的标准描述得很清楚，但使用电刺棒的标准却不够清晰。一些审核员记录了所有接触电刺棒的次数，而其他审核员却没有这样做。一些审核员不知道是否应该把所有接触电刺棒的次数都记录下来，因为不能精确地判定是否打开了电子按钮。对三种常用的奶牛福利评估工具的比较结果表明，它们都能准确地挑选出最差的 20% 奶牛场，但在其他指标的评估上差异却很大（Stull 等，2005）。

Smulders 等（2006）对猪的研究表明，通过现场评估动物福利和行为可以获得观察员之间的高度可靠性。这些研究人员开发了一种易操作的行为测试方法，获得的结果与生理应激指标如唾液皮质醇、尿液肾上腺素、去甲肾上腺素和生产性状等高度相关。在惊吓测试中，一圈栏猪可能被评定为受惊吓，也可能被评定为未受惊吓。将一个直径 21 cm 的黄色球扔进圈栏中，如果有超过一半的猪最初受惊跑开，则本圈猪就被评定为容易受惊吓。惊恐是受环境富集和饲养员的态度影响的（Grandin 等，1987；Hemsworth 等，1989；Beattie 等，2001）。生活在富集环境中且又受到饲养员悉心照顾的动物会表现很弱的惊恐反应。这项测试有如此好的观察员间的可靠性，原因之一是它非常简单。

### 3.2.1　培训审核员及审核的类型

基于实地培训超过 200 名审核员和视察员的基础，作者认为在实习审核员独立进行审核之前，须由经验丰富的审核员陪同拜访五个单位。如果他们准备审核或视察奶牛场，则需拜访五个奶牛场；如果他们要对家禽屠宰厂进行评估，则需要拜访五个家禽场。有必要开发一种简洁易用且有效的福利审核工具。

用于筛评动物福利的审核指标与用于进行详细科学研究或兽医诊断的指标有所不同。筛评工具需简单化，以使审核员培训比较容易。筛评工具的目的是为了确定福利状况存在问题。而复杂的测试是为了诊断和解决问题或进行科学研究。

## 3.3　应该去除模糊词汇，以增强观察者间的可靠性

有几个模糊的词汇应从所有的标准和指南中删除：它们是"适宜的"、"合适的"和"足够的"。一个人对"合适处理"的解释很可能与另一个人完全不同。例如，如果一个标准描述"减

少电刺棒的使用",一个人可理解为一次也不能使用,而另一个人会认为在每头动物身上使用一次是符合规定的。

在美国,美国农业部(United States Department of Agriculture,USDA)的标准中使用了一些模糊词汇来避免"过度使用电刺棒"或避免"不必要的痛苦和折磨"。培训审核员或视察员关于什么是过度使用电刺棒,以及获得不同视察员之间良好的可靠性是不可能的。一名视察员可能因为对每头动物使用了一次电刺棒而延缓肉类检查,关停该场,而另一个视察员则可能认为这种行为很正常,没有对该场进行处罚。作者已多次目睹了在执行美国农业部模糊不清的标准和指令时出现的不一致现象。而使用客观的数值评分会大大提高不同审核员之间或政府视察员之间的一致性。

在另一个例子中,有一个标准规定猪在运输车中或在舍饲体系中应有适宜的空间。这种说法太模糊。有效的说法是:猪须有足够的空间,以便所有的猪都可以同时躺下,而不必一只躺在另一只的上面。其他一些表述清晰的例子有:畜舍内氨气含量不能超过 $10\ \mu L/L$,奶牛禁止断尾。有些福利标准要求家畜必须饲养在牧场上,那么就应该有一个对牧草最小需求量的明确定义。达到什么程度时贫瘠、过度放牧的土地就可以被认为已经由牧场变成泥土地了呢?作者建议,作为牧场动物占用土地的 75% 或以上的部分都应被具有根系的植被覆盖(图 3.1)。

**图 3.1**　户外草地饲养的猪。土地要达到牧场的条件,饲养动物的围场应有 75% 或以上的区域被具有根系的植被覆盖。图中所示牧场有部分土地裸露,但可以接受。

运输安全标准是一个很好的描述清晰的例子,在很多国家均行之有效。编写福利标准的人应该以交通法规作为参考。当车辆超速时,警察测速后可以令其停下。他不会阻止他"认为"是超速的车子,而是去测量车速。司机和警察都清楚车速上限和交规。在大多数国家,交通法规的实施是有效且相当统一的。

不幸的是,有些政治家和政策制定者故意将标准制定得含混不清。一位发达国家主管食品检查的官员拒绝了作者关于减少条款模糊性的建议。他承认他的部门希望福利法规实施起来更灵活一些。他这样做的原因是标准的实施可以根据政治环境强化或减弱。这样模糊的标准导致的后果是一个视察员可能超级严厉,而其他视察员非常松懈,从而导致视察员之间没有一致性。

## 3.4　各种福利标准

评估动物福利有五种基本类型的标准:

1. 以动物为基础的标准,也称性能标准或产出标准(重点强调);

2. 禁止的操作(重点强调);

3. 基于投入的工程或设计标准(非重点);

4. 主观评估(非重点);

5. 数据记录、饲养员培训文件及文书要求。记录管理操作程序和标准操作程序(Standard Operating Procedures,SOPs)(非重点)。

### 3.4.1　以动物为基础的标准

基于动物本身的福利问题测量指标对于改善动物福利状况有效,这些指标在审核员访问农场时就可以直接观察到。这些指标也是管理操作不佳的表现。OIE 正逐渐使用更多的基于动物本身的结果标准。许多动物福利研究者都推荐使用以结果为基础的标准(Hewson,2003;Wray 等,2003,2007;Webster,2005)。大的欧洲动物福利评估项目同样强调基于结果的测量指标(Linda Keeling,个人交流,2008)。她指出这些措施应该:(1)以科学为基础;(2)可靠并可以重复;(3)合理实用,可以在现场实施。其他基于动物本身评估的工作已经由 Wray 等(2003,2007)和 LayWel(2009)完成。在可以直接观察的条件下,审核员容易做出评分和定量。一些重要的例子有体况评分(BCS)、跛腿评分、抓捕过程中的跌倒以及动物清洁度评分。许多公布的评分体系因为具有图表很方便用来培训审核员;Edmonson 等(1989)就是一个例子。体况评分的研究表明,如果评估员进行过良好的培训,不同的观察者会给出相似的分值。不同观察者的相关系数在 0.763～0.858 之间(Ferguson 等,1994)。可是,Kristensen 等(2006)发现 51 名实习兽医在对体况进行评分时的一致性很差。体况评估者应该进行训练,且他们做出准确评分的能力应得到认证。对于福利审核来说,评分比较容易,因为评估员仅需找出那些太瘦骨嶙峋的动物就可以了(关于评估的更多信息见第 1 章)。

对于抓捕动物的评估,用数值对抓捕错误进行评分的评估体系比较容易实施,且非常有效(Maria 等,2004;Grandin,2005,2007a;Edge 和 Barnett,2008)。有些项目测量的是动物的摔倒率、电刺棒使用率、发声率(哼叫、吼叫和尖叫)以及快速移动的发生率。采用跛腿评分系统来评价单只牛的运动情况,可以获得很高的评估者间的重复性,且观察者间的变异非常低(Winckler 和 Willen,2001)。这就表明,五分的跛腿范围值可提供可靠的数据。在另一项研究中,观察员在七个奶牛场进行三次观察。这些观察员在跛腿评分、踢和挤奶时踏步、牛只清洁度、逃离距离这些指标上获得很高的观察员间的重复性(DeRosa 等,2003)。在踢和挤奶时踏步、逃离距离方面水牛也有相同的结果(DeRosa 等,2003)。水牛不存在跛腿问题,水牛爱打滚,因而清洁度评分也无意义。

OIE 法典(2009a)也支持使用数值评分——第7.3章指出：

应该建立操作标准，其中应以数值评分评价此类设备的使用，并测量使用电刺棒使牛移动的比例和使用电刺棒时牛的滑倒率或摔倒率。

在屠宰厂，能直接观察到的、基于动物本身的对动物福利有害的情况可以很容易进行评估，例如擦伤、运输过程中死亡、家禽折翅、家禽跗关节灼伤(hock burn)、疾病情况、不良体况、跛腿、受伤和动物被粪污覆盖(表 3.1)。农场里，诸如母猪的刻板踱步、咬栏，家禽的同类相残，过度惊恐反应以及咬尾也很容易用数字量化和进行评估。

**表 3.1** 为评估农场动物福利制定的可直接观察到的最小核心标准(关键控制点；CCPs)而不必查询文书和记录。

| 可直接观察的基于动物的标准（连续变量）[a] | 禁止的操作(离散变量)[b] | 以投入为基础的标准(离散变量)[b] |
|---|---|---|
| · 体况评分(BCS)<br>· 跛腿评分<br>· 动物腿和身体上粪便残留评分<br>· 被毛状况和羽毛评分<br>· 痛苦和受伤<br>· 明显被忽视的健康问题<br>· 抓捕评分<br>· 不正常行为评分<br>· 喘息和其他热应激症状<br>· 冻伤和其他冷应激症状（如仔猪扎堆） | · 对动物拳打脚踢，生拉硬拽<br>· 被禁止的外科手术和管理程序<br>· 被禁止的屠宰和安乐死方法<br>· 拖拽不能行走的动物，有些程序规定禁止运输不能行走的动物<br>· 被禁止的舍饲类型，如母猪妊娠栏 | · 氨气水平小于 25 $\mu$L/L，目标值为 10 $\mu$L/L（Kristensen 和 Wathes，2000；Kristensen 等，2000；Jones 等，2005)<br>· 圈舍和运输工具的最小空间要求<br>· 圈舍类型，比如无笼或笼养蛋鸡的参数<br>· 支撑生命的后备需求，如全密闭机械通风舍的发电机，自然通风畜舍内不要求<br>· 断奶方法 |

[a] 连续变量——针对每个变量中符合其要求的动物所占百分比进行评分。

[b] 离散变量——在整个农场、运输车辆或屠宰厂中，以"是/否"或"通过/未通过"进行评分。

#### 3.4.1.1　非直接观察到的、基于动物本身的福利标准

可从生产者记录中获得的动物健康指标是福利问题的重要指标，例如死亡率、淘汰率、动物处理记录和健康记录。这些指标是有用的，但应更重视可直接观察到的指标，因为记录可以被伪造。文书和记录对于追踪疾病的暴发比福利评估更重要。

#### 3.4.1.2　基于动物的测量指标是连续的

农场不可能永远都没有生病的动物，也不可能永远都没有跛腿的动物。当抓捕动物时，不可能做到完美无缺。所有基于动物的指标都是持续可变的。当设立一个标准时，需在一个可接受的错误水平内做出决定，这些决定应以科学数据、伦理考虑和在一定水平上真正获得的现场资料为基础。

被认为是可接受的失误比例在不同国家或消费者说明中可能都不同。许多关注动物福利的人很难制定允许出现一些失误的标准。除非对基于动物的指标进行数量上的限制，否则不可能以客观方式来实施福利评价。举一个例子来说，对于跛腿动物的最大可接受比例为 5%。第 1 章中提到的研究资料表明，管理良好的奶牛场可以很容易达到这一要求。不应使用像"最小化跛腿动物数量"这种模糊的规定，因为一个审核员可能认为 50% 的跛腿率是可以接受的，

而另一审核员可能认为 5% 的跛腿率便不能通过审核。

例如,在屠宰厂使用的评分体系(Grandin,1998a,2007b)中允许抓捕过程中动物的摔倒比例为 1%。一些人认为允许这个水平的摔倒率是对动物的虐待。许多来自牛和猪屠宰厂的审核资料表明,对于一个屠宰厂,以摔倒率 1% 为通过标准审核 100 头牛时,牛群的实际的摔倒率会降到 1/1 000 以下。设定标准为 1% 的原因是:在审核 100 头动物的过程中,农场或屠宰厂不应该因为一头牛跳起和摔倒,或者因其他人过于接近受到惊吓而受到惩罚。对允许动物摔倒率做硬性限制带来了显著的改善。使用硬性数字同样防止了逐渐恶化的实际操作。OIE 法典(2009b)中规定:

> 不能强迫动物以比正常行走步速大的速度行走,以降低由于摔倒或滑倒所致的受伤。应该建立基于动物滑倒率或摔倒率的数值评分标准,这样可以更好地评估动物的移动方法或设施是否应该改善。在设计合理、建造良好的畜舍中并配备有经验的饲养员时,移动动物时应该可能有 99% 的动物没有摔倒现象。

很多人不愿意提出硬性数字,或者他们将擦伤、受伤或跛腿动物或禽类可允许的限值定得很高,以致最糟糕的生产操作也能通过审核。例如,全美肉鸡协会(National Chicken Council in the USA)规定了在抓捕和运输途中折翅的限值为 5%。而当比较进步的管理者改善了他们的抓捕方法时,折翅比例会降低到 1% 或更低。因此标准应设定在 1% 而非 5%。

### 3.4.1.3　每只动物的所有评分

为了简化审核,基于单只动物的福利评判标准都应该用"是或否"、"通过或未通过"来衡量。例如,每种动物用"跛腿或不跛腿",或"摔倒或不摔倒"来评分。有缺陷的动物数量可以用来确定跛腿或摔倒动物的比例。用来审核的跛腿和体况评分方法必须比在研究或兽医分析中使用的评分系统简单。作者通过训练很多审核员后得出经验:指标必须简单好用。对于福利审核,体况评分或跛腿评分应被分为两类:通过或未通过。每个动物都被评分,并将每个变量符合要求的动物比例列于表格中。

### 3.4.2　禁止的操作

这些标准很容易制定,因为它们是离散变量。某些实践,诸如母猪妊娠栏饲养怀孕母猪以及奶牛的断尾是被禁止的,没有商量余地。某些实践是被取缔的。农场采用母猪限位栏,也采用群饲。另一个例子是,要对手术操作进行具体指导。例如,过了一定年龄后,对公畜进行去势时要进行麻醉。严重的虐待操作必须要禁止,如扔动物,挑逗它们,戳眼睛,断尾,或从大车上倾倒动物。OIE 法典(2009b)对于屠宰罗列了一些禁止的行为(见第 9 章)。这些类型的标准很容易制定,通常不需要对模糊的词汇做出解释。下面是 OIE 法典(2009a,b)规定的在处理动物时所禁止的行为:

• 使用诸如电刺棒之类的设备时,只能用电池驱动的电刺棒,只能触及猪或大型反刍动物臀部的后半部分,而不能触及敏感部位如眼、嘴、耳朵、肛门与生殖器区域及腹部。上述器械不能用于任何年龄的马、绵羊、山羊或者犊牛和仔猪。

• 不应该拖拽或摔扔清醒的动物。

· 待宰动物不应被迫在其他动物身上行走。

· 应以避免损害、痛苦或伤害的方式处理动物。不管在何种情况下动物处理者都不能诉诸暴力来移动动物,比如挤压或拉断动物的尾巴,抓它们的眼睛或拉它们的耳朵。动物抓捕人员绝不应使用有伤害作用的物体或者有害物质处理动物,特别是在敏感的部位,比如眼睛、嘴巴、耳朵、肛门与生殖器区域或腹部。扔或摔动物,提或拽它们的身体部位,如尾巴、头、角、耳朵、四肢、羊毛、毛或羽毛都是不允许的。用手提小动物是允许的。

### 3.4.3　基于投入的工程或设计标准

这些标准告诉生产者如何建造畜禽舍或提供特定的空间需求。以投入为基础的标准很容易写清楚。它们可能适用于一种动物而对另一种不适宜。例如,一种小体型的杂交母鸡比一种大体型的杂交母鸡需要的空间要小。单一的空间指南不会同时适合大体型和小体型的鸡种。在许多情况下,以投入为基础的标准应用以动物为基础的标准来替代。不过,有一些情况需要建议使用以投入为基础的标准。

以投入为基础的标准适用于提出可接受的福利水平的最低条件,例如运输车辆和舍饲时的最小空间需求、舍内可允许的最大氨气水平和有效电击的最低安培数。OIE 法典中规定了致昏的最低安培数(OIE,2009b;见第 9 章)。上述项目都可以用数字量化。对于这些标准,绘制动物种类和重量的图表就可以很容易地完成。由于动物的品种是可变的,因此体重常常是一个很好用的变量。例如,20 世纪 60 年代和 70 年代的荷斯坦牛和安格斯牛与 2000 年相比要小得多。当需要确切指出所设计的动物居住环境的具体细节时,以投入为基础的标准效果较差。如不推荐在奶牛栏(隔间)中规定怎样建分隔栏和牛颈枷,因为过时的规定可能阻碍革新和新的设计。要测评畜舍的设计不当或者维护不当,通常使用以动物为基础的一些指标,如伤病、身体肿痛、睡觉姿势或者牛的干净程度。如果畜舍设计不当或者垫料不合适,牛群通常会出现较高比例的跗关节肿胀和跛腿。

作为可接受的最低福利标准,绝不能将动物非常密集地圈到围栏中以致它们必须睡在同伴的身上。作者曾观察到一些笼养蛋鸡场,母鸡必须要踩在别的母鸡身上才能到达食槽。应实施一种以投入为基础的标准来禁止这种类型的虐待。可是,对于肉鸡场,Dawkins 等(2004)和 Meluzzi 等(2008)都发现饲养密度不是一个直接反映福利水平的指标。严重的福利问题,例如脚垫损伤或死亡率更多的是与较差的垫料状况有关(Meluzzi 等,2008)。这个问题在冬季舍内气体流通减少的时候会更为严重。当一种以投入为基础的标准十分模糊的时候,进行审核会有很多严重的问题。举一个牧场标准的例子,规定动物必须能接近牧场,但却没有规定牛要在牧场上待多长时间。

### 3.4.4　主观评估

不幸的是,动物福利审核中不可能去除所有的主观性。有一些需要主观评估的变量,如设施的总体维护状况和员工的态度等。一位审核员或检查员要熟练进行主观评估的最好方法之一就是拜访许多不同的地方。这样就能见识到各种各样好或不好的养殖场或农场。

## 3.5　影像培训

可以将一些不好的管理措施或者维护不好的设备拍成图片或视频,用来培训审核员或视察员。维护不好以及维护良好设备的照片都可以采用。一些常见的设备问题,比如损坏的门、脏的通风扇、脏的饮水槽、磨损的挤奶机等,都可以同维护良好的设备同时进行展示。饲养员绝不能踢或打动物,一个视察员常问的问题可能是"什么程度的轻敲变成了击打?"。可以制作一个视频展示适当的抓捕动物,并通过轻轻敲打让动物朝着正确的方向行走,也可以同时展示一个动物被打的视频。但动物不能为了录制教学内容而被击打,而可以从网络或录像带中下载动物被打的视频。

## 3.6　清晰的评论

审核和检查人员的评论必须写得清楚明白。作者回顾了许多审核和检查报告,发现里面有太多的含糊评论或评论得不够详尽。应该有较好的评论来描述未通过的审核项目的情况,而且观察到的良好和不好做法都应予以记录。在审核或检查未通过时,良好的书面评论能帮助客户和监管官员做出明智的决定。表 3.2 列举了一些模糊的和良好的书面评论。

表 3.2　模糊的和良好的评论举例。

| 模糊的评论 | 良好的评论 |
| --- | --- |
| 粗暴处理猪只 | 管理人员踢仔猪,并在圈舍之间扔仔猪 |
| 致昏效果差 | 损坏的致昏枪不能开火,并且有 1/3 时间不好用 |
| 畜舍垫料不良 | 垫料是由切碎的报纸堆积出的,垫料是潮湿的,并且可以把土壤转移到家禽身上 |

### 3.6.1　存储记录及文件要求

记录的保存对于一个具有较高标准的农场来讲是十分重要的,同时对于鉴别和追溯疾病控制也是必不可少的。但是,不幸的是很多管理人员都把审查员转变成一个只会管理文件的文秘,这是非常不合理的。这种做法会导致文件工作准确无误,但农场里的实际情况却十分糟糕。良好的记录可以更好地体现动物的淘汰率及其寿命,诸如奶牛和种猪。动物的寿命是动物福利的一个重要指标(Barnett 等,2001;Engblom 等,2007)。在一些牛场中,奶牛在两个泌乳期后就会被淘汰。

## 3.7　福利的核心标准和关键控制点

在审核工作中,有些项目比其他项目更重要。必须避免"审查员或检查员已经通过福利审核报告,但农场里面依然有很多骨瘦如柴的跛腿动物"情况的出现。某些主要的核心标准或关键点必须要通过审核。很多最重要的核心标准是可直接观察到的以动物为基础的指标。这些指标结合了很多糟糕的操作和状况下所获得的结果。许多审核系统中已应用危害分析关键控制点(Hazard Analysis Critical Control Points,HACCP)原则。其原理是极少数关键控制点

(Critical Control Points，CCPs)或核心标准必须全部合格并能通过审核。一项有效的关键控制点标准是根据许多不良行为的测量结果制定出来的。HACCP 系统原本是用于评定食品安全性的。第一个 HACCP 程序研发出来时，往往过于复杂，有过多的关键控制点。更新的版本对该程序进行了简化。为屠宰厂提供的评分系统由五个核心标准或关键控制点组成，这些控制点都是用数值评分的需连续评估的指标。与动物的饮水量有关的基于工程或投入的标准应该有一个谨慎的核心标准，并且不允许有任何的虐待操作(Grandin，1998a，2005，2007b)。屠宰厂要想通过福利审核就必须通过所有七项核心标准的审核(见第 9 章)。HACCP 原则正越来越多地应用于动物福利的审核中(von Borell 等，2001；Edge 和 Barnett，2008)。有关核心标准或关键控制点的分类方式也很多，分类方式的主要依据是其在该领域容易实施的程度。

表 3.1 的核心标准可用于所有类型系统中的福利标准，从完全自由放养型到集约型的大型农场均适用。要通过福利审核，农场在所有核心标准中都要获得可以接受的分数。表 3.1 和表 3.3 中列举的均为审核人员可以通过观察，而不需要看记录的项目。对于每一个物种的动物，培训材料都必须根据当地的条件而制定。不重视检查记录的原因是作者发现有些记录是伪造的。作者的意见是，审核记录工作也是福利审核的一个重要组成部分，但所占的权重应比表 3.1 所列的可直接观察的项目权重少。

**表 3.3**　屠宰厂容易测量的一些动物福利问题评价指标。

| 粗暴抓捕、运输及虐待问题 | 房舍问题 | 管理不善，遗传或被忽视的健康问题 |
| --- | --- | --- |
| · 瘀伤 | · 动物身上沾满粪便 | · 体况较差 |
| · 禽类折翅 | · 禽类跗关节灼伤 | · 跛腿 |
| · 运输途中死亡数 | · 奶牛腿肿胀 | · 被毛或羽毛问题 |
| · 瘫痪数目 | · 母猪褥疮 | · 难于管理的野生动物 |
| · 伤残如腿部或犄角损伤 | · 严重的打斗创伤 | · 体弱的动物 |
| · 断尾 | · 家禽脚垫病变 | · 眼癌 |
| · 明显的虐待行为，如戳眼，金属刺伤或断筋等带来的伤害 | · 氨气浓度过高导致的眼部和肺部疾病 | · 体表寄生虫 |
| | · 家禽胸肌囊肿 | · 体内寄生虫 |
| | · 蹄甲问题 | · 咬尾 |
| | · 鱼类的鳍腐蚀 | · 家禽腿部扭曲 |
| | | · 腿型不良 |
| | | · 应禁止的行为或致残 |
| | | · 疾病情况 |
| | | · 脱水 |
| | | · 成牛断角 |
| | | · 由于饲喂谷物所导致的肝脓肿 |

## 3.8　可评价多种福利问题的基于动物的测量指标(关键控制点)

### 3.8.1　体况评分

目前有许多不同版本的体况评分系统。最好采用在你们国家已经使用的图表。对于美国荷斯坦奶牛,Wildman 等(1982)和威斯康星大学(University of Wisconsin,2005)的研究已给出了很多好的图表,这两篇文章可在互联网上免费获得。该体况评分图片可以夹在塑料记录板上,这样评估人员可以经常带在身上。我们还是推荐使用当地生产商所熟悉的评分系统。例如,在极其寒冷的条件下(-18℃)饿死的牛,体况评分往往不到瘦骨嶙峋的 1 分(Terry Whiting,个人交流,2008),且尸检报告显示心脏和肾脏周围没有脂肪。为了保证其福利,生活在极寒冷条件下的牛,必须比生活在温暖条件下的牛有更好(肥)的体况。我们建议将动物可接受的和不可接受的后视照片和侧视照片放在卡片夹中。造成动物体况欠佳的原因可能有食物过少、寄生虫、疾病或 rBST 的管理不善。所以体况评分是评价管理不善、营养和健康状况的一个重要标准。

### 3.8.2　跛腿评分

跛腿是由很多不同条件造成的。测定跛腿动物的比例可以很好地反映造成动物跛腿的各种因素。一些可能会增加跛腿动物比例的因素有:

- 家禽的快速生长和猪的生长因子遗传选育;
- 湿垫料或泥泞地面;
- 站在潮湿的水泥地面上;
- 缺乏蹄修剪或足部护理;
- 疾病——例如腐蹄病;
- 腿型不良问题;
- 由于饲喂高浓缩饲料而引起的跌倒(蹄叶炎);
- 由于饲喂高水平的 β-受体激动剂而造成的跛腿;
- 由于处理不当而导致动物滑倒或跌倒;
- 牛舍设计不当(散养)。

鸡的跛腿可以通过简单的三分评分系统来测量(Dawkins 等,2004)。评分如下:1 分,十步之内可正常行走;2 分,十步之内走歪了,明显跛腿;3 分,十步之内,沮丧或不能行走。Knowles 等(2008)已经制定了鸡的六分跛腿评分系统,从 0 分的正常行走到 5 分的无法站立。Knowles 等(2008)的文件包括可从网上下载的培训审核员的视频。Zinpro.com/lameness 提供了优秀的牛跛腿评分系统(五分系统)的视频(见第 7 章)。福利审核的目的是可以很实际地区分动物是跛腿还是不跛腿。跛腿的牛、猪和羊是指不能够跟上群体或者那些能够跟上群体,但显然走路不正常的动物。在五分评分系统中得分为 3、4 和 5 分的牛会被认为跛腿。在这个评分系统中,1 分是完全正常,而 5 分是几乎不能站立和行走。采用五分评分系统评价牛的跛腿时,不同的观察者会有很好的相关性。培训前观察者可靠性的相关系数为 0.38~0.76,而培训后相关系数可达到 0.76~0.96(Thomsen 等,2008)。

### 3.8.3　体表粪便评分

对于所有的物种,均可以采用简单的 1、2、3、4 评分系统。评分用于评价动物体沾上的排泄物、粪便泥土混合物和粪便垫料混合物等。本评分系统可用于奶牛、育肥牛、猪、羊和家禽。

1分——双腿、腹部/乳房和身体完全干净。禽类必须完全干净；哺乳动物允许蹄子和膝盖以下有泥土(图3.2)。

2分——腿上有泥，但腹部/乳房和身体干净。

3分——腿和腹部/乳房都有泥土。

4分——腿、腹部/乳房和身体的两侧都有泥土(图3.3)。

不应混淆动物为了凉爽而沾上的泥土与由于躺在潮湿地面而沾上的泥土。

### 3.8.4　被毛或羽毛状况

当评价被毛和羽毛时，很重要的是要确定造成被毛和羽毛损伤的原因。其中有三个主要原因：笼具或喂料器的磨损；由同类造成的损伤；其他动物或外部寄生虫造成的损伤。

我们已经建立了家禽羽毛评价系统，最先进的系统能分出羽毛的磨损和由其他同类造成的损伤。LayWel(www.laywel.eu)网站在家禽羽毛分级方面已经有了一个很好的构想(图3.4)。圈舍类型对羽毛损伤模式有一定影响，在厚垫草中养的母鸡头部和颈部受伤较多，而笼养鸡则翅膀和胸部损伤更多(Bileik 和 Keeling，1999；Mallenhurst 等，2005)。头部损伤很可能是由于其他同类啄食造成的，而翅膀的损伤较可能是由设备磨损造成的。

对于牲畜，被毛状况差主要反映外部寄生虫问题和矿物质缺乏。这种情况可能发生在不允许用药治疗寄生虫的有机生态系统中。对于牛来讲，秃斑是外部寄生虫的表现，这是一种严重的动物福利问题。

### 3.8.5　疼痛和损伤

每一个物种都应提供用于评分的照片和图表。猪的肩膀压疮是由于限位栏管理不当造成的，而咬伤和创伤则多是由群养造成的。对于在散养栏(隔间)中的奶牛，腿部的病变和肿胀是一个重要的衡量标准(见第1章)。开放式牛舍中因为有垫料的原因，其腿伤明显减少(Fulwider 等，2007)。开放式牛舍太小也会增加创伤的发生率。奶牛腿伤是评定管理不善和圈栏设计不合理的良好指标。对于禽类，由啄、同类相残和公鸡的侵略造成的伤害很容易得到量化；对于猪，如咬尾、咬耳的伤害也容易得到量化。而肉鸡脚的病变和灼伤，可以用图表显示不同的受伤程度(图3.5)。

### 3.8.6　易忽视的健康问题

有些健康问题是提前可以预防的，如牛眼的坏死性肿瘤、外部寄生虫导致的秃斑、大量未经处理的伤口感染、未经处理的脓肿或其他明显被忽视的卫生条件。

### 3.8.7　抓捕评分

在审查中如有以下虐待行为发生，则其审核必然通不过。在管理良好的牲畜和家禽操作中，这些显而易见的虐待行为是要全面禁止的。

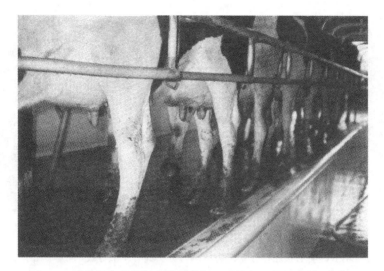

**图 3.2**　这些奶牛在郁郁葱葱的牧场上放牧。它们的腹部、乳房和大腿都是干净的。虽然它们的脚是脏的,但清洁度评分为 1 分。

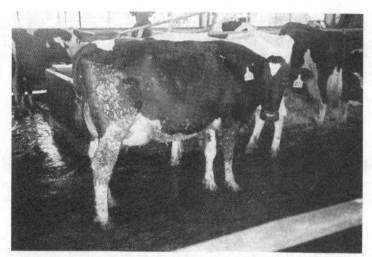

**图 3.3**　这头奶牛的腿、乳房、腹部和身体两侧都有污泥。由于很脏,因此它的清洁度评分为 4 分。

1. 打、踢和扔牲畜或家禽。

2. 戳眼或断筋。

3. 生拉硬拽活畜。

4. 故意驱使动物到其他动物的身上。

5. 断尾。

6. 通过戳动物的敏感部位如直肠、眼睛、鼻子、耳朵或嘴巴而驱赶动物。

7. 故意用门猛烈撞击动物。

8. 在卡车没有下拉挡板或卸载斜坡的情况下,使动物跳出卡车或将其扔出卡车。

如果可能的话,在进行兽医操作或向屠宰厂运输的过程中,应该以 100 只动物为一组进行

翅膀 =4

翅膀 =2

(a)　　　　　　　　　　　　　　　　　(b)

**图 3.4** 根据 LayWel 羽毛状况评分系统为蛋鸡打分。共有 4 个等级,等级 1 几乎是光秃秃的,4 是正常的。图(a)评分等级为 4,图(b)评分等级为 2。该网站还为胸部、背部及颈部的评分提供了参考图片(来源:www.laywel.eu)。

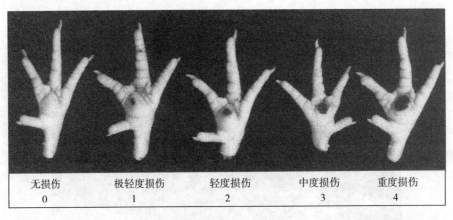

| 无损伤 | 极轻度损伤 | 轻度损伤 | 中度损伤 | 重度损伤 |
|---|---|---|---|---|
| 0 | 1 | 2 | 3 | 4 |

**图 3.5** 肉鸡脚部灼伤图片。脚垫病变是由恶劣的垫料条件导致的。损伤为棕色,或者被染为其他颜色,这种情况通常发生在生长阶段的后期。如果损伤为白色,屠宰时也不变色,则该损伤有可能发生在生长早期。

评分。每个动物的得分都应以是或否为基础。在动物发声和电刺棒使用评分时,每只动物都应进行"发声还是沉默,使用电刺棒驱赶或不使用电刺棒驱赶"的评分。打分的主要连续变量以发生某种情况的动物的百分率表示:

- 跌倒;
- 使用电刺棒驱赶;
- 发声(哞叫、吼叫、尖叫)(绵羊不能采用这个评价指标);
- 移动的速度比正常行走或慢跑的速度快;
- 跑时撞到门或墙上。

(详情见第 5 章)

　　以上这五种情况可用于反映农场操作人员缺乏训练或设施不齐全的情况。例如,跌倒可能是由于操作方式粗鲁,地板太滑(如果地面太光滑动物很容易滑倒)或不合理的装卸运输而造成的。发声评分是评价设施设计问题或者操作人员业务是否熟练的有效指标。牛或猪等动物在处理或固定中的发声与下列错误的做法密切相关(Grandin,1998b,2001):

- 过度使用电刺棒;
- 地板过滑以致滑倒;
- 固定器边缘锋利;
- 致昏设备故障;
- 用门拍打动物;
- 固定设备的压力过大;
- 被落在通道中或致昏箱里。

发声评分不能用于绵羊的评价,因为绵羊在受到严重虐待时常保持沉默。目前许多大型屠宰厂已经能够轻松实现牛的发声率低于 3%(Grandin,2005)。很多屠宰厂的生产数据也表明,猪在固定器中发出尖叫的比例也在 5% 以下。

1999 年首次实施屠宰审核时,最差的屠宰厂中有 35% 的牛在屠宰过程中会发出声音(哞叫或吼叫)。而使用粗暴固定方法(如悬挂镣铐和提起清醒动物的一只后腿)的屠宰厂可能会出现 40% 或者更多的牛吼叫。简单的改进方法是减少电刺棒的使用,这可使某屠宰厂中牛的发声率由 8% 降到 0%,同时降低颈部固定器的压力,可使牛的发声率由 23% 降低至 0%(Grandin,2001)。这仅是一个如何利用数值评分跟踪改善动物福利的例子。有研究发现,牛和猪的发声与应激生理指标有关(Dunn,1990;Warriss 等,1994;White 等,1991)。

### 3.8.8　异常行为

羽毛或者被毛状况评分可以用于检测动物受其他动物伤害的程度。母鸡之间的同类相残和羊的扯毛行为是两种异常行为,可以通过检查损伤而发现。猪的异常行为如咬尾和咬耳则可以通过记录受伤猪的比例来量化。作者观察到,相对于其他品系,一些快速增长的瘦肉型猪出现咬尾行为的比例较高。牛的卷舌(tongue rolling)和吸尿(urine sucking)行为都属于异常行为。在单调的高密度饲养条件下,动物会出现咬栏或踱步等刻板行为。第 8 章和第 15 章中将会对异常行为做进一步分析。许多动物福利专家均同意跛腿、疾病或伤害是反映动物福利问题的指标,但对于行为指标应该占多大权重存在较大分歧。Bracka 等(2007)已经开发出了一种调查方法,可用于评价动物的行为需求。专家们运用统计学方法来决定哪些行为是需要的,并把它列为几个重要的等级。最高的评价等级是给猪提供富集材料,从而避免咬尾行为的发生。这项达成一致意见的方法对于福利知识不够清晰、以伦理为决策基础的地区制定指导方针具有重要意义。2001 年,欧盟通过了一项指令,要求必须为猪提供可利用的纤维材料,例如可咀嚼的稻草(见第 8 章中的行为介绍)。

### 3.8.9　热应激和冷应激

很多动物的死亡或福利状况恶劣都是因为热应激或冷应激。动物的适温区是可变的,它取决于遗传、毛发/被毛的长度、获得阴凉的程度等诸多因素。如果动物或禽类出现喘息,则它们处于热应激状态;若颤抖或蜷缩则处于冷应激状态。审核和检查人员能够很容易地记录喘息动物的数量(见第 7 章)。这已经超出了本书所讨论的热舒适性范围,但是由热应激导致死亡的热环境必须得到改善。对于热应激,可采取的缓解方法有风扇、洒水喷头、阴凉、大量补充水、改变动物的遗传特性(图3.6)。对于冷应激,可以通过设置庇护所、加热、增加垫草或改变动物遗传特性等方式进行缓解。一些较为严重的热应激发生于不同气候区域之间运输动物的情况下。动物需要几周的时间适应冷热不同的条件。当需要将动物从冷区运到热区时,最好选择较热地区的冷季节进行运输。将冷驯化的牲畜运输到炎热的沙漠地区时,可能会导致较高的死亡率。

**图3.6** 在美国干旱的西南地区,通过精心设计的遮阳棚和洒水车可使牛在干旱地区保持凉爽。这些牛在干旱条件下也可保持清洁干爽。饲养场遮阳棚必须按照南北方向设计,这样阴影会移动,以防止阴凉处泥浆的堆积。遮阳棚高为3.5 m(12 ft)。年降雨量在50 cm(20 in)的地区为饲养场最佳建设地点。牛圈距饲槽的坡度应为2%~3%,这样既利于排水,又可防止泥浆积聚。

### 3.9 禁止行为和以投入为基础指标的核心标准

这些指标很容易打分,因为它们是离散型变量,无论该农场是买入动物还是卖出动物都要服从每个变量的要求。这是较为简单的是或否评分标准。因此这两类标准出现模糊指南的问题会较少。例如什么样的圈舍可以接受,什么样的圈舍不可以接受,动物的最小空间需要以及空气质量标准是否达到都是这类指标。

### 3.10 可在屠宰厂进行评估的以动物为基础的福利问题

许多表3.1中所列的农场福利问题评价指标都是以动物为基础的连续性指标,它们同样可以用于评价屠宰厂的动物福利情况。大部分的牲畜和农场福利的评估均可很方便地在一个屠宰厂进行。表3.3列举了可以很容易地在屠宰厂进行测量的福利问题评价指标。还有许多标准,例如牛舍的设计规范和行为评价只能在参观农场时进行评价。

## 3.11　对以动物为基础的指标设置标准界限

为了避免出现含糊不清的指南,必须对以动物为基础的指标设上数值限定标准,以此确定通过的分数和未通过的分数。限定标准一方面必须设置得足够高,以督促行业改进动物福利,但另一方面也不能定得过高,以防使人们觉得这一标准不可能达到或反对这一标准。当作者对屠宰厂进行审核工作时,有 3/4 的屠宰厂第一次审核不达标(图 3.7)。然后给他们一定的时间进行改进,但并没有惩罚他们。当第一次推出数值评分体系时,基线数据应处于一个可接受的等级范围内,使最好的 25%～30% 的屠宰厂或农场能通过审核,而其他屠宰厂需要在规定期内达标。例如,应要求屠宰厂在 30～60 d 内改正小的福利问题,在 6 个月内解决大的福利问题。对于农场生产者,应当给予最多 2 年的时间来改正像跛腿动物比例很高这样的福利问题。这种做法会使评估体系实施起来更容易,具有优良成绩的地方可以作为示范点,供不良经营者参照并进行改善。在那些操作较为落后的地区,这些标准可能需要在评分系统获得实施并使农场得到改善后再进行提高。

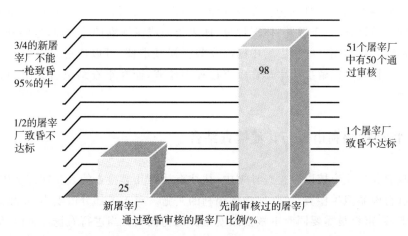

**图 3.7**　第一次进行审核的新肉牛屠宰厂和已进行过4年审核的肉牛屠宰厂的对比图。我们发现只有25%的屠宰厂可通过首次动物福利和人道屠宰审核。屠宰厂的管理人员不知道会发生什么,他们经常采取不好的屠宰操作,因为这就是他们采取的常规做法。首次评估应视为对屠宰厂的管理者和工人的培训。

## 3.12　可将审核和检查视为筛选测试

审核是通过筛选测试来找出存在的动物福利问题,而不是对如何解决问题的完整诊断。纠正和解决在审核过程中发现的问题需要兽医、动物科学家、行为专家和其他顾问的共同努力。审核只是确定动物福利是否有问题,诊断和解决问题还需要更复杂的测试。

## 3.13　操作指南与标准指导和立法准则

一份操作指南就是一个文件,它包括用于培训畜牧人员和运输人员的相关信息。其中包括如何进行管理、运输或安乐死等不同操作的详细信息。操作指南通常是较长的文件，因为它包括很多指导人们如何做的信息。而一项标准或立法准则文件可能只包括标准。当标准和立法在没有操作指南的情况下颁布时，通常很难实施。

例如，一项法律或标准的条款要求"消瘦的动物应该在农场实施安乐死，而不能运输"。而为了准确地评估动物的体况，操作指南中应配有描述体况的图片。操作指南对于如何始终如一的实施至关重要。标准或法律可能明确什么类型的牲畜运输是允许的，但还需要制定详细的操作指南培训饲养员，以保证运输的动物保持安静。为了更有效地培训饲养员，除了标准和操作指南外，可能还需要视频和其他额外的培训材料。

### 3.14　通知审核和突击检查

作者刚开始在屠宰厂做审核时，许多工作人员当面做了许多对动物不好的事情，因为他们没有更好的办法。在最初的几年，通知审核和突击检查之间没有区别。但当人们了解到某些操作是错误的时候，一些管理人员会在审核人员到来时表现出操作很规范的样子，但在审核结束后又会继续使用电刺棒驱赶动物。在管理和运输操作的评估方面，通知审核和突击检查可能会得到不同的结果，但对于跛腿、体况评分、体表粪便或设施维护等方面，这两种类型的评估很可能是一致的。在美国一些屠宰厂中已经安装了视频审核，可以通过安全的互联网连接进行突击检查。这样就可以解决屠宰厂在审查过程中作假，而在审查结束后又回到原来不良操作状况的问题。

### 3.15　将动物福利审查与其他检查结合

大多数政府和行业审核以及检查计划中，往往有从事几类检查的人。在许多国家，政府兽医检验员既进行肉品卫生检查，也督促动物福利的实施。对于大部分由麦当劳、乐购等大型零售商所做的审核，审核员需要同时审核食品安全和动物福利。当进行农场评估时，同一名审查员可能要同时审核动物福利、环境标准和兽药的使用。身兼数职的审核员和检查员通常需要削减许多重复的工作。因为审核员通常有许多任务，这也是制定更清晰、易实施的标准和操作指南非常重要的另一个原因。为了满足欧盟的标准，审核员必须是指定的动物福利专家。

### 3.16　有效的审核和检查体系的结构

最有效的审核和检查体系是内部和外部审核相结合的制度。私营企业已实施的最好的体系有三个部分：

 • 内部审核，在每日或每周检查的基础上进行，审核员可以是屠宰厂或农场的兽医。

 • 第三方审核，由一个独立的审核公司完成。他们对每个工厂和农场每年进行一次或两次审核。

 • 由肉品零售公司雇佣审核员进行的审核。他们每年应该从其供应商里抽出一定数量的供应商进行审核。

采用第三方独立审核公司的好处是可防止利益冲突。例如，肉品采购公司可能会包庇一些屠宰厂,因为他们喜欢更便宜的肉。但是,作者认为一个公司不应将所有审核责任托付给一位审核员。采购方应派人进行定期的参观,这样还可向供应商显示他们十分重视动物福利。

一个农场中,农场的专职兽医和其他专业人员可以进行内部审核。由于利益冲突的问题,整个审核的责任不应由农场自己的兽医承担。兽医们都不愿意自己的农场不通过,因为这样他/她可能会被农场主开除。为了避免这种潜在的利益冲突问题,审核员不应该由农场内部的兽医担任。做审核的人员应该是从其他方面获取薪水。他们的薪水应该由政府、第三方审核公司或肉品进口公司例如麦当劳、家畜协会或者一个大的连锁公司来支付。在许多体系中,农场和屠宰厂必须为审核付费。为了避免利益冲突,农场和屠宰厂应将钱付给审核公司,再由审核公司付给审核员。政府检查也采用类似的体系。检查员的薪水由政府支付。在这两种体系中,要么是审核公司,要么是政府来安排检查员和审核员的任务。农场或屠宰厂不允许根据个人喜好挑选检查员。为了避免个人冲突,第三方审核公司应尽量避免安排同一个审核员总是审核同一个农场或屠宰厂。

## 3.17　每个农场或屠宰厂都是一个独立的单元

大型跨国公司拥有许多屠宰厂和农场。无论所有权怎样,每个农场和屠宰厂都应视为一个独立的单元。该单元要么通过审核,要么未通过审核。一家大公司可能在其他国家存在不良的操作。如果你的工作是在自己的国家实施一项福利审核计划,那么你最好是将精力集中在每一个农场或屠宰厂的审核中。这些农场或屠宰厂要么是从供应商名单中被剔除,要么是进入供应商名单。因此,已在努力提高动物福利水平的肉品采购公司应拥有充足的供应商。这样即使一些农场或屠宰厂由于动物福利问题而从供应商名单中剔除,他们也能拥有足够的供应商。即使所有的肉品都来自两大公司,但买方仍有足够的经济实力做出改变,因为他们可以从每个公司的几个不同的屠宰厂进货。政府规划中也规定了不同程度的处罚,轻则罚款,重则需要关闭农场或屠宰厂。

## 3.18　违规处理办法的制定

大多数政府和行业系统都有一个针对违规行为而实施的正规操作程序。对于次要的和主要的违规内容,需要以信件(电子邮件)的方式解释正确的操作并加以纠正。在指定期限后,将对农场或工厂进行新的审核或检查。在整章中,作者都强调需要制定明确的操作指南和标准,使不同的审核员和检查员可以一致应用。

对于只差一两分没有达到最低及格分数的屠宰厂进行的处罚应该比存在严重违规行为(如将不能移动的动物从卸载斜坡上拖下来)的屠宰厂轻。作者已经协同许多大型肉品采购商决定将一个企业从合格名单中剔除。通常对比最低标准低一两分的企业需要发整改方案通知,并再次进行审核。可以继续从这家屠宰厂采购。而拖拽不能移动的动物是一种严重的虐待行为,肉品采购商至少在 30 d 内不能从该屠宰厂采购。如果该厂还有其他严重的违规行为,则禁止采购的时间将会更长。

总之,审核和检查过程应该是很客观的,但是有时候也需要很大的智慧来确定惩罚的程度。作者从参加实施审核制度的十年经验中体会到，如果供应商态度很差且不肯合作，则要受到比配合审核的供应商更加严厉的惩罚。麦当劳最初的审核开始于 1999 年和 2000 年，当时 75 家猪肉和牛肉屠宰厂中有三家的经理在改善动物福利之前就被开除了。为了使这三家企业达标，所有的采购均中断，直到新的管理者上任。在新的管理方式下，其中一个之前在审核体系中是最糟糕的企业变成了最好的一个。对于食品安全及动物福利而言，最好的企业应拥有具有正确理念的经理。

## 3.19　结论

审核监督和检查程序的有效实施可以大大改善动物福利。明确的操作指南将改善不同人之间判断的一致性。这样可以避免一个审核员过于苛刻，而另一个却未能改善动物处理方式的问题。

（耿爱莲译，郝月校）

## 参考文献

Barnett, J.L., Hemsworth, P.H., Cronin, G.M., Jongman, E.C. and Hutson, G.D. (2001) A review of the welfare issues for sows and piglets in relation to housing. *Australian Journal of Agricultural Research* 52, 1–28.

Beattie, V.E., O'Connell, N.E., Kilpatrick, D.J. and Moss, B.W. (2001) Influence of environmental enrichment on welfare related behavioral and physiological parameters in growing pigs. *Acta Agriculturae Scandinavica: Section A, Animal Science* 70, 443–450.

Bileik, B. and Keeling, L.J. (1999) Changes in feather condition in relation to feather pecking and aggressive behaviour in laying hens. *British Poultry Science* 40, 444–451.

Bracka, M.B.M., Zonderland, J.J. and Bleumer, J.B. (2007) Expert consultation on weighing factors of criteria for assessing environmental enrichment materials for pigs. *Applied Animal Behaviour Science* 104, 14–23.

Dawkins, M.S., Donnelly, C.A. and Jones, T.A. (2004) Chicken welfare is influenced more by housing conditions than stocking density. *Nature* 427, 343–348.

DeRosa, G., Tripaldi, C., Napolitano, F., Saltalamacchia, F., Grasso F., Bisegna, V. and Bordi, A. (2003) Repeatability of some animal related variables in dairy cows and buffalos. *Animal Welfare* 12, 625–629.

Dunn, C.S. (1990) Stress reactions of cattle undergoing ritual slaughter using two methods of restraint. *Veterinary Record* 126, 522–525.

Edge, M.K. and Barnett, J.E. (2008) Development and integration of animal welfare standards into company quality assurance programs in the Australian livestock (meat) processing industry. *Australian Journal of Experimental Agriculture* 48(7), 1009–1013.

Edmonson, A.J., Lean, I.J., Weaver, L.D., Farver, T. and Webster, G. (1989) A body condition scoring chart for Holstein dairy cows. *Journal of Dairy Science* 72, 68.

Engblom, L., Lundeheim, N., Dalin, A.M. and Anderson, K. (2007) Sow removal in Swedish commercial herds. *Livestock Science* 106, 76–86.

Ferguson, J.O., Falligan, D.T. and Thomsen, N. (1994) Principal descriptors of body condition score in Holstein cows. *Journal of Dairy Science* 77, 2695.

Fulwider, W.K., Grandin, T., Garrick, D.J., Engle, T.E., Lamm, W.D., Dalsted, N.L. and Rollin, B.E. (2007) Influence of freestall base on tarsal joint lesions and hygiene in dairy cows. *Journal of Dairy Science* 90, 3559–3566.

Grandin, T. (1998a) Objective scoring of animal handling and stunning practices at slaughter plants. *Journal of American Veterinary Medical Association* 212, 36–39.

Grandin, T. (1998b) The feasibility of using vocalization scoring as an indicator of poor welfare during slaughter. *Applied Animal Behaviour Science* 56, 121–138.

Grandin, T. (2001) Cattle vocalizations are associated with handling and equipment problems in beef slaughter plants. *Applied Animal Behaviour Science* 2, 191–201.

Grandin, T. (2005) Maintenance of good animal welfare standards in beef slaughter plants by use of auditing programs. *Journal of the American Veterinary Medical Association* 226, 370–373.

Grandin, T. (ed.) (2007a) *Livestock Handling and Transport*, 3rd edn. CAB International, Wallingford, UK.

Grandin, T. (2007b) *Recommended Animal Handling Guidelines and Audit Guide*, 2007 edn. American

Meat Institute, Washington, DC. Available at: www. animalhandling.org (accessed 3 January 2009).

Grandin, T., Curtis, S.E. and Taylor, I.A. (1987) Toys, mingling and driving reduce excitability in pigs. *Journal of Animal Science* 65 (Supplement 1), p. 230 (abstract).

Hemsworth, P.H., Barnett, J.L., Coleman, G.J. and Hansen, C. (1989) A study of the relationships between the attitudinal and behavioral profiles of stock persons and the level of fear of humans and reproductive performance of commercial pigs. *Applied Animal Behaviour Science* 23, 301–314.

Hewson, C.J. (2003) Can we access welfare? *Canadian Veterinary Journal* 44, 749–753.

Jones, E.K.M., Wathes, C.M. and Webster, A.J.F. (2005) Avoidance of atmospheric ammonia by domestic fowl and the effect of early experience. *Applied Animal Behaviour Science* 90, 293–308.

Knowles, J.G., Kestin, S.C., Haslam, S.M., Brown, S.N., Green, L.E., Butterworth, A., Pope, S.J., Pfeiffer, D. and Nicol, C.J. (2008) Leg disorders in broiler chickens, prevalence, risk factors and prevention. *PLOS One* 3(2). Available at: www.pubmedcentral.nih.gov/article.render.regi?artid=2212134 (accessed 3 January 2009).

Kristensen, E., Dueholm, L., VInk, D., Anderson, J.E., Jakobsen, E.B., Illum-Nielsen, S., Petersen, F.A. and Enevoldsen, C. (2006) Within- and across-person uniformity of body condition scoring in Danish Holstein cattle. *Journal of Dairy Science* 89, 3721.

Kristensen, H.H. and Wathes, C.M. (2000) Ammonia and poultry: a review. *World Poultry Science Journal* 56, 235–243.

Kristensen, H.H., Burgess, L.R., Demmers, T.G.H. and Wathes, C.M. (2000) The preferences of laying hens for different concentrations of ammonia. *Applied Animal Behaviour Science* 68, 307–318.

LayWel (2009) Available at: http://ec.europa.eu/food/animal/welfare/farm/laywel_final_report_en.pdf (accessed 19 June 2009).

Mallenhurst, H., Rodenburg, T.B., Bakker, E.A.M., Koene, P. and deBoer, I.J.M. (2005) On-farm assessment of laying hen welfare – a comparison of one environment based and two animal based methods. *Applied Animal Behaviour Science* 90, 277–291.

Maria, G.A., Villarrael, M. and Gebresenbet, G. (2004) Scoring system for evaluating stress to cattle during commercial loading and unloading. *Veterinary Record* 154, 818–821.

Meluzzi, A., Fabbri, C., Folegatti, E. and Sirri, F. (2008) Survey of chicken rearing conditions in Italy: effects of litter quality and stocking density on productivity, foot dermatitis and carcass injuries. *British Poultry Science* 49, 257–264.

OIE (2009a) Chapter 7.3. *Transport of Animals by Land,*

*Terrestrial Animal Health Code.* World Organization for Animal Health, Paris, France.

OIE (2009b) Chapter 7.5. *Slaughter of Animals, Terrestrial Animal Health Code.* World Organization for Animal Health, Paris, France.

Smulders, D., Verboke, G., Marmede, P. and Geers, R. (2006) Validation of a behavioral observation tool to assess pig welfare. *Physiology and Behavior* 89, 438–447.

Stull, C.L., Reed, B.A. and Berry, S.L. (2005) A comparison of three animal welfare assessment programs in California dairies. *Journal of Dairy Science* 88, 1595–1600.

Thomsen, P.T., Munksgaard, L. and Toyersen, F.A. (2008) Evaluation of lameness scoring of dairy cows. *Journal of Dairy Science* 91, 119–126.

University of Wisconsin (2005) Body Condition Score – What is Body Condition Score? What Does it Help Us Manage? Available at: http://dairynutrient.wisc.edu/302/page.php?id=36 (accessed 27 December 2008).

von Borell, E., Bockisch, F.J., Büscher, W., Hoy, S., Krieter, J., Müller, C., Parvizi, N., Richter, T., Rudovsky, A., Sundrum, A. and Van de Weghe, H. (2001) Critical control points for on-farm assessment of pig housing. *Livestock Production Science* 72, 177–184.

Warriss, P.D., Brown, S.N. and Adams, S.J.M. (1994) The relationship between subjective and objective assessment of stress at slaughter and meat quality in pigs. *Meat Science* 38, 329–340.

Webster, J. (2005) The assessment and implementation of animal welfare: theory into practice. *Review Science and Technology Off. International Epiz.* 24, 723–734.

White, R.G., deShazer, J.A. and Tressier, C.J. (1995) Vocalization and physiological responses of pigs during castration with and without a local anesthetic. *Journal of Animal Science* 73, 381–386.

Wildman, E.E., Jones, G.M., Wagner, P.E., Boman, R.L., Troutt, H.F. and Lesch, T.N. (1982) A dairy cow body condition scoring system and its relationship to selected production characteristics. *Journal of Dairy Science* 65, 495–501.

Winkler, C. and Willen, S. (2001) The reliability and repeatability of a lameness scoring system for use as an indicator of welfare in dairy cattle. *Acta Agriculturae Scandinavica: Section A, Animal Science* 30 (Supplement 1), 103–107.

Wray, H.R., Main, D.C.J., Green, L.E. and Webster, A.J.E. (2003) Assessment of dairy cow welfare using animal based measures. *Veterinary Record* 153, 197–202.

Wray, H.R., Leeb, C., Main, D.C.J., Green, L.E. and Webster, A.J.F. (2007) Preliminary assessment of finishing pig welfare using animal based measurements. *Animal Welfare* 16, 209–211.

# 第4章　良好饲养管理的重要性及其对动物的益处

Jeffrey Rushen 和 Anne Marie De Passillé

Pacific Agri-Food Research Centre, Agri-Food Canada, British Columbia, Canada

## 4.1　引言

随着对农场动物集约化养殖(如使用蛋鸡层架式鸡笼和母猪限位栏等)的日益关注,我们推测农场动物的福利大多受到其饲养条件的影响。然而,影响动物福利和生产性能的一个重要因素是管理动物的人——饲养员。饲养员会决定如何安排、饲喂和管理动物,他们会在生产中进行育种、接产、挤奶、断喙和去角等工作。饲养员在管理过程中的许多方式都会影响动物的福利状况。当饲养环境不适或饲喂方法不当时,饲养员的知识和技能就会发挥重要作用。完成日常工作如清洁料槽的质量和次数也非常重要。此外研究表明,饲养员处理动物的方式对于动物福利和生产性能也有重要影响。在这一章中,我们将回顾一些研究成果,它们表明良好的饲养管理对于动物福利、生产性能和工作人员满意度是非常重要的。

## 4.2　总体饲养管理对动物福利和生产性能的影响

在日常工作中,饲养员通常会明显地影响动物的福利状况,比如喂料、清圈等。不同的农场和饲养员在执行一些常规的动物保健时,对动物福利水平的影响也不同。例如,在奶牛场饲养犊牛时,女饲养员饲养的犊牛死亡率要比男饲养员饲养的犊牛低(Losinger 和 Heinrichs,1997)。

Lensink 等(2001a)调查了 50 个肉牛场中饲养管理在影响犊牛健康和生产性能方面的作用。这些肉牛场的审核是由一个公司执行的,它们坐落在相同区域,并且具有相似的管理技术和饲料等。调查的内容有:询问农场主对于动物的态度(如他们是否相信犊牛对于人们的接触是比较敏感的)以及他们对工作的态度(如清洁程序有多重要)。审核时要对这些农场的清洁度进行打分,并记录各项管理程序的绩效。高产的养殖场(即那些具有较高日增重、良好的饲料转化率和低死亡率的养殖场)是清洁的,有消毒围栏,周日晚上会给犊牛加餐,且由父辈具有牛场管理经验的农场主来管理。后面的一点非常重要,因为它丰富了农场主的养牛经验。这对于农场生产性能的影响非常大。农场谷仓的清洁度会导致不同农场间的日增重有 19% 的差异,饲料转化效率有 22% 的差异。犊牛的健康与农场主的态度密切相关,例如农场主越相信犊牛对于人类的接触比较敏感,越感到清洁的重要性,犊牛的健康状况就越好。结果表明,常规的饲养管理对于犊牛的福利和生产性能非常重要。

## 4.3　管理方法和动物对人的恐惧

研究已经清晰地表明,农场动物对管理和处理它们的饲养员产生的恐惧会明显影响它们的福利。这项研究已在先前讨论过多次(Hemsworth 和 Coleman,1998;Rushen 等,1999b;Waiblinger 等,2004,2006)。对饲养员的恐惧是大部分农场动物的主要应激,而且是降低动物生产性能的原因之一。农场之间以及动物之间对饲养员的恐惧程度有显著差异,而且恐惧程度与农场动物的生产性能高度相关。

研究人员发现,农场间在生产力水平和动物对饲养员的恐惧程度方面存在着极大的差异。在最初的一项研究中,Hemsworth(1981)通过比较猪接近人的程度来测试猪对饲养员的恐惧程度(图 4.1),他发现在农场中,猪对人的恐惧对产仔率和产仔数的影响较大(见第 1 章关于"恐惧"的描述)。在随后的一项研究中,Hemsworth 等(1999)发现泌乳母猪对饲养员的行为反应和流产仔猪的比例有关。在一些农场中,看到有人走来便会快速后撤并躲避的母猪(一种恐惧的信号)的死胎率远高于那些让人接近的母猪。引起农场流产仔猪比例差异的原因中,初产母猪对人的反应不同占 18%。结果表明,母猪对人的高度恐惧可能强烈影响其仔猪的存活情况。同样,对于家禽来说,那些与人距离较远的鸡,其饲料转化效率也低(也就是产某一数量的鸡蛋所需要的饲料较多)(Hemsworth 等,1994a)。

**图 4.1**　衡量动物对人恐惧程度的一种常见方法是测量它们离人的距离,特别是当它们在采食时与人的距离。当人接近它们时,它们从饲料处后撤的距离可明显地表明动物的恐惧程度。然而,它们躲避人的原因很多。例如,用手来喂的动物更容易接近人。但是,这并不意味着它们的福利更好,或者它们已经受到良好的管理。当根据不同农场间动物对人的反应来评价它们的恐惧程度时,应采取谨慎的态度(来源:de Passillé 和 Rushen,2005)。

　　有时,饲养管理的影响可能不是由于采用粗暴的管理方法,而是由一些更细微的影响引起的。例如,Cransberg 等(2000)发现肉鸡场饲养员快速移动(可能吓到了鸡)时,肉鸡的死亡率较高;而饲养员静静地待在棚里的时间越长时,肉鸡的死亡率越低。一些细节的影响是巨大的:由于饲养员移动速度不同所引起的农场间肉鸡死亡率的差别占 15%。

　　也许是因为奶牛经常需要接受处理,有大量关于影响奶牛恐惧程度的处理方法的研究(图 4.2)。Seabrook(1984)表明,饲养员处理奶牛的方法及奶牛对人恐惧的程度是影响奶牛潜在生产性能的一个主要因素。他观察并比较了分别由高产饲养员(由他饲喂的奶牛产奶量很高)和低产饲养员管理的奶牛的行为。他发现高产饲养员会更多地与奶牛交流,接触也更多,这样的奶牛对人的恐惧程度较低,很容易驱赶,奶牛也更乐意接近饲养员。

　　**图 4.2**　所有的农场动物中,由于常规的挤奶,奶牛与人经常亲密接触。良好的处理方式对于奶牛尤为重要。许多研究已表明,处理奶牛的方法可以极大地影响它们的生产性能。在能挤出多少奶的问题上,农场之间和挤奶工之间均存在着巨大的差异。低产奶量与粗暴的处理和奶牛对人的恐惧有关。

　　最近,Breuer 等(2000)发现了奶牛场的产奶量与奶牛的管理方法及奶牛对饲养员的恐惧程度之间的实质关系。作者拜访了澳大利亚的 31 个商业化奶牛场,并观察了饲养员的移动和正常挤奶时对奶牛的处理方法。挤奶过程中,不同牛场的挤奶工之间的粗暴处理程度差别很大。而且,由于采用非常粗暴的操作手段(如使劲拍、击打和拧尾)所导致的牛场间每年产奶量的差别几乎占 16%。

　　母牛对人的恐惧可以通过观察牛与人接近的时间来评估。不同牧场中,奶牛对人的恐惧程度有很大差别:对人不太恐惧的母牛与人接近的时间是对人特别恐惧的牛的 6 倍。特别是在挤奶期间,母牛的恐惧增加时,奶产量会显著降低。多元回归分析表明,不同的牧场间由母牛恐惧程度所造成的差异占奶牛年产奶量差异的 30%,这是一个相当惊人的数字。该研究小组随后发现(Hemsworth 等,2000),母牛恐惧程度较高的农场,母牛首次受精后,受孕的比例相当小。农场间由于恐惧程度不同而造成的妊娠率差异占 14%。Waiblinger 等(2002)也再现了一些这样的研究结果。在澳大利亚,他们在产奶期间观察了 30 个奶牛场中母牛和饲养员的行为。结果发现,对于澳大利亚奶牛粗放养殖体系来说,这种影响还不确定。奶牛对于人的恐惧也可能影响它们的健康。Fulwider 等(2008)发现,更乐意接近人的奶牛体细胞数较低。

屠宰前由于对人的恐惧所造成的不良后果特别重要。我们发现饲养员和犊牛间曾经的不良关系会影响牛的驱赶和运输,以及屠宰后的肉品质。Lensink 等(2001b)对比了来自不同牛场的肉牛,它们分别来自以温柔方式管理的牛场和粗暴管理的牛场。粗暴对待犊牛的牛场,需要花费更多的精力将牛装上车,而且犊牛在装卸的时候会有较高的心跳速度(应激的信号),表现出更害怕的行为,进圈时造成更多的创伤(例如,跌倒或碰撞围栏),同时肉品质较差。Mounier 等(2008)和 Hemsworth 等(2002a)也指出,管理员的行为与成年肉牛和猪的肉品质也存在着相似的关系。

总之,这些研究为大部分农场处理动物的方法、动物对人的恐惧程度和生产性能之间强相关性提供了令人信服的证据。

## 4.4　令动物厌恶的管理方法对生产性能的影响

以上的讨论表明,生产性能偏低(例如产蛋量低、生长速度慢)的情况通常出现在那些粗暴对待动物、动物对人恐惧的牧场中。然而,这些研究并没有表明,这些粗暴的管理方法确实是导致动物恐惧或生产性能降低的原因。为了证明这种说法,研究人员实验性地改变动物的管理方式,来观察其生产性能的变化。在首个这类研究中,Hemsworth 等(1981)以青年母猪为研究对象,观察它们在受到舒适处理(温柔的抚摸)或不舒适处理(主要是用电刺棒进行短时刺激)时的表现。这些处理方法持续时间相对较短,即 11～22 周龄,每周 3 次,每次持续 2 min。接受不舒适处理的青年母猪会花费较少时间接近管理员,表明它们更害怕人。此外,它们生长速度较低。第二项研究(Hemsworth 等,1986)表明,不舒适处理方式下的母猪在第二个情期妊娠率较低,而舒适处理方式下的小母猪妊娠率较高(分别为 33.3% 和 87.5%)。同时还发现,不舒适处理条件下的公猪 23 周龄时睾丸相对较小,其配种时间与在舒适处理方式下的公猪相比,相对较晚(分别为 192 d 和 161 d)。Gonyou 等(1986)证实了不舒适处理对猪生长速度的影响。他们记录了以不舒适方式处理的猪(经受电击)前 3 周的生长速度,其生长率仅为很少接触人的猪的 85%。

这些令人信服的研究表明,不舒适或粗暴的对待猪会影响其生长速度、繁殖性能和性发育,同时这种影响是巨大的。这些发现恰好支持了前面所提出的"动物对人恐惧与低生产性能相关"观点,而这可能是由管理员对动物的处理方式引起的(良好的处理方法见第 5 章)。

## 4.5　为什么差的饲养管理会增加动物的恐惧感,并降低生产性能

差的饲养管理是如何导致农场动物生产性能降低如此厉害的呢？为了解释这些影响,Hemsworth 和 Coleman(1998)提出了一个饲养员的观念、态度以及他们处理动物时的行为与对动物产生的影响之间的简单关系模型,如图 4.3 所示。饲养员对于动物的特定观念会对他

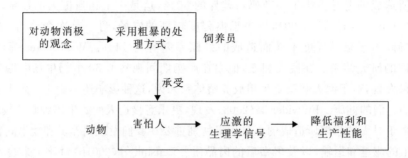

图 4.3　描述饲养员对于动物的观念以及其对动物福利和生产性能的影响之间关系的简单模型。根据此模型,一个饲养员对动物的观念(如使它们移动是否容易)将会影响他/她如何处理这些动物。认为动物非常笨的那些饲养员可能更喜欢采用粗暴的处理方式。这些动物会学着承受粗暴的处理,并且就这样对这种饲养员(或普通人)产生恐惧。这种对人的恐惧会产生与应激有关的生理变化,并且会降低动物的生产性能和福利(来源:Hemsworth 和 Coleman,1998)。

们如何处理动物产生直接的影响。例如,认为"猪不敏感,移动起来很困难"的这种观念会导致饲养员采取粗暴或不舒适的处理方法。饲养员对于动物观念的重要性将在后面讨论。粗暴处理的结果就是,动物学着承受这种粗暴的处理,并且变得害怕人。就这样,相应地动物应激会导致生理学的变化,这种应激对于动物的福利和生产性能都有害。这种模型是一种很有用的方式,通过这种方式,饲养员的观念和态度所产生的事件顺序在概念上就可理清。

　　奶牛的试验研究证明,不舒适的处理方式会导致动物更加害怕人,并且影响动物的生产性能(Munksgaard 等,1997;Rushen 等,1999a)。这些试验调查了同样的牛群为何害怕某些人,而不害怕另外的人。在这些研究中,奶牛反复接受两个人的处理,其中一个人总是温柔地对待牛(轻轻地交谈,拍打和安抚奶牛,或有时候给点饲料作为奖赏),而另一个人以粗暴的方式对待牛(击打,喊叫,有时使用牛刺棒)。不同人站在奶牛饲槽前时,通过测定奶牛靠近人的距离来评价牛对人的恐惧程度。Munksgaard 等(1997)的研究表明,牛会离粗暴对待它的饲养员更远。Rushen 等(1999a)测试了当奶牛面对挤奶工时,由处理引起的恐惧程度是否足以降低奶牛的产奶量。温柔的挤奶工会接近待挤奶牛,而粗暴的挤奶工则离得较远。重要的是,要注意在挤奶期间挤奶工不能触摸奶牛或与奶牛交流。挤奶过程中,粗暴挤奶工的出现足以增加 70％的残奶(这是应激诱导的排乳反射受阻的信号),并且容易降低产奶量。还有一些恐惧的生理信号:粗暴挤奶工的出现会增加挤奶时奶牛的心率(表 4.1)。这些小规模的研究为图 4.3 提到的模型提供了依据。这些研究表明,粗暴的处理会让奶牛对人产生恐惧,而且这种恐惧有时足以降低产奶量。

表 4.1　不同类型的处理对于泌乳期间奶牛产奶量和行为的影响(来源:Rushen 等,1999a)。

| 项目 | 粗暴的挤奶工 | 温柔的挤奶工 |
| --- | --- | --- |
| 产奶量/kg | 18.48 | 19.2 |
| 残奶/kg[a] | 3.6 | 2.1 |
| 乳房清洗时奶牛的踢动次数 | 0 | 0.93 |
| 挤奶时心率的变化/bpm[b] | 5.94 | 3.42 |

[a] 残奶是挤奶后剩余的奶量。

[b] 心率增加是应激的一个信号;bpm,每分钟跳动次数。

一个明显的问题就是，经过一个人粗暴对待的动物是否对所有人都感到恐惧，或者它们只是对极个别人产生恐惧。看起来好像两种结果都有可能，这取决于动物辨认人的能力。大量的试验表明，农场动物对于不同人的反应方式相同。例如，Hemsworth 等（1994b）发现猪不能辨别不同的人，它们对于熟悉和不熟悉人的反应没有变化。在这种情况下，粗暴的对待方式可能使得动物害怕所有的人。

然而，有些时候，农场动物能够学会识别人，并且变得害怕特定的人群（Rushen 等，2001）。上面提到的关于奶牛的研究提供了这样的例子。猪（Tanida 和 Nagano，1998；Koba 和 Tanida，2001）和羊（Boivin 等，1997）也提供了动物识别人的其他例子。动物可以根据什么标记来识别人呢？视觉信号，特别是与衣着有关系的东西，似乎在猪、羊和牛识别人的过程中发挥重要作用（Rushen 等，2001）。Rybarczyk 等（2003）指出，即使非常小的犊牛都能区别出穿着不同颜色衣服的两个人，学着选择接近给它们喂奶的人。然而，Taylor 和 Davis（1998）的研究表明，奶牛实际上可以学着区分穿着同一颜色衣服的人。近来，Rybarczyk 等（2001）提供的证据表明，至少一些成年公牛可以通过人脸来识别人（图 4.4）。

很明显，凭借非常微妙的识别信号，农场动物展示了其识别人的良好能力。如果不同的人以不同的方式对待动物，那么动物就会对每个人做出不同的反应。

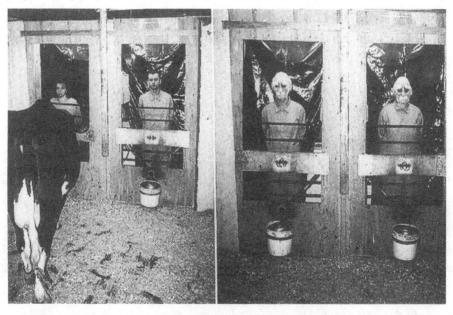

**图 4.4**　研究表明，大多数种类的农场动物能通过视觉信号识别人。一些农场动物能通过细微的信号来识别人。当奶牛做出了正确的选择，并受到食物奖赏时，成年奶牛能迅速学会接近奖赏人，而不是其他人。一旦奶牛学会识别人，可以检查它们使用的识别信号。例如，Rybarczyk 等（2001）的研究表明，同样身高的人，当他们的脸部被遮盖时，奶牛再无法做出辨认。这表明，一些母牛能够通过人的脸部来认识人。

## 4.6　采用不良饲养管理的原因及改善途径

### 4.6.1　确认哪些处理是令动物厌恶的，哪些处理是有益的

很明显，饲养员对动物采取的处理方式对于动物的恐惧有较大的影响，所以要改善动物和饲养员之间的关系，非常必要的第一步就是确认动物对人处理方式的感觉是厌恶的还是有益的。

最近，研究人员试图准确地发现哪些处理可以使牛感到厌恶，哪些处理最有可能导致它们害怕人。Pajor 等（2000）对比了一些驱赶牛时经常用到的处理方法，如用手击打、喊叫、拧尾（但强度不大，不会弄断尾巴！）和使用电刺棒驱赶。奶牛被放入走道，随后被固定和处理。试验人员测量了牛通过走道的速度，以及饲养员驱赶它们需要付出的努力。基于这些测量，从某种程度来看，所有的处理都令牛厌恶。然而，用手拍打和轻轻地拧尾，与没有处理相比，没有显著的区别，这表明奶牛察觉到这种处理相对和善，但这个结论可能还取决于饲养员所用的力道。不出所料，奶牛刺棒的使用令牛厌恶，但有趣的是，喊叫似乎与使用牛刺棒一样令牛厌恶。Pajor 等（2003）在随后的研究中让奶牛在两种处理方式中选择，他们发现：奶牛对喊叫和电刺棒没有偏好性，对不处理和拧尾也没有偏好性。这些方法会帮助我们更好地理解哪种处理让动物感到非常厌恶，并能让它们非常害怕人。

最近，人们已经开始关注并识别可能改善人与动物关系的积极行为。例如，Schmied 等（2008）发现，抚摸母牛的脖子会减少牛躲避人的程度，而且会使母牛更乐意接近人。

### 4.6.2　饲养员的态度和观念

Grandin（2003）指出，改变农场对动物的处理习惯是相当困难的。她注意到，人们通常更愿意购买新的昂贵的设备，而不愿意花费低成本去改变他们对动物的处理方法。这可能反映了一个事实，饲养员处理动物的方式是长期的、深层次的观念导致的结果。一般而言，观念就是认为应该如何处理动物以及个人的态度问题（Hemsworth，2003）。仅是简单地给出如何更好地处理动物的建议，还不足以克服这些观念的影响。相当多的研究表明，饲养员处理动物的方式是其特定观念的反应（图 4.3），改变这些观念，可能是改善处理动物方式的一种有效手段（Hemsworth 和 Coleman，1998；Hemsworth，2003）。

Coleman 等（2003）调查了屠宰厂的饲养员对猪的态度，并观察了这些饲养员如何驱赶猪。那些认为猪是贪婪、好斗和贪吃的饲养员很有可能用电刺棒来驱赶猪只。使用电刺棒也与这些饲养员认为处理猪的方式丝毫不会影响猪只的行为的观念有关。

这种观念可以改变吗？Hemsworth 等（2002b）调查了"认知行为干预"对于奶牛场主对母牛态度的影响。这些干预包括强调研究成果的多媒体报告，报告展示了处理不当对奶牛恐惧和生产性能的负面影响，同时也展示了一些良好的和较差的处理技术。干预明显地改善了农

场主对奶牛的态度,特别是减少那种认为必须花费相当大力气才能移动奶牛的观念。拜访农场后我们发现,这些观念的变化会降低不当处理技术的应用,减少了恐惧,并可能提高产奶量(表 4.2)。这项研究清晰地表明,这种干预对于至少改善饲养管理某一方面的观念,以及提高奶牛的福利和生产性能方面都有很大潜力。

**表 4.2**　处理对奶牛行为和产奶量的影响(来自 Hemsworth 等,2002b 的表 2 和表 3)。[a]

| 项目 | 对照 | 干预改变饲养员对奶牛的态度和观念 |
| --- | --- | --- |
| 饲养员的行为 | | |
| 中等厌恶处理技术的频率/母牛/挤奶 | 0.43 | 0.24 |
| 强烈厌恶处理技术的频率/母牛/挤奶 | 0.02 | 0.005 |
| 温柔处理技术的频率/母牛/挤奶 | 0.045 | 0.11 |
| 母牛的反应 | | |
| 逃离距离/m | 4.49 | 4.16 |
| 挤奶期间的退缩、踱步和踢等反应 | 0.1 | 0.13 |
| 月产奶量/(L/头) | 509 | 529 |

[a] 本实验在 99 个不同的农场进行两次。

　　一项猪场的类似研究发现,当饲养员参加质疑他们对猪的态度和行为的培训班时,他们处理猪的方法会有所改善(Coleman 等,2000)。有趣的是,居然发现了其他没有想到的积极效果,那就是:学习结束后,参加培训班的从业员工留下的比例(61%)要高于未参加培训的(47%)。结果表明,接受过如何更好地处理动物培训的饲养员更加有可能保住工作,或许是因为提高了工作满意度。Maller 等(2005)的研究发现,那些有积极想法的饲养员,认为驱赶奶牛比较容易,在奶牛场也会积极地工作。这样就会增强对动物的积极态度和自身生活质量间的关联。通过这种途径来提高饲养管理水平,也会因此改善动物和农场主的福利。

　　和日常管理依赖于具体的态度和观念一样,饲养管理的质量看起来也与平常个人的态度有关。Seabrook(1984)以问卷形式调查了在农场工作饲养员的个性情况与农场产奶量之间的关系。那些工作在高产奶量牛场的饲养员多是“不轻易离开,考虑周到,桀骜不驯,耐心,不喜欢交际,不谦虚,独立思考,坚忍不拔,不善言辞,自信,不合作和对改变表示怀疑的”。这个结果表明,饲养员的个性会影响产奶量。最近 Seabrook(2005)调查了优秀的猪场饲养员个性品质的重要性。大多数人认为好的饲养员应该是“挑剔”、“自信”和“内向型”的,而不是“苛刻”,“不细心”,“冷漠无情”或“挑衅”的。Coleman 等(2003)发现,屠宰厂中被定为有“粗暴思想”的饲养员更可能在驱赶猪时使用电刺棒。这个研究可能在提高雇用员工素质方面具有实际意义。

　　然而,我们不能只关注饲养员对动物的观念。正如“总体饲养管理对动物福利和生产性能的影响”部分提到的一样,在不考虑如何处理动物的情况下,饲养员对于日常工作(如清洁)的态度,也会对动物福利产生重大影响。图 4.5 展示了态度、观念和饲养管理之间关系的更加完整的模型。

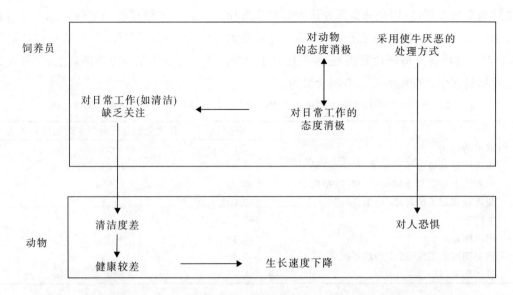

**图 4.5** 基于 Lensink 等(2002)对肉牛的研究,诞生了一个更加完整的模型,该模型展示了饲养员的态度和观念及其对农场动物影响之间的关系。在这个模型中,影响犊牛生长的最大因素是缺乏对日常清洁的重视,而不是动物对人的恐惧。犊牛对人的恐惧是一种关联反应,饲养员对日常管理的重要性抱有消极的态度,从而对于动物也抱有消极态度,进而会使用使牛厌恶的处理技术(来源:Rushen 等,2008)。

### 4.6.3 确认饲养员粗暴对待动物的原因

了解在什么情况下会导致动物被粗暴地对待有助于改善动物的处理方式。Seabrook (2000)介绍了他所承担的一项研究,在该研究中他试图确认为何奶牛牧场主会粗暴地对待奶牛。研究要求饲养员回忆他们粗暴对待动物的次数,并试图解释这样做的理由。有很多原因反复被提到,包括时间紧张和工作的复杂性,对动物的"顽固"(如踢掉挤奶杯)的沮丧,设备不能正常工作以及家庭和回家等问题。这项研究进一步强调了常规工作满意度对良好饲养管理的重要性。

驱赶动物时的困难可能是导致饲养员沮丧的一个原因,这也可能是很多粗暴处理发生的原因。工作环境的结构设计也起着重要作用。Maller 等(2005)注意到,挤奶棚设计的几个部分(例如,动物的进出口、畜舍大门等)与奶牛的移动难度有关,这可能相应地使挤奶工介入(通常是粗暴地)来驱赶牛更为必要。Rushen 和 de Passillé(2006)也有类似报道,湿滑的地板不但减慢牛的步行速度,还增加了滑倒的危险,从而导致操作工有必要试着鼓励牛向前移动,这也就增加了粗暴处理的风险。屠宰厂中转运牛是一个非常棘手的问题,这是选择不恰当致昏处理的一个主要原因。Grandin(2006)列举了屠宰厂为了改善动物的转运而改进的一些设计。这些设计包括安装防滑地面,并消除会分散动物注意力的因素,避免其产生犹豫。良好的管理设施对于管理对人更容易产生恐惧的粗放饲养的动物(如肉牛)也显得特别重要。Grandin (1997)已经为这些设备提供了有用的参考指南(见第5、7和14章)。很明显,为了适当地处理和驱赶动物,非常有必要精心设计舍内空间,以便既可以减少操作工的沮丧,又可以减少这些操作工把他们的沮丧情绪发泄到动物身上的可能。寻找良好方法来驱赶动物,可能会显著减少厌恶处理手段的使用。这既可以通过改良通道设计来实现,也可以通过别的途径来改善动物的活动。Ceballos 和 Weary(2002)发现,当奶牛进入挤奶厅的时候,提供少部分食物奖励会减少奶牛进入挤奶厅所耗时间,可以减少管理员驱赶奶牛或使用其他厌恶处理方法的必要。

从其他行业来看,对工作的满意度很大程度上决定着工作的勤奋度,工作满意度较低通常是工作草率的原因。对于饲养管理来说,认识到这点非常重要,Seabrook 和 Wilkinson(2000)通过采访英国的饲养员,来确定什么因素会影响他们的工作满意度,尤其关注饲养员喜欢和厌恶的日常工作。重要的是,饲养员清晰地评估并分享了他们与动物相互关系的感受。很大程度上,这种与动物的自然互作是造成"好一天"和"坏一天"之间差别的原因。在乳品业,挤奶被广泛认为是最重要的日常工作,也是最快乐的工作。然而,并非所有国家都是如此。Maller 等(2005)报道,仅有大约 1/4 的澳大利亚奶牛农场主愿意去挤奶。这种区别可能与两个国家在挤奶棚的设计方面的不同有关系。

很遗憾,Seabrook 和 Wilkinson(2000)发现,维持畜群健康和福利没有受到人们,尤其是年轻饲养员的足够重视。不过,高产畜群的饲养员比低产畜群的饲养员重视动物福利。引入质量保证计划后的再次审查会提高评估畜群健康和福利的重要性。作者认为这可能导致饲养员改变他们的工作重点。尽管维持动物的健康和福利非常重要,但清洁畜舍/挤奶厅和修蹄被认为是让人极其厌恶的常规工作。修蹄(图 4.6)不受欢迎,主要是因为设备和手头的工具不佳,而且因为修蹄通常被看作一项危险的工作。作者推断,修蹄和日常清洁工作明显不受欢迎,为了更好地设计挤奶厅以便于清洁,也为了改进修蹄的设备和工具,有必要寻找一种清洁母牛及牛棚的改良方法。这种类型的研究显然很有用,通过这些研究可以发现那些改善工作满意度和提高工作质量的方法。

## 4.7　农场审核中的饲养管理评估

Hemsworth(2007)最近提出,动物福利对于农业公众形象的重要性日益提高,因此有必要建立适当的饲养管理标准。鉴于饲养管理对于农场动物福利的重要性,将饲养管理评估纳入农场动物福利评估和审查过程的呼声很高。这种评估通常包括动物对人的恐惧程度。例如,Rousing 和 Waiblinger(2004)拜访了一个商业奶牛场,并进行了两个试验:一个是主动接近试验,以奶牛趋于接近和接触固定的人为基础;另一个是躲避试验,以奶牛躲避正在靠近的人为基础。研究发现,两个试验的重复性都很高,而且两个试验的结果高度相关。躲避试验更少受到熟悉人的影响,作者得出结论,躲避试验对于评估农场中饲养员和动物关系是有效的,也是有用的。其他的研究表明,可以准确地测量农场奶牛与饲养员间保持的距离(Windschnurer 等,2008),家禽方面也有类似报道(例如,Graml 等,2007)。然而,我们并不赞成使用这样的试验来评估农场审核中的饲养管理(de Passillé 和 Rushen,2005),并不是因为试验不可靠,而是因为它们是否可以作为农场饲养管理的评价指标还没有得到充分的证实,还不清楚哪些是更加严重的问题。

首先,动物接近和躲避人的程度,会受到许多因素的影响,而不仅是使用粗暴管理方式造成的（Boissy 和 Bouissou，1988）。例如，用手给动物喂食是一种让动物接近人的方式。那些没有被用手喂过食的动物，也许不乐意接近人，但并不意味着它们的福利就一定较差。

其次，即使农场之间在动物接近人的程度上也有差异，我们很难界定在何种情况下对动物的处理已经达到了不能接受的粗暴程度。这在一定程度上是因为，农场间的许多差异会影响动物接近人时的准确距离，所以很难对不同农场进行精准的判断。

再次，也是最重要的，正如我们在本章中所讨论的，与处理动物的方式相比，对良好饲养管理的要求更多（图4.5）。饲养员执行日常重要工作的程度，或他们对动物和这些工作的态度，可能对农场评估的测定更为重要。在农场以外的其他情况，与动物对人的恐惧程度相比，处理动物的其他方面可能对动物福利的审核更重要（而且更容易测量）。例如，注意到使用电刺棒驱赶动物以及不当的致昏方式应成为屠宰厂动物福利审核的一个重要部分（Grandin，1998）。因此，评估饲养管理质量可能是农场动物福利审核中最重要的一个环节，而动物对人的反应程

**图4.6**　一个较差的奶牛修蹄设备。完成日常工作（如奶牛修蹄工作）是良好饲养管理的重要方面。在做这些日常工作时，勤奋和管理的程度对于动物福利有极大的影响。例如，众所周知，奶牛修蹄不恰当会增加奶牛变跛的风险。然而，许多奶农宣称，在奶牛场修蹄是最不愉快的日常工作之一（Seabrook和Wilkinson，2000）。因而，出现了修蹄次数少于必须进行修蹄的次数的风险。为了改善这种现状，应确保农场主有合适的设备并受过这些工作的培训。许多设计良好的牛固定单元已商品化。用好设备代替有潜在风险的设备会使得修蹄变得更容易和更安全。

度可能不是最合适的评价不同农场间动物福利的指标,但适合用它来评估同一农场中饲养管理的提高。

## 4.8 结论

根据本章文献的研究,很明显,在动物福利和生产性能方面,管理动物的人们发挥着重要的、可能是决定性的影响作用。动物福利和生产性能水平相似的农场,其饲养员之间的差别,可能会导致其他方面出现许多差异。相关研究已开始提供确切的案例,以证明差的饲养管理怎样引起动物福利变差,并且展示一些可以提高饲养管理的途径。很明显,就如改善动物福利一样,这些提高通常会对农场主自身产生可观的利益。这些利益可通过改善动物的健康和生产性能来实现,或通过提高处理动物(包括抓捕动物)的效率和安全性来实现,或者通过提高工作满意度和自身荣誉感来实现。目前的研究更多地关注饲养管理的突出方面:如何处理动物以及动物如何对人产生恐惧。然而,饲养管理包括的内容更多,培养人和动物之间的关系会十分微妙。研究需要考虑范围更广的、与饲养管理相关的指标。Seabrook(2000:30)归纳:

农场动物福利主要取决于饲养员日复一日地操作处理、观察并管理动物的行动。动物的福利和生产性能不仅取决于动物占有的建筑及空间的大小,还取决于饲养员。疏忽会引起对动物的厌恶处理,但饲养员通常知道如何正确地处理动物。他们懂得好的动物福利需要做哪些工作,只是有时候,他们没有正确地执行而已,用他们的话说"让我们自己和我们的动物失望了"。

## 4.9 致谢

我们感谢所有的同事和合作者一起充分讨论这一话题,还要特别感谢 Paul Hemsworth、Lene Munksgaard 和 Hajime Tanida。我们在该领域的研究得到了加拿大自然科学和工程研究委员会基金的支持,也得到了加拿大奶制品公司、加拿大农业和农业食品部等基金的支持。

(张增玉译,郝月校)

## 参考文献

Boissy, A. and Bouissou, M.F. (1988) Effects of early handling on heifers' subsequent reactivity to humans and to unfamiliar situations. *Applied Animal Behaviour Science* 20, 259–273.

Boivin, X., Nowak, R., Desprès, G., Tournadre, H. and Le Neindre, P. (1997) Discrimination between shepherds by lambs reared under artificial conditions. *Journal of Animal Science* 75, 2892–2898.

Breuer, K., Hemsworth, P.H., Barnett, J.L., Matthews, L.R. and Coleman, G.J. (2000) Behavioural response to humans and the productivity of commercial dairy cows. *Applied Animal Behaviour Science* 66, 273–288.

Ceballos, A. and Weary, D.M. (2002) Feeding small quantities of grain in the parlour facilitates pre-milking handling of dairy cows: a note. *Applied Animal Behaviour Science* 77, 249–254.

Coleman, G.J., Hemsworth, P.H., Hay, M. and Cox, M. (2000) Modifying stockperson attitudes and behaviour towards pigs at a large commercial farm. *Applied Animal Behaviour Science* 66, 11–20.

Coleman, G.J., McGregor, M., Hemsworth, P.H., Boyce, J. and Dowling, S. (2003) The relationship between beliefs, attitudes and observed behaviours of abattoir personnel in the pig industry. *Applied Animal Behaviour Science* 82, 189–200.

Cransberg, P.H., Hemsworth, P.H. and Coleman, G.J. (2000) Human factors affecting the behaviour and productivity of commercial broiler chickens. *British Poultry Science* 41, 272–279.

de Passillé, A.M. and Rushen, J. (2005) Can we measure human-animal interactions in on-farm animal welfare assessment? Some unresolved issues. *Applied Animal Behaviour Science* 92, 193–209.

Fulwider, W.K., Grandin, T., Rollin, B.E., Engle, T.E., Dalsted, N.L. and Lamm, W.D. (2008) Survey of dairy management practices on one hundred thirteen north central and northeastern United States dairies. *Journal of Dairy Science* 91, 1686–1692.

Gonyou, H.W., Hemsworth, P.H. and Barnett, J.L. (1986) Effects of frequent interactions with humans on growing pigs. *Applied Animal Behaviour Science* 16, 269–278.

Graml, C., Niebuhr, K. and Waiblinger, S. (2007) Reaction of laying hens to humans in the home or novel environment. *Applied Animal Behaviour Science* 113, 98–109.

Grandin, T. (1997) The design and construction of facilities for handling cattle. *Livestock Production Science* 49, 103–119.

Grandin, T. (1998) Objective scoring of animal handling and stunning practices at slaughter plants. *Journal of the American Veterinary Medical Association* 212, 36–39.

Grandin, T. (2003) Transferring results of behavioral research to industry to improve animal welfare on the farm, ranch and the slaughter plant. *Applied Animal Behaviour Science* 81, 215–228.

Grandin, T. (2006) Progress and challenges in animal handling and slaughter in the US. *Applied Animal Behaviour Science* 100, 129–139.

Hemsworth, P.H. (2003) Human-animal interactions in livestock production. *Applied Animal Behaviour Science* 81, 185–198.

Hemsworth, P.H. (2007) Ethical stockmanship. *Australian Veterinary Journal* 85, 194–200.

Hemsworth, P.H. and Barnett, J.L. (1992) The effects of early contact with humans on the subsequent level of fear of humans in pigs. *Applied Animal Behaviour Science* 35, 83–90.

Hemsworth, P.H. and Coleman, G.J. (1998) *Human–Livestock Interactions.* CAB International, Wallingford, UK.

Hemsworth, P.H., Brand, A. and Willems, P. (1981) The behavioural response of sows to the presence of human beings and its relation to productivity. *Livestock Production Science* 8, 67–74.

Hemsworth, P.H., Barnett, J.L. and Hansen, C. (1986) The influence of handling by humans on the behaviour, reproduction and corticosteroids of male and female pigs. *Applied Animal Behaviour Science* 15, 303–314.

Hemsworth, P.H., Coleman, G.J., Barnett, J.L. and Jones, R.B. (1994a) Behavioural responses to humans and the productivity of commercial broiler chickens. *Applied Animal Behaviour Science* 41, 101–114.

Hemsworth, P.H., Coleman, G.J., Cox, M. and Barnett, J.L. (1994b) Stimulus generalization: the inability of pigs to discriminate between humans on the basis of their previous handling experience. *Applied Animal Behaviour Science* 40, 129–142.

Hemsworth, P.H., Pedersen, V., Cox, M., Cronin, G.M. and Coleman, G.J. (1999) A note on the relationship between the behavioural response of lactating sows to humans and the survival of their piglets. *Applied Animal Behaviour Science* 65, 43–52.

Hemsworth, P.H., Coleman, G.J., Barnett, J.L. and Borg, S. (2000) Relationships between human–animal interactions and productivity of commercial dairy cows. *Journal of Animal Science* 78, 2821–2831.

Hemsworth, P.H., Barnett, J.L., Hofmeyr, C., Coleman, G.J., Dowling, S. and Boyce, J. (2002a) The effects of fear of humans and pre-slaughter handling on the meat quality of pigs. *Australian Journal of Agricultural Research* 53, 493–501.

Hemsworth, P.H., Coleman, G.J., Barnett, J.L., Borg, S. and Dowling, S. (2002b) The effects of cognitive behavioral intervention on the attitude and behavior of stockpersons and the behavior and productivity of commercial dairy cows. *Journal of Animal Science* 80, 68–78.

Koba, Y. and Tanida, H. (2001) How do miniature pigs discriminate between people? Discrimination between people wearing coveralls of the same colour. *Applied Animal Behaviour Science* 73, 45–58.

Lensink, B.J., Veissier, I. and Florand, L. (2001a) The farmers' influence on calves' behaviour, health and production of a veal unit. *Animal Science* 72, 105–116.

Lensink, B.J., Fernandez, X., Cozzi, G., Florand, L. and Veissier, I. (2001b) The influence of farmers' behavior on calves' reactions to transport and quality of veal meat. *Journal of Animal Science* 79, 642–652.

Lensink, B.J., Boivin, X., Pradel, P., LeNeindre, P. and Vessier, L. (2002) Reducing veal calves reactivity to people by providing additional human contact. *Journal of Animal Science* 78, 1213–1218.

Losinger, W.C. and Heinrichs, A.J. (1997) Management practices associated with high mortality among preweaned dairy heifers. *Journal of Dairy Research* 64, 1–11.

Maller, C.J., Hemsworth, P.H., Ng, K.T., Jongman, E.J., Coleman, G.J. and Arnold, N.A. (2005) The relationships between characteristics of milking sheds and the attitudes to dairy cows, working conditions, and quality of life of dairy farmers. *Australian Journal of Agricultural Research* 56, 363–372.

Mounier, L., Colson, S., Roux, M., Dubroeucq, H., Boissy, A. and Veissier, I. (2008) Positive attitudes of farmers and pen-group conservation reduce adverse reactions of bulls during transfer for slaughter. *Animal* 2, 894–901.

Munksgaard, L., de Passillé, A.M.B., Rushen, J., Thodberg, K. and Jensen, M.B. (1997) Discrimination of people by dairy cows based on handling. *Journal of Dairy Science* 80, 1106–1112.

Pajor, E.A., Rushen, J. and de Passillé, A.M.B. (2000) Aversion learning techniques to evaluate dairy cattle handling practices. *Applied Animal Behaviour Science* 69, 89–102.

Pajor, E.A., Rushen, J. and de Passillé, A.M.B. (2003) Dairy cattle's choice of handling treatments in a Y-maze. *Applied Animal Behaviour Science* 80, 93–107.

Rousing, T. and Waiblinger, S. (2004) Evaluation of on-farm methods for testing the human–animal relationship in dairy herds with cubicle loose housing systems – test-retest and inter-observer reliability and consistency to familiarity of test person. *Applied Animal Behaviour Science* 85, 215–231.

Rushen, J. and de Passillé, A.M. (2006) Effects of roughness and compressibility of flooring on cow locomotion. *Journal of Dairy Science* 89, 2965–2972.

Rushen, J., de Passillé, A.M.B. and Munksgaard, L. (1999a) Fear of people by cows and effects on milk yield, behavior and heart rate at milking. *Journal of Dairy Science* 82, 720–727.

Rushen, J., Taylor, A.A. and de Passillé, A.M.B. (1999b) Domestic animals' fear of humans and its effect on their welfare. *Applied Animal Behaviour Science* 65, 285–303.

Rushen, J., de Passillé, A.M.B., Munksgaard, L. and Tanida, H. (2001) People as social actors in the world of farm animals. In: Gonyou, H. and Keeling, L. (eds) *Social Behaviour of Farm Animals*. CAB International, Wallingford, UK.

Rushen, J., de Passillé, A.M., von Keyserlingk, M. and Weary, D.M. (2008) *The Welfare of Cattle*. Springer, Dordrecht, The Netherlands, 303 pp.

Rybarczyk, P., Koba, Y., Rushen, J., Tanida, H. and de Passillé, A.M. (2001) Can cows discriminate people by their faces? *Applied Animal Behaviour Science* 74, 175–189.

Rybarczyk, P., Rushen, J. and de Passillé, A.M. (2003) Recognition of people by dairy calves using colour of clothing. *Applied Animal Behaviour Science* 81, 307–319.

Schmied, C., Boivin, X. and Waiblinger, S. (2008) Stroking different body regions of dairy cows: effects on avoidance and approach behavior toward humans. *Journal of Dairy Science* 91, 596–605.

Seabrook, M.F. (1984) The psychological interaction between the stockman and his animals and its influ-ence on performance of pigs and dairy cows. *Veterinary Record* 115, 84–87.

Seabrook, M.F. (2000) The effect of the operational environment and operating protocols on the attitudes and behaviour of employed stockpersons. In: Hovi, M. and Bouilhol, M. (eds) *Human–Animal Relationship: Stockmanship and Housing in Organic Livestock Systems*. Proceedings of the Third Network for Animal Health and Welfare in Organic Agriculture (NAHWOA) Workshop, Clermont-Ferrand, France, 21–24 October 2000. University of Reading, Reading, UK, pp. 21–30. Available at: http://www.veeru.reading.ac.uk/organic/ProceedingsFINAL.pdf (accessed 23 June 2009).

Seabrook, M.F. (2005) Stockpersonship in the 21st century. *Journal of the Royal Agricultural Society of England* 166, 1–12.

Seabrook, M.F. and Wilkinson, J.M. (2000) Stockpersons' attitudes to the husbandry of dairy cows. *Veterinary Record* 147, 157–160.

Tanida, H. and Nagano, Y. (1998) The ability of miniature pigs to discriminate between a stranger and their familiar handler. *Applied Animal Behaviour Science* 56, 149–159.

Taylor, A. and Davis, H. (1998) Individual humans as discriminative stimuli for cattle (*Bos taurus*). *Applied Animal Behaviour Science* 58, 13–21.

Waiblinger, S., Menke, C. and Coleman, G. (2002) The relationship between attitudes, personal characteristics and behaviour of stockpeople and subsequent behaviour and production of dairy cows. *Applied Animal Behaviour Science* 79, 195–219.

Waiblinger, S., Menke, C., Korff, J. and Bucher, A. (2004) Previous handling and gentle interactions affect behaviour and heart rate of dairy cows during a veterinary procedure. *Applied Animal Behaviour Science* 85, 31–42.

Waiblinger, S., Boivin, X., Pedersen, V., Tosi, M.V., Janczak, A.M., Visser, E.K. and Jones, R.B. (2006) Assessing the human–animal relationship in farmed species: a critical review. *Applied Animal Behaviour Science* 101, 185–242.

Windschnurer, I., Schmied, C., Boivin, X. and Waiblinger, S. (2008) Reliability and inter-test relationship of tests for on-farm assessment of dairy cows' relationship to humans. *Applied Animal Behaviour Science* 114, 37–53.

# 第 5 章　如何改善对家畜的操作处理并减少应激

**Temple Grandin**

**Colorado State University，Fort Collins，Colorado，USA**

在挤奶、接种和装卸等操作中温和地对动物进行操作处理是有很多好处的。与恐惧、激动的动物相比，平静的动物更容易操作处理、分类和固定。如果家畜变得相当激动，那么它们需要 20～30 min 才能平静下来，心率恢复至正常（Stermer 等，1981）。把动物从牧场赶到畜栏再进入通道进行兽医处理之前，最好让它们先平静下来。如果一匹马在进行兽医处理时变得极度激动，那么最好在再次处理前让它先平静 30 min。研究表明，对家畜大呼小叫确实会对它们造成很大的应激（Waynert 等，1999；Pajor 等，2003）。饲养员在操作处理动物时除了一点嘘嘘声或轻柔、安抚的话语外，绝大多数情况下应该是安静的。

## 5.1　良好操作处理的好处

与那些在接受操作处理时变得激动的家畜相比，固定时保持安静、在处理时可以安静牵走的家畜会表现出更好的增重和肉品质。固定时使劲挣扎，或在处理后疯狂地逃离通道的家畜增重较低，体内皮质醇含量较高，产出的肉颜色较深且十分坚硬（Voisinet 等，1997a，b；Petherick 等，2002；Curley 等，2006；King 等，2006）。黑切牛肉是一种有严重质量缺陷的肉，这种肉比正常牛肉的颜色要深，而且更干。在 15 min 的屠宰过程中被电刺棒电击 6 次的牛所产的肉通过品评定级为较硬的肉（Warner 等，2007；Ferguson 和 Warner，2008）。澳大利亚研究人员 Paul Hemsworth 对猪和奶牛的研究表明，消极的处理会降低奶牛的产奶量和猪的增重（Barnett 等，1992；Hemsworth 等，2000）（见第 4 章）。温柔的操作处理动物同样有助于减少疾病和提高繁殖性能。应激会降低动物免疫系统的功能（Mertshing 和 Kelly，1983）。动物配种后不久对羊、牛和猪的粗暴操作处理也会降低它们的妊娠率（Doney 等，1976；Hixon 等，1981；Fulkerson 和 Jamieson，1982）。害怕人、见到人会往后退的母猪产仔数更少（Hemsworth，1981）。不当操作处理所产生的应激也会使动物更容易患病，帮助动物抵抗疾病的免疫系统功能会降低。固定应激会降低猪的免疫系统功能（Mertshing 和 Kelly，1983）。电刺棒的多次电击对猪是非常有害的。受到多次电击的猪很可能不能走动（Benjamin 等，2001）。McGlone（个人交流，2005）报道，对猪群中 50% 的猪使用电刺棒时造成猪不能走动的发生率比对猪群中 10% 的猪使用电刺棒时的发生率高 4 倍。我们对一家大型商业屠宰厂屠宰 115 kg 猪的程序进行了观察。电刺棒的使用同样造成了猪血液中乳酸和葡萄糖的大量增加（Benjamin 等,2001;Ritter 等,2009)。Edwards 等发现屠宰时电刺棒的使用会增加肉中乳酸水平，并降低肉的 pH(L. N. Edwards、T. Grandin、T. E. Engle、M. J. Ritter、A. Sosnicke 和 D. Anderson,2009,未发表的结果)。低 pH 肉更可能出现 PSE(pale soft exudative)肉。这种肉具有严重的质量缺陷。

不能站立的动物绝不应拖走。猪不能走动，要么是由于猪应激综合征(porcine stress syndrome,PSS,一种遗传性疾病)，要么是由于采食了含高剂量 β-受体激动剂(如莱克多巴胺)的饲料(见第 1 章和第 7 章)。细心、温和的操作处理会降低不能走动动物的数量。

低应激、温和地操作处理家畜的另一个优点是可以提高人类和动物的安全，动物和人类的伤害都会减少。一项工人索赔情况的十年分析表明，与家畜操作处理有关的伤害索赔在所有的严重伤害赔偿案中所占比例最高(Douphrate 等,2009)。被轻轻装到卡车上的家畜也会有一半发生瘀伤(Grandin,1981)。在巴西，家畜操作处理措施的改善使瘀伤动物的比例由 20% 降至 1.3%(Paranhas de Costa,个人交流,2006)。良好的操作处理也有助于防止由于猪死亡而造成的损失。西班牙的一项调查表明，当装载猪只的时间减少时，猪只死亡的损失会增加(Averos 等,2008)。当人们着急时，对家畜的操作处理经常会变得粗鲁。

## 5.2　操作处理不太温顺的粗放养殖动物的行为准则

家畜的操作处理人员需要了解逃离区域和驱赶牛、猪、羊和其他动物的平衡点。要使动物保持安静并很容易驱赶它们，操作处理人员必须在逃离区域的边缘进行操作(Grandin,1980a,b,2007a;Grandin 和 Deesing,2008)(图 5.1)。逃离区域是动物的独自空间，逃离区域的大小为距离操作者 0 m 到 50 m 以上不等。Hedigar(1968)指出，驯化动物的过程就是使动物的逃离区域缩小到可以让人们靠近的那个点上。当一个人闯入逃离区域时，动物会转身离开。当动物转身面对操作处理人员时，该人一定在动物的逃离区域外。逃离区域的大小取决于动物是野生的还是驯养的。完全驯服的动物没有逃离区域，应该引导它们而不是驱赶它们。粗放养殖的动物很少看到人，它们的逃离区域要比那些每天可以见到人的动物的逃离区域大。当家畜受到温和的操作处理时，它们的逃离区域会变小。

逃离区域的大小由三个因素决定，它们是：(1)接触人的数量；(2)接触人的素质，是冷静温柔的还是大吵大闹、爱打动物的；(3)动物的遗传性。采食时每天都可以看到人的动物，其逃离区域通常小于那些粗放养殖牧场中一年只见到几次人的动物。动物性情的遗传差异同样会影响逃离距离。每个种群中都会有些更加易怒、逃离区域更大的动物。在粗放养殖条件下，与婆罗门杂交牛相比，英国血统的动物(例如短角牛)在接受处理时不太可能发怒(Fordyce 等,1988)。在家畜的品种特性中，性情和受惊吓的趋势肯定是遗传的(Hearnshaw 和 Morris,1984)。在使牛、猪或羊聚成一群的趋势方面也存在着遗传差异性。美利奴(Merino)绵羊和兰布莱(Rambouillet)绵羊要比萨福克(Suffolks)绵羊、汉普夏(Hampshires)绵羊和切维厄特(Cheviots)绵羊聚集得更紧密。

要以平静、可控的方式驱赶粗放条件下饲养的动物，操作处理人员就应该在逃离区域的边缘进行操作。操作处理人员进入逃离区域驱赶动物，如果要使动物停下来，他就要向后退。操作处理人员应避开动物后面的盲点。应避免过度深入逃离区域，这是因为连续深入逃离区域会使动物逃离。操作处理人员也可以应用"对动物施加压力和释放压力"的方法。当动物向期

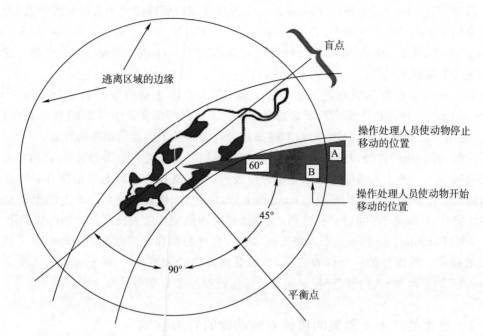

**图 5.1**　逃离区域示意图。一方面操作处理人员应站在平衡点之后以保证动物可以前进（如位置 A 和 B），站在平衡点的前面，会使动物后退。操作处理人员应在逃离区域的边缘处进行操作处理。

望的方向移动时，操作处理人员就应该退出逃离区域；而当动物的移动速度变缓或停止移动时，操作处理人员就应该重新进入逃离区域。

当一个人进入动物的独自空间，由于动物位于通道或小圈中而使它们不能走开时，动物会变得激动。将动物赶进畜栏的通道时，如果动物转回身并逃离操作处理人员，那么可能是因为操作处理人员进入逃离区域过深。那么操作处理人员应该退出来，并根据动物做出的轻微返回暗示来重新确定他在逃离区域的位置。

### 5.2.1　逃离区域图

逃离区域示意图（图 5.1）展示了操作处理人员驱赶家畜的正确位置。要使动物向前走，操作处理人员应该在逃离区域的边缘位置 A 和 B 进行操作。操作处理人员应该站在平衡点的后面，这样一方面可以保证动物在平衡点前面行进，另一方面也可以保证动物的后退（Kilgour 和 Dalton，1984；Smith，1998；Grandin，2007a）。人们最常犯的错误就是站在平衡点的前面从后面拨开动物使其前进。这种方法给了动物矛盾的信号，使它们很迷惑。当操作处理人员要求动物向前走时，他必须站在动物的肩部位置之后。

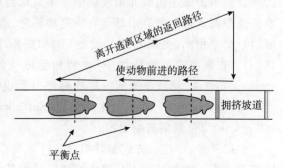

**图 5.2**　平衡点示意图。要想使动物向前移动，操作处理人员可以从期望方向的反方向快速通过平衡点。

### 5.2.2　平衡点

第二个示意图（图 5.2）展示了如何利用动

物肩部的平衡点来移动粗放条件下饲养的家畜。当一个人从期望方向的反方向快速返回平衡点时,动物会向前移动。原则就是:在逃离区域内部和外部均从相同方向快速走向期望方向的反方向。当动物走出牧场时,一个基本原则就是操作处理人员应该在家畜移动方向的反方向上指挥动物加速前进,并在动物行进的相同方向上移动迫使动物减速。这一原则适用于操作处理人员与家畜并排而行的情况。

### 5.2.3　保证集畜栏半满

在操作处理牛和猪时,一个常犯的错误就是通往单列通道或装载坡道的集畜栏中的动物过满。集畜栏应该半满,这样动物可以有空间转身。图5.3显示的是通往单列通道或装载坡道的集畜栏中的牛过多。所有的家畜都会跟随着领头的动物,因此操作处理人员可以充分利用动物的这种自然行为轻松地驱赶动物。如果在试图装满之前留有部分空间,动物更容易进入单列通道。有部分空间的通道有助于接下来的行为,因为这样的空间足够4～10只动物跟随领头动物进入。牛和猪应分小拨来驱赶。如果你的集畜栏最多可容纳20只动物,那么你应该在集畜栏里放10只动物,使集畜栏半满。羊的跟随行为很强,可以大批连续驱赶它们。驱赶羊的原则是千万别使羊群断开。这就类似于虹吸原理。一旦开始流动,就应该让它一直流动,因为重新使它流动非常困难。要特别注意掉队的单个动物。当动物孤单时它们会非常恐慌。动物掉队时会变得异常焦躁,它可能撞上栅栏或把人撞翻。如果一只动物变得焦躁不安,那么其他一些动物也会变得激动。放牧动物是群体性动物,当它们脱离集体时会非常害怕,并产生很大的应激。作者观察了一只脱离集体的犊牛,它非常激动,在试图返回畜群时给操作处理粗放养殖的牛的人员造成了许多伤害。

**图5.3**　这个集畜栏中挤了太多的牛,它们在里面转身。如果少驱赶一些,那么牛会更容易进入卡车。这是一个设计良好的装卸坡道,但是没有得到正确使用。如果牛群能够连续通过这个集畜栏,那么它们将更容易进入卡车。在集畜栏中等候的牛往往会转身。

### 5.2.4　跟随领头的动物

粗放养殖的羊的逃离区域很大,它们会跟随一只经过训练的领头动物的行为。山羊和绵羊都可以成为优秀的领头动物。图 5.4 展示了一只山羊正领着羊群穿过围栏。经过训练的绵羊可以很好地带领羊群上、下运输卡车,以及进入屠宰厂的待宰栏。当被运送到另一个牧场时,经过训练的牛也可以很容易地跟随领头的人或车辆。当动物变得非常温顺时,利用逃离距离和平衡点的原则将不起作用。对温顺的动物必须进行引导。

图 5.4　经过训练的山羊或绵羊将带领羊群穿过围场。领头动物也可以很好地带领羊群进入和离开卡车。专门化的领头绵羊或山羊可以用于不同的操作处理过程。如果根据不同的目的来训练不同的领头动物,那么训练领头动物将更加容易。比如训练一只羊带领羊群走下卡车,训练另一只羊带领羊群走上卡车,训练第三只羊带领羊群走出围栏,穿过围场。在空间有限的区域,例如卡车和屠宰厂待宰栏,建议用领头动物,而不用犬。在美国最大的羊屠宰厂中,领头羊已经非常成功地应用了很多年。

## 5.3　农场动物的听力

农场动物有敏锐的听力,它们对高频声音特别敏感。它们能够听到人类听不到的高频声音。人耳对频率在 1 000~3 000 Hz 的声音最敏感,牛和马则对 8 000 Hz 或以上频率的声音最敏感(Heffner 和 Heffner,1983)。羊可以听到频率为 10 000 Hz 的声音(Wollack,1963)。牛或猪也会对断断续续的高频声音有反应(Talling 等,1998;Lanier 等,2000)。操作处理人员应该关注动物耳朵所指的方向。马、牛、绵羊以及许多其他动物都会将它们的耳朵指向吸引它们注意力的事物。

## 5.4　视觉

放牧动物对快速移动的物体非常敏感。突然的快速移动可能吓到家畜（Lanier 等，2000）。牛、羊和马的视角很宽，它们能在不转头的情况下看到自己周围的所有事物（Prince，1970；Hutson，1980；Kilgour 和 Dalton，1984）。放牧动物具有深度知觉（Lemmon 和 Patterson，1964），但它们的深度知觉可能较差，因为当它们看到地板上的阴影时会停下来，并低下头看。

放牧动物是双色视者。牛、绵羊和山羊的视网膜对黄绿色光（552～555 nm）和蓝紫色光（444～455 nm）最敏感（Jacobs 等，1998）。双色视觉的马对 428 nm 和 539 nm 的光最敏感（Murphy 等，2001）。双色视觉和缺乏视网膜红色受体可能是家畜对明暗对比强烈的光（例如驱赶设备的阴影或反光）特别敏感的原因。

家禽似乎拥有卓越的视力。与人类的以三种视锥细胞为基础的三色视觉相比，鸡和火鸡视网膜上的四种视锥细胞使它们具备四色视觉（Lewis 和 Morris，2000）。人类的光谱敏感度从 320～480 nm 到 580～700 nm，而鸡的光谱敏感度大于人类。鸡的最大光谱敏感度与人类在相似的范围（545～575 nm）（Prescott 和 Wathes，1999）。家禽更宽的光谱敏感度可以使它们感知到的光源比人类看到的更加明亮。若在操作处理过程中使用蓝色光谱，则家禽可能更加温顺（Lewis 和 Morris，2000）。在屠宰吊挂时，光线条件会对鸡的行为产生很大影响（Jones 等，1998）。在操作处理家禽时，应尽量减少家禽扇动翅膀。改变光线可能是一种使家禽在接受操作处理时保持安静的一种方法。

### 5.4.1　去除操作处理设备的干扰

被训练成领头动物的粗放养殖的家畜可能经常停下来拒绝走过一些小干扰（这些干扰人们通常不会注意到）。动物对于明显的光线反差和快速移动非常敏感。它们会注意到生存环境中的视觉细节，而人类往往注意不到这些细节。一个平静的动物会对像畜舍栅栏上悬挂的衬衫这样的干扰物视而不见。但受惊的动物被迫走向这件衬衫时，则会经常转回身，并试图跑回去。人们需要注意到那些会使动物受惊的干扰。操作处理人员应该走进通道和畜栏寻找那些使家畜停止移动的干扰。造成动物分心的最主要原因是它们不熟悉这些操作处理设施。下面列出了一些引起动物停下来，并拒绝通过通道或其他操作处理设施的常见干扰。

•晴天时的阳光或阴影往往是一个问题。家畜可能拒绝穿过阳光或阴影（图 5.5）。图 5.6 中显示的是猪拒绝走在阴影中，并在金属带前畏缩不前。要给领头家畜以时间去探究阴影。当它确认阴影是安全的，它才会带领其他家畜穿过阴影。如果操作处理人员干扰了领头家畜对阴影的探究，那么家畜可能会冲向操作处理人员。当引导一只动物时，在催促其通过阴影前要给它足够的时间去低下头探究阴影。

•围栏上或通道中的物体（例如松散的链子或衬衫）应该移开。图 5.7 中显示的是动物正拒绝走过悬绳。家畜可能会拒绝走过悬挂在围栏上的衬衫。一条松散的链子的摆动可能也会使家畜停下来。亮黄色的衣服和物体尤其糟糕。明暗反差大的物体造成的干扰问题最多。

•围栏外停放的车辆也可能造成干扰。汽车保险杠的明亮反光可能使动物停止前进。停放的车辆应该移开。

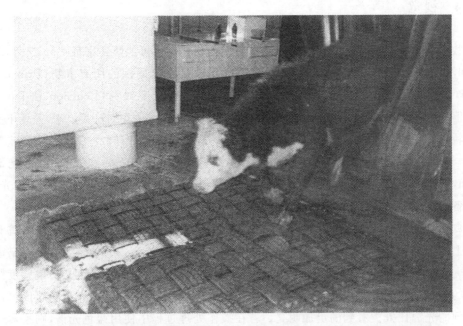

图 5.5　犊牛走出拥挤坡道看到阳光的亮斑时会畏缩不前。请注意动物的眼睛和耳朵是如何朝向阳光的。平静的动物会直接看向干扰物。这种设备拥有由轮胎胎面编制的防滑地板，它的防滑效果非常好。

图 5.6　猪突然停下来，拒绝通过金属带。动物通常会避免在阴影或阳光中行走。

• 家畜经常拒绝靠近站在它们前面的
人。人要么躲开，要么躲在遮挡物后面，这
样家畜就看不到了。通过在操作处理设施
的外面安装实体围栏来阻止动物视觉干扰
的方法通常可以改善动物的行为（Grandin，
1996）。这种材料必须是坚硬且不易抖动
的。抖动的材料会使动物受惊。

• 在日出或日落时驱赶家畜非常困难，这
是因为此时动物的眼睛不好使。解决这一问
题的最好方法就是改变驱赶动物的时间。修
建一个新设备时，不要让通道或卡车装载坡道
朝向太阳。

• 动物可能拒绝进入有通道的黑暗建筑
（图 5.8）。它们更容易进入能通过另一边看
到阳光的建筑（图 5.9）。拆除一侧的墙可能
有帮助。在新设施中，安装白色半透明的天窗
使大量无阴影的日光照进来的方法通常可以
改善动物的移动。除非是失去判断力的瞎跑，
牛和猪有一种从黑暗地方走向光明地方的倾
向（van Putten 和 Elshof，1978；Grandin，
1982，2007a；Tanida 等，1996）。夜晚时，可以
用灯来吸引动物进入建筑或卡车。灯光一定
不能直接照向动物的眼睛。灯应发出温和、明
亮、间接的光。

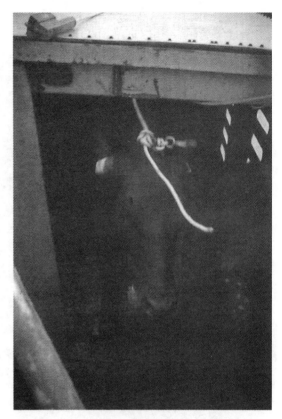

**图 5.7**　这只动物正在拒绝走过悬绳。要移走悬挂
在动物前面的绳子和链子。需要注意的是卡车司机
把电刺棒放在卡车的顶部。如果移开了悬绳，电刺
棒也就不需要了。牛很容易从卡车上卸下来，而且
如果所有分散牛注意力的东西都移走了，那么电刺
棒也可以不用了。

• 应移走纸杯、旧饲料袋、塑料袋或地面上的其他垃圾。因为动物可能拒绝从这些东西的
上面走过。

• 畜栏或通道在水沟中反射的投影会阻止动物的前进。可以通过向水沟中填些泥土
或通过改变操作处理动物的时间来解决这一问题。在室内设施中，可以通过改变灯的位
置来消除反射。具体操作时一个人应该低下身观察动物眼睛的图像，而另一个人调整灯
的位置。

• 地板材料的突然改变也会使动物停止前进。比如说将家畜从泥地上驱赶到水泥地面
上，或者是从木质的装卸坡道走进金属地面的运输车。在两种类型地面的连接处铺上一些土、
干草或其他材料可以消除这种差异。通常使用少量此类材料就可起作用。在内部设施中，排
水沟的栅栏或金属的排水沟盖可能会使动物停止前进。在设计设施时应考虑将排水沟放在动
物的行走区域外。如果要强迫动物靠近一个奇怪的东西，那么就连相当温顺并且接受过训练
的动物也会惊慌，而且变得焦躁不安。特别是见到它们以前从未见过的东西时，问题会更严
重。马会害怕骆驼，猪会害怕野牛。

**图 5.8** 动物可能拒绝进入这种漆黑的建筑。打开门或窗户，让阳光进入建筑将会吸引动物进入该建筑。特别在阳光明媚的日子，这种情况就更成问题。夜晚时，可以用提供间接光线的灯来吸引动物进入该建筑。

**图 5.9** 动物会比较容易地进入这个兽医操作处理间，因为它们能够看到该建筑的尽头，并且可以看到另一边的阳光。

## 5.5 防滑地板

保证动物站在防滑的表面上非常重要(Grandin，1983，2007b)。当动物滑倒时它们会惊慌并且变得焦躁不安。一些需要有防滑地板的重要地方有单列通道、卡车地面、兽医处理设备、致昏箱以及拥挤坡道。几次滑倒时蹄子的来回迅速移动真的会使动物惊慌。可以在地面上铺上沙砾、石子和泥土来防滑。在金属或水泥地面的圈舍中可以采用钢筋制成的网格(图5.10)。这种钢筋网格在主要通行区(例如致昏箱、装卸坡道以及地磅)应用效果很好。对于牛和其他大型动物来说,最好采用最小直径 2 cm 的粗钢筋,焊接成 30 cm× 30 cm 方形的网格。钢筋必须放平。每根钢筋的顶部不能交叉。间隙部分会损伤动物的蹄。防滑地板对于动物福利非常重要,操作处理设施和卡车都应该有防滑地板。运输车辆中由钢筋做成的网格组成的防滑地板效果很好。粗糙的水泥拉毛地面会很快磨光,使动物滑倒。对于猪和羊来说,对水泥地面的良好处理就是在湿的水泥上压上钢板网纹。这样既可以保证地面的粗糙,同时又便于清洁。大动物还需要更深些的槽。

**图 5.10**　由钢筋制成的网格会为装卸停靠点、地磅、致昏箱和其他动物活动密集的区域提供防滑表面。每根钢筋的顶部一定不能交叉。钢筋网格应该完全放平。对于大型动物,钢筋网格要做成 30 cm×30 cm 方形的尺寸。

## 5.6　驱赶的辅助工具

电刺棒永远都不应该成为人们驱赶动物的主要工具,而且世界动物卫生组织(OIE,2009a,b)法典中规定只能使用由电池供电的电刺棒。OIE(2009a,b)法典中同样强调,电刺棒不能应用于羊、马以及像仔猪这样的幼龄动物。只有当其他的非电方法不能使动物前进时才能用电刺棒。研究已经表明,当不采用电击致昏时,操作处理人员对动物的态度更好(Coleman 等,2003)。对后腿及臀部的短暂电击与粗暴拧尾或者痛打动物相比更为可取。用电刺棒驱赶倔强的动物后应该收好。棍棒的一端粘上塑料袋或旗子做成的工具是驱赶家畜的一个好工具(图 5.11)。另一个普遍使用的工具是塑料棒。对于猪来说,板条真的很好用(McGlone 等,2004)。用来驱赶猪的一些其他创新工具还有不透明的塑料长条和所谓的"女巫斗篷"。猪屈从于这些固体障碍物,并且不会穿过这些障碍物(图 5.12)。驱赶的辅助工具绝不能用于动物的敏感部位,如眼睛、耳朵、鼻子、直肠、生殖器或乳房。OIE(2009a,b)法典规定：

> 不应该对动物实施会令它们痛苦的操作(包括鞭打,拧尾,抽鼻,按压动物的眼睛、耳
> 朵或外生殖器),或用电刺棒驱赶它们,或采取其他会对动物造成疼痛和伤害的辅助措施
> (包括大棍、带锋利末端的棍子、长的金属管、电线或很重的皮带)。

## 5.7 动物操作处理的评价

人们会对他们操作处理的事物进行评价。在长长的职业生涯中,作者研究了许多牧场和牲畜饲养场的家畜操作处理情况。当作者在那里时操作处理非常好,但当作者一年后再次返回该牧场时发现,对动物大呼小叫并使用电刺棒的情况增加。在许多情况下,人们并没有意识

**图 5.11** 乌拉圭的操作处理人员用旗子来驱赶动物。在西班牙,为了推广动物福利的概念,旗子由一个当地的肉类企业提供,并且在上面印上"动物福利"的字样。

**图 5.12** 用一个塑料斗篷能够很容易地驱赶猪。斗篷的顶部用一根棒子撑直。使用这种替代性的驱赶工具可以大大减少电刺棒的应用。

到这种情况,这是因为恢复到原来粗鲁的操作处理方式的过程通常比较缓慢。为了防止回到原来粗鲁的操作处理方式,操作处理方式应该用数值得分来评价。可以用这种数值评分法来评价操作处理方式的改善或恶化。评价方法主要是记录出现如下问题的动物数量,并计算其所占的百分比:

• 在操作处理过程中发生摔倒的动物比例——只要身体接触地面就记为一次摔倒。OIE(2009a,b)法典规定要用数值评分来测量摔倒的情况。如果摔倒的发生率超过动物数量的 1%,那么就应该通过改善操作处理方式或设施来降低这种情况的发生率(Grandin,2007b)。

• 移动过快的动物比例,因为正常情况下动物不应该快跑和跳跃。它们前进的速度不应超过正常的行走速度。

• 撞上门或栅栏的动物比例。

• 用电刺棒驱赶前进的动物比例——OIE(2009a,b)法典规定,应该用数值评分来评价电刺棒的应用情况。在农场或牧场中,使用电刺棒进行驱赶的动物的比例应少于 5%。

• 当固定动物的头部或身体时,发声(哞叫、吼叫或尖叫)的动物比例。当评价操作处理的效果时,给动物打耳标或开始其他程序后出现上述情况的比例不用做记录。

## 5.8　操作处理改善的评价

如果操作处理人员对动物进行的是良好的低应激处理,那么出现上述问题的动物比例就会非常低。如果你在每次操作处理家畜时都对动物进行评分,那么你就能知道你的操作处理方式是改善了还是恶化了。

摔倒是非常罕见的。如果 1% 以上的动物出现滑倒,表明问题非常严重——地面过于光滑或者操作粗鲁。摔倒是一个非常好用的指标,因为它们是光滑地板或粗鲁操作处理方式的反映。

作者关于动物发声的研究表明,家畜在屠宰厂中接受积极的处理时会发声,99% 是因为它们被某个事物吓到或者操作中弄疼了它们(Grandin,1998)。令家畜发声的事情有:滑倒在地板上、电刺棒、固定设备的锋利边缘,或者被固定器或头套挤得太紧。当将放在头部的固定器松开时,发声家畜的比例由 23% 降至 0%(Grandin,2001)。我们的目标是,使由于操作处理和固定的问题而引起的动物发声比例降至 5% 或更低。在农场中,只有当动物在单列通道中被积极驱赶时或被固定时才可以根据发声情况来评价操作处理方式的质量。如果牛因头部或身体被固定而发声,那说明这个设备伤到了它。当你评估操作处理时,对于断奶或正在进行打标识的动物不能进行发声评分。可是,当你评价像断奶、打烙印等操作给动物带来的应激时,应该对动物的发声及相关的操作过程进行评分。应分别记录动物在接受操作处理或兽医操作时和断奶应激引起的发声。声音是反映动物受惊或疼痛的指标。牛和羊孤单时都会发声,因为它们很惊慌。如果家畜带的头套的边缘很锋利,那么家畜也会发声。发声评分是评价动物痛苦状况的有用指标。牛和猪的发声都与应激的生理指标有关(Dunn,1990;Warriss 等,1994;White 等,1995)。造成痛苦或恐惧的操作通常会增加牛和猪的发声(Lay 等,1992a,b;White 等,1995;Watts 和 Stookey,1999)。发声评分不可以用于羊的应激或痛苦过程,这是因为羊受伤时不会发声。羊是毫无防御能力的动物。在野外条件下,它们不想向掠食者表明它们受伤了。当羊脱离羊群时它们会发声,因为它们在寻找羊群的保护,但它们在接受操作处理或受到固定时很少发声。

### 5.9  公牛行为

通常认为乳用公牛会攻击人类,这可能是由于在一些国家中肉用公牛和乳用公牛的饲养方式不同。由公牛引起的事故约占家畜引起的致命事件的一半(Drudi,2000)。在印度,公牛伤害了许多人。Wasadikar 等(1997)指出,一所乡村医学院在 5 年中治疗了 50 例由牛角引起的外伤。乳用犊牛通常在出生后不久就要离开母牛进行单栏饲养,而肉用犊牛则由母牛喂养。

Price 和 Wallach(1990)发现,在 1～3 日龄就实行单栏饲养的海福特牛有 75% 会威胁或攻击操作处理人员,而进行群体人工饲养时仅有 11% 会威胁操作处理人员。这些作者还报道,他们已经处理了超过 1 000 头由母牛喂养的公牛,只受到一次攻击。单栏人工喂养的犊牛可能无法与其他动物发展正常的社会关系,而且它们可能把人类视为情敌(Reinken,1988)。使幼牛知道它们是牛是非常重要的。公牛伤人的问题是社会认同问题,而不是驯服的问题。如果幼龄公牛开始侵犯人的话,那么第一次侵犯可能发生在 18～24 月龄时。

如果犊牛由母牛喂养,且与其他的牛生活在一起,那么奶牛和肉牛都是安全的。这种饲养方法符合它们的社会习性,而且不太可能直接攻击人。也有人工喂养的雄性美洲驼和失去母亲的雄鹿袭击人的相似报道(Tillman,1981)。有一个不幸的情况,一只失去母亲的雄鹿袭击并杀死了饲养它的人。幸运的是,人工喂养通常不会引起雌性或去势动物的攻击行为。人工喂养使得这些动物容易操作处理。有关公牛更详细的信息可以看 Smith(1998)的研究。

公牛在攻击人之前会转到一侧,并向各方向示威来显示它有多强大。对人表现出示威动作的公牛非常危险,这些公牛应该送到屠宰厂,或者送到安全的种畜场。如果一头公牛威胁一个人,那么这个人就应该缓慢地后退。操作处理人员千万不能把后背朝向公牛。当人不看公牛时,它往往会袭击人。为了防止未去势的、失去母亲的公牛袭击人,应该在幼龄时对其进行去势或由代哺牛来喂养。

### 5.10  防止恐惧记忆

有一点非常重要,那就是动物接触新事物的第一次经历应该是良好的。当一个新的围栏或其他动物操作处理设施建成后,动物接触这些设施的第一次经历应该是积极的,比如说在新围栏中给它们喂料。如果第一次经历非常糟糕,那么此后很难再让动物进入这个围栏。羊会记得一年前所经历的一次应激处理(Hutson,1985)。一定不能让一个新人或用一件新设备来对动物实施第一次的痛苦操作。Miller(1960)的研究指出,如果一只大鼠在第一次进入一个新的迷宫臂时就受到严重的电击,那么它永远也不会再进入那个迷宫臂。可是,如果大鼠第一次进入新的迷宫臂时吃到了美味的食物,那么它会忍受逐渐增加的电击,并且会继续进入相同的迷宫臂以获得食物奖励。同样的方法也可以应用于家畜。Hutson(2007)建议,动物在设备中接受的头几次操作首先应该是低应激的操作(例如分群或称重)。这样做可能有助于在执行痛苦的操作后,动物更愿意再次进入这个设备。对新事物的第一次恐惧或痛苦经历会使动物产生永久的恐惧记忆。

人们经常会问这样一个问题:对一头 2 日龄的犊牛或年幼羔羊进行痛苦的操作是否会对其未来的操作处理产生影响呢? 实际经验证明,非常小的幼龄动物可能不记得这次痛苦的经历以及进行操作的人。当犊牛和羔羊长大些时,它们会清晰地记得特定的人、地点、声音或景物所造成的痛苦或可怕的经历。

对于非常可怕或痛苦经历的恐惧记忆无法抹去(LeDoux,1996;Rogan 和 LeDoux,1996)。即使动物接受训练,可以接受它以前害怕的东西,但是这种恐惧记忆有时会突然再现。这种情况最有可能发生在易受惊吓的动物中,如阿拉伯马或萨勒牛。这就是为什么粗鲁、恶劣的驯化方法对某些品种(如阿拉伯品种)特别有害的原因。如果一匹阿拉伯马受到虐待,那么骑这匹马将不再安全,因为无法阻止它受到惊吓。温顺的家畜(例如役用马或海福特牛)更有能力克服过去受惊吓或痛苦的记忆。动物大脑中存在完整的恐惧回路。大脑中有一个叫作杏仁核的恐惧中心。科学家证明,大脑中确实存在一个恐惧中心,因为脑杏仁核的损伤可使恐惧完全停止(Kemble 等,1984;Davis,1992)。

## 5.11　感官记忆

动物会以图片、声音或其他感官印象的形式将记忆储存起来(Grandin 和 Johnson,2005)。由于它们根据感官记忆来思考,因此它们的记忆非常特别。对马的研究表明,当一个大型玩具旋转到不同位置时,马有时就认不出来了(Hanggi,2005)。玩具的旋转形成了一个不同的、马认不出的图片。大脑的一个基础功能就是视觉图片记忆功能,甚至是蚂蚁也有记住视觉图像的能力(Judd 和 Collett,1998)。例如,牛或马可能会害怕留着胡子的男人或带黑帽子的人(Grandin 和 Johnson,2005)。这是因为当痛苦或可怕的事件发生时,动物看到的是帽子或胡子。动物往往把不愉快的经历与一个人的明显特征(如白大褂、胡子或金发)联系起来。它们还能够学会害怕过去痛苦或恐惧经历中的某些声音。动物能够听出可信的操作处理员的声音以及伤害过它们的人的声音(见第 4 章)。为了帮助打消对日常操作处理员的恐惧,应该这样进行痛苦操作程序:(1)由不同的人来进行;(2)由穿着专门用于痛苦操作衣服的人来进行;(3)在专门用于痛苦操作的指定地点进行。

## 5.12　操作处理和程序引起的应激

通常来说,固定粗放养殖的动物所引起的恐惧应激可能与给动物打标识、打耳标或注射产生的应激情况相似。将粗放养殖的牛固定在拥挤坡道中与打标识的牛产生的皮质醇水平相似(Lay 等,1992a)。当用温顺的奶牛来重复相同的试验时,打烙印的牛所产生的皮质醇要显著高于被固定的奶牛(Lay 等,1992b)。当执行更加严酷的程序(如去角)时,与操作处理相比,则会造成皮质醇水平在一段较长的时间内增加(见第 6 章)。这种情况在粗放养殖和集约化养殖的动物中都会出现。因此,由操作处理所产生的应激通常可能超过如打耳标和注射等较小程序所产生的应激。对于更加严酷的程序,例如去角或去势,止痛药会缓解应激(Grandin,1997a)(见第 6 章)。隔离羊群并把它们捆起来很长时间会引起很大的应激,并且产生非常高的皮质醇水平(Apple 等,1993)。

### 5.13    训练动物接受新的经历

作者经常听到的一个抱怨是："我家的牛/马在家里时很温柔、很平静，但在展览场地或拍卖会上会变得疯狂和野蛮"。这个问题的出现是因为动物突然面对它们在农场从来没见过的许多新的、可怕的事物。为了防止这个问题的出现，在去露天场地或拍卖会之前，动物必须适应这些场地的景物和声音。即使是非常温顺、被训练成领头的动物也会被旗子、自行车和气球吓到。作者看到过外表温顺的动物惊慌失措，并且跑过露天场地撞倒人的情况。应该谨慎地让动物在其长大的农场中适应一些物品（例如旗子和自行车）。

训练动物忍受移动、可怕的事物的最好方法是让动物自愿接近绑在牧场栅栏上的旗子或气球。一条重要的原则就是：当迫使动物接近新奇的事物时，这些事物就是可怕的；但当动物自愿探索这些事物时，它们就是有吸引力的。当突然引进新奇事物时，那些具有高度敏感、紧张气质的动物更容易害怕。快速移动的物体可能会造成严重的问题。大多数动物可能会知道大的前进的车辆是安全的，但旗子是一个新事物。动物以前从未见过的新的移动物体真的很可怕。

快速移动的大块面板（例如薄板或胶合板）同样会引起恐慌。作者看到，当一块 $1.2\ \mathrm{m} \times 3\ \mathrm{m}$ 的白色面板突然摆动时，领头位置的温柔小母牛会试图挣脱操作处理人员。当面板静止时，小母牛不会注意它。我们强烈推荐训练家畜接受突然移动的大型物体。放牧的动物具有害怕迅速移动物体的本能。在野外，像狮子这样的捕食性动物行动非常迅速。当动物吃食时，如果一个新奇的物体快速移近其脸部，那么动物也会被吓到，并且做出剧烈反应。粗放养殖的家畜在单格盐槽中舔盐时，如果一个球掉在它头的附近，那么脾气温顺的它们也会做出激烈反应（Sebastian，2007）。采食时，动物把它们的头放在料槽塑料罩下，这种罩可以保证雨水不会淋湿盐。当球从料槽的最高处落下时，一些动物可能本能地将头躲开。

在发展中国家，黄牛和水牛常吃高速公路沿途的草。它们从小就会看到许多新鲜的事物，因此不太可能被像大块木板这样的物体吓到。这些动物看到过在公路上通过的各种各样的物体。母牛会教小牛不要害怕物体的快速移动。小牛看到母牛在高速公路旁边安静地吃草，也就在她身边继续吃草。

Ried 和 Mills（1962）是首先提出"绵羊能够适应日常改变"理念的两个人。要使动物明白新人和新车辆是安全的，这点非常重要。我们建议在饲养家畜时要用不同的人和车辆。如果家畜只由一个人来饲养，那么当换一个新人来操作处理或饲养时，它们很可能惊慌。动物也会认为马上的人和地下的人是不同的人。对家畜来说，学习如何根据步行人和骑马人的指挥进入和走出围栏是非常重要的。作者曾经见过家畜很温顺，而且听从骑马人的操作处理；但当步行人第一次试图将它们赶出围栏时，它们会变得非常激动和危险。动物的学习是很特别的。骑马人和在地上走的人对于动物来说是两个不同的视觉图像。

### 5.14    放牧动物恐惧和激动的标志

操作处理动物的人员必须能够发现动物变得越来越激动和恐惧的行为信号。学会识别这些信号将有助于避免人和动物受伤。

### 5.14.1　尾巴的甩动

当没有苍蝇出现时,马和牛会甩动它的尾巴。动物越来越激动,尾巴甩动的速度也就随之越来越快。若没有注意到这一警告信号,则人可能被踢到。野牛会把它们的尾巴竖起来。

### 5.14.2　排便

非常焦虑、惊慌的动物排便增多。健康动物出现腹泻可能是情绪紧张的一个征兆(动物在茂盛的绿色田野中吃了很多草的情况除外)。温柔地操作处理动物时,留在设备上需要清理的粪便通常较少。

### 5.14.3　眼睛露出白眼球

眼睛鼓起并露出白眼球是痛苦的征兆。研究表明,出现白眼球是情绪焦虑的征兆,因为可以用抗焦虑药地西泮(Valium®)来阻止家畜出现这种反应(Sandem 等,2006)。白眼球出现的比例与标准家畜性情测试试验的得分高度相关(Core 等,2009)。

### 5.14.4　轻微活动后出汗

这种情况主要发生在马上。

### 5.14.5　皮肤颤抖

动物在被摸或没有苍蝇叮咬时表现出全身皮肤的颤抖,这可能说明它们很害怕。

### 5.14.6　鼻孔扩张

与牛相比,这种情况在马中更常见。

### 5.14.7　两只耳朵指向后背

当动物把两只耳朵都指向后背时,说明它很害怕或是在挑衅。冷静、机警的动物会把耳朵朝前指向人或其他动物。

### 5.14.8　高高昂起头

牛和马害怕时都会将它们的头高高昂起。这是一种寻找天敌的本能行为。

### 5.14.9　紧张性不动

这种情况主要发生在家禽中,即家禽保持不动。可以根据家禽经操作处理员固定后保持不动的时间长短来评价家禽的恐惧程度。通过紧张性不动测量中保持不动的时间长短可以分析家禽不同遗传品系的恐惧(Faure and Mills,1998)。作者观察到,如果一些瘤牛和美洲野牛受到多次电击,被控制在通道中无法逃脱的话,那么它们也有可能躺下不动。

## 5.15　训练动物配合的原则

经过训练的动物可以完全配合兽医的操作(如采血)。当动物配合时,其体内的皮质醇水平将维持在很低的水平。可以很容易地训练绵羊、猪、牛和藏羚羊等野生有蹄类动物,使它们自愿进入固定装置(Panepinto,1983;Grandin,1989a,b;Grandin 等,1995)。经过训练的羚羊,其皮质醇(应激激素)和葡萄糖的含量几乎在基线水平(Phillips 等,1998)。而在灌木丛中捕获的野生羚羊体内皮质醇的水平是经过训练羚羊的3～4倍。由捕捉和固定引起的捕捉性肌病导致的恐惧应激能够杀死野生动物。有时候动物会立即死亡,而另一些时候可能在2周后死亡。Chalmers 和 Barrett(1977)以及 Lewis 等(1977)提供了优秀的照片和介绍,可用于麋鹿和叉角羚羊的捕捉性肌病的诊断。基本原则是:当动物愿意合作时,恐惧应激的水平非常低。在所有这些情况下,动物们都急切地排队来获得美味的食物奖励。

　　与训练像牛或绵羊这样性情温顺的动物相比,训练像羚羊这样性情反复无常、容易兴奋的动物需要花更长的时间,而且训练速度更慢。必须非常小心地耐心训练羚羊去适应新设备的形状和声音。如果动物在早期适应阶段就被吓到,那么它可能会非常害怕这种仪器,以至于训练无法进行下去。对于性情反复无常的羚羊来说,我们要花10 d 的时间使它们适应滑门打开的声音。在适应早期,不要逼迫动物超越定向阶段。当动物的眼睛和耳朵朝向景物或声音时,就出现了定向阶段。当动物面向门时,训练人员应停止移动门。经过10 d 的适应期后,可以迅速打开门。经过耐心的适应训练后,训练人员要给动物一些食物奖励,以训练它们安静地站立。

　　显然,训练大批的牛和猪达到完全自愿的合作是不现实的。然而,如果人们小心地对待它们,那么家畜还是很容易操作处理的。如果羊群得到了饲料奖励,那么它们会更快地穿过通道(Hutson,1985)。Binstead(1977)、Fordyce(1987)以及 Becker 和 Lobato(1997)都发现,安静地训练粗放养殖的幼龄牛穿过通道或安静地在牛群中行走,这些牛成年后性情较温顺。这些训练每天都进行,10 d 为一个周期。那些被赶着在圈舍的过道中前进或者允许人安静地穿过它们围栏的猪将来更容易驱赶和移动(Abbott 等,1997;Geverink 等,1998;Lewis 等,2008)。那些在幼龄时就适应了社会生活的家禽更容易操作处理,其增重更多,而且免疫功能更好(Gross 和 Siegel,1982)。在所有的物种中,在幼龄时接受大量积极操作处理的动物,在成年后更加平静,更加容易操作处理。

## 5.16　固定的原则

　　当固定动物时,无论是用像拥挤坡道这样的机械设备,还是用手按住小动物,都要采用相同的行为准则。下面列举了使动物保持安静,并尽量减少挣扎或发声的固定原则。应在一个舒适、垂直的位置对动物进行固定。

### 5.16.1　防滑地板

　　防滑地板是非常重要的。因为滑倒引起的恐惧是一种主要的恐惧。反复轻微的滑倒(是指动物反复滑倒,然后又站起来把脚放回原位以保持平衡)会使动物受到惊吓。当动物站在固定设备或头套中时,如果动物还没有安静下来,那么就有可能出现反复滑倒的情况。

### 5.16.2　避免突然的动作

　　要避免人或设备的突然运动。人、绳子或设备的平稳运动会使动物保持安静(Grandin,

1992)。

### 5.16.3　支撑身体

当动物受到束缚蹄部离地时,如果它的身体被完全支撑住了,那么它会保持平静。这一原则可以应用于用手固定的小动物,或用机械固定设备固定的大动物。当它的身体被完全支撑住时,动物会感觉很舒服,坠落的恐惧也会消除。像帕内平托吊带(Panepinto sling)(Pane-pinto,1983)和双轨固定器(Westervelt 等,1976;Grandin,1988)都采用了这种在平衡位置支撑全部身体的原理(见第 14 章)。

### 5.16.4　平均压力

动物身体的大部分地方受到的压力相似时,动物会保持安静(Ewbank,1968)。没有集中的压力点或挤压点是非常重要的。作者改造了一个会使猪尖叫的固定器。具体做法是将施加在猪后背上的压力均匀分散,用一个宽木板来替换会伤害猪后背的狭窄木棒。这样猪就不会尖叫了。

### 5.16.5　最佳压力

压力不宜过松或过紧。应该将动物勒得足够紧,使它有被勒的感觉,但又不能使它感到疼痛。过度的压力会造成挣扎(有关详细信息见第 9 章)。

### 5.16.6　蒙住眼睛

对于没有逃离区域、完全驯服的动物是不需要这么做的。完全不透明材料制成的眼罩可使粗放养殖的家畜和野牛更安静(Mitchell 等,2004)。至关重要的是,制作材料完全不透明。如果动物可以透过它看到移动着的影子,那么这种方法将不起作用。对于逃离区域较大的家畜来说,安装在通道两侧的实心板或完全封闭的黑盒子会起到安抚的效果(Grandin,1980a,b,1992;Hale 等,1987;Pollard 和 Littlejohn,1994;Muller 等,2008)。像野牛、羚羊和野马这样的物种会经常后腿站立在通道中。通道的坚实顶部会使它们停止后腿站立。

### 5.16.7　避免痛苦的方法

动物会记得痛苦的经历。用鼻钳会伤害动物。当兽医操作需要固定头部时,强烈建议使用(马等的)笼头(马轭)(Sheldon 等,2006)。当采用更舒服的固定方法时,动物将来会更愿意进入执行兽医操作的通道。

## 5.17　电固定非常令动物厌恶

会使动物的肌肉麻痹或冻住的固定设备对动物的福利很有害。不应将这些设备与使动物产生瞬间麻木的电致昏设备相混淆。OIE(2009b)法典规定不可以使用这些设备。大量的科学研究表明,使用这些设备来固定动物会产生很大的应激。Jephcott 等(1986)发现,固定显著增加了体内 β-内啡肽(它是一个反应痛苦情况的指标)的水平。另一项研究显示,与被固定在翘起的固定台相比,动物更讨厌电固定设备。当羊有机会在两种固定方法中选择时,它们更喜欢翘起的固定台(Grandin 等,1986)。

Rushen(1986a,b)及 Rushen 和 Congdon(1986a,b)进行的一系列研究都表明,电固定是非常令动物厌恶的,不应该应用。其他研究人员也得到相同的结果,即电固定是一种不应该使用的方法(Lambooy,1985;Pascoe,1986)。作者用三种不同品牌的电固定器来固定他自己的胳膊。作者报道说,"感觉就像将胳膊插进了电插座"。四个不同的研究小组分别证明了同样的结果,那就是电固定引起的应激很大。

### 5.18 犬的使用

在空间有限的区域,如卡车、屠宰厂的待宰栏和畜栏,不建议用犬。在空间有限的区域,我们强烈建议使用训练有素的领头绵羊或山羊来驱赶羊群。Kilgour 和 de Langen(1970)发现,咬羊的犬会产生很大应激。作者观察到,在受限制的地方(例如它们不能跨越的通道)被犬咬伤的家畜很有可能踢人。作者建议,应将犬限制在牧场、大型圈舍和其他开放的区域。因为在这些地方动物可以有空间移动。

### 5.19 设施是否适合动物的类型

简单的设施对于那些训练成领头的温顺动物有效,但它们并不适合操作处理那些不温顺、逃离区域很大的粗放养殖的动物。其中一个例子就是中东地区用于澳大利亚粗放养殖绵羊的屠宰设施,由于这种设施最初是为那些习惯与人亲密接触的本地绵羊而建造的,因此它们不适合粗放养殖的动物。当野生的澳大利亚绵羊被领到这些设施中时,它们的福利会受到损害,因为没有通道可以安置这些野生绵羊。这就导致羊群聚成一堆、相撞以及人们粗鲁地抓捕它们。在专为温顺动物设计的设施中,粗放养殖的野生家畜的福利状况可能更差。由于没有单列通道或致昏箱,因此操作处理人员可能采用残酷的方法来固定动物,例如捅出眼睛或切断肌腱。在这些设施中要实现良好的动物福利是不可能的,除非安装了适合操作处理粗放养殖的野生动物的设备。Grandin(1997b,2007b)以及 Grandin 和 Deesing(2008)的研究中报道了设计适合于粗放养殖动物的设备的相关信息(见第 9 章和第 14 章)。如果动物完全听话,且经过训练能引导的话,可能就不需要固定或操作处理设备了。对于所有类型的动物来说,良好福利的一个重要组成部分是要为动物提供一个能够站立的防滑面。

### 5.20 针对粗放养殖家畜的操作处理设施

包括弯形通道和集畜栏的布局通常比呈直线形的通道布局更加有效(Grandin,1997b,2007a,b)(图 5.13 至图 5.15)。呈弧形的单列通道有效的原因有两点:

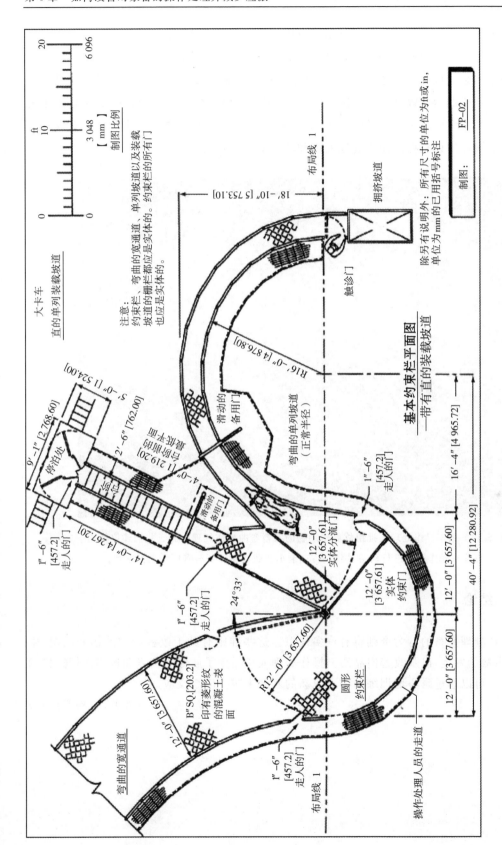

**图5.13**　一个基本圆形集畜栏和弯曲通道系统平面图。该系统用于操作处理家畜和装载卡车。为了有助于家畜通过这个系统、圆形约束栏、装载坡道和单列坡道之间的连接必须非常准确地布置。图中画了一只母牛站在单列通道的入口处。这种布局能使母牛可以看到通道前面达两个体长处的情况。在通道变成弧形前，母牛必须清楚看清楚前面行进的路径。

1.从集畜栏进入通道的动物看不见站在致昏箱或头套旁边的人。

2.动物有返回它们出发地的行为趋势。弯形通道利用了这种趋势。

为了使这些系统可以有效地工作，必须对它们进行正确的设计。最常见的错误就是与围栏连接处单列通道的弯曲幅度太大。图5.13展示了应如何布置这个系统，图5.14是用于大批粗放养殖家畜的弯曲系统的鸟瞰图。图5.15展示了一个对于粗放养殖的羊非常有效的弯曲系统。精心设计的设施将使操作处理人员和动物都更加安全。

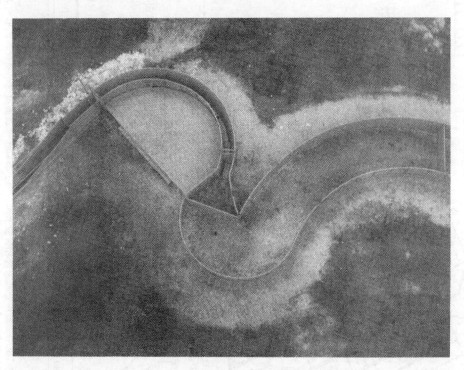

图5.14　用于操作处理大批粗放养殖动物的家畜弯曲操作处理设施。我们建议使用这个设施来操作处理进行药浴、接种疫苗、卡车装载或驱赶到屠宰厂的大批家畜。

## 5.21　结论

掌握操作处理家畜的行为准则将有许多优点。这些准则有助于改善动物的福利状况、生产力，减少事故的发生，以及改善肉品质。操作处理人员需要了解像平衡点和逃离区域这样的基本概念。也可以通过耐心地训练动物适应新的刺激来减少应激反应。

（郝月译，顾宪红校）

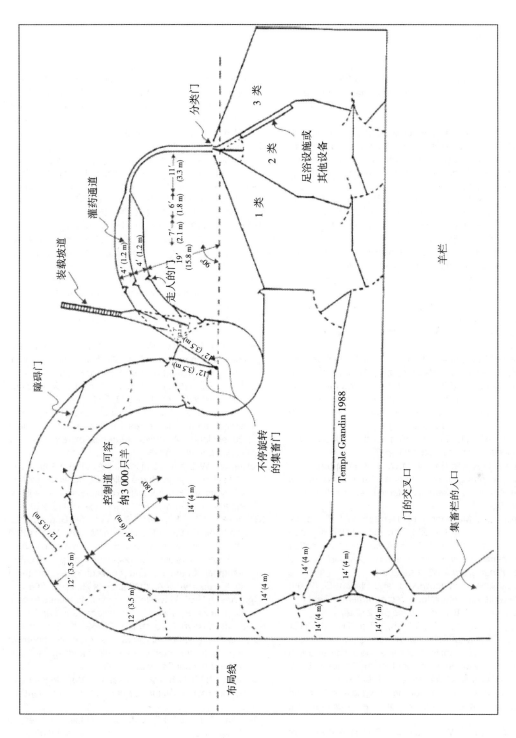

**图5.15**　用于操作处理大批羊的弯曲操作处理系统。

## 参考文献

Abbott, T.A., Hunter, E.J., Guise, J.H. and Penny, R.H.C. (1997) The effect of experience of handling on pig's willingness to move. *Applied Animal Behaviour Science* 54, 371–375.

Apple, J.K., Minton, J.E., Parsons, K.M. and Unruh, J.A. (1993) Influence of repeated restraint and isolation stress an electrolyte administration on pituitary secretions, electrolytes, and blood constituents of sheep. *Journal of Animal Science* 71, 71–77.

Averos, X., Knowles, T.G., Brown, S.N., Warriss, P.D. and Gusalvez, L.F. (2008) Factors affecting mortality in pigs being transported to slaughter. *Veterinary Research* 163, 386–390.

Barnett, J.L., Hemsworth, P.H. and Newman, E.A. (1992) Fear of humans and its relationships with productivity in laying hens at commercial farms. *British Poultry Science* 33, 699–710.

Becker, B.G. and Lobato, J.F.P. (1997) Effect of gentler handling on the reactivity of Zebu crossed calves to humans. *Applied Animal Behaviour Science* 53, 219–224.

Benjamin, M.E., Gonyou, H.W., Ivers, D.L., Richardson, L.F., Jones, D.J., Wagner, J.R., Seneriz, R. and Anderson, D.F. (2001) Effect of handling method on the incidence of stress response in market swine in a model system. *Journal of Animal Science* 79 (Supplement 1), 279 (abstract).

Binstead, M. (1977) Handling cattle. *Queensland Agriculture Journal* 103, 293–295.

Chalmers, G.A. and Barrett, M.W. (1977) Capture myopathy in pronghorns in Alberta, Canada. *Journal of the American Veterinary Medical Association* 171, 918–926.

Coleman, G.J., McGregory, M., Hemsworth, P.H., Boyce, J. and Dowling, S. (2003) The relationship between beliefs, attitudes, and observed behaviors in abattoir personnel in the pig industry. *Applied Animal Behaviour Science* 82, 189–200.

Core, S., Miller, T., Widowski, T. and Mason, G. (2009) Eye white as a predictor of temperament in beef cattle. *Journal of Animal Science* 87, 2174–2178.

Curley, K.O., Pasqual, J.C., Welsh, T.H. and Randel, R.D. (2006) Technical note: exit velocity as a measure of cattle temperament is repeatable and associated with serum concentration of cortisol in Brahman bulls. *Journal of Animal Science* 84, 3100–3103.

Davis, M. (1992) The role of the amygdala in fear and anxiety. *Annual Review of Neuroscience* 15, 353–375.

Doney, J.M., Smith, W.F. and Gunn, R.G. (1976) Effect of post mating environmental stress and administration of ACTH on early embryonic loss in sheep. *Journal of Agricultural Science* 87, 133.

Douphrate, D.I., Rosecrance, J.C., Stallones, L., Reynolds, S.J. and Gilkey, D.P. (2009) Livestock handling injuries in agriculture: an analysis of Colorado workers' compensation data. *American Journal of Industrial Medicine*, 5 February (E. Pub.). Available at: http://www.ncbi.nlm.nih.gov/pubmed/19197949/ordinalpos=4&citool=EntrezSystem2.PEntr (accessed 3 April 2009).

Drudi, D. (2000) *Are Animals Occupational Hazards? Compensation and Working Conditions.* US Department of Labor, Washington, DC, pp. 15–22.

Dunn, C.S. (1990) Stress reactions of cattle undergoing ritual slaughter using two methods of restraint. *Veterinary Record* 126, 522–525.

Ewbank, R. (1968) The behavior of animals in restraint. In: Fox, M.W. (ed.) *Abnormal Behavior in Animals.* W.B. Saunders, Philadelphia, Pennsylvania, pp. 159–178.

Faure, J.M. and Mills, A.D. (1998) Improving the adaptability of animals by selection. In: Grandin, T. (ed.) *Genetics and the Behavior of Domestic Animals.* Academic Press (Elsevier), San Diego, California, pp. 233–265.

Ferguson, D.M. and Warner, R.D. (2008) Have we underestimated the impact of pre-slaughter stress on meat quality in ruminants? *Meat Science* 80, 12–19.

Fordyce, G. (1987) Weaner training. *Queensland Agricultural Journal* 113, 323–324.

Fordyce, G., Dot, R.M. and Wythes, J.R. (1988) Cattle temperaments in extensive herds in northern Queensland. *Australian Journal of Experimental Agriculture* 28, 683–688.

Fulkerson, W.J. and Jamieson, P.A. (1982) Pattern of cortisol release in sheep following administration of synthetic ACTH or imposition of various stress agents. *Australian Journal of Biological Science* 35, 215.

Geverink, N.A., Kappers, A., van de Burgwal, E., Lambooij, E., Blokhuis, J.H. and Wiegant, V.M. (1998) Effects of regular moving and handling on the behavioral and physiological responses of pigs to pre-slaughter treatment and consequences for meat quality. *Journal of Animal Science* 76, 2080–2085.

Grandin, T. (1980a) Livestock behavior as related to handling facilities design. *International Journal for the Study of Animal Problems* 1, 33–52.

Grandin, T. (1980b) Observations of cattle behavior applied to the design of cattle handling facilities. *Applied Animal Ethology* 6, 9–31.

Grandin, T. (1981) Bruises on southwestern feedlot cattle. *Journal of Animal Science* 53 (Supplement 1), 213.

Grandin, T. (1982) Pig behaviour studies applied to slaughter-plant design. *Applied Animal Ethology* 9, 141–151.

Grandin, T. (1983) Welfare requirements of handling facilities. In: Baxter, S.H., Baxter, M.R. and MacCormack, J.A.D. (eds) *Farm Animal Housing and Welfare.* Martinus Nihoff, Boston, Massachusetts, pp. 137–149.

Grandin, T. (1988) Double rail restrainer for livestock handling. *Journal of Agricultural Engineering* 41, 327–338.

Grandin, T. (1989a) Behavioral principles of livestock handling. *Professional Animal Scientist* 5(4), 1–11.

Grandin, T. (1989b) Voluntary acceptance of restraint by sheep. *Applied Animal Behaviour Science* 23, 257.

Grandin, T. (1992) Observation of cattle restraint devices for stunning and slaughtering. *Animal Welfare* 1, 85–91.

Grandin, T. (1996) Factors that impede animal movement at slaughter plants. *Journal of the American Veterinary Medical Association* 209, 757–759.

Grandin, T. (1997a) Assessment of stress during handling and transport. *Journal of Animal Science* 75, 249–257.

Grandin, T. (1997b) The design and construction of handling facilities for cattle. *Livestock Production Science* 49, 103–119.

Grandin, T. (1998) The feasibility of using vocalization scoring as an indicator of poor welfare during slaughter. *Applied Animal Behaviour Science* 56, 121–128.

Grandin, T. (2001) Cattle vocalizations are associated with handling at equipment problems in beef slaughter plants. *Applied Animal Behaviour Science* 71, 191–201.

Grandin, T. (ed.) (2007a) Behavioural principles of handling cattle and other grazing animals under extensive conditions. In: Grandin, T. (ed.) *Livestock Handling and Transport*. CAB International, Wallingford, UK, pp. 44–64.

Grandin, T. (2007b) Handling and welfare of livestock in slaughter plants. In: Grandin, T. (ed.) *Livestock Handling and Transport*. CAB International, Wallingford, UK, pp. 329–353.

Grandin, T. and Deesing, M. (2008) *Humane Livestock Handling*. Storey Publishing, North Adams, Massachusetts.

Grandin, T. and Johnson, C. (2005) *Animals in Translation*. Scribner (Simon and Schuster), New York.

Grandin, T., Curtis, S.E., Widowski, T. and Thurmon, J.C. (1986) Electro-immobilization versus mechanical restraint in an avoid-avoid choice test. *Journal of Animal Science* 62, 1469–1480.

Grandin, T., Rooney, M.B., Phillips, M., Irlbeck, N.A. and Graham, W. (1995) Conditioning of nyala (*Tragelaphus angasi*) to blood sampling in a crate using positive reinforcement. *Zoo Biology* 14, 261–273.

Gross, W.B. and Siegel, P.B. (1982) Influence or sequences or environmental factors on the response of chickens to fasting and to *Staphylococcus aureus* infection. *American Journal of Veterinary Research* 43, 137–139.

Hale, R.H., Friend, T.H. and Macaulay, A.S. (1987) Effect of method of restraint of cattle on heart rate, cortisol, and thyroid hormones. *Journal of Animal Sciences* 65 (Supplement 1), 217 (abstract).

Hanggi, E.B. (2005) The thinking horse: cognition and perception reviewed. In: Broken, T.D. (ed.) *Proceedings of the 51st Annual Convention of the American Association of Equine Practitioners*, Seattle, Washington, 3–7 December 2005. American Association of Equine Practitioners, Lexington, Kentucky, pp. 246–255.

Hearnshaw, H. and Morris, C.A. (1984) Genetic and environmental effect on temperament score in beef cattle. *Australian Journal of Agricultural Research* 35, 723.

Hedigar, H. (1968) *The Psychology and Behavior of Animals in Zoos and Circuses*. Dover Publications, New York.

Heffner, R.S. and Heffner, H.E. (1983) Hearing in large mammals: horse (*Equis caballus*) and cattle (*Bos taurus*). *Behavioral Neuroscience* 97(2), 299–309.

Hemsworth, P.H. (1981) The influence of handling by humans on the behavior, growth and corticosteroids in the juvenile female pig. *Hormones and Behaviour* 15, 396–403.

Hemsworth, P.H., Coleman, G.J., Barnett, J.L. and Borg, S. (2000) Relationships between human–animal interactions and productivity of commercial dairy cows. *Journal of Animal Science* 78, 2821–2831.

Hixon, D.L., Kesler, D.J., Troxel, T.R., Vincent, D.L. and Wiseman, B.S. (1981) Reproductive hormone secretion and first service conception rate subsequent to ovulation control with Synchromate B. *Theriogenology* 16, 219–229.

Hutson, G.D. (1980) Visual field restricted vision and sheep movement in laneways. *Applied Animal Ethnology* 6, 175–187.

Hutson, G.D. (1985) The influence of barley feed rewards on sheep movement through a handling system. *Applied Animal Behaviour Science* 14, 263–273.

Hutson, G.D. (2007) Behavioural principles of sheep handling. In: Grandin, T. (ed.) *Livestock Handling and Transport*. CAB International, Wallingford, UK, pp. 155–174.

Jacobs, G.H., Deegan, J.F. and Neitz, J. (1998) Photo pigment basis for dichromatic colour vision in cows, goats, and sheep. *Visual Neuroscience* 15, 581–584.

Jephcott, E.H., McMillen, J.C., Rushen, J., Hargreaves, A. and Thorburn, G.C. (1986) Effect of electro-immobilization on ovine plasma concentrations of β-endorphin, β-lipotrophin, cortisol and prolactin. *Research in Veterinary Science* 41, 371–377,

Jones, R.B., Satterlee, D.G. and Cadd, G.G. (1998) Struggling responses of broiler chickens shackled in groups on a moving line: effects of light intensity hoods and curtains. *Applied Animal Behaviour Science* 38, 341–352.

Judd, S.P.D. and Collett, T.S. (1998) Multiple stored views and landmark guidance in ants. *Nature* 392, 710–714.

Kemble, E.D., Blanchard, D.C., Blanchard, R.J. and Takushi, R. (1984) Taming in wild rats following medical amygdaloid lesions. *Physiology and Behaviour* 32, 131.

Kilgour, R. and Dalton, C. (1984) *Livestock Behavior: A Practical Guide*. Westview Press, Boulder, Colorado.

Kilgour, R. and de Langen, H. (1970) Stress in sheep from management practices. *Proceedings, New Zealand Society of Animal Production* 30, 65–76.

King, D.A., Schuchle-Pletter, C.E., Randel, R., Welsh,

T.H., Oliphant, R.A. and Baird, B.E. (2006) Influence of animal temperament and stress responsiveness on carcass quality and beef tenderness of feedlot cattle. *Meat Science* 74, 546–556.

Lambooy, E. (1985) Electro-anesthesia or electro-immobilization of calves, sheep, and pigs by Feenix Stockstill. *Veterinary Quarterly* 7, 120–126.

Lanier, J.L., Grandin, T., Green, R., Avery, D. and McGee, K. (2000) The relationship between reaction to sudden intermittent movements and sounds to temperament. *Journal of Animal Science* 78, 1467–1474.

Lay, D.C., Friend, T.H., Bowers, C.C., Grissom, K.K. and Jenkins, O.C. (1992a) A comparative physiological and behavioral study of freeze and hot iron branding using dairy cows. *Journal of Animal Science* 70, 1121–1125.

Lay, D.C., Friend, T.H., Randel, R.D., Bowers, C.C., Grissom, K.K. and Jenkins, O.C. (1992b) Behavioral and physiological effects of freeze branding and hot iron branding on crossbred cattle. *Journal of Animal Science* 70, 330–336.

LeDoux, J.E. (1996) *The Emotional Brain*. Simon and Schuster, New York.

Lemmon, W.B. and Patterson, G.H. (1964) Depth perception in sheep: effects of interrupting the mother-neonate bond. *Science* 145, 835–836.

Lewis, C.R.G., Hulbert, C.E. and McGlone, J.J. (2008) Novelty causes elevated heart rate and immune changes in pigs exposed to handling alleys and ramps. *Livestock Science* 116, 338–341.

Lewis, P.D. and Morris, T.R. (2000) Poultry and coloured light. *World Poultry Science Journal* 56, 189–207.

Lewis, R.J., Chalmers, G.A. and Barrett, M.W. (1977) Capture myopathy in elk in Alberta, Canada. *Journal American Veterinary Medical Association* 171, 927–932.

McGlone, J.J., McPherson, R. and Anderson, D.L. (2004) Case study: moving devices for market-sized pigs: efficacy of electric prod, board, paddle or flag. *Professional Animal Scientist* 20, 518–523.

Mertshing, H.J. and Kelly, A.W. (1983) Restraint reduces size of the thymus bland and PHA swelling in pigs. *Journal of Animal Science* 57 (Supplement 1), 175.

Miller, N.E. (1960) Learning resistance to pain and fear effects over learning, exposure, and rewarded exposure in context. *Journal of Experimental Psychology* 60, 137.

Mitchell, K., Stookey, J.M., Laturnar, D.K., Watts, J.M., Haley, D.B. and Huyde, T. (2004) The effects of blindfolding on behaviour and heart rate in beef cattle during restraint. *Applied Animal Behaviour Science* 85, 233.

Muller, R., Schwartzkopf-Genswein, K.S., Shah, M.A. and von Keyserlinkg, M.A.G. (2008) Effect of neck injection and handler visibility on behavioral reactivity of beef steers. *Journal of Animal Science* 86, 1215–1222.

Murphy, C.J., Neitz, C.J., Hoever, N.M. and Neitz, J. (2001) Photopigment basis for chromatic color vision in the horse. *Journal of Vision* 1, 80–87.

OIE (2009a) Chapter 7.3. *Transport of Animals by Land, Terrestrial Animal Health Code*. World Organization for Animal Health, Paris, France.

OIE (2009b) Chapter 7.5. *Slaughter of Animals, Terrestrial Animal Health Code*. World Organization for Animal Health, Paris, France.

Pajor, E.A., Rushen, J. and dePaisille, A.M.B. (2003) Dairy cattle choice of handling treatments in a Y maze. *Applied Animal Behaviour Science* 80, 93–107.

Panepinto, L.M. (1983) A comfortable minimum stress method of restraint for Yucatan miniature swine. *Lab Animal Science* 33, 95–97.

Pascoe, P.J. (1986) Humaneness of an electrical immobilization unit for cattle. *American Journal of Veterinary Research* 10, 2252–2256.

Petherick, J.C., Holyroyd, R.G., Doogan, V.J. and Venus, B.K. (2002) Productivity, carcass, meat quality of feedlot *Bos indicus* cross steers grouped according to temperament. *Australian Journal of Experimental Agriculture* 42, 389–398.

Phillips, M., Grandin, T., Graffam, W., Irlbeck, N.A. and Cambre, R.C. (1998) Crate conditioning of bongo (*Tragelephus eurycerus*) for veterinary and husbandry procedures at Denver Zoological Gardens. *Zoo Biology* 17, 25–32.

Pollard, J.C. and Littlejohn, R.P. (1994) Behavioral effects of light conditions on red deer in holding pens. *Applied Animal Behaviour Science* 41, 127–134.

Prescott, N.B. and Wathes, C.M. (1999) Spectral sensitivity of domestic fowl (*Galus g. domesticus*). *British Poultry Journal* 40, 332–339.

Price, E.O. and Wallach, S.J.R. (1990) Physical isolation of hand reared Hereford bulls increases their aggressiveness towards humans. *Applied Animal Behaviour Science* 27, 263–267.

Prince, J.H. (1970) The eye and vision. In: Swenson, M.J. (ed.) *Dukes Physiological of Domestic Animals*. Cornell University Press, New York, pp. 696–712.

Reinken, G. (1988) General and economic aspects of deer farming. In: Reid, H.W. (ed.) *The Management and Health of Farmed Deer*. Springer, London, pp. 53–59.

Ried, R.L. and Mills, S.C. (1962) Studies in carbohydrate metabolism in sheep, XVI. The adrenal response of sheep to physiological stress. *Australian Journal of Agricultural Research* 13, 282–294.

Ritter, M.J., Ellis, M., Anderson, D.B., Curtis, S.E., Keffaber, K.K., Killefer, J., McKeith, F.K., Murphy, C.M. and Peterson, B.A. (2009) Effects of multiple concurrent stressors on rectal temperature, blood acid base status and longissimus muscle glycolytic potential in market weight pigs. *Journal of Animal Science* 87, 351–362.

Rogan, M.T. and LeDoux, J.E. (1996) Emotion, systems cells, and synaptic plasticity. *Cell* 85, 469–475.

Rushen, J. (1986a) Aversion of sheep to electro-immobilization and physical restraint. *Applied Animal Behaviour Science* 15, 315–324.

Rushen, J. (1986b) Aversion of sheep for handling treatments: paired-choice studies. *Applied Animal*

*Behaviour Science* 16, 363–370.

Rushen, J. and Congdon, P. (1986a) Relative aversion of sheep to simulated shearing with and without electro-immobilization. *Australian Journal of Experimental Agriculture* 26, 535–537.

Rushen, J. and Congdon, P. (1986b) Sheep may be more averse to electro-immobilization than to shearing. *Australian Veterinary Journal* 63, 373–374.

Sandem, A.I., Janczak, A.M., Salle, R. and Braastad, B.O. (2006) The use of diazepam as a pharmacological validation of eye white as an indicator of emotional state in dairy cows. *Applied Animal Behaviour Science* 96, 177–183.

Sebastian, T. (2007) Temperament in beef cattle: methods of measurement, consistency and relationship to production. University of Sasketchewan Library. Available at: http://library2.usask.ca/theses/available/etd-12112007–213618/ (accessed 30 November 2008).

Sheldon, C.C., Sonesthagan, T. and Topel, J.A. (2006) *Animal Restraint for Veterinary Professionals.* Mosby/Elsevier, St Louis, Missouri.

Smith, B. (1998) *Moving Em: a Guide to Low Stress Animal Handling.* Graziers Hui, Kamuela, Hawaii.

Stermer, R., Camp, T.H. and Stevens, D.C. (1981) Feeder cattle stress during transportation. American Society of Agricultural Engineers Paper No. 81–6001. American Society of Agricultural Engineers, St Joseph, Michigan.

Talling, J.C., Waran, N.K., Wathes, C.M. and Lines, J.A. (1998) Sound avoidance in domestic pigs depends on characteristics of the signal. *Applied Animal Behaviour Science* 58, 255–266.

Tanida, H., Miura, A., Tanaka, T. and Yoshimoto, T. (1996) Behavioral responses of piglets to darkness and shadows. *Applied Animal Behaviour Science* 49, 173–183.

Tillman, A. (1981) *Speechless Brothers: the History and Care of Llamas.* Early Winters Press, Seattle, Washington.

van Putten, G. and Elshof, W.J. (1978) Observations of the effects of transport on the well being and lean quality of slaughter pigs. *Animal Regulation Studies* 1, 247–271.

Voisinet, B.D., Grandin, T., Tatum, J.D., O'Connor, S.F. and Struthers, J.J. (1997a) Feedlot cattle with calm temperaments have higher average daily gains than cattle with excitable temperaments. *Journal of Animal Science* 75, 892–896.

Voisinet, B.D., Grandin, T., Tatum, J., O'Connor, S.F. and Struthers, J.J. (1997b) *Bos inicus*-cross feedlot cattle with excitable temperaments have tougher meat and a higher incidence of borderline dark cutters. *Meat Science* 46, 367–377.

Warner, R.D., Ferguson, D.M., Cottrell, J.J. and Knee, B.W. (2007) Acute stress induced by preslaughter use of electric prodders causes tougher meat. *Australian Journal of Experimental Agriculture* 47, 782–788.

Warriss, P.D., Brown, S.N. and Adams, S.J.M. (1994) Relationship between subjective and objective assessment of stress at slaughter and meat quality in pigs. *Meat Science* 38, 329–340.

Wasadikar, P.P., Paunikar, R.G. and Deshmukh, S.B. (1997) Bull horn injuries in rural India. *Journal of the Indian Medical Association* 95(1), 3–4, 16.

Watts, J.M. and Stookey, J.M. (1999) Effects of restraint and branding on rates and acoustic parameters of vocalization in beef cattle. *Applied Animal Behaviour Science* 62, 125–135.

Waynert, D.E., Stookey, J.M., Schwartzkopf-Gerwein, J.M., Watts, C.S. and Waltz, C.S. (1999) Response of beef cattle to noise during handling. *Applied Animal Behaviour Science* 62, 27–42.

Westervelt, R.G., Kinsman, D., Prince, R.P. and Giger, W. (1976) Physiological stress measurement during slaughter of calves and lambs. *Journal of Animal Science* 42, 833–834.

White, R.G., DeShazer, J.A., Tressler, C.L., Borcher, G.M., Davey, S., Warninge, A., Parkhurst, A.M., Milanuk, M.J. and Clens, E.T. (1995) Vocalization and physiological response of pigs during castration with and without anesthetic. *Journal of Animal Science* 73, 381–386.

Wollack, C.H. (1963) The auditory acuity of the sheep (*Ovis aries*). *Journal of Auditory Research* 3, 121–132.

# 第6章 畜禽生产中对动物的疼痛处理

**Kevin J. Stafford** 和 **David J. Mellor**
**Massey University，Palmerston North，New Zealand**

## 6.1 引言

农场牲畜、家禽和其他家养动物的管理以其管理者的能力和它们所处环境的各个方面为基础。畜牧生产包括食物和庇护所的供给，繁殖能力的控制，对于人和动物而言都较安全的抓捕和固定。它还包括通过对疾病的预防和治疗保证动物健康。为了实现某些畜牧生产目标，需要对相关动物采用导致疼痛的措施。对于每种动物，需要采取几种这类措施（表6.1）的原因各种各样，具体如下所示：

- 降低生产过程中动物和人受伤的风险（如去角）；
- 降低动物的攻击性行为，使其易于管理（如公牛去势）；
- 防止因激烈争斗而造成的胴体损伤（如去角）；
- 提高肉质（如去势）；
- 减少蚊蝇（如绵羊摩勒氏手术，也称割皮防蝇法）；
- 保证后续生产处理（如剪羊毛）可以更快速、有效地实施（如断尾）；
- 阻止动物对周围环境的破坏（如猪戴鼻环）；
- 易于个体识别（如耳标、耳缺和打标识）；
- 获取产品（如锯鹿茸）。

同样，在家禽生产中也存在类似的疼痛处理，如为了防止啄羽、啄冠或同类相残，人们对其进行的断喙、剪冠等措施。

何时对动物进行处理取决于农场类型。比如，对于全程圈养动物可以在任何合适的时间对其进行处理，而放牧的动物必须在第一次放牧前的几个月就完成必需的处理，而之后很少对其进行处理。动物个体价值也是我们考虑的一个重要因素。因为它会影响到采取处理的次数，也会对使用麻醉剂和止痛药的费用预算造成影响。除此之外，麻醉药和止痛药的有效性可能也很重要。例如，在一些发达国家，由于法律的限制，止痛药不能直接卖给农场主，而是由兽医来使用。还有一些国家，必须要有兽医开具的处方才能买到止痛药。更有甚者，在一些欠发达国家的农村地区，连人的止痛药供给都很紧缺，当然就更别说提供麻醉药给动物。

**表 6.1**　农场中家畜的日常处理。

| 处理 | 牛 | 绵羊 | 山羊 | 马 | 猪 |
|------|-----|------|------|-----|-----|
| 去势 | ＋＋＋[a] | ＋＋＋ | ＋＋ | ＋＋＋ | ＋＋ |
| 断尾 | ＋ | ＋＋＋ | | ＋ | ＋＋＋ |
| 去角芽 | ＋＋＋ | | ＋ | | |
| 去角 | ＋＋＋ | ＋ | | | |
| 卵巢切除 | ＋ | | | | |
| 耳缺 | ＋＋＋ | ＋＋＋ | ＋＋ | | ＋ |
| 耳标 | ＋＋＋ | ＋＋＋ | ＋＋ | | ＋ |
| 高温烙号 | ＋＋ | | | ＋ | |
| 冷冻打号 | ＋＋ | | | ＋＋ | |
| 摩勒氏手术 | | ＋ | | | |
| 锉齿 | | ＋ | | | |
| 断齿 | | | | | ＋ |
| 磨犬牙 | | | | | ＋ |
| 鼻环 | ＋ | | | | ＋ |
| 尾切 | | | | ＋ | |

　　[a]＋,表示在部分管理操作体系中会用到;＋＋,表示在很多管理操作体系中会用到;＋＋＋,表示在所有的管理操作体系中都会用到。

　　现代畜牧业中使用的生产程序大部分经过多年发展而来,它们能被沿用至今,是因为其拥有一些共同的优点:操作快捷、简单、成本低、工具易于获得以及对操作者和动物都较安全(Stafford 和 Mellor,1993)。但是,这些处理虽能高效地提高生产,却一直未考虑操作给动物造成的疼痛,尽管这种状况在当下已有所好转,却不尽如人意。

## 6.2　动物疼痛的分类

　　一般说来,畜牧业中能造成组织损伤的处理对动物造成的疼痛可以分为三类:急性疼痛、慢性疼痛和病理性疼痛(Flecknell 和 Waterman-Pearson,2000;Gregory,2004)。急性疼痛是指由处理直接造成组织损伤及后续发生的化学变化导致的疼痛。由于急性疼痛往往会导致动物出现行为学或生理学反应,因此,可以利用这个原理来鉴别动物疼痛的存在和减缓动物疼痛的方法是否有效(Lester 等,1996;Mellor 等,2000)。慢性疼痛较急性疼痛舒缓,但疼痛的持续时间和治愈所需时间也相应长些,组织损伤也需要数天甚至数周才能完全恢复(Molony 等,1995;Sutherland 等,2000)。对于低水平慢性疼痛的评估及与刺激的区分目前还存在疑问。关于减轻慢性疼痛的知识还很缺乏。在急性疼痛阶段,疼痛通路的神经冲动阻断,通过对受伤部位本身或脊髓或大脑的影响,改变了这些通路的运转,这时就会发生病理性疼痛(Mellor等,2008)。受病理性疼痛困扰的动物对疼痛或无痛刺激都会显得比较敏感。病理性疼痛可持续数周、数月甚至数年。目前还不确定畜牧生产过程中处理家畜而造成的组织损伤是否会带来病理性疼痛,仅有一些证据表明羔羊产后迅速去势会带来这类疼痛。

### 6.2.1　动物疼痛的行为学和生理学指标

　　疼痛刺激会造成动物行为学和生理学反应的改变,因此人们可依此判断动物是否有明显的疼痛或研发缓解动物疼痛的方法(Mellor 等,2000)。然而,由于疼痛是一种主观感受,理论上不可能绝对量化。所有的这些观察只能作为疼痛的间接评价指标,因此人们需要更为谨慎的判断。不过,生理学指标和行为学指标却已经成功应用于动物疼痛的研究之中。生理学指标主要包括动物的心率、血压、直肠温度、体表温度、血浆应激激素和相关代谢物浓度以及脑电活动等。一些动物特异性行为或者损伤特异性行为非常有助于我们区分急性疼痛、慢性疼痛和病理性疼痛,可以很好地指示疼痛是否存在、疼痛的严重程度,以及疼痛何时缓解、何时消失。有一些动物行为是非常明显的,如羔羊第一次戴上去势橡皮圈时表现的不安(Lester 等,1996);猪和牛在去势或打标识时会通过发声(吼叫、哞叫甚至尖叫)来表达自己的疼痛;当给牛高温烙号时发声要明显比只去势而不打标识时更为剧烈 (Lay 等,1992a,b;Watts 和 Stookey,1999);而给仔猪注射麻醉剂后去势,发声会减少(White 等,1995);一些不太明显的行为,如犊牛反复甩尾在断角后可持续 8 h(Sylvester 等,2004);在操作处理后来回摆动耳朵是牛表示疼痛的另一个明显的行为指标,犊牛在断尾之后摆动耳朵的动作会显著增加(Eicher 和 Dailey,2002)。在临床研究中,动物的习性、行为和表现往往比某些关键生理学指标更为常用,因为它们更易于快速观察到(Mellor 等,2008)。当然,在后续分析中也需要测定应激激素浓度的改变或者疼痛相关的脑电活动等指标。

### 6.2.2　放牧牲畜会隐藏疼痛

年龄较大还未完全被"驯服"的动物,如粗放饲养的 4～6 月龄犊牛和绵羊,它们在去势或者去角之后并不表现出明显的疼痛症状。农场主的常见反应是"它们肯定不怎么疼痛,因为手术过后我的牛立即开始吃东西和喝水"。在生态系统食物链中,草食动物处于被捕食的位置,因此它们会经常隐藏疼痛以避免被捕食者吃掉。这种现象最常见于逃离区域较大的对人类有恐惧感的动物(T. Grandin,个人交流,2008)。对橡皮圈去势的 8 月龄公牛的观察可以说明这一现象(Grandin 和 Johnson,2005)。其中一些公牛表现正常,而一些公牛会一直不停地反复踢踏,还有少部分公牛以一种奇怪的弯曲姿势卧在地上。但是,当它们发现有人走近圈栏时,疼痛的行为会立刻消失,那些蜷卧在地上的公牛会马上跳起加入同伴们的活动中。鉴于此,为了能观察到动物的与疼痛相关的行为,观察者必须把自己隐藏到动物不易察觉的地方,或者使用摄像机。所有家畜中,绵羊是最没有防御力的被捕食者,所以当发现有人在观察它们时,绵羊也最会隐藏表现疼痛的行为。

## 6.3　减轻动物疼痛的方法

我们可以通过选择低疼痛的处理方法对动物进行早期处理,以及使用镇痛药尽量减少动物的疼痛行为反应和生理反应。框 6.1 给出了决定是否对动物实施疼痛处理以及如何实施时需要考虑的各种必要因素。我们还将在本章的末节再次对此问题进行讨论。

与舒缓动物疼痛有关的一些术语见框 6.2。

### 6.3.1　局部神经传导阻断麻醉

局部麻醉剂通过破坏神经细胞膜的功能来阻断刺激的电脉冲沿神经传导,从而达到麻醉效果(Flecknell 和 Waterman-Pearson,2000;Mellor 等,2008)。为了有效阻断身体某一部分的

框 6.1　决定是否对动物实施疼痛处理,以及如何实施时需要考虑的主要和次要问题
(来源:Mellor 等,2008)。

- 第一,这些处理是必需的吗?
- 解剖学方面处理的预期收益是什么?
- 处理之后是否能顺利实现预期收益?
- 被处理动物是否都能为你带来显著的实际收益?
- 这个实际收益的显著程度如何(即这些处理真的很迫切地需要实施吗)?
- 若采用其他伤害性小的处理是否能带来同样的收益?
- 第二,这些处理会带来哪些伤害?
- 实施处理时,是否会给动物带来瞬间的或者短期的伤害,如急性疼痛和悲伤?
- 这些处理是否会给动物带来持续性伤害,如机体恢复过程中的慢性疼痛和悲伤?
- 处理本身是否会给动物带来不可恢复的永久性伤害,如使动物行为或机体功能完全改变?
- 造成的瞬间伤害、持续性伤害和永久性伤害的程度有多大?
- 受处理动物在很大程度上发生这种伤害的比例有多少?
- 是否存在能有效减轻以上伤害的方法?
- 第三,这些处理是否利大于弊?
- 与可以预防的害处相比,这些行为学及解剖学的改变是否给动物(个体及群体)带来更大的伤害?
- 换句话说,这些处理对动物是否有直接的好处?
- 是否还有其他更广泛的间接利益如商业、教育、娱乐、科研或者社会效益,可以抵消这些处理对动物个体甚至群体造成的伤害?

感觉能力,一般需要将局部麻醉剂注射到靠神经较近的部位。麻醉方式的命名以麻醉剂作用范围而定:"局部"(local)麻醉指麻醉较小区域(如阴囊和睾丸);"区域"(regional)麻醉指麻醉大一点区域(如侧腹和腹部内容物);"脊髓"(spinal)麻醉或者"硬膜外"(epidural)麻醉则能麻醉身体更多的部位(如后肢、会阴部位、侧腹、子宫和腹部)。为避免对动物进行组织损伤性处理(如外科手术)时动物的逃逸行为,可以利用以上几种麻醉方式来达到预期效果。

利诺卡因(lignocaine)是在全世界范围内兽医使用最广泛的局部麻醉剂,它可以很好地减轻包括畜牧生产中疼痛处理在内的各种操作带来的急性疼痛和术后 1~2 h 内的疼痛(Mellor 和 Stafford,2000;Stafford 和 Mellor,2005a,b)。利诺卡因是一种短效局部麻醉剂,它通常在注射部位能快速被清除,其持效期为 60~120 min(表 6.2)。给犊牛去角之前,使用利诺卡因可以阻断角内神经传导,进而能降低反映疼痛情况的血浆皮质醇水平,持效期约 2 h(Stafford 和 Mellor,2005a)。一项持续 2 年的研究发现,若让大鼠接受大剂量利诺卡因代谢物,50%的大鼠鼻腔内皮会发生乳头状瘤或癌变,因为利诺卡因分解会产生一种叫 2,6-二甲代苯胺的致癌代谢物,这点必须注意。尽管目前利诺卡因在食品动物上的最大使用剂量、安全使用剂量和残留限量等尚未建立起相关标准,但英国已经开始限制其在食品动物上的使用。除利诺卡因之外,还有一些具有其他特性的局部麻醉剂(表 6.2),如布比卡因(bupivacaine)、甲哌卡因(mepivacaine)也可以在畜禽生产中使用。如在犊牛去角时,常利用布比卡因长约 4 h 的药效时间来阻断角内神经以消除犊牛的皮质醇反应(Stafford 和 Mellor,2005a)。然而这其中大多

数的局部麻醉剂是不允许在畜禽上使用的。

---

**框 6.2  与舒缓动物疼痛有关的术语。**

- α-2 肾上腺素能受体激动剂（alpha-2 adrenoreceptor agonists）——一类具有镇静和止痛效果的药物，如甲苯噻嗪（xylazine）。
- 止痛（analgesia）——疼痛消失或者疼痛程度减轻的状态。
- 镇痛剂（analgesic）——可以减轻疼痛的药物，通常是注射或口服给药。
- 硬膜外麻醉（epidural anaesthesia）——向椎管内注射局部麻醉剂。
- 局部麻醉剂（local anaesthetic）——用于阻止痛处神经传递的药物。
- 非甾体抗炎药（non-steroidal anti-inflammatory drug, NSAID）——一类作用于受伤部位时仅有消炎作用，或作用于脊髓神经束或者大脑内部时有镇痛作用的药物，如酮洛芬（ketoprofen）。
- 全身麻醉（systemic analgesia）——让麻醉剂通过血液循环系统作用于全身各个部位。

---

硬膜外神经阻断术最初因向脊髓硬膜外腔注射局部麻醉剂发展而来（Flecknell 和 Waterman-Pearson，2000；Mellor 等，2008）。通过硬膜外注射 α-2 受体激动剂，如甲苯噻嗪也能获得类似的效果。这种麻醉方法由于还同时具有镇静效果而被用于成年公牛去势。使用去势钳（Burdizzo®）去势时，混合使用利诺

**表 6.2  局部麻醉剂。**

| 麻醉剂 | 起效时间/min | 效果持续时间/h |
|---|---|---|
| 利诺卡因[a] | 1～2 | 1～2 |
| 布比卡因 | 5～10 | 4～12 |
| 甲哌卡因 | 1～5 | 1～2 |
| 普鲁卡因 | 5 | 1 |

[a] 利诺卡因由于便宜且起效需时短而获准在动物中使用。

卡因-甲苯噻嗪不仅可以达到硬膜外麻醉效果，还能有效延长麻醉剂作用时间。硬膜外注射曾经因为操作困难和副作用而在大群体公牛去势时得不到重视，但现在这种麻醉方式已应用于牛的兽医操作中。

### 6.3.2  全身麻醉

全身麻醉药（systemic analgesics）通过机体血液循环运输，因此可作用于全身或特定靶器官，其作用部位取决于药物的生物学活性（Flecknell 和 Waterman-Pearson，2000；Stafford 等，2006；Mellor 等，2008）。给药方式包括口服给药、局部给药、直肠或阴道给药、静脉注射、肌肉注射以及腹膜内注射。全身麻醉药适用于疾病、创伤或手术引起的疼痛。目前全身麻醉药在农场牲畜上的应用并不广泛，受到残留和成本的限制。

过去，人们使用局部麻醉剂或镇静剂仅仅是为了让手术能安全容易地进行，而对动物术后的疼痛极少关注，当然这也和缺乏有效的术后麻醉剂有关。当前使用较多的麻醉剂主要有三类：阿片类药物（opioids）、α-2 肾上腺素能受体激动剂（alpha-2 adrenoreceptor agonists）和非甾体抗炎药（non-steroidal anti-inflammatory drugs，NSAIDs）。对它们在反刍动物中麻醉效果的研究往往更偏向于绵羊而不是牛。

长期以来，在动物中一直使用阿片类药物，但它对反刍动物的麻醉不是非常有效。临床上 α-2 肾上腺素能受体激动剂对绵羊是有效的麻醉剂。肌肉注射甲苯噻嗪对成年绵羊的麻醉效果良好，但是对牛的作用却不明显，虽然能一定程度降低断角犊牛的血浆皮质醇反应，但对犊牛角内神经的阻断作用却不及利诺卡因。

作为第一类对牛羊类动物真正有作用的镇痛药,有止痛作用的非甾体抗炎药的研发是减轻牛羊疼痛的一个重大突破。人们曾认为这类药是通过对外周神经系统的抗炎效果而起作用的。近来的发现证明它对中枢神经系统也有一定作用。对于任何一种特定的非甾体抗炎药而言,由于对疼痛的起因及药物本身还知之甚少,因此其作为镇痛药的效力取决于其从体内的清除速率。有些非甾体抗炎药如苯基丁氮酮(phenylbutazone),其抗炎作用胜过止痛作用,而卡洛芬(carprofen)则相反。非甾体抗炎药的长效镇痛作用使得它们在非反刍动物生产中要比阿片类药物更受欢迎,一些非甾体抗炎药在牛的生产中是非常有效的镇痛剂。研究表明,高温烙铁去角芽时给犊牛联合注射非甾体抗炎药美洛昔康(meloxicam)和局部麻醉剂能更好地降低犊牛的生理应激反应(Heinrich 等,2009;Stewart 等,2009)。

大多数非甾体抗炎药是与蛋白质紧密结合的,一般肉类动物停药期长。可是酮洛芬的半衰期非常短,而且静脉注射后在肉和奶中无明显残留,使用它作为局部麻醉剂能明显降低犊牛去角或手术法去势后 12 h 内的血浆皮质醇反应,可见其止痛效果显著。而且即使犊牛手术法去势或无血去势钳去势时仅单独使用酮洛芬,其麻醉效果也非常不错。

多年以来非甾体抗炎药常用于治疗疝气,近来随着术后镇痛的兴起,部分种类的非甾体抗炎药在马生产中得到广泛应用;阿片类药物肌肉注射能提供数小时的麻醉作用,因此在马生产中使用较多;α-2 肾上腺素能受体激动剂也有使用,但主要用作镇静剂。人们对猪的麻醉剂研究不多,目前已知由于阿片类药物药效过短而不常用,但是部分非甾体抗炎药对猪也有较好的术后镇痛作用。关于鸡的麻醉剂的研究更加缺乏,但非甾体抗炎药对鸡的关节疼痛具有明显的减轻作用。

### 6.3.3  展望

自 20 世纪 90 年代中期以来,疼痛相关研究已取得许多进展,但依然存在诸多问题。这些问题主要包括两个方面:一个是如何科学地判断动物是否正在承受疼痛以及疼痛的类型,特别是长期疼痛;另一个是需要建立相应标准来明确哪类镇痛药可允许养殖户安全使用且成本低廉。目前对操作处理程序如去势和去角,我们已建立了良好的农场动物生理学指标和行为学反应指标,为检测已知和新型止痛剂的效果提供了很好的模型。这些模型也可用于检测止痛剂对不同类型伤害引起的疼痛的缓解效果。

接下来,我们将逐一讨论不同物种最受关注的重要的疼痛处理。减轻动物的疼痛或许容易实现,但消除动物疼痛却是一个艰难的命题。

## 6.4  牛

牛的生产中包含五种最常见的疼痛处理:去角芽、去角、去势、耳缺或耳标以及打标识(表6.1)。另外,一些小母牛要切除卵巢,奶牛还要断尾。当然,在牛生产中还包括一些无痛却给牛带来应激的处理,如妊娠检查、疫苗注射、人工授精、驱虫(口服、注射或皮肤外用)及驱杀螨虫(淋浴或浸渍)等,这类无关疼痛的处理在此不做赘述。

### 6.4.1　去角芽和去角

尽管在很多人看来去角芽和去角是同一个概念，但是在这里去角芽是指在角长出之前就阻止其生长的处理方式，而去角则指在角芽长出早期将其剪断的处理方式。去角芽要求在犊牛生长早期就实施。研究表明，烙烫去角芽使犊牛发生皮质醇反应的程度要明显低于去角手术(Stafford 和 Mellor，2005a)。

生产中去角芽和去角方法汇总见框 6.3。

> **框 6.3　去角芽和切断去角术。**
>
> - 烙烫去角芽(cautery disbudding)——一般在出生后至 6 周龄进行。常使用高温凹形烙烫器反复按压，烙烫一定时间以有效破坏牛角幼芽组织。
> - 化学腐蚀去角芽(caustic chemical disbudding)——指使用诸如氢氧化钾等腐蚀性药物贴敷牛角芽部，以腐蚀破坏牛角幼芽组织的方法。
> - 手术去角芽(surgical disbudding)——使用小刀或者勺铲去角器去除牛角基部组织及基部周围约 5 mm 范围内的皮肤。
> - 截取去角法(amputation dehorning)——使用锯片、碎胎圈、对角去角钳(guillotine shears)或勺铲去除牛角及基部 1 cm 范围内的皮肤。
> - 止血法(haemostasis)——包括熨烫止血法、止血带止血法、止血粉止血法以及主血管打结和止血钳压迫的强迫止血法，去角前常采用止血带打八字结法止血。
> - 局部麻醉(local anaesthesia)——可沿额骨嵴外侧边缘的夹缝注射 5~10 mL 利诺卡因以实施角内神经阻滞，也可实施圆环阻断方法(ring block)。

#### 6.4.1.1　注意事项

去角是牛场管理工作中必不可少的一个环节，因为有角的牛(图 6.1)管理起来既困难又危险。当然如果农场的牛群容易受到攻击，则不会对牛群进行去角处理，因为它们需要用角来保护自己和犊牛。另外，有机乳牛场也会保留牛角，但这样可能会因为牛之间的争斗而导致受伤，而且有角的牛也会给管理人员带来危险。由于有角的牛可能伤害到其他动物，因此一些国家禁止运输有角牛，除非在运输之前对有角牛施行一种被称为"锯尖"的去角处理。另外，较大牛角的牛不易进入头部固定轨道，这样灌药、打耳标以及其他处理操作起来都会有一定困难，去角的牛则不存在这些问题。需要注意的是，有一些牛的角会周期性生长，这就要求每隔几年就做一次锯尖处理，但一定要注意锯尖程度不能太大，以免触及牛角内的疼痛敏感核心部位(图 6.2)。

培育生产无角牛是减少牛角危险和减轻去角疼痛的最佳途径，现在很多品种特别是肉牛品种都已经成功培育出无角牛。家牛(*Bos taurus*)无角性状的遗传机理已基本清楚，但印度肩峰牛(*Bos indicus*)的无角性状遗传机理却相对复杂，且无角牛和带角牛杂交后代可能无角也可能有角。目前在常见奶牛品种中，弗里赛(Friesian)和泽西牛(Jersey)依然带角，如果有一天能培育出这两个品种的无角系，那么以后去角芽和去角就不再是牛场管理中的必要工作了。

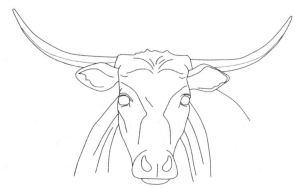

图 6.1　牛角。

### 6.4.1.2　去角芽

奶牛在犊牛时期去角芽在世界范围内广泛采用。在生产工艺发达的乳品业,犊牛去角芽的常用方法包括化学腐蚀贴法(苛性钠、苛性钾或火棉胶)和烙烫法(Stafford 和 Mellor,2005a)。另外,也可以采用手术法,即使用小刀或勺铲(scoop)(图 6.3)直接去掉角芽及紧靠角芽边缘的皮肤。理想的去角芽时间为产后最初几周。如果使用化学腐蚀贴去角芽,需要特别注意以下两点:舍内饲养的犊牛可能会相互舔去角芽部位的腐蚀贴,而在舍外的犊牛则可能遭受雨淋而使化学腐蚀成分流入眼内;若采用热烫烙铁(电热烙铁或者气热烙铁)去角芽,则需要注意温度一定要足够高,而且烙烫时间要充分,以使角芽周围的分生组织能被完全破坏,不然会导致牛角不均衡生长或牛角扭曲。成功的手术法去角芽则要求完全去掉角芽及其周围包裹的皮肤,其中包括角芽生成组织。

图 6.2　锯尖方式。

对 4 周龄的犊牛实施苛性钾化学腐蚀去角芽会给犊牛带来持续约 4 h 的剧烈疼痛。通过对犊牛皮质醇应激反应的测定和行为学观察发现,烙烫去角芽和手术去角芽(勺铲去角芽)均会给犊牛带来即时剧痛和术后数小时的持续性疼痛,但烙烫产生的急性疼痛明显比化学腐蚀和手术产生的疼痛小(Morisse 等,1995;Petrie 等,1996a)。因此,烙烫去角芽法是更可取的去角芽方法,但高温烙烫去角芽时犊牛的极度逃跑行为表明,此法也给犊牛带来了巨大疼痛。采用局部麻醉剂阻断角内神经或者圆环阻断角芽基部,可有效减少犊牛烙烫或手术去角芽时的剧烈疼痛。

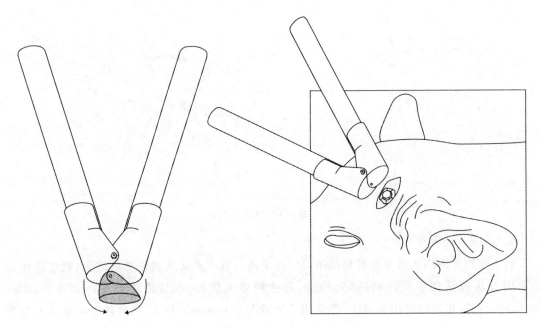

图 6.3　勺铲去角器。

### 6.4.1.3　去角

为成年牛去角时,如果不使用任何麻醉剂和术后止痛药则会给动物带来巨大的疼痛。成年动物去角的疼痛应该是所有操作处理中最剧烈的,因此要杜绝以任何粗鲁的方式去除成年牛的角,比如用大砍刀直接砍断牛角。

对犊牛、断奶牛及成年牛实施去角时使用的工具各不相同(Stafford 和 Mellor,2005a),主要有锯(手工锯和电锯)、碎胎圈、对角去角钳和勺铲(图 6.4)。去角时,需要将角及包围角基的那一小部分皮肤一起去除。对于成年牛这样操作可能会造成额窦撕裂,而且一旦发生,将会产生难以忍受的疼痛。因此,对牛施行无麻醉去角时应采取有效的固定措施,如捆系牛腿或者用头部固定栏将牛固定。

去角容易导致出血,但可以通过使用碎胎圈去角,而不用锯、对角去角钳或勺铲去角以减少出血量。因为碎胎圈去角可以很好地控制伤口大小,尽管其不易操作且较为耗时。对角去角钳很容易操作,可是在去角过程中一旦牛头稍有摆动,就可能导致伤口拉大甚至额骨断裂。勺铲去角器的大小限制了其只能应用于犊牛去角。出血后虽然可以通过结扎、缠绕或者烙烫血管来达到止血目的,但更好的止血方法应该是使用止血垫和止血粉,或者可以在去角前用止血绷带在牛角周围打上八字结以预防出血。

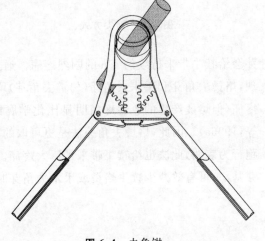

图 6.4　去角钳。

　　去角后伤口容易感染,若是夏季更会招来苍蝇或旋皮蝇蛆。因此,去角后需要对伤口采取一定的处理措施以防止这些问题的发生。如果成年牛去角时发生了额窦撕裂,则圈养牛可能因脏物进入额窦而引发额窦炎,致使伤口化脓。若发生化脓,可以实行环钻术排出额窦中的脓液。圈养成年牛去角后最好能用含抗生素的止血垫包扎伤口。去角手术后伤口愈合需要几周时间。

　　使用局部麻醉剂阻断角内神经或者圆环阻断牛角基部能有效减轻牛的去角疼痛反应,但需要注意,阻断角内神经不是每次都有效,因此最好在去角前用针刺牛角基部周围的皮肤,以便确定是否需应用更多的局部麻醉剂。研究显示,去角手术后血浆皮质醇反应有固定模式(图6.5)。去角开始,皮质醇浓度陡增至顶峰,然后下降到平台期并持续几个小时,手术后 8 h,皮质醇浓度才恢复到术前水平(McMeekan 等,1998a)。有试验证明,去角造成的伤口大小差异并不引起皮质醇反应的差异,这就说明一定范围内的伤口大小给动物造成的伤害是一样的(McMeekan 等,1997)。

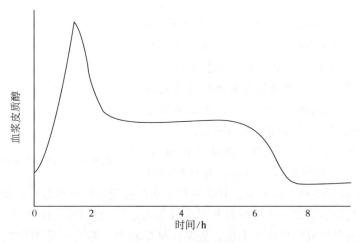

**图 6.5**　手术去角的血浆皮质醇反应。

　　用局部麻醉剂有效阻断角内神经,血浆皮质醇浓度不会出现最初的峰值,皮质醇浓度在去角的最初 2 h 内不增加,但在接下来的 6 h 内,却会一直增加直至再逐渐恢复到术前水平(McMeekan 等,1998a)。也就是说局部麻醉阻断角内神经的方法只能减少 2 h 的疼痛,尽管后续疼痛程度不及术中,但药效之后动物依然要经受疼痛的折磨。为了能减轻术后 12 h 的疼痛,可以考虑在局部麻醉的基础上再给动物提供全身麻醉药,比如将非甾体抗炎药与局部麻醉剂混用(McMeekan 等,1998b;Stafford 等,2003;Milligan 等,2004;Stewart 等,2009),还可以使用长效局部麻醉剂以减少术后 3 d 的动物疼痛。另外,术前局部麻醉,并用烙烫法止血也能在24 h 内有效减缓动物的疼痛和皮质醇反应(Sutherland 等,2002)。去角后 2~3 d 内,牛的采食和反刍都会受到一定程度的影响,这也说明动物一直在承受疼痛。到目前为止,还没有证据表明去角不会带来并发症。

### 6.4.2　去势

#### 6.4.2.1　注意事项

养牛生产体系中，去势是一个标准的畜牧生产处理环节。去势具有很多优点：使公牛易于安全管理；有效淘汰品质较差的公牛；阉牛或犍牛可役用犁地或牵引；去势能减少畜体脂肪含量；去势后生长激素分泌增加而加快生长速度。在部分国家可将去势小公牛育肥成肉牛，如新西兰将弗里赛小公牛直接育肥并于2周岁前屠宰。

#### 6.4.2.2　方法

去势的方法多种多样（Stafford 和 Mellor，2005b），包括橡皮圈或绳索结扎去势、手术去势和无血去势钳（bloodless castration clamp，Burdizzo®，图6.6）去势（框6.4）。小橡皮圈主要用于犊牛去势，绳索结扎用于大一点的牛去势（图6.7）。手术去势是指切开远端阴囊壁后，牵拉睾丸和精索直至精索断裂或直接切断精索，在精索断裂之前用绳索绑扎或结扎钳夹紧，或使用去势器切断精索（图6.8）。无血去势钳（Burdizzo®）有各种尺寸，主要用于剪断精索。

在不使用麻醉剂的情况下，为了保证动物福利，使用橡皮圈为犊牛去势是很好的方法。橡皮圈结扎

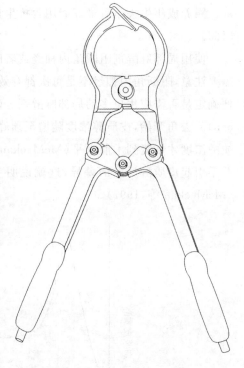

**图6.6**　无血去势钳（Burdizzo®）。

去势法简单、经济且对牛和人都安全。其缺点在于从结扎到阴囊自动脱落需要数周时间，但是除了当橡皮圈结扎的阴囊部分很脏时容易引发破伤风之外，使用橡皮圈去势对犊牛几乎没有副作用。有人认为对性成熟后的牛实施去势要比早期犊牛去势有一定的生长优势，因此就创造了绳索结扎去势的方法。但在放养肉牛生产体系中，目前尚无可靠的证据支持此观点，因此并没有对这种方法广泛宣传（Knight 等，2000）。相反，对6月龄公牛实施绳索结扎去势会带来剧烈疼痛，并降低生长速度（L. A. Gonzales，个人交流，2009）。

---

**框6.4**　牛去势的方法。

- 橡皮圈结扎——用橡皮圈安置器直接将橡皮圈结扎到犊牛睾丸上部阴囊即可。
- 绳索结扎——结扎部位与橡皮圈法类似，但需使用特殊安置器打结，并且需在结扎后的12～24 h监测是否出现水肿，一旦出现则需重新结扎。有兽医建议采用此法去势时应预先注射破伤风疫苗。
- 去势钳（Burdizzo®）——用于仅剪断一侧精索。将钳夹紧闭并悬挂在阴囊上达1 min以上，从距初始位置1 cm处的末端重复这一操作。另一侧也同样处理。两侧压碎组织之间的阴囊皮肤必须保持完好。
- 手术法——切开末端阴囊后拉扯双侧睾丸至精索断裂，或直接使用去势钳或手术刀将其截断。

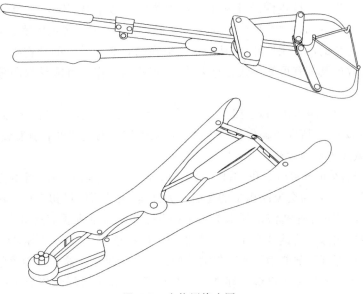

**图 6.7**　去势用橡皮圈。

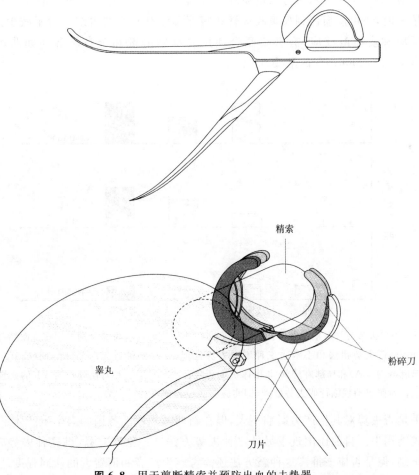

**图 6.8**　用于剪断精索并预防出血的去势器。

使用去势钳去势要比橡皮圈结扎和手术法去势的失败率高（Kent 等，1996；Stafford 等，2002）。在公牛和母牛一起放牧时，认识到这一点非常重要。因为忽视生殖能力强的公牛的存在会导致发育不健全的母牛意外怀孕，从而带来潜在的且必须承担的动物福利问题。一侧或两侧精索没能有效剪断都有可能导致去势失败，不正确的操作还可能导致阴茎受损和尿道损伤而影响排尿。

手术法去势会导致组织出血，虽然不会太严重，但出血会污染伤口甚至感染。一般说来，只要阴囊切口足够大，引流即可确保伤口干净。如果引流不彻底则可能引发破伤风。

### 6.4.2.3 减缓疼痛的方法

去势必然带来疼痛（Stafford 和 Mellor，2005b；Stafford 等，2006）。当不使用任何形式的止痛方法去势时，牛的行为会反映出牛的疼痛。另外，在去势后的最初 1 h 左右血浆皮质醇浓度上升，然后经 3～4 h 才逐渐恢复到术前水平（图 6.9）。血浆皮质醇反应实验显示，去势钳去势产生的痛感要比橡皮圈结扎和手术法去势产生的痛感弱（Stafford 等，2002）。去势时在末端阴囊处注射局部麻醉剂能消除或减轻动物的疼痛行为反应。这是因为紧紧结扎的橡皮圈或较大橡皮带会阻止血液和淋巴液循环进入睾丸和阴囊，致使局部麻醉剂在这些组织中的存留时间超过痛觉受体和相关神经缺氧死亡的时间。相比较而言，去势钳去势，局部麻醉剂可减轻皮质醇反应，但它对于手术去势的皮质醇反应则基本上没有作用。对于手术去势，特别是拉伸或剪断精索时，还可能损伤到如腹股沟管和腹部等没有麻醉的组织。为了减少这种弊端带来的疼痛反应和皮质醇反应，有必要联合使用局部麻醉剂和全身麻醉药如非甾体抗炎药（Stafford 等，2002，2006；Ting 等，2004）。

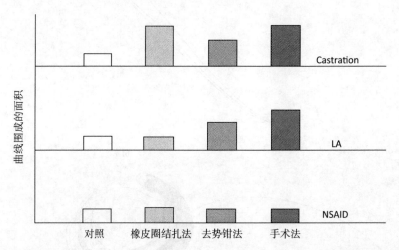

**图 6.9** 不同去势方法时的血浆皮质醇反应。曲线所围成的面积表示分别采用橡皮圈结扎去势法、Burdizzo® 去势钳法和手术法三种不同去势处理，并分别进行无局部麻醉剂（Castration）、有局部麻醉剂（LA）和局部麻醉剂-非甾体抗炎药联合（NSAID）三种对比处理后 8 h 的血浆皮质醇反应。对照组动物施行假去势处理，即实施去势过程但不真正去势。

役用牛是否去势对其生产力影响不大，但在新西兰和欧洲各国的肉牛生产体系中，去势公牛常育肥成肉用牛。目前还出现了另外一种去势方法——免疫去势，供这种去势方法用的疫苗已成功研制，但是否应该推广这种新方法还需考察生产者和消费者的认同程度。

### 6.4.3　卵巢切除

小母牛卵巢切除主要是为了防止错配和粗放养殖系统中公牛与已淘汰母牛交配。卵巢切除有两种方式:一种是对成年母牛或者小母牛实施硬膜外麻醉后通过阴道切除;另一种是对小母牛实施腹侧手术切除(Ohme 和 Prier,1974)。腹侧手术切除需要专用手术器械,并且会有很大痛感,需要对手术部位注射局部麻醉剂甚至可能还需要术后镇痛药。目前,要使小母牛不育还可以采用免疫学方法,一旦此法被生产者和消费者广泛接受,可能会很快流行开来。

### 6.4.4　断尾

断尾对提高乳品质、增加乳房清洁度、降低乳房炎或钩端螺旋体病(leptospirosis)的发病率都无帮助。不管是在犊牛阶段还是青年阶段给乳用小母牛断尾都是为了以后能在人字形或旋转式奶牛舍中挤奶时较为方便地握到奶牛乳房(Stull 等,2002)。断尾动物比较容易遭受苍蝇困扰,为此它们也会有所表现,如不停地踢踏脚等(Eicher 等,2001;Eicher 和 Dailey,2002)。橡皮圈断尾和烙烫断尾相对不会给动物带来剧烈的疼痛。橡皮圈断尾时使用局部麻醉剂或者硬膜外麻醉能进一步减轻动物疼痛(Petrie 等,1996b)。断尾长度以刚好遮住阴部或者仅去掉尾帚为宜,后一种方法虽然几乎保留了整个尾部,却能有效地保证挤奶工挤奶时不被可能带有粪便或其他污物的尾帚扫到。另外有一种非手术性的断尾方法,即仅修整尾帚鬃毛也能达到上述效果。在一些国家和天然有机计划中均不允许断尾。而且由于没有科学证据证明其正当性,牛的断尾处理可能逐渐取消。

### 6.4.5　耳标或耳缺

打耳标是区分动物个体的常用手段,并且已建立起了一套完整的耳标体系,农场主们为了能远距离分辨家畜会使用很大的塑料耳标。家畜个体识别系统还有助于轻松筛选出适合种用的优良个体。现阶段人们对建立肉产品追溯系统和疾病控制系统日益重视,更是极大地促进了众多国家在牛生产中推广建立个体识别系统。这个系统需以易于识别的耳标为基础,常通过在一只耳朵或者两只耳朵上打耳标来区分动物个体。同时,在公共的场地放牧动物时,打耳标或耳缺还有助于区分家畜所有者,甚至能有效防盗。不同耳朵不同部位不同形状的耳标或耳缺还代表不同的意思,如出生日期、接种疫苗的情况或选配种情况等。

耳朵属于敏感器官,因此打耳标或耳缺必将给动物带来疼痛。打耳标的副作用包括感染、流泪以及耳标脱落需要重打。打耳标有两种方式:一是先使用打孔器在耳朵上打孔,然后再戴上耳标;另一种是使用能集打孔和戴耳标功能于一身的耳标器打耳标,这种耳标器有一个能刺穿耳朵的锋利刺针,因此在打耳标时能有效减小伤孔和疼痛。使用其他钝性打孔器安装耳标会使疼痛增加。由于对耳朵实施局部麻醉存在困难,因此为了减少动物在打耳标时的疼痛应激,可以考虑实施全身麻醉,除此之外暂时没有其他方法能减轻动物疼痛。

从动物福利的观点出发,相对撕耳(ear splitting)和剥皮(wattling),打耳标无疑是更加可取的。在一些国家,牛撕耳和剥皮的现象依然存在;一旦进行剥皮,就会剥出数条皮肤在脖颈处摇晃。这两种处理方式严重违反许多国家动物生产业的动物福利指导纲要,应该严格禁止。人们应当能够区分仅在耳朵上打上小缺口的打耳缺处理与这两种方法有本质差异。

### 6.4.6　打标识

对动物实施高温烙号或冷冻烙号都是为了能有效区分动物个体和所属群体(Lay 等，1992a，b)。打标识处理在牧场粗放饲养牛群的地区非常常见，如澳大利亚、美国西部、中美洲、南美洲以及其他很多国家。高温烙号时无疑会给动物带来巨大疼痛并造成动物逃跑。冷冻烙号时先将打号烙铁浸入液氮之中以便能有效破坏动物皮肤黑色素细胞分泌色素的机能，然后将冻好的烙铁置于动物皮肤并保持一段时间(数秒即可，不需要数分钟)促使皮肤暂时冻住，将烙铁移开，皮肤会逐渐回暖并留下一块白色标识。冷冻烙号后皮肤回暖和血液回流的过程中动物可能会经历一定的疼痛，但这种疼痛肯定比高温烙号的疼痛要轻得多。由于在打标识过程中，不可能在标识部位多次注射局部麻醉剂，全身麻醉又不能减缓打标识后的持续性疼痛，所以对于打标识给动物带来的疼痛并无多少有效的减缓办法，人们唯一能做的就是尽量不在身体敏感部位如脸部打标识。

使用微芯片技术取代打标识区分牧场的牛具有广阔的应用前景。植入芯片只会带来轻微的疼痛，但是这项技术目前并不能作为日常区分的方法，除非手持式芯片数据阅读器能在各大农场广泛使用，否则每日鉴别将会花费大量时间。DNA 检测是另外一种新型动物个体区分技术，随着 DNA 检测的成本逐渐下降，它有望在不久的将来成为非常合适且合算的技术而被广泛应用。

### 6.4.7　鼻环或鼻绳

为了更好地控制脾气暴烈的个体，人们会给家牛或水牛特别是公牛在鼻中隔扎上鼻环或鼻绳。一般说来，将牛安全固定或者待其平静之后就可以在不用任何局部麻醉剂的情况下实施这种处理。但扎鼻环时牛的行为反应表明此处理也会带来一定的疼痛。

## 6.5　绵羊

绵羊生产各环节中最具疼痛的三种操作分别是去势、断尾和打耳标或耳缺，另外还包括澳大利亚的美利奴羊的摩勒氏手术(如果苍蝇叮咬成问题的话)，这些处理一般都在羔羊期施行。除非操作失误造成绵羊受伤(如剪毛时剪伤)，诸如周身剪毛或去除肛周粪便垫或肛周削毛以及妊娠检查、背部喷淋杀虫药、口灌驱虫药和疫苗注射等处理只会给动物带来应激却几乎不产生疼痛。

### 6.5.1　去势

#### 6.5.1.1　注意事项

在许多国家，绝大部分公羊都需要去势。原因之一是为了能控制并阻止那些需育肥做肉用的母羊怀孕，另一个原因是改善肉质。对于 5 或 6 月龄之前就屠宰的羔羊不一定要进行去势处理，但是在屠宰时依然有必要先去势，因为部分羊品种的整个阴囊部位很大，污物容易污染羊毛并且影响肉质和风味。

分娩后母羊一直在圈舍内饲养，羔羊去势和断尾可以在其出生后第二天至羔羊和母羊放牧期之间的任何时间实施。之所以避开出生第一天，是为了增进母子间的联系和保证羔羊吮吸足量初乳。铺设干净厚实的垫草能有效减缓羔羊去势疼痛并减少术后感染。当羔羊在外放牧 3 周左右时,应该集合所有的母羊和羔羊,对 4 或 5 周龄的羔羊进行去势处理,可能避免母子误认或者母羊弃子现象。相反,如果过了 6~8 周龄依然未对羔羊按龄分群,就必须等到最年幼羔羊度过母子误认或母羊弃子阶段才能对羊群实施去势。另外,去势当天应天气晴朗,并在干燥的院子中或临时草场中进行。严禁在雨雪天气中去势,因为泥泞环境下去势伤口极易发生破伤风或其他感染。

在新西兰和澳大利亚,人们常采用橡皮圈结扎睾丸下部阴囊进行去势以保留完整睾丸,经过这类处理的羊被称为隐睾羊(cryptorchid lambs)或短睾羊(short scrotum lambs)(图 6.10)。在新西兰的雄性羔羊中有 40% 是短睾羊,20% 是完全去势的羯羊,剩余 40% 则未经去势处理。其中那些未经去势处理的羊在年龄较小时即被屠宰,短睾羊则会被一直饲养直至其性成熟后屠宰。短睾羊中少数羊在繁殖力和行为上依然具有公羊特征,但常常也无碍大局。另外,短睾羊的生长性能优于去势完全的羯羊。

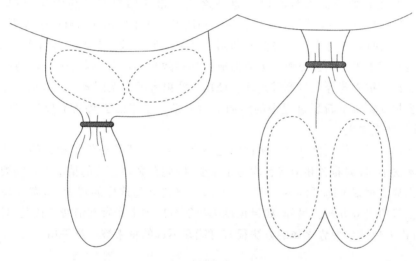

图 6.10  橡皮圈法截短阴囊和去势示意图。

### 6.5.1.2  方法

去势的方法多种多样,主要包括橡皮圈结扎法、手术法以及无血去势钳(Burdizzo®)法(Mellor 和 Stafford,2000),这些方法的基本原理与牛去势的对应方法类似。为了去势完全,一般采用橡皮圈法结扎睾丸上部阴囊,但此法有时在羔羊上实施起来存在一定困难,因为可能一个甚至两个睾丸尚留在腹股沟管之中。相反,为了生产短睾羊,则需结扎睾丸下部阴囊,让睾丸靠近腹股沟环并提升睾丸内温度使得公羔成熟后也不具繁殖能力,但睾酮分泌并未停止,因此短睾羊依然具有雄性特征和行为。橡皮圈结扎法是用于幼小羔羊去势的一种简单有效的方法,但并不适合年龄稍长、体型较大公羊的去势。

手术法去势是指切开远端阴囊后牵拉睾丸和精索直至精索断裂的方法,为此人们已经设计出多种刀具。对于年长一点的公羊,与牵拉至断相比,使用小刀或者去势器截断精索的方法更为常用,成年公羊去势时还需结扎精索以止血。

无血去势钳法既可用于单侧精索囊外截断,也可用于一次性双侧精索截断,但一般不推荐使用后一种方法,除非在截断之前先用橡皮圈结扎睾丸上部阴囊。如果一定需要截断双侧精索,应优先考虑使用橡皮圈结扎法。如前面在犊牛去势部分中所论述,与橡皮圈结扎法和手术法相比,止血钳法去势可以比较容易去势较年长体大的羔羊(精索较长),但技术上较难操作。

### 6.5.1.3 减缓疼痛的方法

所有去势方法均会给动物带来疼痛(Mellor 和 Stafford,2000)。结扎法去势时羔羊的急性皮质醇反应没有手术法去势时那么激烈,但去势后羔羊行为反应的比较结果却相反。行为应答对每种去势方法都是特异性的,因此不能用行为来进行比较。实验表明结扎法去势确实能减轻动物疼痛的剧烈程度,因此目前依然更推荐使用结扎法去势(Mellor 和 Stafford,2000)。结扎法去势往往比手术法需要更长的时间恢复。与手术去势的羔羊不同,结扎去势的羔羊在去势约 42 d 后仍转头看其阴囊区域(Molony 等,1995)。这表明在阴囊脱落前,去势羊可能因橡皮圈导致的皮肤损伤而感受到某种刺激或低水平的持续性疼痛。同时有证据表明,羔羊出生 3 d 内实施橡皮圈结扎比其后结扎导致的急性疼痛轻,但与之矛盾的现象是,3 日龄前去势会增加羔羊对 1 月龄后实施的其他疼痛处理的敏感性。该现象还有待进一步解释。

局部麻醉剂能有效降低去势时由于急性疼痛所带来的血浆皮质醇反应(Dinniss 等,1997)。Kent 等(1998)发现,睾丸上部阴囊注射利诺卡因比睾丸内注射麻醉效果更好,但 Dinniss 等(1997)却证明睾丸内注射与睾丸上部阴囊注射的麻醉效果相当且操作起来更加容易。局部麻醉剂对减缓手术法和去势钳法去势造成的疼痛效果不明显,因此采用这两种方法去势时需与注射非甾体抗炎药等全身麻醉剂联合使用。注射麻醉剂至阴囊上部并向精索喷洒局部麻醉剂对减少拉扯精索至断裂过程中的疼痛非常有效。手术法去势所造成的伤口需妥善处理,以防止苍蝇幼虫滋生。

绵羊生产中应尽可能地保证公羊机体的完整性,鉴于短睾处理带给动物的生理性应激较结扎法和手术法小,且饲养者和消费者均易于接受,因此在必须去势的情况下也需要仔细考虑是否可以仅去势成短睾羊即可(Lester 等,1991),一旦树立起这样的观念,短睾处理一定会成为优于完全去势的去势方式。另外,如果免疫去势能被广大生产者和消费者接受,且疫苗价格便宜,这种可以大幅减少去势疼痛的方法很有可能在不远的将来被广泛采用。

### 6.5.2 断尾

断尾是毛用羊生产的必需环节,而皮用羊则不一定需要。它是通过减少肛周粪便粘连避免形成粪便垫而有效减少苍蝇叮咬发生率的有效途径之一,而且断尾后绵羊剪除肛周羊毛时也相对容易。对于育肥肉用的绵羊,可将尾巴截得较短,但对于种用绵羊,尾巴长度以遮住会阴部为宜,这样可避免粪便等污物进入生殖道。断尾时应避免如齐尾根截断等断尾过度现象发生,以免增加动物脱肛的危险(Thomas 等,2003)。

常用的断尾器具包括橡皮圈、烙铁或熨棒以及锋利的小刀(Mellor 和 Stafford,2000)。血浆皮质醇反应实验表明:橡皮圈和烙铁断尾带给动物的急性疼痛程度相当,且不及锋利小刀断尾。行为学观察证明,尾周注射局部麻醉剂能减缓断尾疼痛(Kent 等,1998)。受苍蝇或其幼虫叮咬困扰的未剪毛绵羊在断尾之前,有必要先对其进行抗苍蝇及其幼虫的药物处理。

就目前的育种技术水平来看,培育肛周羊毛少、尾部羊毛短的新品种绵羊是有可能的(Scobie 等,2007),这将有助于减少为防苍蝇叮咬而进行的断尾处理,但因为保留了绵羊尾巴,剪毛还是会受到一定影响。

### 6.5.3　耳标或耳缺

为绵羊打耳标或耳缺的处理过程与牛类似,只是羔羊耳朵更小更易受损(图 6.11)。在将来微芯片识别技术可能会减少打耳标或耳缺的必要性,但目前在大型商业化牧场中应用的经济成本和技术难度较大。

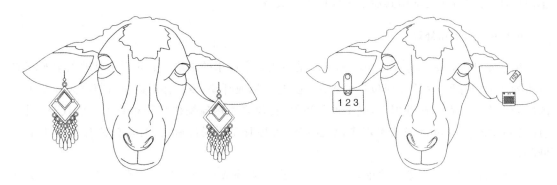

**图 6.11**　绵羊打耳标或耳缺。

### 6.5.4　摩勒氏手术

摩勒氏手术是指对部分美利奴羊采用外科手术的方法,通过割除肛周皮肤以消除臀部皱褶的处理过程。在整个处理中需注意避免损伤皮下肌肉组织,还需对绵羊提前进行断尾处理。摩勒氏手术需在绵羊固定好的情况下,由经培训过的专门人员使用剪毛器或用其改进的器具执行。在澳大利亚,摩勒氏手术往往被推荐为预防苍蝇叮咬美利奴羊的一种方法,一般在美利奴羊 1～2 月龄实施去势、断尾和打耳标等处理时进行。这种处理将肛周无毛皱褶皮肤拉平展并且因伤口处结出疤痕组织而可以保证不被粪尿污染,因此摩勒氏手术是防苍蝇叮咬的有效方法。

由于在农场饲养条件下对绵羊特别是羔羊实施硬膜外注射局部麻醉剂存在诸多困难,因此要想在摩勒氏手术过程中减少动物的疼痛感实属不易。但有研究表明,术后在伤口处敷上外用的局部麻醉剂能有效减缓疼痛(Lomas 等,2008),如果再联合使用长效非甾体抗炎药更能提升动物福利水平。研究表明,虽然单独使用卡洛芬并不能降低术后皮质醇反应,但若与局部麻醉剂联合使用则几乎可完全消除术后皮质醇反应(Paull 等,2008)。另外,还需注意的是,摩勒氏手术或断尾后保留的尾巴长度至关重要,尾巴过短容易引起肛周出现粪便结块并招致苍蝇叮咬,而中长尾巴则由于能引导粪尿排放而带来较好效果。在澳大利亚,人们正在继续努力试图寻找到其他降低疼痛的方法来去除美利奴羊肛周皱褶皮肤和羊毛。这些尝试主要包括:研制新型注射用蛋白,可直接作用于肛周皱褶去除多余皮肤;培育肛周皱褶少、羊毛少的改良美利奴羊。

澳大利亚羊毛业预计在 2010 年废止摩勒氏手术,幸好肛周少皱褶少羊毛的新品种美利奴的培育研究和抗苍蝇疫苗以及长效杀虫剂的广泛使用使得这一目标有望实现(Elkington 和 Mahony,2007;Rothwell 等,2007;Scobie 等,2007)。

### 6.5.5 锉齿

锉齿，即使用电动砂轮机将牙齿锉短，据说这样锉短母羊门齿能增加它们的咀嚼效率并延长种用时间。虽然整个锉齿过程并不给动物带来多大的疼痛，但目前在澳大利亚该方法已禁止使用，因为没有研究证明其能带来任何生产效益。

### 6.5.6 标记和处理

标记和处理（marking and processing）是某些国家使用的术语。它是对1月龄羔羊实施的一系列处理的总称，这些处理包括去势、断尾、打耳标或耳缺、疫苗注射以及目前澳大利亚实施的摩勒氏手术。在这些处理中，除了疫苗注射，其他均属疼痛操作且很难有无痛法代替，因此有必要考虑使用麻醉剂来减缓疼痛，如橡皮圈去势时使用局部麻醉、打耳标或耳缺时用全身麻醉。

在对动物进行疼痛处理之前，应该先对其进行局部或全身麻醉。对于室内的小群或少量的羔羊，可以在任意时间对其进行标记。但对于户外成千上万的羔羊来说，这种方法是不可行的。因为当麻醉后的个体被放回羊群中，我们很难再次抓捕它们。所以必须采用另外一种方式——在处理时就进行全身麻醉，但此法只能减轻疼痛，不能完全消除痛感。关于这些方法的有益性评估还有待研究。在有苍蝇叮咬的地方，许多农场主会向羔羊喷抗苍蝇的杀虫剂。如果在喷剂里面加上局部麻醉剂，可以有效减轻去势和断尾带来的疼痛感，但不能完全消除痛感。

## 6.6 山羊

### 6.6.1 去角芽

山羊去角芽处理一般在其角长大之前实施，主要有高温烙铁烙烫角芽、化学腐蚀角基组织。使用专用勺铲、小刀或剪刀也可以去除生发组织。高温烙铁烙烫去角芽时需注意为避免高温损伤大脑，每次烙烫时间不得超过5 s，若要继续烙烫，应有一定的间歇时间。另外，去角芽时需对山羊实施局部麻醉。

### 6.6.2 去势、耳标或耳缺

这些疼痛处理的方法、注意事项及止痛法与牛和绵羊的类似。

## 6.7 猪

猪的管理方式包括集约化舍内饲养和粗放型舍外放养，在整个生产工艺系统中，仔猪需接受去势、断齿、断尾以及舍外放养猪必需的扎鼻环等处理。一般说来，这些处理最好在仔猪出生后尽早进行，一般在3～8日龄以内进行，但不能在其生后6 h内实施。

### 6.7.1　去势

人们为猪去势是基于一种传统的认识：去势可以消除公猪膻味。某些猪肉生产系统选择在生猪体重较轻时屠宰，此时公猪膻味不足以产生影响，这样就可避免去势处理。生理学和行为学研究表明（Taylor 和 Weary，2000），公猪去势属绝对的疼痛处理，处理中非常有必要采取一些减轻疼痛的措施。局部麻醉剂可有效减少 2 周龄仔猪去势时的疼痛行为学反应，却对 7 周龄仔猪无效（McGlone 和 Heilman，1988）。在欧洲，各国政府推荐公猪去势时使用全身麻醉，并且各零售商也开始打算销售未经去势的猪肉。随着气雾麻醉技术的发展，这项技术开始越来越适合大型养猪场将仔猪全身麻醉后一次性同时实施去势、断齿和断尾等处理。目前，组装一台简易式吸入器仅需 100 美元，麻醉一头猪的异氟醚成本也仅仅 0.02～0.03 美元（Hodgson，2006）。大公猪去势前的全身麻醉方式较多，最常用的是睾丸内注射戊巴比妥钠，待其失去知觉后再切开阴囊割取双侧睾丸，但是，睾丸内多次注入大量巴比妥钠可能会带来一定疼痛。免疫去势是另外一种可行且可能被广泛接受的手术去势的替代方法（Dunshea 等，2001；Thun 等，2006），这种接种疫苗即可去势的方法虽然在欧洲还并不盛行，但在巴西却已广泛应用。

### 6.7.2　断齿

集约化生猪生产系统中，为了减少同窝仔猪之间因相互撕咬而造成面部损伤和仔猪咬乳造成的母猪乳房损伤，有必要对仔猪断齿。虽然部分大型养猪场已经废止了对仔猪的断齿处理，而且窝仔数较低时也不一定需要断齿，但室内室外饲养的对比实验还是证实了集约化生产及窝仔数较高条件下有必要断齿。断齿时需注意断面不能太靠近齿龈，否则容易引发齿龈或齿根感染发炎。选择在仔猪去势麻醉后断齿可很大程度上减轻仔猪痛感。另外，实验表明断齿引起的仔猪皮质醇反应较锉齿低（Marchant-Forde 等，2009）。

### 6.7.3　断尾

断尾是为了防止咬尾。一般在仔猪 8 日龄之前无止痛处理下实施。常用工具包括剪刀、钳子、烙铁、小刀以及其他能迅速切断尾巴的器具。仔猪断尾后常见并发症是神经瘤，一旦发生则疼痛难忍（Simonsen 等，1991）。为防咬尾而断尾的说法目前备受质疑，因为不同品种猪和不同环境下的猪出现咬尾现象的频率是不一样的，如果给猪提供足够空间或者垫料，咬尾现象会明显减少。去势时不对仔猪全身麻醉的情况下，断尾应再额外注射局部麻醉剂。在不进行麻醉断尾时，尽管高温烙烫（烧灼）断尾引起的皮质醇反应较弱，表明断尾后疼痛持续时间少于 60 min（Sutherland 等，2008），高温烙烫断尾比低温烙烫断尾引起猪尖叫的现象更严重，对其生长速度的影响也较明显（Marchant-Forde 等，2009）。

### 6.7.4　耳缺

打耳缺是为了区别仔猪。就目前技术发展趋势来看，微芯片技术有望逐渐取代打耳缺这一生产处理。

对仔公猪，可以在实施全身麻醉情况下同时进行去势、断齿、断尾和打耳缺等处理，这样可以很大程度上减轻公猪必须承受的疼痛。但小母猪由于无须去势，会遭受到没有麻醉而进行的断齿、断尾和打耳缺的疼痛。这三种处理可能会带来短暂的中度疼痛（Noonan 等，1994；Prunier 等，2005）。全身麻醉带来的痛苦比处理本身造成的疼痛更加难以接受，但如果不能定量化的话，评估疼痛会非常困难。能替代全身麻醉并减轻疼痛的方法还有待研究和应用。

### 6.7.5　磨犬牙

鉴于成年猪的长犬牙容易伤害其他猪，人们往往定期使用高速旋转磨砂轮、锯子或碎胎圈等将猪的犬牙磨短磨钝。每隔几年需要重复一下这种处理。公猪突出的犬牙会伤害到人。

### 6.7.6　鼻环

人们常常给舍外饲养的猪特别是母猪鼻子上安装扣环、夹子或一段金属线，以防止它们用鼻子挖拱。扎鼻环的方式包括两种，一种是将专门设计的鼻环扎于鼻中隔，另一种是在猪的上鼻吻边缘安装夹子或金属线圈（图 6.12）。一些动物福利专家比较推荐前一种扎鼻环方式。在美国，政府只允许鼻中隔式鼻环而禁止上鼻吻边缘式鼻环以提高动物福利水平，因为鼻中隔式鼻环允许猪有较轻度的挖草根行为。一般来说，扎鼻环需在猪被完全固定且注射有局部麻醉剂和镇静剂情况下实施。研究发现，放养扎鼻环猪的牧场草皮覆盖率显著高于放养未扎鼻环猪的牧场（Erickson 等，2006）。挖草根行为属于猪的天性，与其饥饿程度无关，因此猪觅食时鼻环拉扯带来的疼痛还是相当明显的，使用鼻中隔式单鼻环或许能有效平衡放牧母猪的觅食和牧场保护的关系。

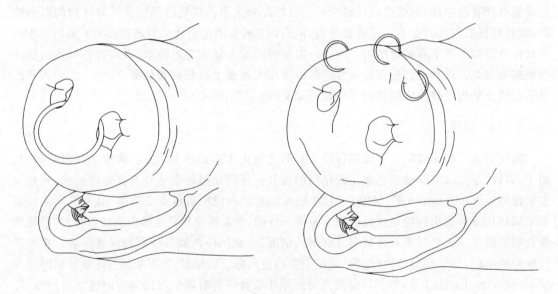

图 6.12　扎鼻环的两种方式。

## 6.8　鹿

### 6.8.1　锯鹿茸

鹿茸因初生鹿角表面附着一层松软茸毛状纤维而得名，它属于鹿的生长组织且内含痛觉神经。锯取鹿茸的时间一般在初夏时节,此时鹿角尚未硬化,角内神经也尚未失去功能。锯鹿茸之前,必须对鹿进行固定或注射镇静剂,常用甲苯噻嗪。在锯鹿茸前,应在特定神经附近施用局部麻醉剂,更可取的是实行圆环阻断,以避免或减缓操作带来的急性疼痛(Wilson 和Stafford,2002)。相对而言,注射麻醉剂的方式更值得推荐,如利多卡因的效果就不错(Woodbury 等,2002;Johnson 等,2005)。目前尚未对局部麻醉效果结束后是否还有慢性疼痛做深入的研究,因此锯鹿茸时并不强制要求注射全身麻醉剂。

锯鹿茸的行为在欧洲已被禁止,但由于中国和朝鲜半岛均有以鹿茸为药材的习俗,因此几乎整个亚洲的野生鹿和家养鹿以及新西兰的家养鹿依然会被锯鹿茸。另外,还因为公鹿角对人以及其他鹿非常危险,因此在养殖生产中出于安全考虑也要锯鹿角。一直以来,专家对建立以专门生产鹿茸为目的养鹿场是否符合动物福利原则争论不休。新西兰的鹿茸收取一直由政府掌控,这种政策有助于加强政府对地方兽医和牧场的生产管理水平的监管,在一定程度上提高了家养鹿的福利水平。

## 6.9　马

对马的疼痛处理较少,主要是去势,仅部分国家允许实施断尾和尾切。

### 6.9.1　去势

马去势是为了使它们易于管理并减少误配。去势时间因品种和用途而异,但一般在其 12月龄时实施。许多国家要求去势前进行麻醉,站立固定并注射局部麻醉剂或者注射全身麻醉剂(Ohme 和 Prier,1974),但也有少部分国家只是将马捆住而并不提供任何麻醉剂。常见的去势副作用包括出血、腹脏突出(由于部分小肠下垂至腹股沟所致)、感染和破伤风。若术后及时进行止痛处理或注射非甾体抗炎药将大幅降低发炎肿胀等情况的发生率。

### 6.9.2　断尾

役用马和狩猎马常在中年时期断尾,以保证其身体清洁和易于管理。断尾后马可以更好地展现其后躯线条,因此给乘用马断尾也很普遍。一般来说,常用断尾大剪,有时在煅炉中将断尾大剪加热后实施断尾。

随着役用马的使用减少,断尾这一处理的使用范围也逐渐缩小,甚至在 20 世纪 30 年代末期断尾曾被认为是一种非常残忍的手法而被众多国家废止,除非马的尾巴因患病或外伤不保时才允许实施断尾。但现代的美国依然有为乘用马断尾的习惯,甚至役用马断尾的现象也时有出现。

一般断尾部分在母马会阴部的腹联合(ventral commissure)或公马坐骨弓(ischial arch)。断尾方法有两种:一种是于马驹欲断尾处剪毛后套上橡皮圈结扎断尾;另一种是使用器械手术法断尾,这种方法是现代美国和以前英国兽医教材中所描述的断尾方式。手术法断尾要求给马喂止痛剂并硬膜外注射麻醉剂,欲断尾处剪毛并包扎止血带,于尾骨内关节处剪断尾巴,再把尾部腹侧和背侧的皮肤与尾骨肌肉缝合,最后还需注射破伤风疫苗。

### 6.9.3　尾切

尾切（tail nicking）是常用于乘用马及美国乘骑马的一种处理技术。18 世纪早期由欧洲低地国家（指荷兰、比利时、卢森堡一带的国家）传入英格兰地区。它通过横切破坏压迫尾巴下垂的荐尾肌（sacro-coccygeal muscles）以促使尾巴始终悬于空中，几乎不能再摇动尾巴驱赶蚊蝇，因此它又被称为尾巴定型技术（tail setting）。现代兽医教材已不再提及此技术，但早在 20 世纪 20 年代中期就被列为残忍操作。目前基本上除美国依然采用此处理之外，其他国家已经禁止使用该处理。

## 6.10　家禽

家禽生产中疼痛处理较少，主要包括蛋鸡幼雏时的断喙、种鸡剪冠和断趾以及种用火鸡去皮瘤。

### 6.10.1　断喙

断喙（beak trimming）是鸡和火鸡生产中最重要的处理措施，它主要是为了防止同类相残、啄肛和蛋鸡及种用肉鸡的啄羽等现象的发生，商品肉鸡一般不需断喙（图 6.13）。断喙也是目前家禽生产业中使用最广泛的生产处理，几乎任何饲养条件下鸡都要断喙。如瑞士自 1992 年起就废止了蛋鸡笼养，他们采用平地垫料饲养、网上平养以及大型禽舍饲养，甚至保证它们均能拥有室外活动空间，但 2000 年数据显示瑞士 59% 的鸡（61% 的母鸡）仍有断喙，可见对非笼养蛋鸡进行断喙处理也非常普遍。

断喙时间既可选在雏鸡孵化后 10 日龄内，也可以选在 16～18 周龄从育成舍转移到产蛋舍时。需注意：上喙截断长度不得超过 1/2，下喙截断长度不得超过 1/3，即 1 日龄断喙时上下喙截断长度分别不得超过 3 mm 和 2.5 mm，10 日龄时不得超过 4.5 mm 和 4 mm。大型商业孵化场一般选择在 1 日龄时断喙。断喙方法有高温烙烫断喙和红外光束断喙两种，其中红外光束断喙法因其自动化程度高而在诸多国家广泛使用（Goran 和 Johnson，2005）。正常情况下，红外光束断喙效率和稳定性均

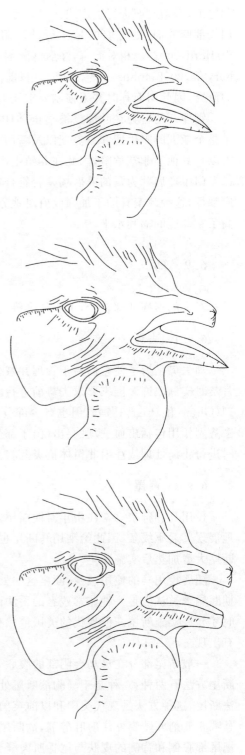

图 6.13　断喙。

优于高温烙烫断喙。但需注意,有未发表的数据表明,使用未经专门调试的红外光束机断喙效果不及高温烙烫法,因此有必要在大批量断喙之前调试红外机器。研究发现,两种断喙方法都产生剧烈疼痛(Marchant-Forde 等,2008),都会引起雏鸡体重减轻,但相比较而言烙烫断喙对体重影响更大(Gentle 和 McKeegan,2007),而且断喙后心率会立即增加(T. Grandin,个人交流,2008)。另外,烙烫断喙的失误率也更高(Marchant-Forde 等,2008)。对于日龄较大的鸡,可能还需要多次断喙以避免同类相残。关于缓解断喙时疼痛的方法还有待深入研究。

喙内布满神经受体,因此断喙的疼痛会导致鸡采食量下降(Glatz,1987)。行为学观察和生理学实验证明,断喙的痛感会持续数周甚至数月(Craig 和 Swanson,1994),而且可能因长期疼痛形成神经瘤(Gentle,1986;Gentle 等,1990)。研究发现,确保断喙长度不得超过喙长50%,可很大程度上降低神经瘤的发病率(Kuenzel,2007),而且其还具有更长远的重要意义。肾上腺素和皮质醇反应的研究显示,断喙鸡的抗应激能力明显高于非断喙鸡。给 6 周龄鸡断喙前注射局部麻醉剂(如布比卡因、二甲基亚砜)可至少减缓部分疼痛并防止断喙后 24 h 内常见的采食量下降。

一般认为,同类相残、啄肛及啄羽等带给动物的疼痛比断喙多,因此人们才选择给鸡断喙,并且最好选择在其孵化后 10 日龄内实施。既消除断喙疼痛又消除上述啄癖的最好办法是培育性情温顺、侵略性不强的新品种并为其提供合适的生活环境。培育抗啄羽品种是可能的(Craig 和 Muir,1993)。高度选育产蛋性能得到的品种更易互啄。而且有研究表明,提供特殊的生活环境如设置栖木等有助于减少同类相残的可能性(Gunnarsson 等,1999),提供母鸡觅食的机会可以降低啄羽(Blokhuis,1986)。这样,使用特定的低啄羽倾向的蛋鸡遗传品系,结合特定的环境条件可以将母鸡这种同类相残降低到不需要断喙的程度。

### 6.10.2　剪冠

剪冠(dubbing)是指在雏鸡孵化之后几天内用剪刀剪掉鸡冠和肉垂,以避免种公鸡相互之间啄冠。剪冠需要注射局部麻醉剂,并且需要考虑剪冠后的止血问题。

### 6.10.3　火鸡去皮瘤

一般认为火鸡去皮瘤(desnooding of turkeys)有助于减少互啄和斗架时受伤,还能避免冻伤和丹毒。若选择在其 1 日龄时处理,则用指甲抠下皮瘤即可;若选择日龄稍长时处理,则可以用剪刀剪去。现在看来,火鸡去皮瘤处理已比过去盛行。

### 6.10.4　断趾

为防止交配时种公鸡的锋利脚爪伤及母鸡,人们常常在雏鸡孵化后 72 h 内将其脚趾的最后关节处截断,这个处理过程称为断趾(claw removal)。对于年长一点的鸡可以只切断趾甲,但为了管理安全和减少互斗损伤,最好也剪掉公鸡的距。火鸡一般在 1 日龄时断趾,以尽可能降低互相抓伤而影响胴体品质。断趾不属于程度很深的疼痛处理,也不会出血过多,因此一般都是在无麻醉条件下实施。研究发现,鸡的好斗特性与遗传有关,因此培育推广性情温顺的新品种将是减少断喙、剪冠、断趾等处理的较好途径(Millman 和 Duncan,2000)。

## 6.11　结论

决定是否要对动物实施疼痛处理以及采取镇痛措施时需回答一系列问题（框 6.1）。这些问题大体上主要包括：该处理能否为动物或生产者带来利益？处理带来的伤害有多大，是否可以减缓甚至避免？对动物伤害的一方面就是给它们带来了疼痛，所以我们有必要也有责任采取一些镇痛措施减轻痛感。本章关注的另外一个问题是镇痛药的药效、成本、管理以及药物残留。有些国家实行兽医完全负责制，这往往使得兽医药物使用权扩大并会抬高药物价格，一定程度上不利于生产中实施疼痛处理时广泛使用镇痛药。当然与镇痛措施能否在生产中广泛应用直接相关的还有农场交货价格能否弥补其所增加的成本等因素。如果世界贸易市场能确保增加的收益大于增大的投入，那么一个人人关注动物福利的社会肯定会迅速形成。

（赵兴波、向海、范启鹏译，顾宪红校）

## 参考文献

Blokhuis, H.J. (1986) Feather-pecking in poultry: its relation with ground pecking. *Applied Animal Behaviour Science* 16, 63–67.

Craig, J.V. and Muir, W.M. (1993) Selection for the reduction of beak inflicted injuries among caged hens. *Poultry Science* 72, 411–420.

Craig, J.V. and Swanson, J.C. (1994) Welfare perspectives on hens kept for egg-production. *Poultry Science* 73, 921–938.

Dinniss, A.S., Mellor, D.J., Stafford, K.J., Bruce, R.A. and Ward, R.N. (1997) Acute cortisol responses to lambs to castration using rubber ring and/or a castration clamp with or without local anaesthetic. *New Zealand Veterinary Journal* 45, 114–121.

Dunshea, F.R., Corantoni, C., Howard, K., McCauley, I., Jackson, P., Long, K.A., Lopaticki, S., Nugent, E.A., Simms, J.A., Walker, J. and Hennessy, D.P. (2001) Vaccination of boars with GnRH vaccine (Improvac) eliminates boar taint and increases growth performance. *Journal of Animal Science* 79, 2524–2535.

Eicher, S.D. and Dailey, J.W. (2002) Indicators of acute pain and fly avoidance behaviors in Holstein calves following tail docking. *Journal of Dairy Science* 85, 2850–2858.

Eicher, S.D., Morrow-Tesch, J.L., Albright, J.L. and Williams, R.E. (2001) Tail docking alters numbers of fly avoidance behaviors and cleanliness, but not physiological measures. *Journal of Dairy Science* 84, 1822–1828.

Elkington, R.A. and Mahony, T.J. (2007) A blowfly strike vaccine requires an understanding of host–pathogen interactions. *Vaccine* 25(28), 5133–5145.

Erickson, J., Studnitz, M., Strudsholm, K., Kongsted, A.G. and Hermansen, J.J.E. (2006) Effect of nose ringing and stocking rate of pregnant and lactating sows on exploratory behavior, grass cover and nutrient loss potential. *Livestock Science* 104, 91–102.

Flecknell, P. and Waterman-Pearson, A. (2000) *Pain Management in Animals*. W.B. Saunders, London.

Gentle, M.J. (1986) Neuroma formation following partial beak amputation (beak trimming) in the chicken. *Research in Veterinary Science* 41, 383–385.

Gentle, M.J. and McKeegan, E. (2007) Evaluation of the effects of infrared beak trimming in broiler chicks. *Veterinary Record* 160, 145–148.

Gentle, M.J., Waddington, J.D., Hunter, L.N. and Jones, R.B. (1990) Behavioral evidence for persistent pain following partial beak amputation in chickens. *Applied Animal Behaviour Science* 27, 149–157.

Glatz, P. (1987) Effects of beak trimming and restraint on heart rate, food intake, body weight and egg production in hens. *British Poultry Science* 28(4), 601–611.

Goran, M.S. and Johnson, S.C. (2005) Beak treatment with tongue protection. US Patent 7,363,881B2, Patent Office, Washington, DC.

Grandin, T. and Johnson, C. (2005) *Animals in Translation*. Scribner (Simon and Schuster), New York.

Gregory, N.G. (2004) *Physiology and Behaviour of Animal Suffering*. Blackwell Publishing, Oxford, UK.

Gunnarsson, S., Keling, L.J. and Svedberg, J. (1999) Effects of rearing factors on the prevalence of floor eggs, cloacal cannibalism and feather pecking in commercial flocks of loose housed laying hens. *British Poultry Science* 40, 12–18.

Hane, M., Huber-Eicher, B. and Frohlich, E. (2000) Survey of laying hen husbandry in Switzerland. *World Poultry Science Journal* 56, 21–31.

Heinrich, A., Duffield, T.F., Lissemore, K.D., Squires, E.J. and Millman, S.T. (2009) The impact of meloxicam on postsurgical stress associated with cautery dehorning. *Journal of Dairy Science* 92, 540–547.

Hodgson, D.S. (2006) An inhaler device using liquid injection of isoflurane for short-term anesthesia of piglets. *Veterinary Anaesthesia and Analgesia* 33, 207–213.

Johnson, C.B., Wilson, P.F., Woodbury, M.R. and Calkett, N.A. (2005) Comparison of analgesic techniques for antler removal in halothane anesthetics red deer (*Cervus elaphus*) electroencephalo-graphic responses. *Veterinary Anaesthesia and Analgesia* 32, 61–71.

Kent, J.E., Thrusfield, I.S., Robertson, I.S. and Molony, V. (1996) Castration of calves: a study of the methods used by farmers in the United Kingdom. *Veterinary Record* 138, 384–387.

Kent, J.E., Molony, V. and Graham, M.J. (1998) Comparison of methods for the reduction of acute pain produced by rubber ring castration of week-old lambs. *Veterinary Journal* 155, 39–51.

Knight, T.W., Cosgrove, G.P., Death, A.F. and Anderson, C.B. (2000) Effect of method of castrating bulls on their growth rate and liveweight. *New Zealand Journal of Agricultural Research* 43, 187–192.

Kuenzel, W.J. (2007) Neurological basis of sensory perception: welfare implications of beak trimming. *Poultry Science* 86, 1273–1282.

Lay, D.C., Friend, T.H., Randel, R., Bowers, C.C., Grissom, K.K. and Jenkins, O.C. (1992a) Behavioral and physiological effects of freeze and hot iron branding on crossbred cattle. *Journal of Animal Sciences* 70, 330–336.

Lay, D.C. Jr, Friend, I.S., Bowers, C.L., Grisson, K.K. and Jenkins, O.C. (1992b) A comparative physiological and behavioural study of freeze and hot-iron branding using dairy cows. *Journal of Animal Science* 70, 1121–1125.

Lester, S.J., Mellor, D.J., Ward, R.N. and Holmes, R.J. (1991) Cortisol responses of young lambs to castration and tailing using different methods. *New Zealand Veterinary Journal* 39, 134–138.

Lester, S.J., Mellor, D.J., Holmes, R.J., Ward, R.N. and Stafford, K.J. (1996) Behavioural and cortisol responses of lambs to castration and tailing using different methods. *New Zealand Veterinary Journal* 44, 45–54.

Lomas, S., Sheil, M. and Windsor, P.N. (2008) Impact of topical anesthesia on pain alleviation and wound healing in lambs after mulesing. *Australian Veterinary Journal* 86, 159–168.

Marchant-Forde, R.M., Fahey, A.G. and Cheng, H.W. (2008) Comparative effects of infrared and one-third hot blade trimming on beak topography behaviour and growth. *Poultry Science* 87, 1474–1483.

Marchant-Forde, J.N., Lay, D.C., McMunn, K.A., Cheng, H.W., Pajor, E.A. and Marchant-Forde, R.M. (2009) Post natal piglet husbandry practices and wellbeing: the effect of alternative techniques delivered separately. *Journal of Animal Science* 87(4), 1479–1492.

McGlone, J.J. and Heilman, J.M. (1988) Local and general anesthetic effects on the behaviour and performance of two and seven week old castrated and uncastrated piglets. *Journal of Animal Science* 66,

3049–3058.

McMeekan, C.M., Mellor, D.J., Stafford, K.J., Bruce, R.A., Ward, R.N. and Gregory, N.G. (1997) Effect of shallow and deep scoop dehorning on plasma cortisol concentrations in calves. *New Zealand Veterinary Journal* 45, 72–74.

McMeekan, C.M., Mellor, D.J., Stafford, K.J., Bruce, R.A., Ward, R.N. and Gregory, N.G. (1998a) Effects of local anaesthesia of 4 or 8 hours duration on the acute cortisol response to scoop dehorning in calves. *Australian Veterinary Journal* 76, 281–285.

McMeekan, C.M., Stafford, K.J., Mellor, D.J., Bruce, R.A., Ward, R.N. and Gregory, N.G. (1998b) Effect of regional analgesia and/or a non-steroidal anti-inflammatory analgesic on the acute cortisol response to dehorning in calves. *Research in Veterinary Science* 64, 147–150.

Mellor, D.J. and Stafford, K.J. (2000) Acute castration and/or tailing distress and its alleviation in lambs. *New Zealand Veterinary Journal* 48, 33–43.

Mellor, D.J., Cook, C.J. and Stafford, K.J. (2000) Quantifying some responses to pain as a stressor. In: Moberg, G.P. and Mench, J.A. (eds) *The Biology of Animal Stress: Basic Principles and Implications for Welfare*. CAB International, Wallingford, UK, pp. 171–198.

Mellor, D.J., Thornber, P.M., Bayvel, A.C.D. and Kahn, S. (eds) (2008) Scientific assessment and management of animal pain. *OIE* [World Organization for Animal Health] *Technical Series* 10, 1–218.

Milligan, B.N., Duffield, T. and Lissemore, K. (2004) The utility of ketoprofen for alleviating pain following dehorning of young dairy calves. *Canadian Journal of Veterinary Research* 45, 140–143.

Millman, S.T. and Duncan, I.J.H. (2000) Strain differences in aggressiveness of male domestic fowl in response to a male model. *Applied Animal Behaviour Science* 66, 217–233.

Molony, V., Kent, J.E. and Robertson, I.S. (1995) Assessment of acute and chronic pain after different methods of castration of calves. *Applied Animal Behaviour Science* 46, 33–48.

Morisse, J.P., Cotte, J.P. and Huonnic, D. (1995) Effect of dehorning on behaviour and plasma cortisol responses in young calves. *Applied Animal Behaviour Science* 43, 239–247.

Noonan, G.J., Rand, J.S., Priest, J., Ainscow, J. and Blackshaw, J.K. (1994) Behavioural observations of piglets undergoing tail docking, teeth clipping, and ear notching. *Applied Animal Behaviour Science* 39, 203–213.

Ohme, F.W. and Prier, J.E. (1974) *Large Animal Surgery*. Williams and Wilkins, Baltimore, Maryland.

Paull, D.R., Lee, C., Atkinson, S.J. and Fisher, A. (2008) Effects of meioxicam or tolfenamic acid administration on the pain and stress responses of Merino lambs to mulesing. *Australian Veterinary Journal* 86, 303–311.

Petrie, N., Mellor, D.J., Stafford, K.J., Bruce, R.A. and Ward, R.N. (1996a) Cortisol responses of calves to two methods of disbudding used with or without local anaesthetic. *New Zealand Veterinary Journal* 44, 9–14.

Petrie, N., Mellor, D.J., Stafford, K.J., Bruce, R.A. and Ward, R.N. (1996b) Cortisol responses of calves to two methods of tail docking used with or without local anaesthetic. *New Zealand Veterinary Journal* 44, 4–8.

Prunier, A., Mounier, A.M. and Hay, M. (2005) Effects of castration, tooth resection, or tail docking on plasma metabolites and stress hormones in young pigs. *Journal of Animal Science* 83(1), 216–222.

Rothwell, J., Hynd, P., Brownlee, A., Dolling, M. and Williams, S. (2007) Research into alternatives to mulesing. *Australian Veterinary Journal* 85, 94–97.

Scobie, D.R., O'Connell, D., Morris, C.A. and Hickey, S.M. (2007) A preliminary genetic analysis of breech and tail traits with the aim of improving the welfare of sheep. *Australian Veterinary Journal* 58, 161–167.

Simonsen, H.B., Klinken, L. and Bindseil, E. (1991) Histopathology of intact and docked pigtails. *British Veterinary Journal* 147, 407–412.

Stafford, K.J. and Mellor, D.J. (1993) Castration, tail docking and dehorning – what are the constraints? *Proceedings of the New Zealand Society of Animal Production* 53, 89–195.

Stafford, K.J. and Mellor, D.J. (2005a) Dehorning and disbudding distress and its alleviation in calves. *Veterinary Journal* 169, 337–349.

Stafford, K.J. and Mellor, D.J. (2005b) The welfare significance of the castration of cattle: a review. *New Zealand Veterinary Journal* 53, 271–278.

Stafford, K.J., Mellor, D.J., Todd, S.E., Bruce, R.A. and Ward, R.N. (2002) Effects of local anaesthesia or local anaesthesia plus a non-steroidal anti-inflammatory drug on the acute cortisol response of calves to five different methods of castration. *Research in Veterinary Sciences* 73, 61–70.

Stafford, K.J., Mellor, D.J., Todd, S.E., Ward, R.N. and McMeekan, C.M. (2003) Effects of different combinations of lignocaine, ketoprofen, xylazine and tolazoline on the acute cortisol response to dehorning in calves. *New Zealand Veterinary Journal* 51, 219–226.

Stafford, K.J., Chambers, J.P. and Mellor, D.J. (2006) The alleviation of pain in cattle: a review. *Perspectives in Agriculture, Veterinary Science, Nutrition and Natural Resources* 1, No. 032. Available at: http://www.cababstractsplus.org/cabreviews (accessed 1 June 2008).

Stewart, M., Stookey, J.M., Stafford, K.J., Tucker, C.B., Rogers, A.R., Dowling, S.K., Verkerk, G.A., Schaefer, A.L. and Webster, J.R. (2009) Effects of local anaesthetic and a nonsteroidal anti-inflammatory drug on pain responses of dairy calves to hot-iron dehorning. *Journal of Dairy Science* 92, 1512–1519.

Stull, C.L., Payne, M.A., Berry, S.L. and Hullinger, P.J. (2002) Evaluation of the scientific justification for tail docking in dairy cattle. *Journal of the American Veterinary Medical Association* 220, 1298–1303.

Sutherland, M.A., Stafford, K.J., Mellor, D.J., Gregory, N.G., Bruce, R.A. and Ward, R.N. (2000) Acute cortisol responses and wound healing in lambs after ring castration plus docking with or without application of a castration clamp to the scrotum. *Australian Veterinary Journal* 78, 402–405.

Sutherland, M.A., Mellor, D.J., Stafford, K.J., Gregory, N.G., Bruce, R.A. and Ward, R.N. (2002) Effects of local anaesthetic combined with wound cauterisation on the cortisol response to dehorning in calves. *Australian Veterinary Journal* 80, 165–167.

Sutherland, M.A., Bryer, P.J., Krebs, N. and McGlone, J.J. (2008) Tail docking of pigs: acute physiological and behavioural responses. *Animal* 2, 292–297.

Sylvester, S.P., Stafford, K.J., Mellor, D.J., Bruce, R.A. and Ward, R.N. (2004) Behavioural responses of calves to amputation dehorning with and without local anaesthesia. *Australian Veterinary Journal* 82, 697–700.

Taylor, A.A. and Weary, D.M. (2000) Vocal responses of piglets to castration: identifying procedural sources of pain. *Applied Animal Behavioural Science* 70, 17–26.

Thomas, D.L., Waldron, D.F., Lowe, G.D., Morrical, D.G., Meyer, H.H., High, R.A., Berger, Y.M., Clevenger, D.D., Fogle, G.E., Gottfredson, R.G., Loerche, S.C., McClure, K.E., Willingham, T.D., Zartman, D.L. and Zellinsky, R.D. (2003) Length of docked tail and the incidence of prolapse in lambs. *Journal of Animal Science* 81, 2225–2232.

Thun, R., Gajewski, Z. and Janett, F. (2006) Castration of male pigs: techniques and animal welfare issues. *Journal of Physiological Pharmacology* 57 (Supplement 18), 189–194.

Ting, S.T., Earley, S., Hughes, J.M. and Crowe, M.A. (2003) Effect of ketoprofen, lidocaine local anesthesia and combined xylazine and lidocaine caudal epidural anesthesia during castration of beef cattle on stress responses, immunity, growth, and behavior. *Journal of Animal Science* 81, 1281–1293.

Watts, J.M. and Stookey, J.M. (1999) Effects of restraint and branding on rates and acoustic parameters of vocalization in beef cattle. *Applied Animal Behaviour Science* 62, 125–135.

White, R.G., DeShazer, J.A., Tressler, C.L., Borcher, G.M., Davey, S., Warninge, A., Parkhurst, A.M., Milanuk, M.J. and Clens, E.T. (1995) Vocalization and physiological response of pigs during castration with and without anesthetic. *Journal of Animal Science* 73, 381–386.

Wilson, P.R. and Stafford, K.J. (2002) Welfare of farmed deer in New Zealand. 2: velvet antler removal. *New Zealand Veterinary Journal* 50, 221–227.

Woodbury, M.R., Caulkett, N.A. and Wilson, P.R. (2002) Comparison of lidocaine and compression for velvet antler removal in Wapiti. *Canadian Veterinary Journal* 43, 869–875.

## 延伸阅读

Anonymous (2005) *Animal Welfare (Painful Husbandry Procedures) Code of Welfare 2005*. National Animal Welfare Advisory Committee (NAWAC), c/o Ministry of Agriculture and Forestry, Wellington, New Zealand, ISBN 0-478-29800-5, pp. 1–36.

Appleby, M.C., Hughes, B.O. and Elson, H.A. (1992) *Poultry Production Systems: Behaviour Management and Welfare*. CAB International, Wallingford, UK.

Faucitano, L. and Schaefer, A.L. (2008) *Welfare of Pigs*. Wageningen Academic Publishers, Wageningen, The Netherlands.

Hall, L.W. (1971) *Veterinary Anaesthesia and Analgesia*. Bailliere Tindall, London.

Knight, T.W., Cosgrove, G.P., Death, A.F. and Anderson, C.B. (2000) Effect of method of castrating bulls on their growth rate and liveweight. *New Zealand Journal of Agricultural Research* 43,187–192.

Mellor, D.J. and Stafford, K.J. (1999) Assessing and minimising the distress caused by painful husbandry procedures. *In Practice* 21, 436–446.

Stafford, K.J. and Mellor, D.J. (2006) The assessment of pain in cattle: a review. *Perspectives in Agriculture, Veterinary Science, Nutrition and Natural Resources* 1, No. 013. Available at: http://www.cababstractsplus.org/cabreviews (accessed 1 June 2008).

Stafford, K.J., Mellor, D.J. and McMeekan, C.M. (2000) A survey of methods used by farmers to castrate calves in New Zealand. *New Zealand Veterinary Journal* 48, 16–19.

Weaver, A.D. (1986) *Bovine Surgery and Lameness*. Blackwell Scientific Publications, London.

# 第7章  运输中的畜禽福利

**Temple Grandin**
**Colorado State University，Fort Collins，Colorado，USA**

保证运输途中动物福利的一个重要措施就是运输(用卡车、飞机、轮船)前挑选适合运输的动物。世界动物卫生组织(又称国际兽疫局,OIE)(2009a,b)指出不适合运输的动物包括以下几种类型:

- 弱、病、残、伤及疲劳的动物;
- 不能独自站立或腿部不能承重的动物;
- 双目失明的动物;
- 运输将给它们带来额外疼痛的动物;
- 胎脐尚未愈合的新生动物;
- 分娩后 48 h 内未带仔的母畜;
- 预定的卸载时间处于最后 10% 妊娠期的母畜;
- 可能因气候变化而导致福利受损的个体(仅限陆地运输);
- 刚刚做完手术(如去角等)造成的伤口尚未痊愈的动物。

运输中的福利问题可通过选择适应运输条件和气候变化的个体而得到有效解决。

在运输途中容易受到应激或需要提供特别照顾或特别运输条件(设备、运输工具和运输距离)的动物包括:

- 体型较大或较肥的动物;
- 年幼及年老的动物;
- 较活跃或攻击性较强的动物;
- 易晕车的动物;
- 与人接触较少的动物;
- 处于妊娠期最后 1/3 或正处于哺乳期的母畜。

还必须综合考虑动物的毛发或被毛长度是否适合运输时的天气情况。

## 7.1  不适合运输的淘汰动物是主要问题

运输低经济价值的老残淘汰育肥牛时,动物福利问题是最严重的。淘汰种用动物和老龄动物应该在其仍适合运输时出售。OIE(2009a,b)明文规定,伤、弱、疲劳的动物不宜运输。同时，为了尽量减少人为评定造成的差异，推荐使用体况评分(BCS)、跛腿评分及损伤评分来综合评定动物个体是否适合运输。体况评分和跛腿评分需以各国本地品种特征为标准评判，可参见各品种图示(见第 1 章和第 3 章)。该评定方法有利于做到客观，一致性强，因此能较准确的判定。

下面是可供运输者参考的一个简单的跛腿评分体系：

1 分——可正常行走；

2 分——微跛，略微弓背；

3 分——明显跛腿，但尚不掉队；

4 分——因剧烈跛腿而掉队；

5 分——几乎不能行走。

评定得分为 1、2 和 3 分的动物可视为适合运输，得分为 4 的只适合以屠宰或治疗为目的的短途运输，得分为 5 的则只允许在农场安乐处死或屠宰，因为它完全属于 OIE(2009b)中规定的"不能独自站立或腿部不能承重"的不适合运输的动物。

跛腿评分为 4 或 5 的瘦弱或严重跛腿者，比起强壮者，在运输过程中更易摔倒和被踩踏。对屠宰厂淘汰奶牛审核表明及时上市也是一个主要的问题(Gary Smith，个人交流，2008)。一些奶牛场直到奶牛瘦弱、体况评分为 1 时才对其进行运输。这一问题还发生在淘汰母猪上。作者在屠宰厂的观察表明，90％的消瘦、虚弱的淘汰动物来自约 10％的最差生产者。

## 7.2　发展中国家老龄淘汰动物面临的问题

一些欠发达国家的人常常虐待老龄淘汰动物。在印度，装载人员装载淘汰水牛时常实施殴打和拖拽(Chandra 和 Das，2001)，而这严重违背了 OIE(2009a)法典"不得扔、拽、摔清醒动物"的规定(2009a)，造成 43％的瘀伤集中在后腿上，21％集中在腹部和乳房(Chandra 和 Das，2001)，这些瘀伤是由于人对动物的虐待造成的，因为在那些具备很好操作技术的国家，动物的这些部位很少发生瘀伤。Minka 和 Ayo(2006)在研究尼日利亚的情况时发现，运输距离越远动物受伤越多，表明其运输水平和条件亟须提高。

## 7.3　有效阻止虐待动物的方法

有效阻止虐待动物的最好方法是对虐待动物的人实施经济处罚(参见第 11 章，经济因素对动物福利的影响)。另外，研究表明(Chandra 和 Das，2001)装载工具欠缺也是虐待行为发生的重要原因之一，每装载一头动物往往需要 2～3 个人。在有些国家，若经济责任和改善设备能结合起来，将非常有助于消除虐待现象。

## 7.4　动物运输前需做好准备

运输前做好准备工作可明显降低运输相关疾病的发生率和死亡率。下面将讨论一些运输前的准备工作。

### 7.4.1 装载前饲喂运输时的日粮

这对长途船舶运输绵羊来说尤为重要。为了减少死亡率,在装船之前至少需要使用运输时的颗粒饲料饲喂绵羊1周,让它们能从行为和生理方面适应采食颗粒饲料(Warner,1962；Arnold,1976)。因为它们在运输途中可能拒绝新的饲料,造成动物死亡。

### 7.4.2 运往高温地区的绵羊运输前剪毛

厚重的羊毛会抑制绵羊体表的散热能力(Marai 等,2006),因此剪毛对运输至更高温度地区的绵羊来说特别重要。

### 7.4.3 运输适应能力强的动物

如果把耐冷的动物运到寒冷地区,或是把耐热的动物运到炎热地区会减少途中的死亡。Norriss 等(2003)报告称,通过船舶运往中东热带地区的牛中,从澳大利亚北部的热带地区运出的死亡率较低。作者在许多国家(动物向南部或北部长途运输)观察到这种情况。

### 7.4.4 初生犊牛喂足初乳

犊牛出生后6 h内喂足初乳可降低运输中疾病的发生率和死亡率。

### 7.4.5 断奶犊牛运输前提前断奶和注射疫苗

6月龄肉犊牛在进行船舶运输前实施提前断奶并注射疫苗可降低运输疾病的发生率(Swanson 和 Morrow-Tesh,2001；Loneragen 等,2003；Lalman 和 Smith, 2005),同期运输的犊牛中未注射疫苗的群体死亡率和呼吸道疾病发生率均远远高于注射疫苗的群体(Fike 和 Spire,2006)。研究表明,至少应提前45 d对待运犊牛进行断奶和疫苗处理(Powell,2003)。

### 7.4.6 运输前区别对待不同的动物

初始放牧条件较好的牛运输前给予充足的干草可减少水样腹泻的发生。一项对欧洲37家屠宰厂的调查表明,运输前不对猪进行禁食处理会增加运输的死亡率(Averos 等,2008),理想的禁食时间是保证两次饲喂时间相差12 h以内。对所有动物都不得限制其运输前和运输后的饮水。

### 7.4.7 杜绝生长促进剂带来的身体虚弱

过量使用含β-受体激动剂的饲料添加剂饲喂动物,在增加肌肉含量的同时会带来热应激问题。作者观察了大量因过度饲喂莱克多巴胺使体重过重而造成跛腿、疲弱或呆滞的猪和牛的实例,发现饲喂高剂量莱克多巴胺的125 kg体重猪不能自行从待宰栏走到致昏器。Marchant-Forde 等(2003)也发现,饲喂莱克多巴胺的猪更难于管理且容易疲倦,影响程度随用药剂量和时间的不同而不同。Baszczack 等(2006)发现,以200 mg/d的剂量给肉牛饲喂莱克多巴胺28 d并不影响其福利状况,当然这些牛是饲养在美国科罗拉多的气候条件之下,并不是很热的环境,而且只是测试了 1 h 的运输时间,因此更高剂量或更长用药时间或运输时间可能使实验结果完全不同。作者曾在三个屠宰厂观察到待宰谷饲肉牛均出现与饲喂莱克多巴胺有关的跛腿、呆滞和热应激现象,当然它们的用药剂量不得而知。

### 7.4.8　不同气候环境之间运输适当的品种或杂交品种

运输时,高温地区最好选择耐热品种,低温地区选择耐寒品种。肩峰牛耐热性能较好,将其从澳大利亚运往中东地区时死亡率较低(Norriss 等,2003),即使长时间处于高温高湿环境下,它也可以保持自身没有明显的生理学变化(Beatty 等,2006)。墨西哥热带地区的人们常将高度选育的品种如荷斯坦牛与肩峰牛杂交以提高荷斯坦奶牛的耐热能力。但是相反,对低温环境来说,肩峰牛却不能适应。Brown-Brandt 等(2001)报道了现代瘦肉型猪更容易出现热应激,它们的总产热量要比公布的以前品种的标准值高出 20% 之多。

### 7.4.9　锻炼动物逐渐习惯人类的走动

锻炼动物逐渐习惯人类行走其间有利于促使动物更易于运输管理(图 7.1)。人类行走于圈舍之中与走道之上对动物来说是有差别的,人们必须行走在圈舍之中以锻炼动物有序避让人类。有些牛习惯于人们在其背后对其操作,这些牛很难适应在其身边步行经过的人,而且非常危险。这类牛在运输到新地点之前更需要接受人类行走其间的锻炼(更多信息参见第 5 章)。

**图 7.1**　此类漏缝地板饲养的猪能区别人类是处于圈舍还是走道。若在育肥阶段每天锻炼其习惯人类行走其间并有序避让人类,运输时装卸载将变得更加容易。此圈舍位于美国,地板覆盖面达80%,属较好的设计,并且采光很好,白色半透明窗帘保证了较好的自然采光效果。昏暗圈舍中饲养的猪常常不易管理和装卸载。

### 7.5 影响运输中动物适应性的遗传因素

#### 7.5.1 猪应激综合征基因

从大型公司引种时,最好查看其育种信息,了解动物是否携带有猪应激综合征(PSS)基因。携带 PSS 基因的猪一般都含有皮特兰猪的血缘,瘦肉率较高,但在运输中死亡率也较高。据报道,运输中含有纯合 PSS 基因的猪死亡率可达 9.2%,杂合基因携带者死亡率为 0.27%,不含此基因的猪死亡率为 0.05%,原本携带但通过育种措施筛选掉 PSS 基因的猪死亡率为 0.1%(Murray 和 Johnson,1998;Holtcamp,2000)。

Ritter 等(2009a)通过以来自美国 400 个农场共 100 000 头猪中的 2 019 头猪为样本进行记录,发现运到屠宰厂时死亡的或者已不能移动的猪中,有 95% 的个体并不含有 PSS 应激基因。他们由此得出结论,PSS 应激基因(HAL-1843 突变)并不是造成运输损失的罪魁祸首。作者也发现,自美国允许使用 β-受体激动剂,猪的不能移动的现象日益增加,β-受体激动剂如莱克多巴胺的过量使用促使猪体重过重或许才是 Ritter 等(2009a)研究中如此高死亡率的真正原因。

#### 7.5.2 快速生长的动物更弱

一些快速增重的猪禽品种比没有高度选育的品种更弱。猪体弱的问题在没有 PSS 基因的品种中也能出现。增重快的遗传品系猪较弱,在运输中更容易死亡。有研究表明,运输 130 kg 以上猪的死亡率更高(Rademacher 和 Davis,2005)。快速生长的重型家禽品系较弱,很容易疲劳,这是遗传因素和环境因素共同作用的结果。家禽业中,人们长期以来一直致力于高增重速率品种的培育,并从营养上配合其生长发育,常常在幼雏期控制其生长,等到生长末期再全速增重,一旦这些品种被运输到营养水平和兽医服务跟不上的其他地区,其死亡率必定很高。饲养当地品种可能会得到更好的动物福利和较低的死亡损失。

#### 7.5.3 腿型不良的动物

腿型不良的动物在运输中更不容易移动,其福利也较差;反之,腿型良好的个体福利较好。因此,育种时必须选择腿部健康有力的个体作为亲本,简单的腿型图参见第 1 章(National Hog Farmer,2008)。

### 7.6 畜禽装载设备

在欧洲以及其他技术发达国家,动物都会使用下拉后挡板或液压升降机进行装载。但作者发现在世界其他地方,想要求人们使用这些装备是不可能的,因为他们根本没有技术制造甚至维护这些设备,而且设备中的一些部件需使用特殊合金材料,这在当地是不可能轻易获得的。

良好装载坡道的缺乏是世界许多地方共同存在的一个严重问题,结果导致动物被扔到

1.2 m 高的车上,或强迫动物从其上跳下,进而造成身体损伤。

建造好的装卸坡道非常重要。建造固定的装卸坡道(图 7.2)较为容易,且能就地取材,例如木材、混凝土或者钢筋等材料。发展中国家往往拥有较多较好的木匠、焊工、石匠或泥瓦匠等,他们可以取用修筑房屋的材料建造装载坡道。另外,也可以各农场共同购买移动式坡道轮流使用。作者发现,在众多发展中国家,从旧车上获得轮子和四轴是比较容易的,只需给工匠提供一张平台设计图甚至网络上下载的平台图片,他们就能轻松做出实用的移动式坡道。

## 7.7 卡车装载坡道设计建议

牛和猪的防滑装载坡道坡度不得大于 20°(Grandin,1990)(图 7.2),绵羊擅长爬陡坡,因此角度可适当增加。目前世界范围内应用最广泛的设计是阶梯式坡道(图 7.3)。对于混凝土建造的坡道,阶梯式坡道可提供最好的防滑表面。阶梯式坡道与凹槽式坡道相比最大的优点是,即使坡道老化磨旧也能有效防滑,而不像凹槽式因凹槽磨平而致使动物滑倒。图 7.3 还列举了适合牛、马、水牛、骆驼或其他大型家畜的台阶推荐尺寸,一般台阶高不得超过 10 cm,面宽至少 30 cm,另外每级台阶面上还必须有两条至少 2.5 cm 深的凹槽,猪的台阶高度则需低于 8 cm。

木制或钢制坡道都需要使用楔子,而且装载任何大小、任何品种、任何饲养环境下的家畜时都应正确安放楔子,以使动物的蹄子刚好落在凹缺之中从而起到防滑作用,图 7.4 至图 7.6 分别展示了正确和错误的防滑楔子使用方法。两个楔子之间的距离太远而不能起到防滑效果是最常见的错误,装载时还容易导致仔猪悬蹄受损。对于牛两楔子之间的距离推荐使用 20 cm,其他小型动物距离则要相应缩短。

可以使用各种材料制作楔子,对牛等大型动物使用 5 cm×5 cm 硬木楔子即可,小型个体动物使用 2.5 cm×2.5 cm 大小的即可。另外,钢筋混凝土制作的楔子也有不错效果而且材料较易获得。管子或方钢也是不错材料,各地人们还可以使用本地任何适合的材料来制作楔子。

## 7.8 装卸载设备的评估

装卸载设施的坡道和其他部分需要进行数值评分,并且都应当以出于为动物考虑而非工程标准的出发点进行评估。如若装卸载过程中动物摔倒率达到 1%,就需要考虑坡道设计是否不合理或者人对动物是否太过粗暴,如管理方式改变之后摔倒率依然高于 1%,则需考虑重新布置一个防滑坡道。

## 7.9 家禽的运输和抓捕

有研究表明,机械法抓鸡有助于减少鸡群应激(Duncan 等,1986),主要原因是设计良好的自动抓鸡器可以保证鸡不被反复倒置。但最近 Nijdam 等(2005)研究了美国 8 个商业鸡场后却发现,人工抓鸡与机械法抓鸡造成的鸡瘀伤率并无明显差异,甚至在统计中发现机械法会带来更高的死亡率,这一结论还与一些未公布的行业数据不谋而合。究其原因,主要是因为美国鸡群生活环境温度较高,除非使用多台抓鸡设备同时操作,否则需在停止风机的情况下持续较长时间而造成鸡只死亡。在欧洲,由于人力较贵,机械法抓鸡比较流行。

在世界其他人力不怎么昂贵的地方,鸡的折翅率往往也是最低的。比如在劳动力廉价的巴西,折翅率最低(图 7.7)。在每只鸡都被小心抓取放在鸡笼里的情况下,折翅率只有 0.25%。美国 3 kg 以上的鸡在最好的抓鸡方式下折翅率也高达 0.86%,而在食品公司重视这个问题之前甚至高达 5%～6%。一般来说,手工抓鸡和机械抓鸡都可以适当改进而提高动物的福利水平。也可以通过建立罚款制和奖金制来促使工人们小心抓鸡,尽量降低转群时折翅、瘀伤及死亡的数量(见第 11 章)。

**图 7.2**　此装载坡道完全由各地都容易获得的材料建成。在南美洲每个牛场都有一个这样的固定装载坡道,坡道上部有一个小型水平台阶可在装载时减少牛的滑倒,两侧围栏设计也可有效促进牛群移动(详见第 5 章)。

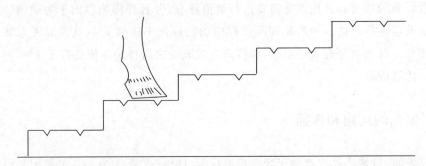

**图 7.3**　用混凝土建造装载坡道时,推荐采用阶梯式坡道。对牛、马、水牛及其他大型家畜,需保证台阶高度不高于 10 cm,台面宽度 30～60 cm,台面上有两条防滑凹槽,对猪台阶高度需低于 8 cm(来源:Grandin,2008)。

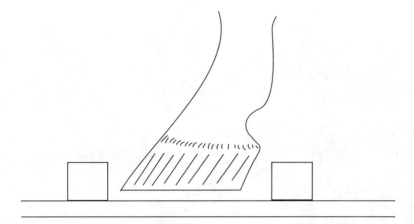

**图 7.4**　正确安放楔子的方式,保证动物正好能将蹄子放在两个楔子之间(来源:Grandin,2008)。

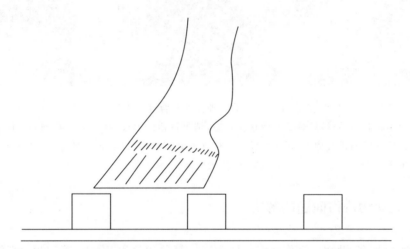

**图 7.5**　错误的楔子安放方式——太近(来源:Grandin,2008)。

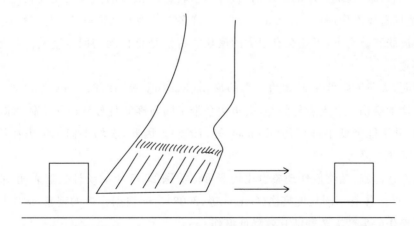

**图 7.6**　错误的楔子安放方式——太远,动物蹄子容易打滑(来源:Grandin,2008)。

图 7.7　在这个巴西农场,结合良好的管理技术和合理成本的劳工,生产出极好的鸡。他们小心抓鸡,使每只鸡都保持直立状态,结果折翅的鸡仅为0.25%。鸡饲养在简单的自然通风的建筑物中。建筑物的开放侧面安装有纱窗,以防止野鸟进入。整个鸡场中都没有机械化的饲喂器或通风扇,垫料状况很好,鸡非常干净。

## 7.10　大动物瘀伤问题的解决

交易的次数越多,动物的瘀伤越多。Hoffman 等(1998)和 Weeks 等(2002)都发现经历交易环节的牛比直接送往屠宰厂的牛瘀伤明显增多,转群时粗暴的抓捕会使动物逃跑或者情绪激动,还会造成身体瘀伤加倍(Grandin,1981)。许多人认为若动物皮肤完好,就没有瘀伤。其实在完好的皮肤和被毛下,可能会有很大的瘀伤。特别是草食动物因有坚硬的被毛和皮更有可能不易察觉。

研究表明,去角能降低牛群大约一半的瘀伤(Ramsey 等,1976;Shaw 等,1976)。几头有角牛会大大增加瘀伤。令人意外的是,去角尖会带来剧烈疼痛且导致成年牛体重减少(Winks 等,1977),却并不能降低牛群瘀伤(Ramsey 等,1976)。因此,农场主们应考虑在犊牛时期去角或者饲养无角牛品种。

即使在发达国家,动物瘀伤现象也比较严重。美国 2005 年的统计数据表明,农场饲养牛中大约 9.4% 的个体有不同程度瘀伤(Garcia 等,2008)。而根据作者的观察,屠宰厂拥有一套能有效降低瘀伤的生产工艺就能有效降低瘀伤。

### 7.10.1　设备问题

物体的锋利边角如角铁、凹槽边角、卡车门闩以及铁管尖端都容易造成牛瘀伤。若撞击到光滑宽大的墙壁或者直径为 15 cm 的大圆标杆,牛发生瘀伤的可能性较小。损坏的突出木板或突出的门闩也容易造成牛瘀伤,因此,走道两侧的门最好带门钩以防止开到通道之中。另外,需设计防滑地板以防止动物摔倒时发生瘀伤和受伤。

### 7.10.2　突发性瘀伤

动物运输到屠宰厂之后若发现有瘀伤,需立即判断出动物在哪受的伤。如果许多不同来源的动物都有瘀伤,则可能是屠宰厂的问题;如果同一来源的动物出现瘀伤,则问题可能出在运输途中或农场。突发性瘀伤往往是人为管理失误或设备故障造成的,而设备故障又主要是指出现了锋利边角。精确判断瘀伤时间比较困难,但是我们却可以大致判断是否是新伤,新伤颜色鲜红而旧伤表面会有黄色分泌物。

#### 7.10.2.1　腰部瘀伤

装卸载时粗暴地对待牛只,会引起它们情绪激动而猛烈撞击卡车门,容易造成腰部瘀伤;突出的门闩可能造成瘀伤;牛角也容易造成牛腰部瘀伤;另外牛卡在门或护栏之中也是造成腰部瘀伤的原因之一。因此,减少突出门闩,设计全开式卡车门等都可有效减少动物腰部瘀伤。

#### 7.10.2.2　肩部瘀伤

肩部瘀伤多由锋利边缘如突出门闩或破损木板造成。在屠宰厂,更多的可能则是传送带入口处损坏造成的;当动物被传送出致昏箱时也会造成肩部瘀伤。动物从致昏到放血阶段也会发生瘀伤(Meischke 和 Horder,1976)。其他原因包括单个的滑动式闸门没有衔接上或坏掉断掉。此外,粗暴对待动物和动物带角也会导致动物肩部瘀伤。

#### 7.10.2.3　背部瘀伤

背部瘀伤多由设备原因造成,棍棒抽打也会带来背部瘀伤(Weeks 等,2002)。背部瘀伤形成的最常见原因是身高较高的牛从装载卡车的底层出来时撞到上层平台,这种瘀伤可以通过放慢牛的移动速度来减少。跳跃的牛就更容易撞到上层平台。另一个主要原因就是垂直下拉卷帘门的不合理使用,一般要求此类门的缘下侧焊接应用直径 10 cm 的管子并用橡胶包裹。单向门不合理调整也会造成背部瘀伤,特别是设置的太高时很容易造成牛背部多处瘀伤。

#### 7.10.2.4　后肢、乳房及腹部瘀伤

驱赶装车期间虐待、拉拽或殴打动物是造成后肢、乳房及腹部瘀伤的主要原因。

#### 7.10.2.5　身体大面积瘀伤

动物身体大面积瘀伤,则极可能是运输途中卡车内发生了动物相互踩踏事件,特别是车辆超重的情况下,动物一旦摔倒就很难再爬起来。若绵羊大面积瘀伤,还可能因为工人直接通过抓羊毛来抓捕绵羊,这种做法应该严格禁止。

## 7.11　性情温顺动物的运输

Miriam Parker 研究了大量发达国家和地区对牛、水牛、驴和其他性情温顺动物的运输后发现,运输这些动物时只需要安置好拴在头部的颈圈即可(Ewbank 和 Parker,2007)。但需注意,如果给动物安装了鼻环或鼻套(nose lead)(图 7.8),绝对不可以将其系在卡车上。因为当

动物摔倒或者变得恐惧时,可能会撕裂鼻子。若需系住,则应使用头部缰绳并将每头动物分别拴系(图 7.9),且大小相似的动物才可一起运输。图 7.10 所示为菲律宾地区船运温顺牛群。

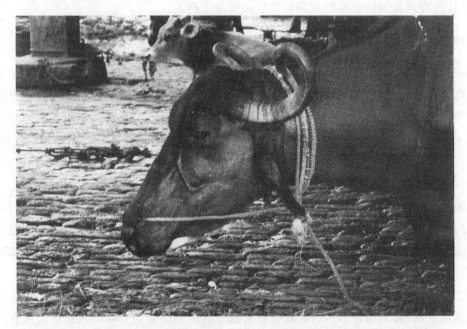

**图 7.8** 亚洲和印度地区的典型牛鼻套套法。此法鼻套和颈环联系在一起,可保证牛吃草时鼻子不会被过分拉扯。尽管如此,我们建议运输时最好再套上缰绳以减少运输时的拉扯疼痛(来源:Miriam Parker)。

正确　　　　　　　　　　　　　　　　错误

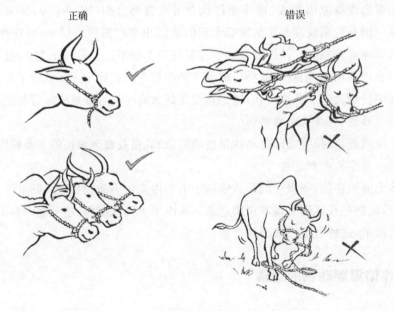

**图 7.9** 以上是专为不能正确拴系动物的培训人员准备的培训材料,左侧两幅图显示的是正确拴系方式,右侧显示的是错误拴系方式(来源:Miriam Parker)。

**图 7.10**　以上是菲律宾地区经过引导训练的牛登船的情景。它们表现得很安静，因为在运输前很长一段时间，它们接受了接触新环境的训练（见第5章）。这种情况下，动物的福利就很好。那些运输前只经过引导训练而未接触过新环境的动物有可能惊慌或跳船。这艘船上的动物大部分的时间都在沿着繁忙街道放牧。这就是在不同情况下，动物福利好和差的典型例子。

## 7.12　家禽瘀伤和身体损伤的处理

### 7.12.1　腿部瘀伤

根据作者观察，家禽腿部瘀伤多是由于吊挂时的粗暴操作造成的。特别是当人手不足时，工人急于将动物悬挂上去而用力过猛更容易造成动物腿部瘀伤。

### 7.12.2　鸡胸部瘀伤

鸡胸部瘀伤主要有两大原因：一是把鸡放进小口鸡笼时速度过快；二是机械抓鸡时传送带与鸡笼对接不准。

### 7.12.3　头部磨破

屉式鸡笼运输时更容易导致此类伤害（图 7.11）。为此，人们重新设计了屉式鸡笼，使其顶部与笼架之间增加一定高度的间隙，从而有效减少鸡笼滑动时鸡头部磨破。

### 7.12.4　折翅

折翅率是评价人们抓取家禽方法是否合理的最有效指标之一，它直接反映出抓取方法是

**图 7.11**　丹麦和加拿大广泛使用的屉式运输鸡笼。左侧图所示为由机械抓鸡器将鸡装于屉式运输鸡笼，待鸡笼装满，工人需小心将屉式鸡笼推入笼架以防鸡头部磨破；右侧图所示为顶部与笼架之间带间隙的新型屉式鸡笼，此设计可大幅降低鸡翅膀和头部所受伤害。

否粗暴，应该严厉杜绝通过单侧翅膀抓捕鸡只的方法。另外一个易引起折翅的原因是鸡笼口太小，若使用单鸡鸡笼，最好能放鸡进去时用小入口，取鸡出来时用整侧式大出口。

　　表 7.1 表明，不同水平鸡屠宰厂中折翅鸡的百分率也不同。一些伦理学家对制定折翅的可接受水平始终踌躇不定，因为这一水平可能意味着成千上万只鸡发生折翅。根据作者的观察，设定具体数值非常有助于减少鸡群中折翅个体的数量。设定数值标准之前，美国折翅鸡为 5%～6%，设定标准之后，屠宰厂中出现 3% 鸡折翅已不能为人们所接受，理想的目标为 1%。

**表 7.1**　美国和加拿大 22 个肉鸡加工厂的折翅率情况。[a]

| 折翅率/%[b] | 加工厂数量 | 加工厂比例/% |
|---|---|---|
| ≤1 | 8 | 36 |
| 1.01～2 | 6 | 27 |
| 2.01～3 | 6 | 27 |
| >3 | 2 | 9 |

[a] 数据收集于 2008 年，鸡平均体重为 2.75 kg(约 6 lb)，均在倒置放血电致昏系统下，并在悬挂后拔羽之前统计所得。
[b] 折翅率平均数为 1.67%，最好的仅 0.20%，最差的高达 3.80%。

### 7.12.5　断腿

　　淘汰的产蛋母鸡断腿主要是因为骨质疏松(Webster,2004)，而肉用仔鸡则更多的是因为人为粗暴的抓捕方式。在抓鸡方法上，各专家也争论不已，有些人认为不能单腿抓鸡，但在一些国家，它又是最常用的抓鸡方式。作者也曾对单腿抓鸡法进行了深入观察，发现抓鸡时如果将鸡笼放在抓捕者身边，确保抓鸡后行走到鸡笼的距离在 3 m 之内，单腿抓鸡并不会额外增加断腿率。

### 7.12.6　抓捕建议

　　作者认为与其争论究竟应该人工抓鸡还是机械抓鸡，单腿抓鸡、双腿抓鸡还是抓住全身，还不如通过受伤率和死亡率来评价各种方法的优劣。可通过测量如下指标的发生率来判断：

　　·折翅或翅膀脱臼(拔羽前)；

- 死亡；
- 断腿；
- 腿瘀伤；
- 胸瘀伤。

这些指标的发生率一般可反映出鸡是否遭受了粗暴操作。其中折翅率是指在拔羽之前的折翅及翅膀脱臼比例，以免将机械拔羽造成的折翅计算在内。

## 7.13 打标识及皮肤损伤

打标识会严重损伤动物的皮肤。在犊牛肋部打标识几乎会毁掉半边的皮肤，因为标识会随个体长大而扩大。冷冻打号比高温烙烫打号带给动物的疼痛少（Lay 等，1992），但它依然会损伤皮肤。一些国家粗放式养牛，这就需要给牛打标识以防盗窃，从减少皮肤损伤和提升动物福利的角度出发，我们建议把打标识的部位移到动物敏感较弱的后躯，以适当减少动物疼痛。强烈反对一些人呼吁在动物脸上打标识的行为，因为动物脸部极其敏感，事实上在部分国家脸部打标识已被禁止。

用带有钉子的木棍戳动物会损害皮肤表皮，但这个问题在很多国家都存在。当动物保持完全不动时，用电池驱动的电刺棒瞬时刺激要好于用一端带钉子的木棍。作者也曾见到很多动物半侧身体都被刺伤的现象。与运输和抓捕无关的一些因素也会严重损害皮肤。虱会损伤皮肤表层粒纹。如果幼龄动物有虱寄生，其皮肤也会出现损伤。

## 7.14 运输中畜禽的空间要求

OIE 法典（2009a，b）明文规定了畜禽陆运、海运和空运的空间要求：

> 运输中动物所需空间高度因品种而异，但均需满足动物装卸载及运输途中头部不会撞击到货箱顶部而可完全自由站立，同时需保证有足够的空气流通。

海运时需保证动物有足够空间可以躺下，OIE 法典（2009b）规定："动物躺下时，需保证有足够空间允许动物自由伸展。"此规定适用于牛、马、绵羊、山羊、骆驼和猪的海运，而不适用于家禽。但相应的实践经验、行业标准及研究报告都指出，应有足够空间使所有动物能以正常姿势躺下而不压在其他动物身上。家禽通常在不能站立的笼子中躺着运输，因此必须保证海运时它们有足够的空间可同时躺卧而不相互受压。

陆地卡车运输时，鉴于动物站立所需空间尚存争议，OIE 法典（2009a）并未给出相应的具体空间需求，但绝大多数研究者都认为运输数量过多是不对的，过度超载会使死亡、瘀伤和损伤增加（Eldridge 和 Winfield，1988；Tarrant 等，1988；Valdes，2002）（表 7.2）。鸡运输死亡率较高的原因多是鸡笼装载量超标（Nijdam 等，2005），而大动物如牛超载运输时，一旦动物跌倒就没办法站立起来而遭受踩踏。因此，除非是短途运输，否则必须保证猪在车中能自由躺卧（Ritter 等，2007）。研究证明，猪以六个不同的空间需要量（在 0.396～0.520 $m^2$ 之间变化）运

表 7.2    不同运载时间和装载密度对动物瘀伤的影响（来源：Valdes，2002）。

| 项目 | 运载时间（3 h） | | | | 运载时间（16 h） | | | |
| --- | --- | --- | --- | --- | --- | --- | --- | --- |
| | 400 kg/m² | | 500 kg/m² | | 400 kg/m² | | 500 kg/m² | |
| | n | % | n | % | n | % | n | % |
| 死亡总数 | 28 | 100 | 32 | 100 | 28 | 100 | 32 | 100 |
| 瘀伤总数 | 10 | 35.7 | 11 | 34.3 | 12 | 42.8 | 18 | 56.2 |
| Ⅰ级（仅皮下组织受损） | 8 | 28.5 | 10 | 31.3 | 11 | 39.2 | 14 | 43.8 |
| Ⅱ级（肌肉组织受损） | 2 | 7.1 | 1 | 3.1 | 1 | 3.5 | 4 | 12.5 |

输，在不到 4 h 的运输途中，129 kg 猪的空间需要量至少要达到 0.46 m²。关于断奶仔猪运输的空间需求量很好的信息参见 Sutherland 等（2009）的文章。另外，作者建议设定最佳空间需要量时，除了参照当地或本国相应的行业标准，还要考虑死亡、瘀伤、不能走动的动物等情况。

OIE 法典（2009a，b）的规定仅仅是运输中动物福利的最低要求，很多国家还制定了相对较为严格的动物运输法令法规。具体的动物运输科学研究综述可参见《家畜转运与运输》（*Livestock Handling and Transport*）一书（Grandin，2007），其他期刊论文如 Knowles（1999）（牛）、Fike 和 Spire（2006）（牛）、Knowles 等（1998）（绵羊）、Hall 和 Bradshaw（1998）（绵羊和猪）、Warriss（1998）（猪）、Ritter 等（2009b）（猪）、Weeks（2000）（鹿）及 Warris 等（1992）（鸡）等也值得一读。

## 7.15    动物福利相关数据库

以下是几个动物运输、动物行为学研究和动物福利研究的常用文献数据库：
- PubMed（偏向于兽医学研究）；
- www. scirus. com（偏向于行为学研究）；
- Google Scholar（谷歌学术搜索）；
- www. vetmedresource. org（偏向于文章作者搜索）；
- CAB Abstracts。

只需在搜索引擎如 Google 之中键入数据库名字即可寻找到网站链接，再在数据库中输入关键词，便会出现相应文献。数据库也会提供部分免费全文链接，但有些只提供摘要。如果通过大学图书馆进入数据库，你就可能获得全篇的免费阅读。或者你也可以给作者发送 e-mail 索要复件。但需注意的是，在使用关键词搜索文献时，应尽量考虑到全部可能的词语，如搜索 cattle，需同时考虑使用 cows、bulls、cattle、steers、bullocks、oxen 以及 calves 等。

## 7.16    公路运输途中的休息

动物运输多长时间就应该得到一次休息比较合适，又是一个争论焦点，学术界和非政府动物保护组织（NGOs）均就此问题进行了热烈的讨论。由于各成员国意见不能达成一致，OIE 法典（2009a）也并未在此问题上给出明确规定，需践行动物福利的个人和企业应遵照本国法规或行业标准执行。更多关于动物长途运输问题的研究信息可参见 Appleby 等(2008)。

　　许多国家规定动物被卸载休息之前,最长的运输时间不得超过 48 h。欧盟(EU)2005 年出台了比较严格的规定,牛运输时间达到14 h就必须至少停站休息 1 h 才能再次运输 14 h;若停站休息后第二阶段的车程(14 h)的终点离目的地的距离为 2 h 以内的车程,则此阶段的运输时间可延长至 16 h。运输距离更远时,每行驶 24 h 均应休息。猪 24 h 内的运输可以不停站,但必须保证足够的水供给。Mohan Raj 认为(个人交流,2009),鸡运输时在鸡笼中待的时间不得超过 12 h。停站方面的规定各国各不相同,而且随市场的变化而变化,因此运输家畜家禽出国之前应了解相应国家的最新规定。

### 7.16.1　停站研究

　　停站次数过多反而可能给动物带来应激,特别是对于粗放养殖的动物如牛,它们拥有较大的逃离区域,与温顺动物相比,装卸载给它们的应激要大得多。绵羊只在采食时饮水,3 h 的停站时间尚不能保证它们充足采食和饮水,因此较长时间的停站对绵羊运输来说是很有利的。但研究表明,24 h 的运输,不停站休息的绵羊到站时状态比停站的要好(Cockram 等,1997)。澳大利亚研究发现,绵羊甚至能轻松承受长达 48 h 的运输时间(Ferguson 等,2008)。对于6 月龄至 1 岁的犊牛,温度低于 30℃ 的情况下,它们运输的最长时间为 24～32 h(Grandin,1997;Schwartzkopf-Genswein,个人交流,2009),而谷饲牛则可在运输 48 h 后再停站休息。

## 7.17　运输中提高动物福利和降低损失的方法

### 7.17.1　损失评估

　　评估运输中的损失是促进人们改进运输方法的最佳手段,计算并罗列出瘀伤、生病、死亡及其他损失可直接反映出运输者和生产者的经济损失。

### 7.17.2　卖方对损失负责

　　要根据动物到站之后的数周之内的个体状况和发病状况,对运输者和生产者进行奖励或处罚(参见第 11 章)。

### 7.17.3　最佳的畜禽市场管理

　　缺乏制冷设备长时间保存肉品是欠发达国家需长途运输淘汰待宰动物的原因之一,在运输不可避免的情况下,可以从提高设备配置方面入手改善部分地区的畜禽运输问题。要彻底改变 Chandra 和 Das(2001)报道的现象,还必须从设备和管理两方面进行提升,毕竟对于销售商来说,淘汰动物的经济价值太低。作者发现,畜禽市场管理是最难改善的部分,各环节的销售商总是尽可能将经济成本转到产业链的下游商家(见第 11 章)。NGO 动物权益团体可寻找企业或富裕的赞助者为市场成本买单、升级设施或雇用合适的经理人管理市场。作者观察发现,发展中国家拥有的许多现代化设备已经不能修复,就是因为它们没有得到适当的维护。寻找富裕的赞助者是改善此问题的一个不错选择,而且也并非遥不可及。在美国,石油大亨 T. Boone Pickens 的妻子就出资建立了一个保证 30 000 匹野马不被屠杀的牧场。设施改进之后,就只需招聘员工和优秀的经理人来维持和管理市场了。但在部分欠发达国家,特别是当地人民还没能解决温饱问题的地区,考虑提升动物福利被认为是不道德的。

### 7.17.4　改变保险策略

畜禽运输时的保险范围应该只包括巨灾损失如翻车等事故。应该提高保险报销的起报点,以尽量减少虐待或粗心对待动物的情况。如运输中 2 或 3 头猪死亡时,运输者不应该得到保险报销。

### 7.17.5　小心驾驶

小心启动和缓慢刹车可减少车内动物摔倒。Cockram 等(2004)报道,运输过程中车辆拐弯或刹车时,80%的动物都会失去平衡。未公布的行业数据也表明,粗心驾驶会造成更多牛发生瘀伤。McGlone(2006)调查了 38 位驾驶员(他们运输动物总数超过 1 000 000 头),发现最好的驾驶员运输动物死亡或瘫痪比率仅为 0.3%,而最差的该数据可达 2 倍之多。

### 7.17.6　疲劳驾驶——事故的主要原因

加拿大的 Jennifer Woods 调查发现,相当比例的驾驶事故是由疲劳驾驶造成的。对美国和加拿大共 415 起商业运输事故分析发现,85%的事故源于司机疲劳驾驶(Woods 和 Grandin,2008)。驾驶员多把低温路面结冰作为事故借口,但在非寒冷气候的 10 月事故发生率却最高。另一个说明疲劳驾驶是引发诸多事故原因的现象是,仅有 20%的事故与其他车辆有关,且 59%的事故发生在凌晨 12:00 至早上 9:00 之间。在北美,车辆靠右行驶,当驾驶员睡着时,车辆会向右侧滑动,调查的事故中 84%都出现了这种现象。

### 7.17.7　不以卡车运载量为依据支付承运商费用

每次运输以运输动物类型和数量不同而分别谈判决定运输费用,而不以卡车运载量为依据支付承运商费用。此计费方式可以从经济上促使承运商减少超载现象。

### 7.17.8　不以抓捕速度为依据支付操作员费用

抓捕动物越多工资越高的付费方式容易导致工人虐待动物的行为发生,未公布的行业数据表明,实行奖励制和罚款制可大幅降低家禽的折翅率和猪的死亡率,因此有必要在抓捕中运用此制度。

### 7.17.9　动物原产地农场的影响

作者研究发现,10%的农场需对大约 90%淘汰乳牛的消瘦负责(Grandin,1994),来自西班牙和美国的研究也得到了类似结论。Fitzgerald 等(2008)调查 9 个农场发现,最差农场装载上市的猪损失率比其他农场高 0.93%,西班牙个别较差的农场也保持着更多的畜禽死亡数量和胴体品质问题(Gosalvez 等,2006)。加拿大科学家进行更大范围的调查研究后认为,原产地农场是影响上市生猪死亡率和瘫痪率的最主要因素(Tina Widowski,个人交流,2009)之一。为了最大限度降低农场较差生产工艺的影响,有必要引入经济成本奖惩制度,如大型屠宰厂规定处理一头因过量饲喂莱克多巴胺而体质虚弱的猪需要额外支付 25 美元,则可有效杜绝农场过量使用莱克多巴胺的现象。一项针对屠宰马的调查发现,农场饲养环节的粗心大意会产生一些最坏的福利问题(Grandin 等,1999)。

## 7.18　运输相关文件

OIE 法典(2009a)规定陆运家畜的运输文件必须包含以下信息。另外,各个国家可能还会有其他信息要求,如所有权信息或疫病溯源信息等。OIE 法典(2009a)规定:

7.3.6 节　运输所需文件

1. 完全符合文件所要求的待运输动物才能装载上车。

2. 运输动物时携带的文件应包括:

a. 运输计划及应急计划;

b. 装卸载日期、时间及地点;

c. 兽医检疫证明(如果需要);

d. 驾驶员的动物福利资格(尚处于研究之中,建议以各国提供的培训资料为评判依据);

e. 可溯源的动物标识;

f. 运输中任何可能遭受不良福利状况的个体细节(见 7.3.7 节第 3e 点);

g. 运输前休息时间、采食及饮水情况的文档记录;

h. 预计的装载密度;

i. 运输日志——检查和大事件记录,包括死亡率和发病率及采取的对策,天气,停站,运输时间和距离,供水和饮食及预计消耗量,提供的药物以及机械损坏等。

3. 若需要兽医检疫证明,则应包括:

a. 动物是否适合运输;

b. 动物标识(特征描述、数量等);

c. 健康状况,包括检验、治疗和接种情况;

d. 有必要的话,消毒灭菌的详细信息。

兽医为动物做检疫证明时,应告知搬运者和驾驶员任何可能影响本次运输中动物适合性的因素。海运和空运的相关要求与陆运类似。

## 7.19　国界间的耽搁

具有不同福利标准的国家之间的边界线上更容易出现严重的运输耽搁。为此,各畜禽生产者联盟和 NGO 组织需大力解决这个问题。某些情况下应多招纳海关人员,提高检疫速度。另外一些情况下还应该改变文案审定方式,设置专门的畜禽检疫通道,毕竟让整车的畜禽待在车上在国界上等待数小时的现象是不应该出现的。

## 7.20　抓捕员和驾驶员的培训

许多家畜联盟、联邦政府以及地方政府都建立了畜禽抓捕员和驾驶员培训项目,一些大型屠宰厂对运输司机也有专门的培训。在很多国家,动物福利培训文件也被列为行业主办的畜产品质量保证项目(包括疾病控制和食品安全)的一部分。如欧洲、美国、澳大利亚、加拿大以及阿根廷、智利、乌拉圭、巴西等已经建立了这样的体系。一个较好的培训项目应涵盖以下内容:

· 驱赶动物的基本行为学准则——如逃离区域和平衡点的基本概念,对于温顺动物或受过引导培训的动物,这些准则可以忽略(见第 5 章);

· 对可能使动物恐惧的障碍物进行准确描述——驾驶员应知道阴影、反光及太阳位置如何影响动物(见第 5 章);

· 疾病控制的生物安全基本知识;

· 跨国、跨省或跨地区运输的相关卫生条例;

· 避免动物发生瘀伤和伤害的方法;

· 如何评判动物是否适合运输;

· 事故紧急处理方法;

· 合理使用电刺棒或其他方式正确驱赶动物;

· 如何避免动物出现冷热应激反应——因动物品种及运输地区气候而异。

## 7.21　应急预案

运输司机应该制定应对突然事故的预案。由于警务部门和消防部门人员往往不知道该如何处理运输畜禽卡车出现事故后的动物。有时他们的应对方式导致牛、羊在公路上横冲直撞。追赶受惊的动物是错误的。一些国家会对消防人员进行相关培训,但运输司机还是需要掌握一定的应急方法和相关信息。在作者看来,首先,警察和消防人员应接受相应的训练。其次,运输司机应该明白事故发生后需立即寻找能够帮忙卸载或处理动物的人员,因此需随身携带相关人员的联系方式。第三,司机需预先知道运输沿途可作为临时卸载点包括农场、畜禽饲养场或交易市场的信息。第四,配备能够及时提供移动式装载坡道或卸载装备的人员的联系信息。若给运输司机的应急准备培训到位,将可以大幅降低可能出现事故的经济损失。

## 7.22　事故后对动物实施安乐死

在第 10 章详细介绍了对动物实施安乐死的方法。若事故之后动物损伤严重,则应立即就地安乐处死以解除动物的痛苦,因此应提前制订安乐处死计划。有时安乐处死动物可能会导致法律纠纷,但对重伤个体还是应该坚定执行。大型企业一般会制定相应规定何种损伤程度可对动物施行安乐处死,需要在事故现场实施安乐死的常见情况有断腿、内脏器官外翻或无法站立等。

## 7.23　热应激

不同品种动物的耐热性各不相同。牛、绵羊及其他热带动物品种耐热性比温带动物强。捷克研究者发现,鸡在夏季的死亡率最高(Vecerek 等,2006),死亡个体中约 40% 是热应激导致的(Bayliss 和 Hinton,1990)。当温度高于 23℃ 时,鸡的死亡率几乎增加 7 倍。一般来说,除非处于极度寒冷状态,冷应激对鸡的影响没有热应激大。McGlone(2006)分析了一个位于美国中西部的大型屠宰厂运送的 2 000 000 头猪发现,当温度升至 23℃(75℉)时,猪死亡率显著增加,达到 32℃(90℉)时,死亡率则会加倍。

来自炎热地区的牛羊等其他动物要比来自温暖地区的个体的耐热性强。运输车辆停止前进时,特别是当车壁和车顶还是实体密封时,车内温度会急剧上升。对于靠机械送风方式降温的卡车或轮船,一旦出现送风故障,车船内温度可能在 1 h 内就达到足以致死动物的程度,机械送风故障正是轮船货舱运输动物死亡的主要原因之一。

若需在高温天气中停站休息,应给动物提供散热降温的措施。当车外温度为 29℃(85℉)时,车内温度可达 35℃(95℉),并伴有 95% 的车内相对湿度(McGlone,2006)。停站休息时,可将载有鸡或猪的卡车停靠在停站场设置的风扇旁边,当然最简单的保持通风的办法还是保持车辆一直前行。

### 7.23.1　热应激评估

喘息是畜禽出现热应激的标志。在牛的热应激评估中,喘息可作为一个准确的评判指标(Mader 等,2005)。Mader 甚至建立了一个五等级评分系统:

0 分——平静呼吸。

1 分——加速呼吸。

2 分——中等喘息或流涎。

3 分——中度张口呼吸。

4 分——重度张口呼吸、伸舌散热。有可能伸长脖子。

当出现 2 分症状时,需为动物提供适当散热的措施,出现 3 分或 4 分症状时,则说明动物福利已经受到严重影响。在相同的炎热环境下,纯系婆罗门牛(Brahmans)个体喘息比海福特牛少(Gaughan 等,1999)。牛和绵羊的其他耐热性评估信息请查阅 Mader 等(2005)及 Gaughan 等(2008)的相关文献。以喘息为主要指标进行猪热应激评估较为可靠,但最简单的方式是采用图 7.12 所示的热应激图进行评估。高温高湿环境对猪的危害极大,图 7.12 展示了何时应采取额外措施尽可能降低猪热应激。欲深入了解运输中的应激生理请参阅 Knowles 和 Warriss(2007)的相关文献。

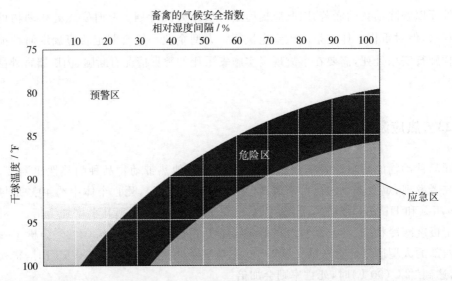

**图 7.12**　猪热应激图。高温高湿危害最大，当温度和湿度处于危险区或应急区时，建议夜间或清晨运输。温度换算：75°F（24℃），80°F（27℃）；85°F（29℃）；90°F（32℃）；95°F（35℃）；100°F（38℃）。

## 7.24　冷应激

0℃的冻雨会打湿动物皮毛使其失去保温作用，因此冻雨天气运输比干冷天气运输更危险。为此，驾驶员有必要接受一些防冻措施培训。气候寒冷的国家还需制定相应规范要求，如何时需要在车顶加盖薄膜或木板以使动物免于寒冷。北美及欧洲国家在此方面的福利工作开展较好。运输时若室外温度降到－18℃，猪躺卧在裸金属车厢内极容易冻伤，此时添加垫草就可大幅提升防冻效果。体重 7 kg 仔猪应在温暖的交通工具中运输，但应控制温度不得超过30℃（Lewis，2007）。目前，随着动物福利在世界范围内越来越受到关注，位于不同气候区的各国也根据不同品种动物出台了相关运输标准。

## 7.25　车辆要求

欧盟未对 8 h 内运输车辆做特别要求，但多于 8 h 的运输，要求必须在卡车上安装机械通风设备。这些通风系统的设计要好，不能完全依靠机械通风。卡车的被动式系统，如可移动的挡板或车帘，应该设置成可开启的，以便在机械通风设备无法正常工作时打开，这样才能减少热应激带来的死亡损失。严寒天气运输时也可通过关闭挡板或车帘进行保温，减少动物的冻伤和死亡数。另外，各国根据自身特点制定相关标准非常重要。图 7.2 所示的卡车能保证充足的自然通风，它在南美及许多其他常年气候温和的国家广泛使用。

## 7.26　围栏设计

为了保证动物能顺利地通过通道，大型饲养场、屠宰厂以及交易市场一般都不会设计直角状拐角围栏。图 7.13 所示为弧线式拐角围栏，此类围栏可充分保证在装载粗放饲养动物或未接受引导训练的动物时效率较高。

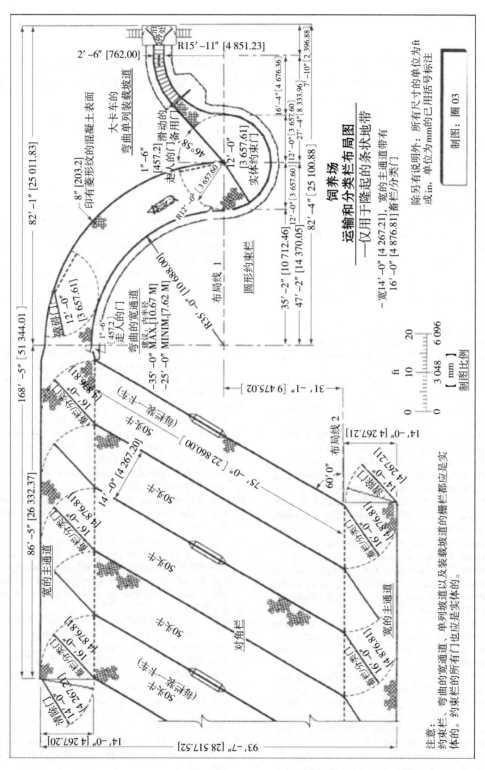

**图7.13**　大型饲养场、屠宰厂及交易市场的装载设施。平行而斜倾的对角栏可保证动物单向通行而消除90°拐角。

注意：
约束栏、弯曲的宽通道、单列坡道以及装载坡道的栅栏都应是实体的。约束栏的所有门也应是实体的。

## 7.27 结论

装载适合的动物进行运输是保证运输中动物福利的最基本要求。运输不适合的动物是造成运输中福利问题的主要原因。为了保持高福利水平的运输条件，应继续不断探寻以动物为基础的评价标准，以促进动物福利水平的改善。

（赵兴波、向海、范启鹏译，郝月校）

## 参考文献

Appleby, M.C., Cussen, V., Garces, L., Lambert, L.A. and Turner, J. (2008) *Long Distance Transport and the Welfare of Farm Animals*. CAB International, Wallingford, UK.

Arnold, G.W. (1976) Some factors influencing feeding behaviour of sheep in pens. In: *Proceedings of the Sheep Assembly and Transport Workshop*. Western Australian Department of Agriculture, Perth, Western Australia.

Averos, X., Knowles, T.G., Brown, S.N., Warriss, P.D. and Gosalvez, L.F. (2008) Factors affecting the mortality of pigs transported to slaughter. *Veterinary Record* 163, 386–390.

Baszczack, J.A., Grandin, T., Gruber, S.L., Engle, T.E., Platter, W.J., Laudert, S.B., Schroeder, A.L. and Tatum, J.D. (2006) Effects of ractopamine supplementation on behaviour of British, Continental, and Brahman crossbred steers during routine handling. *Journal of Animal Science* 12, 3410–3414.

Bayliss, P.A. and Hinton, P.A. (1990) Transportation of broilers with specific reference to mortality rates. *Applied Animal Behaviour Science* 28, 93–118.

Beatty, D.T., Barnes, A., Taylor, E., Pethick, D., McCarthy, M. and Maloney, S.K. (2006) Physiological responses of *Bos taurus* and *Bos indicus* cattle to prolonged, continuous heat and humidity. *Journal of Animal Science* 84, 972–985.

Brown-Brandt, T.M., Eigenberg, R.A., Nienaber, A. and Kachman, S.D. (2001) The thermoregulatory profile of a newer genetic line of pigs. *Livestock Production Science* 71, 253–260.

Chandra, B.S. and Das, N. (2001) The handling and short haul road transportation of spent buffalos in relation to bruising and animal welfare. *Tropical Animal Health Production* 33, 153–163.

Cockram, M.S., Kent, J.E., Jackson, R.E., Goddard, P.J., Doherty, O.M., McGilp, I.M., Fox, A., Studdert-Kennedy, T.C., McLonell, T.J. and O'Riordan, T. (1997) Effect of lairage during 24 hour transport on the behavioural and physiological responses of sheep. *Animal Science* 65, 391–402.

Cockram, M.S., Baxter, E.M., Smith, L.A., Bell, S., Howard, C.M., Prescott, R.J. and Mitchell, M.A. (2004) Effect of driver behaviour, driving events and road type on the stability and resting behaviour of sheep in transit. *Animal Science* 79, 165–176.

Duncan, I.J.H., Slee, G., Kettlewell, P.J., Berry, P. and Carlisle, A.J. (1986) A comparison of the effects of harvesting broiler chickens by machine or by hand. *British Poultry Science* 27, 109–114.

Eldridge, G.A. and Winfield, C.G. (1988) The behavior and bruising of cattle during transport at different space allowances. *Australian Journal of Experimental Agriculture* 28, 695–698.

European Union (EU) (2005) *Official Journal of the European Union* 5.1.2005 L3/19.

Ewbank, R. and Parker, M. (2007) Handling cattle in close association with people. In: Grandin, T. (ed.) *Livestock Handling and Transport*. CAB International, Wallingford, UK, pp. 76–89.

Ferguson, D.M., Niemeyer, D.P.O., Lee, C. and Fisher, A.D. (2008) Behavioral and physiological responses in sheep to 12, 30, and 48 hours of road transport. In: Boyle, L., O'Connell, N. and Hanlon, A. (eds) *Proceedings of the 42nd Congress of International Society for Animal Ethology (ISAE)*, 5–9 August, Dublin, Ireland, p. 136.

Fike, K. and Spire, M.F. (2006) Transportation of cattle. *Veterinary Clinics of North America, Food Animal Practice* 22, 305–320.

Firtzgerald, R.F., Stalder, K.J., Matthews, J.O., Schultz-Kaster, C.M. and Johnson, A.K. (2008) Factors associated with fatigued, injured, and dead pig frequency during transport and lairage at a commercial abattoir. *Journal of Animal Science* 87, 1156–1166.

Garcia, L.G., Nicholson, K.L., Hoffman, T.W., Lawrence, T.E., Hale, D.S., Griffin, D.B., Savell, J.W., Vanoverbeke, D.L., Morgan, J.B., Belk, K.E., Field, T.G., Scanga, J.A., Tatum, J.D. and Smith, G.C. (2008) National Beef Quality Audit – 2005: survey of targeted cattle and carcass characteristics related to quality, quantity, and value of fed steers and heifers. *Journal of Animal Science* 86, 3533–3543.

Gaughan, J.B., Mader, T.L., Holt, S.M., Josey, M.J. and Rowan, K.J. (1999) Heat tolerance of Boran on Tuli crossbred steers. *Journal of Animal Science* 77, 2398–2405.

Gaughan, J.B., Mader, T.L., Holt, S.M. and Lisle, S.M. (2008) A new heat load index for feedlot cattle.

*Journal of Animal Science* 86, 226–234.

Gosalvez, L.F., Averos, X., Valdeivira, J.J. and Herranz, A. (2006) Influence of season, distance and mixed loads on the physical and carcass integrity of pigs transported to slaughter. *Meat Science* 73, 553–558.

Grandin, T. (1981) Bruises on Southwestern feedlot cattle. *Journal of Animal Science* 53 (Supplement 1), 213 (abstract).

Grandin, T. (1990) Design of loading facilities and holding pens. *Applied Animal Behaviour Science* 18, 187–201.

Grandin, T. (1994) The welfare of cattle during slaughter and the prevention of downers. *Journal of the American Veterinary Medical Association* 218, 10–15.

Grandin, T. (1997) Handling methods and facilities to reduce stress on cattle. *Veterinary Clinics of North America. Food Animal Practice* 14, 325–341.

Grandin, T. (2007) *Livestock Handling and Transport.* CAB International, Wallingford, UK.

Grandin, T. (2008) Engineering and design of holding yards, loading ramps and handling facilities for land and sea transport of livestock. *Veterinaria Italiana* 44, 235–245.

Grandin, T., McGee, K. and Lanier, J.L. (1999) Prevalence of severe welfare problems in horses that arrived at slaughter plants. *Journal of the American Veterinary Medical Association* 214, 1531–1533.

Hall, S.J.C. and Bradshaw, R.H. (1998) Welfare aspects of the transport by road of sheep and pigs. *Journal of Applied Welfare Science* 1, 235–254.

Hoffman, D.E., Spire, M.F., Schwenke, J.R. and Unruh, J.A. (1998) Effect of source of cattle and distance transported to a commercial slaughter facility on carcass bruises in mature beef cows. *Journal of the American Veterinary Medical Association* 212, 668–672.

Holtcamp, A. (2000) Gut edema: clinical signs, diagnosis and control. In: *Proceedings of the American Association of Swine Practitioners*, 11–14 March, Indianapolis, Indiana, pp. 337–340.

Knowles, T.G. (1999) A review of the road transport cattle. *Veterinary Record* 144, 197–201.

Knowles, T. and Warriss, P. (2007) Stress physiology during transport. In: Grandin, T. (ed.) *Livestock Handling and Transport.* CAB International, Wallingford, UK, pp. 312–328.

Knowles, T.G., Warriss, P.D., Brown, .N. and Edwards, J.E. (1998) The effects of stocking density during the road transport of lambs. *Veterinary Record* 142, 503–509.

Lalman, D. and Smith, R. (2005) *Effects of Preconditioning on Health, Performance, and Prices of Weaned Calves.* Oklahoma Cooperative Extension, Oklahoma State University, Stillwater, Oklahoma.

Lay, D.C., Friend, T.H., Randel, R.D., Bowers, C.C., Grissom, K.K. and Jenkins, O.C. (1992) Behavioral and physiological effects of freeze and hot iron branding on crossbred cattle. *Journal of Animal Science* 70, 330–336.

Lewis, N. (2007) Transport of early weaned piglets. *Applied Animal Behaviour Science* 110, 126–135.

Loneragen, C.H., Dargartz, D.A., Morley, P.S. and Smith, M.A. (2003) Trends in mortality ratios among cattle in US feedlots. *Journal of the American Veterinary Medical Association* 219, 1122–1127.

Mader, T.L., Davis, M.S. and Brown-Brandl, T. (2005) Environmental factors influencing heat stress in feedlot cattle. *Journal of Animal Science* 84, 712–719.

Marchant-Forde, J.N., Lay, D.C., Pajor, J.A., Richert, B.T. and Schinckel, A.P. (2003) The effects of ractopamine on the behavior and physiology of finishing pigs. *Journal of Animal Science* 81, 416–422.

Marai, I.F.M., El-Darawany, A.A., Fadiel, A. and Abdel-Hafez, M.A.M. (2006) Physiological traits as affected by heat stress in sheep: a review. *Small Ruminant Research* 71, 1–12.

McGlone, J. (2006) Fatigued pigs: the transportation link. *Pork*, 1 February. Available at: www.porkmag.com/directories.asp?pgID=728Sed_id=3951 (accessed 21 March 2009).

Meischke, H.R.C. and Horder, J.C. (1976) Knocking box effect on bruising in cattle. *Food Technology, Australia* 28, 369–371.

Minka, N.S. and Ayo, J.O. (2006) Effects of loading behaviour and road transport stress on traumatic injuries in cattle transported by road during the hot dry season. *Livestock Science* 107, 91–95.

Murray, A.C. and Johnson, C.P. (1998) Importance of halothane gene on muscle quality and preslaughter death in western Canadian pigs. *Canadian Journal of Animal Science* 78, 543–548.

National Hog Farmer (2008) Poster. Available at: www.NationalHogFarmer.com/posters (accessed 30 November 2008).

Nijdam, E., Arens, P., Lambooij, E., Decuypere, E. and Stegeman, J.A. (2005) Comparison of bruises and mortality stress parameters, and meat quality in manually and mechanically caught broilers. *British Poultry Science* 83, 1610–1615.

Norriss, R.T., Richards, R.B., Creeper, J.H., Jubb, T.F., Madin, B. and Ken, J.W. (2003) Cattle deaths during sea transport from Australia. *Australian Journal of Veterinary Research* 8, 156–161.

OIE (2009a) *Transport of Animals by Land, Terrestrial Animal Health Code.* World Organization for Animal Health, Paris, France.

OIE (2009b) *Guidelines for the Sea Transport of Animals, Terrestrial Animal Health Code.* World Organization for Animal Health, Paris, France.

Powell, J. (2003) Preconditioning Beef Calves. Cooperative Extension Service, University of Arkansas. Available at: www.uaex.edu (accessed 1 May 2009).

Rademacher, C. and Davis, P. (2005) Factors associated with the incidence of mortality during transport of market hogs. In: Allen, D. (ed.) *Proceedings of the Leman Swine Conference.* University of Minnesota, Minneapolis, Minnesota, USA, pp. 186–191.

Ramsey, W.R., Meischke, H.R.C. and Anderson, B. (1976) The effect of tipping horns and interruption of the journey on bruising cattle. *Australian Veterinary Journal* 52, 285–286.

Ritter, M.J., Ellis, M., Bertelson, C.R., Bowman, R., Brinkman, J., Dedecker, J.M., Keffaber, K.K., Murphy, C.M., Peterson, B.A., Schlipf, J.M. and Wolter, B.F. (2007) Effects of distance moved during loading and floor space on the trailer during transport on losses of market weight pigs on arrival at the packing plant. *Journal of Animal Science* 85, 3454–3461.

Ritter, M.J., Ellis, M., Bowman, R., Brinkman, J., Curtis, S.E., DeDecker, J.M., Mendoza, O., Murphy, C.M., Orelleno, D.G., Peterson, B.A., Rojo, A., Schliph, J.M. and Woltzer, B.F. (2008) Effect of season and distance moved during loading in transport losses of market weight pigs in two commercially available types of trailer. *Journal of Animal Science* 86, 3137–3145.

Ritter, M.J., Ellis, M., Hollis, G.R., McKeith, F.K., Orellana, D.G., Van Genugten, P., Curtis, S.E. and Schilph, J.M. (2009a) Frequency of HAL-1843 mutation of the nanodine receptor gene in dead and non-ambulatory, non-injured pigs on arrival at the packing plant. *Journal of Animal Science* 86, 511–514.

Ritter, M.J., Ellis, M., Berry, N.L., Curtis, S.E. *et al.* (2009b) Review: transport losses in market weight pigs. A review of definitions, incidence and economic impact. *The Professional Animal Scientist* 25, 404–414.

Shaw, F.D., Baxter, R.I. and Ramsey, W.R. (1976) The contribution of horned cattle to carcass bruising. *Veterinary Record* 98, 256–257.

Sutherland, M.A., Bryer, P.G., Davis, B.L. and McGlone, J. (2009) Space requirements of weaned pigs during a sixty minute transport in summer. *Journal of Animal Science* 87, 363–370.

Swanson, J.C. and Morrow-Tesh, J. (2001) Cattle transport: historical, research, and future perspectives. *Journal of Animal Science* 79 (E Supplement), E102–E109.

Tarrant, P.W., Kenny, F.J. and Harrington, D. (1988) The effect of stocking density during 4 h transport to slaughter, on behaviour, blood constituents and carcass bruising in Friesian steers. *Meat Science* 24, 209–222.

Valdes, A. (2002) *Efectos de los Densidades de Carga y dos Tiempo de Transporte Sobre el Peso Vivo, Rendimiento de la Canal y Presencia de Contusiones s en Novillos Destinados al Faenamiento.* Memoria de Titulo para Optar al Titulo de Medico Veterinario Fac. Ciencias Veerianarias, Universidad Austral del Chile Valdivia, Chile.

Vecerek, V., Grbalova, S., Voslarova, E., Janackova, B. and Maiena, M. (2006) Effects of travel distance and the season of the year on death rates of broilers transported to poultry processing plants. *Poultry Science* 85, 1881–1884.

Warner, A.C.I. (1962) Some factors influencing the rumen microbial population. *Journal of General Microbiology* 28, 129–146.

Warriss, P. (1998) Choosing appropriate space allowances for slaughter pigs transported by road: a review. *Veterinary Record* 142, 449–454.

Warriss, P.D., Bevis, E.A., Brown, N. and Edwards, J.E. (1992) Longer journeys to processing plants are associated with higher mortality in broiler chickens. *British Poultry Science* 33, 201–206.

Webster, A.B. (2004) Welfare implications of avian osteoporosis. *Poultry Science* 83, 184–192.

Weeks, C.A. (2000) Transport of deer: a review with particular relevance to red deer (*Cervus elaphus*). *Animal Welfare* 9, 63–74.

Weeks, C.A., McNally, P.W. and Warriss, P.D. (2002) Influence of the design of facilities at auction markets and animal handling procedures on bruising in cattle. *Veterinary Record* 150, 743–748.

Winks, L.A., Holmes, E. and O'Rourke, P.K. (1977) Effect of dehorning and tipping on live weight gain of mature Brahman crossbred steers. *Australian Journal of Experimental Agriculture and Animal Husbandry* 17, 16–19.

Woods, J. and Grandin, T. (2008) Fatigue is a major cause of commercial livestock truck accidents. *Veterinaria Italiana* 44, 259–262.

# 第8章 农场中的动物福利和行为需求

**Lily N. Edwards** *

**Colorado State University，Fort Collins，Colorado，USA**

虽然现在动物科学家、兽医、生产者和消费者都难以恰当完整地定义动物福利,但它依然是一个非常重要的概念。科学家已经描述了什么是好的动物福利（Duncan 和 Dawkins，1983；Moberg，1985；Broom，1986；Duncan 和 Petherick，1991；Mendl,1991；Mason 和 Mendl,1993；Fraser，1995；Ng，1995；Sandoe，1996；Dawkins，2006）。但是如何准确地定义它,专家们没有达成共识。其中部分原因是可以用于判定动物福利好坏的因素实在太多了。科学家们无法建立一个数学公式,把所有的福利指标（生物学指标、行为学指标和心理学指标等）都放进去,从而建立一个可定量的包罗万象的以 1～10 分为尺度的简单评分系统。如果可以,那就简单多了。与洞察动物相比,考虑直接洞察人性也许是一个更容易的任务。可惜,即使对于人类,我们还没能做出如此艰巨的壮举。

## 8.1 对动物福利的不同定义

什么算是好的动物福利？每个专家都有自己的定义。有的专家主张动物福利应首先基于健康（Moberg,1985）。比如,这个动物还具有繁殖能力吗？有疾病吗？等等。更进一步,从特定生理机制评估动物福利状态要测量多种激素（如皮质醇、乳酸、肾上腺素等）水平（Moberg，1985）。科学家利用应激生理和免疫反应的知识来鉴定动物的福利状态。比如去角手术时犊牛就通过生理学和免疫学反应,来表现疼痛和应激（Wohlt 等，1994；Petrie 等，1996；Sylvester 等，1998；Stafford 和 Mellor，2005）（见第 6 章）。当然,大部分人还是认为健康、无损伤、减少死亡和跛腿是动物福利的基本组成部分。

很多福利专家扩展了动物福利的概念,超越了原来颇为客观的应激生理数据和健康状态的范围。他们认为,动物福利必须包括情感状态、感觉和意愿（Duncan 和 Dawkins，1983；Dawkins,1988；Duncan 和 Petherick，1991；Sandoe，1996）。牛觉得高兴吗？它们的需求都得到满足了吗？它们痛苦吗？在讨论情感状态时,一些科学家声明自然行为的表达是良好动物福利的必要组成部分。母猪在妊娠栏里能表达它的群居行为吗？良好动物福利的定义会根据对象而改变。动物福利定义的多样性,不止给人们提供了详细讨论的平台,也号召人们关注

---

\* 现地址:Kansas State University,Manhattan Kansas,USA。

目前动物福利的相关工作(涉及动物福利的评估、确定、保障或仅仅只是对动物福利的理解)。尽管在动物福利的概念上仍有分歧,但我们目前已经颁布很多确保动物福利的指南和法规。一些动物福利的概念及其担忧纯粹是出于伦理考虑,不能完全由科学来解释(见第 2 章)。另外,了解在政策和立法中出现的关于动物福利的词汇很重要,尤其是那些重点问题所涉及的词汇,我们必须理解。

## 8.2　不同国家的福利概念

美国的动物福利法规(Office of the Federal Register,1989)属于联邦法律,首创于 1960 年,用来最低程度地保护某些动物种类,主要针对伴侣动物和用于研究的动物的管理、照顾、圈舍和治疗问题。可惜不包括食用和毛皮用的牲畜种类。法律故意漏掉了农场动物,是源于畜牧业的政治压力。动物福利法规的条款主要针对每种动物的圈舍问题。1985 年美国正式制定了一个修正案,为了给动物提供一个"适于促进动物心理康乐的环境",修正案要求人们给非人类的灵长类动物提供住房设施。尽管修正案中陈述得很清楚,但同时这份文件也恰恰没有对"心理康乐"下定义,所以修正案在满足这个要求方面也就没有具体的建议。这项法规只涉及非人类灵长类动物的心理健康问题。

英国的 Brambell 委员会(Brambell,1965)属于一个政府委员会,主要评估在集约化畜牧业系统中出现的福利问题。他们提议检查农场动物的生活状况,并提交了报告。自从 1979 年英国农场动物福利协会(FAWC)制定修正案后,针对动物生活状况的调查内容被广泛称作"五项基本原则",具体如下:(1)免于饥饿、干渴和营养不良;(2)免于不适;(3)免于疼痛、损害和疾病;(4)自由地表达自然行为;(5)免于恐惧和悲伤(FAWC,1979)。这"五项基本原则"包括了动物福利的所有方面,也成为英国和许多国家评估动物福利的基准。

## 8.3　动物福利分类

将动物福利的不同组成部分进行分类更便于有效实施福利计划。在"五项基本原则"提出后的几十年,Dr David Fraser(2008)提出了动物福利评估和定义基本准则的三个主要方面:(1)生物学机能——生理健康、生长、繁育;(2)情感状态——恐惧、焦虑、沮丧、痛苦、饥饿和口渴;(3)自然生活状态——近似于自然的生活条件以及行为需求的满足。更近的是在 2008 年美国动物科学协会举办的会议上,Fraser 提出将动物福利的组成部分重组,分为四类:(1)保持基本健康;(2)减少疼痛和悲伤;(3)顺应自然行为需求和情感状态;(4)提供近似的自然环境(见第 1 章)。这四类涵盖了动物福利的所有概念,涉及健康、缺乏病理条件到情感状态、感觉,而且更便于实际运用。可能对动物福利最准确的定义就是将所有这些分类综合起来,但是对每一部分的准确衡量仍不甚明了(比如说,若认为某一个组成部分更重要的话,假如有两种情况满足条件就可以实现良好的动物福利,而第三种情况就要被忽略吗?)。Brambell 委员会(Brambell,1965)对动物福利的概念做了补充说明,指出动物福利"同时包含动物生理上和心理上的福利",这也是借鉴了动物福利法规修正案中关于动物心理状态的理念。

## 8.4　虐待动物和动物福利

在这个话题中值得注意的一个问题就是,糟糕的动物福利和虐待动物之间的区别。虐待动物是一种故意行为,会造成明显的不必要的伤害和痛苦。例如饥饿、折磨、殴打、戳眼睛和剥夺如饮水这样的生存需求等。人们所说的虐待动物案例,往往指的是故意的虐待行为,这种行为不是由于"心理有问题",就是因为人们过于无知。现今很多国家明令禁止这种虐待行为,甚至还有专门的人道警察来执行这些法律法规。(我非常确信,你们中一些人很熟悉关于动物警察的电视节目,这类节目通常播放一些人道警察救助受到残暴虐待或忽视的猫、犬、马和别的家庭宠物的案例)。在良好的福利条件下,动物一定不会受到明显的虐待,但是动物福利的概念更加宽泛。如今动物福利也包括良好的健康状态、免于疼痛、减少恐惧和给予可以表达行为需求的生活环境。随着人们对虐待动物的担忧逐渐转变为对动物全面福利的担忧,我们也必须开始严格审核我们在科研、农业等领域对动物的利用。

## 8.5　动物的心理状态是福利问题的重要部分

考察各种委员会和法律制定者的所有陈述,发现它们似乎有一个共同的主题:在考虑动物幸福和福利时,都强调了动物生活中的情绪(情感)因素。有些研究人员明确强调了这种精神因素,声称动物福利完全依赖于动物的精神需求,一旦精神需求得到满足,物质需求就会得到满足(Duncan 和 Petherick,1991)。然而,大多数动物福利专家认为,尽管精神(情感)状态是福利的一个重要组成部分,但基本的健康和伤害预防也不容忽视。由此引发的问题是:什么是心理健康? 怎样确定动物有良好的心理健康? 更重要的是,我们该怎样衡量? 想想人类的心理健康。如果一个人免于痛苦,那么就可以说他处在心理健康的状态。一个精神良好的人,会对自己的生活感到满意,而且他的生存和幸福的需求也会得到满足。谁会有更好的精神状态? 是每天 5 点下班,回家后和家人共享愉快晚餐的人,还是每天工作到 10 点,从来看不到自己的家人并且还患高血压的人呢? 根据我们的生活经验,很容易识别上述两种情况,并选择我们更喜欢的那一种。很多人会选择第一种方式,但一些想有较高成就的人很容易感到厌倦,可能会选择第二种方式。一旦食物、安全、住房等基本需求得到满足,精神福利的概念会变得更复杂。

为了实现幸福,人类会尽量减少生活中的痛苦。这些痛苦包括众多的消极情绪,比如疼痛、焦虑、沮丧、恐惧,还有与人的身体或精神伤害相关的任何不愉快的感觉。有时候,人会感受到来自于身体创伤的慢性的剧烈的疼痛。比如一些慢性病痛患者,他们会感到痛苦无法忍受,甚至想要靠结束生命来结束痛苦。此外,人也可能会承受因失业带来的恐惧和对经济的担忧。又或者是遭受挫折,这种挫折可能源于陷入了一场自己不愿意但又无法逃避的婚姻。(附注一点,美国人似乎承受着更多的精神痛苦,因为有许多人在服用抗抑郁和治疗焦虑的药物。美国国家健康统计中心 2007 年的报告显示,在 1988—1994 年和 1999—2002 年之间,抗抑郁药的使用量增加了 2 倍多。)很多因素会让一个人痛苦,所有这些都会对他的总体心理健康产生负面影响。所以,人类会尽量避免这些状态,而去寻求更加愉悦的、能发挥积极情感的情形。

## 8.6　负面核心情绪

神经科学的研究清楚地表明,动物和人拥有相同的核心情绪。愤怒、恐慌(分离焦虑)和恐惧是三种负面核心情绪(Panksepp,1998)。人们已经详细研究并定位了这些情感系统。比如电刺激猫和大鼠的丘脑,会使它们愤怒(Panksepp, 1971; Olds, 1977; Heath, 1996; Siegel 和 Shaikh, 1997; Siegel, 2005)。第二个负面核心情绪是分离焦虑,发生在小动物与母畜分开或成年动物离开畜群时(Semitelou 等, 1998; Panksepp, 2005a)。第三个负面核心情绪是恐惧。人们已经广泛地研究和学习了大脑的恐惧回路,是它驱使动物躲避天敌(LeDoux, 1992, 2000; Rogan 和 LeDoux, 1995, 1996)。鹌鹑的选育研究清楚地表明,恐惧和恐慌(分离焦虑)系统是分别由不同基因管辖的独立系统。野生的鹌鹑会同时表现出较高的恐惧和分离焦虑。法国科学家成功培育出了四种遗传独立的鹌鹑,分别为高恐惧和高分离焦虑型、高恐惧和低分离焦虑型、低恐惧和高分离焦虑型、低恐惧和低分离焦虑型鹌鹑(Faure 和 Mills, 1998)。他们通过紧张性不动实验(见第 1 章)来衡量恐惧,以鹌鹑保持不动的时间作为害怕的指标。衡量分离焦虑(Faure 称为社会复职)时,利用传输机把鸟从一个装有鸟群的笼子里移出来。通过测量鸟为了留在鸟群中而在传输机上停留的时间,来确定分离焦虑的强度。

人们不喜欢有恐惧或恐慌的感觉,因此就会远离激发这些情感系统的情况。当一个女孩在杂货店突然发现妈妈不见了,她就开始恐慌并寻找妈妈。当我晚上一人去公园遛犬,听到身后的脚步声时,我就会害怕并且加速回家的步伐。可见,人们都喜欢正面情绪而逃避负面情绪(Grandin 和 Johnson,2009)。

而当主体换成动物,对痛苦的定义就改变了吗? 不会的。动物也有和我们相同的核心情绪。当然,和我们表现出来的行为是不同的。如果我的犬够不到我掉落在厨房柜台下面的肉片,它就会感到一种温和的愤怒,那就是沮丧。它并不会像人一样用生气的言语表达自己的失落,它会发出一些哀叫,让我明白它的感受。动物的恐惧很容易发现。比如一只犬看到人拿着棍子向它走来时,它会由于害怕挨打而委屈地蹲下并蜷缩身体。又比如,当兽医给一个动物做手术时,它会因害怕而挣扎。当牛对一个物体害怕时,会逃离它或者止步不前(Grandin, 1997)。

## 8.7　正面核心情绪

大脑中也有掌管正面情绪的核心。最典型的就是寻觅和目标指向行为(Panksepp, 1998, 2005a)。比如猪见到一片新鲜的稻草会使劲地上去拱刨并咀嚼,一群牛会非常愿意走进一块长满新鲜绿草的牧场。占有并拱刨稻草等纤维材料是猪的一种动机十足的行为(Berlyne, 1960; Wood-Gush 和 Vestergaard, 1989; Day 等,1995; Studnitz 等, 2007)。控制正面目标指向行为的回路位于大脑中叫作伏隔核(nucleus accumbens)的部位(Faure 等, 2008)。其他的正面核心情绪还有玩耍、性行为、母性哺育行为或者保持配偶关系的行为(Panksepp, 2005a)。所有哺乳动物都一样,正面和负面的核心情绪回路都位于大脑皮层下更原始的部位。如果摘除大鼠大脑的上皮层,它们就会表现玩耍行为(Panksepp 等, 1994)。可见,情感系统是行为的驱动力,正是它驱使动物表现不同的行为。

## 8.8　拟人论不好吗

人们通常认为,比较人和动物的情感(比如人类和动物的痛苦)是不明智的做法。将人类特性运用到非人类事物(如动物)上叫作拟人论。有时候人们不恰当地使用拟人论,就是因为人们对一些太陌生太客观的事物做假设,让人无法理解。而与之相反的观点是,可能拟人论并不像一些科学家所理解的那样(Panksepp,2005a),实际上,它可能有利于我们理解动物的心理状态。比如对阿片控制动物分离焦虑的分析就是一个正确使用拟人论的例子。由人类对阿片类药物的心理学反应,我们精准预测了动物对这些药物的行为反应(如心理学反应)(Panksepp,2005a)。但一些人忘记了,动物福利并不比人类福利更难定义(Dawkins,1998;Broom,2001)。我们可以猜测其他人每天的情绪。但尽管我们认为我们有理解他人心理的能力,却没有办法知道我们的猜测是否正确。而且人们会以不同的方式来表达和感知同样的事情。例如,同时给两个人巧克力圣代冰激凌,一个人很喜欢,觉得吃它很高兴;另一个人患糖尿病,会由于看着不能吃的东西而沮丧。痛苦是一种个人主观情绪,只有亲身经历的人才能真正理解(Barnard,2007)。虽然对人类的心理状态存在猜测性,但是,既然我们能够理解人类的这种痛苦,为什么我们不能理解动物并且让它们解脱这种苦恼呢?

如果人们误读了动物的本能行为(固定的行为模式),运用拟人论就会很容易犯错。就好比人类的眼神交流会激起正面情绪,但是对许多动物来说却会导致恐惧。情绪系统在人类和许多动物身上的表现是不同的。在这章稍后会介绍本能行为模式。

## 8.9　有些人反对动物情感说法

对于动物情感,很多人觉得那是科学家和别人头脑中的想法,而非农场动物的。因此,科学家通过收集易于测量的数据、数值和信息来探索这个未知(就是客观地测量)。一个动物对它周围环境的感觉是很难用一些简单的数值来定义的。当有必要使用客观测量时(比如针对情感状态),常常又不容易用同样的方法来评价不同的动物(Yoerg,1991;Ng,1995)。一些科学家不愿意承认动物有情感经历。一个很有意思的现象是,这些科学家中的一部分竟然更倾向于认为某些动物有情感而其他动物却没有。无论是在农场、实验室还是门诊这些工作场所里,我们会常常担忧动物的情感,但当我们下班回家看到摇着尾巴的宠物时,就忘记这些了。人们认为科研、农业中用到的动物不同于宠物。但是,在实验室里和家庭里作为宠物的小猎犬没什么区别,主人工作时,它绝不会撕咬地毯打扰主人。实际上,不同的是我们和动物的关系以及我们如何看待它们。犬、猪、大鼠、猫和牛都是动物,这个不会改变。如果我们认为从笼子里放出犬时它会很开心,那为什么我们不想一下,当我们把母猪放出妊娠栏时它也很开心呢?

## 8.10　大脑情感回路图谱

动物的确有情感经历。正如先前所陈述的,认为担忧动物的情感过于神经质,使得很多科学家没有认识到动物情感的存在。我们之所以弄不清楚动物情感问题，是因为情感本身具有主观性，很难用科学测量来客观地评判。同时，这也常常是否定动物有情感的理由。具有讽刺意味的是，大量科学证明，动物的情感不只是存在的，而且人和动物之间的情感还具有相似性。

　　现在人们已经证实，在人和动物的大脑中，简单的大脑结构和神经网络所占的比例虽然不同，但是基本结构和功能区是极为相似的(Jerison，1997)。MacLean 首次提出了三重脑(tri-une brain)概念(1990)。对于爬行类、哺乳类到人类的大脑区域的适应性调整，就是这个概念简化版的说法。这个三重脑概念意味着人类和动物有同样的大脑区，尤其是大脑边缘系统。这个边缘系统就是人类的情感中枢，因为动物和人都有这个区域，所以它也是动物的情感中枢(Rinn，1984；Heath，1996；Panksepp，1998，2003；Damasio，1999；Liotti 和 Panksepp，2004)。也就是在这个区域(Panksepp，1998)，人们发现了很多不同的情感回路(如搜寻、愤怒、恐惧、惊慌)。愤怒(Siegel，2005)、害怕(Panksepp，1990)、性兴趣(Pfaff，1999)和母性抚养行为(Numan 和 Insel，2003)这些可以辨别的人类和哺乳类的情感，都是由这个皮质下区域调控的。可能人和动物情感的最大区别是在表达情感的复杂性上。人类比动物具有更大的皮质来处理情绪。简单地认为大脑新皮质控制情感表达能力是错误的观念。实际上，对大脑新皮质进行电刺激或者化学刺激不会产生各种情感状态(Panksepp，1998)。此外，当大脑新皮质受损，动物仍然能表现一些特殊的行为，如蹦跳、寻求奖励、自我刺激(愉悦)等，用于表达某些情感状态(Huston 和 Borbély，1973；Kolb 和 Tees，1990；Panksepp 等，1994)。

## 8.11　人类和动物有相似的神经递质

　　人类和动物的大脑有相似的神经化学网。而且在神经元间传递信号的化学递质也一样。研究表明，上瘾药物，尤其是麻醉剂和兴奋剂，其神经化学在所有哺乳动物中都是高度相似的(Knutson 等，2002；Panksepp 等，2002)。对上瘾药物有反应的大脑网络在大脑新皮质下层，那是我们和动物共有的大脑原始区域(McBride 等，1999)。我们可以通过位置偏爱研究来证明药物对大脑的作用(Bardo 和 Bevins，2000)。在这类实验中，研究人员将动物置于特定位置，把药物注入大脑皮质下层。如果药物产生了正面的愉悦的感觉，这个地方就会成为条件性偏爱位置；如果药物作用相反，动物会对这个地方产生厌恶之感(回避反应)。很多研究证明了一些令动物愉快的药物对动物也是有益的，也会产生位置偏爱，并且刺激相同的大脑系统(Panksepp，2004，2005c)。大鼠会对它们被注入"好的"药物的地方产生积极的发声反应，而对被注入"坏的"药物的地方会有消极的发声反应(Burgdorf 等，2001；Knutson 等，2002)。事实上，动物表现出这种位置偏好表明它们非常想经历那种良好的精神享受。

　　人类寻找能产生积极感觉的情境来使生活更愉快；动物也是一样的。除了上瘾药物，动物对抗焦虑和抗抑郁的药物也有反应。抗焦虑药物运用于小动物实践中已经很常见(Overall，1997)。当主人工作时，可以给家庭宠物吃百忧解(Prozac®)(氟西汀)来缓解分离焦虑症。也有很多医学科研论文描述了各种精神刺激药物在动物身上的作用。最近一篇综述文章，引用了近 100 项研究来调查抗抑郁药物对动物(主要是大鼠和小鼠)行为的影响(Borsini 等，2002)。并且人们已经证明，动物因为关节受伤而感到疼痛时会进行自身药物治疗并且会摄入更多的止疼药(Colpaert 等，1980)。此外，抗抑郁药和抗焦虑药也常用来治疗宠物疾病(Seksel 和 Lindeman，1998；King 等，2000；Romich，2005)。

## 8.12　情感是生存的需要

抛开大脑解剖结构和神经化学的说法，站在进化角度上，动物情感的存在也得到肯定。像我们一样，情感决定动物们在生活环境里做出何种表现。如果一个动物害怕进入森林中的某个地方，它会利用对环境的感觉来避免潜在的危险情况。同样，如果夜晚在回家的马路边我的车坏了，而一个男人走近并且虚伪地说要帮助我，我的不安感会使我拒绝他的帮助。如果不需要，那为什么动物和人类会有这些情感呢？如果情感是没用的，那肯定老早就因为自然选择被淘汰了(Baxter，1983)。正是这些"本质的"原始情感使得动物生存下来。在危及生命的情况下，动物不会有机会去分析最合适的行为。如果一头小羚羊盯着一头狮子，还来回转悠，决定到底是逃跑还是等几分钟看狮子会不会离去，那是非常不正常的。小羚羊会在恐惧的驱使下迅速逃跑。正是这种情感使得它生存下来。恐惧感发自动物的恐惧中枢——杏仁核，它位于大脑的边缘区域，在这还有一些其他的情感回路(Davis，1992；LeDoux，1992)。现在已经证实，杏仁核也是人类的恐惧调节中枢(Bechara 等，1995；Büchel 等，1998；LaBar 等，1998)。对动物杏仁核的损害会影响先天和后天的恐惧反应(Davis，1992)。先天恐惧反应，包括一匹马看到球就变得焦虑不安，一只犬被爆竹吓跑等；而后天恐惧反应则比如动物会怕打它的人，或是牛被电到后会远离电护栏。

另一个例子是，分离焦虑会引起悲痛，它解释了情感是如何利于动物生存的。在人类和动物身上都可以见到这种痛苦。一个典型的例子就是，犊牛断奶时，当分开母牛和犊牛后它们都会大声哞叫。人类也有相似的例子，比如 4 岁的孩子在上幼儿园的第一天不想离开妈妈。这种后代和父母间强烈的社会纽带演变成了一种生存方式，当这种纽带被破坏的时候(在一种不顺应自然，尤其是过早的情况下)，就会表现出情感反应和分离发声(Panksepp，2005a)。

## 8.13　人类和动物的情感处理

显然，动物的确会有情感经历，但是在对这些基本情感的处理方式上还是和人类不一样。这并不意味着它们感受到的就少，反而可能更多。人类会利用脑的高级功能(高度发达的大脑新皮质)来更强烈地调节和抑制他们的情感。大脑功能发展到越高级，可能会越多地调节和抑制低级的大脑功能(如情感系统)(Liotti 和 Panksepp，2004)。这个假说强调，动物的认知能力较低，所以实际上可能比人类感受到的原始情感更加丰富。Panksepp(2005b)定义了这种情感差异，人类感受到的是情感意识，而动物感受到的是情感因素。如果比较一下动物和人类的孩子，就可以更深入地理解这个理论。孩子还没有完整的认知能力，大脑没发育完善，常比他们的父母更加情绪化，很少调节像恐惧、愉悦和紧张等感受(Burgdorf 和 Panksepp，2006)。脑前额叶外伤性损伤的人会缺少控制"直觉"的能力，这种能力在成人中很常用(Damasio，1994)。前额叶损伤的人们更容易被小小的刺激激怒(Mason，2008)。这些病人由于大脑损伤阻碍了他们对基本情感的控制。因此，这些人和小孩及动物很相似，他们的前脑都不完善。当然，这并不意味着动物没有主观判断能力，它们只是没有人类那样抑制情感的能力。

回想一下犊牛断奶和幼儿园孩子的情景，我们会发现动物和人类在情感表达上的差异。（为便于讨论，我们假设断奶一天后，小牛回到妈妈身边）。幼儿园儿童对于上学这件事既恐惧又紧张；他会觉得自己离开了妈妈，一个人待在一个陌生的世界。同样的，断奶的犊牛也被置于一个陌生的环境，它也不熟悉别的犊牛。在这两种情况下，孩子离开妈妈可能都会流些眼泪。人类的母亲会说："记住，你只用在这待几小时，然后我会接你回家。"除了两位母亲的悲伤和关切是相同的以外，人类的妈妈知道，她的儿子会很好而且她很快就能再见到他。而牛妈妈就不能用同样的方式安慰孩子，她只知道自己的孩子被带走了，她不理解为什么要分开，会分开多久或者其他将它带走的原因。幼儿园会提醒小孩，妈妈很快就来接他。而小牛犊只能不断地因为离开妈妈而哭泣，因为他没法理解他感受到的分离的恐惧，所以也就没法从思想上得到安慰。尽管这个例子不是最恰当的，但它说明了动物无法预见痛苦和恐惧经历的结局时，可能会使这种感觉更加强烈。

我们再换个角度看待这个问题。有些例子证明，当动物无法处理一些信息时，会使它们比人类经受更少的痛苦。就拿去势手术来说，生产者给小牛去势，小牛经受被绑缚、处理、陌生环境和手术过程的痛苦。如果某个年轻男人去做阉割手术，他会经受更多的痛苦，比如他会觉得余生没有睾丸极其痛苦，而小牛就不会有这种感觉。有时候，不了解是件好事，至少心理上的痛苦会更少点。不像动物，人会认识到他将永远失去一种幸福。

## 8.14　行为是情感的表达

人类可以通过行动、特定行为以及语言（而且还有提问人的理解）来表达我们的情感。可惜，我们无法和动物进行语言交流，不是所有人都有杜立德（Doolittle）博士这种能力的。因此，我们必须注意动物的行为来确认它是怎样认知它的生存环境的。在人和动物的交流中，行为是非常有价值的。一个兽医的职责就是给动物治病，但却根本无法问一只动物它的感受。他必须利用像行为改变这样的线索（如饮食增加、精神萎靡、饮水增加）来判断动物到底怎么了。想知道动物对我们提供给它的生活环境有怎样的感受，关键就是看它的行为（Darwin，1872；Dantzer 和 Mormede，1983）。人每天都在应用来自动物行为的线索，比如，养殖场管理者让牛从斜道通过，或者宠物主人教她的小犬坐下和保持不动等，意识到动物行为在我们和动物的互动和交流中扮演着重要角色是很重要的。

对于受限制的动物来说，五项基本原则的其中一条就是，动物有表达正常行为的自由。很多人认识到，我们常常难以保障饲养动物或伴侣动物的这种自由。无论是动物园里有限的空间，还是城市中的限制性法律，我们可以看到，在当今社会中想要允许动物表达一些正常行为似乎有点难。尽管我们可能没法让动物像在野生环境下一样表现基本的行为（大众不会接受动物园的大型猫科动物猎杀小兔子的），但我们还是要找到替代方式来达到同样的目的。Hal Markowitz 是丰富动物园动物生活的发起者，他阐明了这种替代观念。他的一个努力成果就是，发明了声学"猎物"，作为非洲豹得到捕获感的一种环境富集方式（Markowitz 等，1995）。

他开发了电脑控制的仿真捕猎道具,为捕猎型猫科动物提供了锻炼机会,并最终改善了它们的行为,提高了它们的整体福利。Markowitz 就是用相似的经历来代替真正的捕猎,获得了同样的效果。

## 8.15　积极的目标导向行为

动物有不同水平的动机或者心理内驱力来表现丰富的目标导向行为。这些行为旨在达到一个"目标",目标达到后就终止这种行为(Manning,1979)。像上文 Markowitz 实验中的美洲豹,其目标就是捕获猎物;而犬的乞讨行为,目标就是得到食物,一旦得到食物它也就不会再乞讨。一些行为比其他行为的动机更大;动机越大,动物会越努力地去实现。动物对吃、喝、睡觉、交配、走动、玩耍、探寻感官刺激和社交这些行为有着很强的动机(Harlow 等,1950;Brownlee,1954;Panksepp 和 Beatty,1980;Dellmeier 等,1985;Dellmeier,1989)。这些目标导向行为受到欲望、搜寻、关注和玩耍的积极核心情感所驱动(Panksepp,1998)。

## 8.16　负面情感引发的行为

提供给动物一个对恐惧、愤怒和恐慌(分离焦虑)的情感中心刺激较低的环境是非常重要的。我们常见的大多数农场动物属于被猎取的物种,如牛、羊和鸡。它们可能比狼、犬或狮子这些猎食者更加容易受惊,因为恐惧使它们免于被吃掉。母鸡也常趋向于在隐蔽的地方产蛋(Appleby 和 McRae,1986;Duncan 和 Kite,1987;Cooper 和 Appleby,1995,1996b)。今天母鸡的祖先——野生的原鸡,就是因为藏在灌木丛中产蛋才生存下来的,而露天产蛋的那些就被猎食了。恐惧情感使得母鸡在产蛋期间采取躲藏行为。为了抑制恐惧系统的激活,应该给产蛋的母鸡提供产蛋箱。这章稍后会进一步解释。

就像人类一样,动物也受大脑情感中枢的支配,因此它们的行为受到感觉和情感的驱使(Manning,1979)。Temple Grandin 强调要设计动物的生活环境,使之能加强刺激动物的积极情感回路而避免刺激消极情感回路,从而提高动物福利(Grandin 和 Johnson,2009)。动物会通过它们的行为激活这些积极情感回路,因为这些行为很容易被激活。当一个动物无法表达这些有着很强动机的行为(有一些行为,我们认为是动物平时都会表现的)时,说明它们的环境不再理想。

## 8.17　固有行为

我们观察到动物的行为不是后天习得就是本能的固有行为(hard-wired behaviour)。我们观察了很多动物的后天行为,比如奶牛学会在挤奶时排成队。很多动物园教给灵长类动物和其他多种动物一些口令,让它们伸展四肢或者站立不动,以便进行养殖或者兽医操作(Grandin,2000;Savastano 等,2003)。犬在口令训练中能学习许多行为。此外,动物在没有人类帮助时也会学习,例如猎豹幼崽会学着如何高效地杀死猎物。猎豹很小就会猎杀,但还需要母亲费些时间来指导它提高技能(Caro, 1994)。

而固有行为(hard-wired behaviour)就不同了。它们是先天的行为,动物不必学就会。鸟类在求爱和交配时的表演行为就是本能固有行为。我们见到母猪产崽前的做窝行为也是固有行为(Stolba 和 Wood-Gush, 1984；Jensen, 1986)。在公园见到犬追赶松鼠的捕猎行为也是如此。我们也能观察到牲畜的多种固有行为：牛被处理时的平衡点和逃离区反应(见第5章)、猪的拱地行为,鸡的沙浴和母鸡使用产蛋箱(Vestergaard,1982；Appleby 和 McRae, 1986；Newberry 和 Wood-Gush, 1988；Stolba 和 Wood-Gush, 1989；Studnitz 等, 2007)。对于露天饲养的母鸡,如果有树或者灌木丛,它们便会更多地利用外面的遮挡物来藏身(图8.1)。因为禽类天生害怕空中猎食者。以上这些提及的行为都属于固定的行为模式(fixed action patterns, FAPs),因为动物总是以同样的方式表达这些行为序列。一个经典的FAP例子就是灰雁的转蛋行为(Lorenz 和 Tinbergen,1938)。当一个蛋滚出鹅的窝,这只鹅就会表现出把蛋移回窝里的高度可预测行为。这些固定的行为模式各自由特定的信号刺激所激发。交配时的表演行为由可能的伴侣激发,犬的猎物搜寻行为由迅速移动激发,转蛋行为就是由滚出窝的蛋(或者像蛋的物体)激发。固定的行为模式是固定不变的,但是对信号刺激的行为反应可以受到学习或情感经历的影响。比如,牛对人类走进它的逃离区的反应就是转过去面对这个人但是保持安全距离。逃离区的尺寸可以通过学习或经验来修改。在习惯环境后牛的逃离区会变小,并且对人的出现也没那么害怕了(更多内容见第5章)。转身面对人是牛由于害怕的本能反应。当牛变得非常驯服的时候,就不再害怕,这种反应便会消失。

**图8.1** 种植树木为自由放养的鸡提供庇护所,这些树木和灌木丛能保护禽类远离空中猎食者,使它们更广泛地觅食。

## 8.18　情感激发行为

动物的情感能驱使其本能和习得行为。一头牛的本能是看到猎食者出现在逃离区域时由于害怕而逃跑；猪的本能是拱地寻找食物，这也是受到它的搜寻情感所驱使的；犬的本能是对幼犬同伴做玩耍式鞠躬，是受它玩耍的动机驱使。为达到特定的目的而表现出的行为模式是可以检测到的。积极的目标导向行为可以分为三个时期：(1)寻找目标；(2)指向目标的行为；(3)达到目标后的静态(Manning，1979)。寻找阶段又叫作欲求阶段，目标指向阶段又叫作实现阶段。动物行为的基本原则就是，与实现阶段相比，寻找阶段更加灵活而且更依赖于学习。寻找阶段必须要灵活，以适应动物不同的生存环境。当狼和其他猎食者觅食时，它们在学习中收获寻找技巧。当捕食者杀死猎物时，致命一口是其固有本能，但是决定要狩猎什么猎物是习得的。牛和羊的幼畜从母畜那儿学会什么饲料好吃什么饲料不好吃(Provenza 等，1993)是处在寻找阶段。吃饲料、咀嚼和反刍是牛的本能，则处在实现阶段。摄食和觅食行为是这个分类阶段说法的一个很好的例子。想象一只野猫在野外觅食，它花时间寻找、追踪猎物，这是欲求行为；待时机成熟时，它攻击田鼠并杀死它，这是实现阶段；等猫吃完老鼠后就舔着嘴唇休息了。草食动物的摄食行为相对来说算不上一个好例子，因为它们不停地吃，并没有明显的静止期。这些目标导向行为常常受到强烈驱动，因为一旦表达了这种行为，目标就是一种奖励。

## 8.19　测量动机的强度

如今科学家已经能够客观地测量一个动物表现特定行为的动机，而这非常有利于我们判定资源(如食物)的价值或者动物表达这种行为(如筑巢)的能力有多大。Mason 等对农场养殖的貂做了研究，目的在于判定它们为了进入能激起自然行为的不同环境究竟会多努力地工作，或者说它们会付出多少(Mason 等，2001)。为貂建立的环境包括新奇的玩耍地点、一个水池、一个巢穴和一个垂直平台。这些环境的入口被加以不断增加重量的门，来测量这些貂究竟有多想进入这些不同的环境。结果表明，貂会抬起最重的门来进入水池，它们有非常强的接近水的动机。此外，Mason 等还发现当锁上进入这些环境的入口时，动物体内代表应激反应的皮质醇水平会增高。

针对包括小鼠(Sherwin，2004)、兔子(Seaman 等，2001)、猪(Pedersen 等，2002)和母鸡(Olsson 等，2002)等在内的不同物种，我们在许多有价值的研究内容(如食物、饮水、地板、社交行为、筑巢材料等)上做了动机测量研究。由于在很多商业养殖系统中并不为鸡提供垫料材料，这限制了鸡的沙浴行为(Vestergaard，1982；Dawkins 和 Beardsley，1986；Petherick 等，1990，1991；Matthews 等，1993；Widowski 和 Duncan，2000)，因此人们也展开了几项针对母鸡沙浴的动机研究。研究人员在观察了野生禽和家禽的行为后认为，沙浴是一个动机行为。一些研究发现，母鸡会为了得到沙浴的材料如木屑、泥炭而工作，比如啄钥匙或者推开加重的门等，这表明母鸡对沙浴有着较强的动机(Matthews 等，1993；Widowski 和 Duncan，2000)。

但其他研究者发现这个结果并不那么简单。比如试验中母鸡会用喙啄坏画做的门闩，试图进去得到沙浴材料；但不论经过多少尝试，它们也学不会取到钥匙来获得进入的权利（Dawkins和 Beardsley，1986）。其他研究发现，母鸡会为了扩大的笼子啄钥匙，但当笼子扩大也意味有沙浴材料时，它们大部分不会增加啄钥匙的数量（Lagadic 和 Faure，1987；Faure，1991）。由于这些动机实验的结果都不一样，可见母鸡对沙浴材料的需求可能没有人们认为的那样强烈（比如说沙浴可能不是强动机行为）。实际上这些结果并不是否定了沙浴这种行为需求，而是对什么驱使了鸡的沙浴行为提供了有价值的信息。例如，某些行为可能依据特定的生物节律（如只发生在一天中的特定时间），这使得实验设计时必须考虑时间安排。此外，视觉刺激也是影响母鸡沙浴动机的因素，尤其是母鸡能看到沙浴材料时动机更加明显。实验表明，当母鸡看不见材料时，沙浴是不重要的（Dawkins 和 Beardsley，1986），如果看到材料的话，沙浴就变得重要了（Matthews 等，1993）。这些例子很好地说明了行为动机的复杂性，以及对实验结果全面评价的重要性。

　　有人认为，沙浴行为可能受积极情感中枢驱使。关于母鸡对隐蔽性个体产蛋箱的动机研究，就清楚证明了母鸡对产蛋箱的需求。相比于沙浴，这个害怕激发的行为有着更强烈的驱动力。母鸡对产蛋前得到隐蔽产蛋箱的需求明显高于禁食 4 h 后对食物的需求（Cooper 和 Appleby，2003）。母鸡会抬起加重的门（Duncan 和 Kite，1987；Smith 等，1990；Cooper 和 Appleby，2003）或挤过狭窄的通道来得到产蛋箱（Cooper 和 Appleby，1995，1996a，1997；Bubier，1996）。我们可以从这些研究中总结出，产蛋箱是好福利的必备条件，而沙浴就显得没那么重要了（见第 15 章）。

　　也有人测量了放牧动物结伴的动机。比如，犊牛有和其他犊牛待在一起的动机（Holm 等，2002）。这种动机可以通过记录犊牛为了和同伴在一起而按下开关的次数来衡量。研究人员认为犊牛会为了丰富的社会交往和简单的头接触付出更多努力（按下开关次数更多），这和貂的研究结果相似。这个研究结果可以指导我们在建造圈舍以及动物的个体与群体的围栏系统（参照犊牛的案例）时做出最好最实际的管理决策。动机研究在决定动物行为需求上非常有价值，可以让我们了解哪种行为能满足核心情感，以及哪种行为对动物来说更重要。

## 8.20　动机强度的影响因素

　　我们可以根据许多线索来判断某个特定的行为是不是我们所研究物种的强动机行为。有时候，动物会表现某种行为，就算当前没有表现这个行为的必要材料和刺激物，则这种行为具有强烈的动机（Black 和 Hughes，1974；Van Putten 和 Dammers，1976）。这种行为被称作真空行为，因为这些行为并非由明显的原因引发。真空行为是固定的行为模式的一种表现，即使缺乏合适的刺激信号，也会表现出来。例如母猪在产崽前，即使眼前没有做窝的材料，也会表现出做窝行为（如叼草絮窝）（Vestergaard 和 Hansen，1984）。另一个我们常常可以观察到的真空行为就是犊牛的无营养式吸吮（如吸吮圈舍内的同伴或者其他物体）（de Wilt，1985）。犊牛会因为缺少母畜的奶水而表现出更为强烈的吸吮动机（Sambraus，1985）。真空行为源于动物不能有效表达强动机行为时所表现出的沮丧(Lindsay，2001)。这些强动机行为对动物来说是必须表达的。

　　动物需要表达某种行为的另一个提示是，动物表现特定行为的需求被剥夺一段时期后，表达此行为的动机便会增强。即当一种行为受到阻止，其表现动机就会相应增强，这被称为"反弹效应"(Vestergaard，1980；Nicol，1987)。蛋鸡对空间限制的反应表明，当受到限制后再给予更大的空间，蛋鸡大多会以更高的频率表现出某些特定行为(如伸腿、扇翅、竖羽等)(Nicol，1987)。作者承认，这种"反弹"可能是因为表现这些行为的动机在限制期间增强了，或者可能仅仅只是源自对陌生环境的反应。Lawson 进行了犬的经口采食剥夺实验及其后续采食行为的观察(Lawson 等，1993)。实验犬经胃内投食，数天没有经口采食的刺激。待限制期结束后，Lawson 观察到这些犬都出现过量采食的反弹现象。与之类似，我们可以联想到，当某天你下班回家晚了，比平时晚些喂犬，在这种情况下，它可能就比准时喂食的情况下吃得更快。

## 8.21　异常取代行为和刻板症

　　当动物无法表现某些强动机行为，如沙浴、觅食、筑巢时，它们就可能会出现取代行为，如咬栏、踱步、摆动、自我麻醉、攻击性增强等(表 8.1)。其中一些行为就是刻板症(stereotypes)的表现。刻板症是对一种重复行为的定义，这种行为以固定的模式重复并且看不出有什么明显的目的(Mason 等，2007；Price，2008)。之所以会出现这些重复无明显目的的行为，是由于动物无法表达某些先天行为，导致它们以这种刻板的行为来寻求解决之道。举一个觅食的例子，一只动物园的熊在饲喂时间之前，会在围栏里某个区域来回徘徊。在动物园里它不必寻找食物，每天都有人在固定时间饲喂，而这种徘徊行为就取代了它在野生环境下长时间的觅食。在妊娠栏里的母猪有时候会在即将喂食前表现出啃咬围栏的行为(图 8.2)，这也许是对觅食和拱地这些天性行为无法表达的反应(Lawrence 和 Terlouw，1993；Day 等，1995)。

表 8.1　常见的刻板行为和其他异常行为，这些异常行为的出现表明动物需求没有得到满足，应该采取丰富动物的生活环境的措施来杜绝这些行为。

| 行为 | 动物种类 | 行为描述 |
| --- | --- | --- |
| 咬栏 | 母猪 | 动物有节奏性地咬或舔围栏或其他物体 |
| 卷舌 | 牛 | 伸舌并迅速来回卷动 |
| 啄羽 | 蛋鸡 | 啄其他鸡，导致羽毛损伤或其他伤害 |
| 摆动 | 马 | 来回摇摆 |
| 咽气癖 | 马 | 把上颌放在围栏上、有节奏性地啃咬并咽下空气 |
| 踱步 | 水貂和狐狸 | 在笼子里以固定模式徘徊 |
| 异食毛发 | 绵羊和羚羊 | 将其他动物的毛发揪下来 |
| 拱腹 | 猪 | 把鼻子贴在其他动物身上摩擦 |
| 无营养式吸吮 | 犊牛 | 吸吮肚脐或尿道 |
| 咬尾咬耳 | 猪 | 弄伤其他动物的尾巴或耳朵 |

图 8.2　圈养在单体妊娠栏的母猪在咬围栏。母猪的个体差异很大，某些会出现咬栏行为，其他猪却不会。

　　一些动物可能会进行自我治疗，这是为满足行为需求而对不良生活条件的适应行为。现在已经证实，刻板行为与内啡肽的释放有关，使动物对紧张环境的反应有所缓解（Cronin 等，1986；Dantzer，1986）。研究发现，当将治疗成瘾的药物如纳美芬投喂给表现刻板行为的马、猪和小鼠后，其刻板行为就停止了，这也支持了动物刻板行为就是一种疗法的概念（Cabib 等，1984；Cronin 等，1985；Dodman 等，1988）。动物形成这种刻板行为是为了应对恶劣的生存环境，这也是它们所处的环境需要改善的指征。动物的行为可以作为福利水平的指标（Duncan，1998）。

## 8.22　福利差的行为指标

　　当观察被囚禁的动物时会发现，一些动物会表现出刻板行为和取代行为：比如一只鸡在没有土的情况下表现出沙浴行为；在妊娠栏里的母猪会咬围栏；用链子拴住的犬不停地舔爪子；动物园里的美洲豹不停地在笼子里徘徊。这表明在一些受限制的畜牧生产系统（confinement livestock production systems）里，动物表达某些行为（如沙浴、筑巢、觅食、运动、社交、寻求等）的需求受到了限制。这些都是动物福利的潜在问题。很多农业圈舍系统使动物无法表现自然行为。它们表达自然行为的动机受到了挫败，因此在圈舍里变得更加沮丧，这种沮丧会通过多种途径尤其是行为表现出来。生产者往往在集约化受限制系统（intensive confinement systems）里饲养畜禽，可问题是我们应该以这种方式养殖吗？（Bernard Rollin，个人交流，2008）。在第 2 章 Bernard Rollin 给出了更进一步的讨论，那就是集约化受限制系统所涉及的伦理问题。动物不会"说出"它们的感受，因此我们必须通过不同的方式来理解它们（如通过它们的行为)。有些人可能会担心由动物行为来判断其福利的可行性(尽管他们对人类同伴很可能每天都做这些)。但是,正如一个研究者所说,"对重要的事来说,大致正确比精确更重要"(Ng,1995)。动物福利正是"重要的事"。

## 8.23　富集环境有助于避免异常行为

提供富集环境可以减少刻板的异常行为(Mason 等,2007)。其重点是要从一开始就避免异常行为。一旦形成了异常行为,就很难停止。比如禽类的啄羽和同类相残的行为就很难制止,因为禽类会互相教会啄羽。类似给猪稻草或者给母鸡提供产蛋箱这些丰富环境的做法,目的就在于避免异常行为并顺应动物想要表现更多种属典型行为的天性。这样更有利于实现动物的生物学本能(Newberry,1995)。另一个好处就是可以阻止可能引起动物受伤的行为。

给牛提供充足的粗饲料,就能减少它的卷舌行为(图 8.3)(Redbo,1990;Redbo 和 Nordblad,1997)。提供干草或者其他粗饲料给马,就能阻止马的一些刻板行为(McGreevy 等,1995;Goodwin 等,2002;Thorne 等,2005)。喂给马过多的颗粒精饲料会使马容易产生刻板行为。给家鸡和火鸡一些垫草、稻草或者其他可以用来搜寻的材料,可以降低啄羽和伤害。给火鸡提供稻草和吊链,能减少互斗伤害(Sherwin 等,1999;Martrenchar 等,2001)。但是,给鸭一些可以搜寻的材料却没有任何效果(Riber 和 Mench,2008)。给猪提供稻草或者其他纤维材料让它们拱刨,有助于阻止咬尾(Day 等,2002;Bolhuis 等,2006;Chaloupkova 等,2007),在一生中为猪提供这些东西很重要。如果拿走稻草,咬尾行为就会增加(Day 等,2002;Bolhuis 等,2006)。图 8.4 反映的就是生活在稻草铺垫的圈舍的母猪。

**图 8.3**　牛的卷舌癖。喂给牛更多的粗饲料会减少此现象。由于受基因影响,不同品种的牛卷舌倾向不同(来源:Grandin 和 Deesing,1998)。

图 8.4　卧在铺有稻草的圈舍的母猪。给母猪提供稻草能减少异常行为。生产者必须认真管理这类养殖系统以确保给猪充足的稻草来保持它们干净。因为这些系统里最大的问题是没有提供充足稻草,使得猪只能卧在粪堆里弄脏自己。

在有些畜牧养殖系统里,采用的是液体粪水处理法和漏缝板条式地面,这些情况下,给动物稻草和粗饲料是不太可能的。悬挂绳索或者链条这类东西也能防止猪互相咬伤、咀嚼或者吸嗅,因为猪喜欢咀嚼破坏那些东西。挂些布条或者橡胶管比挂链条的效果更好(Grandin,1989)。Jensen 和 Pedersen(2007)也报道了相似的结果。使用链条和球这些不容易遭受破坏的东西,就必须频繁地变换以保持猪的兴趣。给笼子里的蛋鸡提供白色绳子能减少羽毛损伤(McAdie 等,2005)。鸡能在几周内的时间保持对同一根绳子的兴趣。在某个试验中,它们第一天啄绳子的次数和第 47 天的次数相同。可见家禽对新奇事物的兴趣可能没有猪的大。有绳索的笼养蛋鸡在 35 周龄时,羽毛情况明显较好。这个实验的鸡没有断喙。

## 8.24　异常行为的遗传效应

我们必须记住,发生伤害其他动物的行为受遗传影响很大。对家禽来说,遗传的作用就更为明显(Kjaer 和 Hocking,2004)。高产蛋率的鸡常常有更高的概率会表现出愤怒、啄羽以及同类相残。相比于北京鸭来说,美洲家鸭更容易同类相残。很多生产者和管理员发现,某些经过遗传选育的猪,尽管瘦肉率高、生长迅速,却更容易咬尾。农场管理者也发现,这些猪也更容易拱咬其他猪。

## 8.25　追求最大生产效率的困境

畜牧业现在面临的困境是：继续在很小空间养殖大量动物，以追求生产效率的最大化，或者为提高动物福利而给动物更大空间，单位空间里动物的生产力就会降低。社会团体、生产者和科学家们正以不同方式为此困境而纠结着。受限制动物生产这种极端模式已经运行了好些年，但是不可持续，至少对动物来说是不可持续的。为了获得理想的生产水平，很多驯养物种被推向了生物极限。动物生产极限进一步的推进将无法维持它们的生物特性。我们能种植出达到极高产量的玉米（谷物）；也可以通过基因工程改造和选育玉米，使得它们在高种植密度及狭小的空间里也能旺盛地生长。与牲畜这些物种不一样的是，玉米是植物，不会对生存环境有恐惧、疼痛或者沮丧的感受。可是，我们像对待玉米一样对待畜牧动物，为了让它们在更少的空间产出更多的肉、蛋和奶，人类只提供给它们拥挤的生活条件。从整体意义上说，如此有限的空间已经让它们不像个动物了。现在社会各阶层都意识到，将野生动物圈养在动物园那狭小的死气沉沉的环境里是不人道的，而且对动物福利无益。早在关注动物园里的动物之前，为了避免伴侣动物感到痛苦，各国就已经出台了许多反虐待法令和法规。（伴侣动物有特殊的社会角色，人们对待一些宠物更像对人而不是对动物，因为犬的主人很容易就发现犬有感知痛苦、恐惧和沮丧的能力）有时，为了让我们宠爱的伴侣动物远离痛苦，我们甚至会过度地保护它们。全社会也意识到必须保证实验动物免于不必要的痛苦。许多国家已经立法保护实验动物，由世界各地的动物保护研究机构和委员会执行。那牲畜的福利又如何呢？在农场动物的福利越来越为社会所关注的今天，我们可以看到民众消费需求的改变，以及政府增设的相关立法。

正如先前我所提到的，限制动物的自然行为会导致其沮丧、恐惧、焦虑和痛苦，而且有悖于当前提高动物福利的大趋势。但具有讽刺意味的是，当我们限制动物的一些行为时，动物就会表现出另一些行为来指证我们的错误。动物缺乏自然行为，出现异常行为或者夸张的自然行为，这些都表明最近它们的生活不好，至少动物的生理需求和心理需求都没有得到满足。在畜牧业的下一个发展阶段，我们很有必要构建以动物为核心的养殖环境（Hewson，2003），把关注点放在改善农场条件（现在是受限制模式）来适应动物的生活，而不是让动物适应农场（Kilgour，1978）。人为改造玉米来达到我们对高产的需要比改变动物要简单得多，因为植物没有感受痛苦的能力。我们不可能完全满足动物的自然行为，也不能彻底解除它们生理上感受到的痛苦。比如害怕动机的行为是动物生存所必要的，所以难以完全消除。然而，我们可以在选育过程中减少一些行为需求的强度。牧畜的哺育行为已经在一些动物身上人工退化了。与大部分肉牛相比，黑白花奶牛的分离焦虑要低得多。母鸡的就巢性（卧着孵蛋的行为），在一些种类的鸡中也大大弱化了（Hays 和 Sanborn，1939；Hutt，1949）。回顾第 1 章的研究，我们了解到应该满足动物的一些行为需求。我们依然应该为动物构建适宜的生存环境，保障它们远离会引起生理性应激和表现强动机行为的恶劣环境。

（张凡建、王九峰译，顾宪红校）

# 参考文献

Appleby, M.C. and McRae, H.E. (1986) The individual nest box as a super-stimulus for domestic hens. *Applied Animal Behaviour Science* 15, 169–176.

Bardo, M.T. and Bevins, R.A. (2000) Conditioned place preference: what does it add to our preclinical understanding of drug reward? *Psychopharmacology* 153, 31.

Barnard, C. (2007) Ethical regulation and animal science: why animal behavior is special. *Animal Behaviour* 74, 5–13.

Baxter, M.R. (1983) Ethology in environmental design for animal production. *Applied Animal Ethology* 9, 207–220.

Bechara, A., Tranel, D., Damasio, H., Adolphs, R., Rockland, C. and Damasio, A.R. (1995) Double dissociation of conditioning and declarative knowledge relative to the amygdala and hippocampus in humans. *Science* 269, 1115–1118.

Berlyne, D.E. (1960) *Conflict, Arousal and Curiosity.* McCraw-Hill Book Company, New York.

Black, A.J. and Hughes, B.O. (1974) Patterns of comfort behaviour and activity in domestic fowls: a comparison between cages and pens. *British Veterinary Journal* 130, 23–33.

Bolhuis, J.E., Schouten, W.G.P., Schrama, J.W. and Wiegant, V.M. (2006) Effects of rearing and housing environment on behaviour and performance of pigs with different coping characteristics. *Applied Animal Behaviour Sciences* 101, 68–85.

Borsini, F., Podhorna, J. and Marazziti, D. (2002) Do animal models of anxiety predict anxiolytic-like effects of antidepressants? *Psychopharmacology* 163, 121.

Brambell, R.W.R. (chairman) (1965) *Report of the Technical Committee to Enquire into the Welfare of Animals Kept Under Intensive Livestock Husbandry Systems.* Command paper 2836. Her Majesty's Stationery Office, London.

Broom, D.M. (1986) Indicators of poor welfare. *British Veterinary Journal* 142, 524–526.

Broom, D.M. (2001) *Coping with Challenge: Welfare in Animals including Humans.* Dahlem University Press, Berlin.

Brownlee, A. (1954) Play in domestic cattle in Britain: an analysis of its nature. *British Veterinary Journal* 110, 48.

Bubier, N.E. (1996) The behavioural priorities of laying hens: the effect of cost/no cost multi-choice tests on time budgets. *Behavioural Processes* 37, 225–238.

Büchel, C., Morris, J., Dolan, R.J. and Friston, K.J. (1998) Brain systems mediating aversive conditioning: an event-related fmri study. *Neuron* 20, 947–957.

Burgdorf, J. and Panksepp, J. (2006) The neurobiology of positive emotions. *Neuroscience and Biobehavioural Reviews* 30, 173–187.

Burgdorf, J., Knutson, B., Panksepp, J. and Ikemoto, S. (2001) Nucleus accumbens amphetamine microinjections nuconditionally elicit 50-khz ultrasonic vocalizations in rats. *Behavioural Neuroscience* 115, 940–944.

Cabib, S., Puglisi-Allegra, S. and Oliveria, A. (1984) Chronic stress enhances apomorphine-induced stereotyped behavior in mice: involvement of endogenous opioids. *Brain Research* 298, 138–140.

Caro, T.M. (1994) *Cheetahs of the Serengeti Plains.* Chicago University Press, Chicago.

Chaloupkova, H.G., Illman, I., Bartoš, L. and Spinka, M. (2007) The effect of pre-weaning housing on the play and agonistic behaviour of domestic pigs. *Applied Animal Behaviour Science* 103, 25–34.

Colpaert, F.C., De Witte, P., Maroli, A.N., Awouters, F., Niemegeers, C.J. and Janssen, P.A. (1980) Self-administration of the analgesic suprofen in arthritic rats: evidence of *Mycobacterum butyricum*-induced arthritis as an experimental model of chronic pain. *Life Science* 27, 921–928.

Cooper, J.J. and Appleby, M.C. (1995) Nesting behaviour of hens: effects of experience on motivation. *Applied Animal Behaviour Science* 42, 283–295.

Cooper, J.J. and Appleby, M.C. (1996a) Demand for nest boxes in laying hens. *Behavioural Processes* 36, 171–182.

Cooper, J.J. and Appleby, M.C. (1996b) Individual variation in prelaying behaviour and the incidence of floor eggs. *British Poultry Science* 37, 245–253.

Cooper, J.J. and Appleby, M.C. (1997) Motivational aspects of individual variation in response to nestboxes by laying hens. *Animal Behaviour* 54, 1245–1253.

Cooper, J.J. and Appleby, M.C. (2003) The value of environmental resources to domestic hens: a comparison of the work-rate for food and for nests as a function of time. *Animal Welfare* 12, 39–52.

Craig, J. and Muir, W. (1998) Genetics and the behavior of chickens, welfare, and productivity. In: Grandin, T. (ed.) *Genetics and the Behavior of Domestic Animals.* Academic Press, San Diego, California, pp. 265–297.

Cronin, G.M., Wiepkema, P.R. and van Ree, J.M. (1985) Endogenous opioids are involved in stereotyped behaviour of tethered sows. *Neuropeptides* 6, 527–530.

Cronin, G.M., Wiepkema, P.R. and van Ree, J.M. (1986) Andorphins implicated in stereotypies of tethered sows. *Cellular and Molecular Life Sciences* 42, 198–199.

Damasio, A.R. (1994) *Descartes' Error: Emotion, Reason and the Human Brain.* Grosset/Putnam, New York.

Damasio, A.R. (1999) *The Feeling of What Happens.* Harcourt Brace, New York.

Dantzer, R. (1986) Symposium on 'indices to measure animal well-being': behavioral, physiological and functional aspects of stereotyped behavior: a review and a re-interpretation. *Journal of Animal Science* 62, 1776–1786.

Dantzer, R. and Mormede, P. (1983) Stress in farm animals: a need for re-evaluation. *Journal of Animal Science* 57, 6–18.

Darwin, C. (1872) *The Expression of the Emotions in Man and Animals*. University of Chicago Press, Chicago.

Davis, M. (1992) The role of the amygdala in conditioned fear. In: Aggleton, J.P. (ed.) *The Amygdala: Neurobiological Aspects of Emotion, Memory and Mental Dysfunction*. Wiley-Liss, New York, pp. 255–306.

Dawkins, M.S. (1988) Behavioural deprivation: a central problem to animal welfare. *Applied Animal Behaviour Science* 20, 209–225.

Dawkins, M.S. (1998) Evolution and animal welfare. *Quarterly Review of Biology* 73, 305–328.

Dawkins, M.S. (2006) A user's guide to animal welfare science. *Trends in Ecology and Evolution* 21, 77–82.

Dawkins, M.S. and Beardsley, T. (1986) Reinforcing properties of access to litter in hens. *Applied Animal Behaviour Science* 15, 351–364.

Day, J.E.L., Kyriazakis, I. and Lawrence, A.B. (1995) The effect of food deprivation on the expression of foraging and exploratory behaviour in the growing pig. *Applied Animal Behaviour Science* 42, 193–206.

Day, J.E.L., Spoolder, H.A.M., Burfoot, A., Chamberlain, H.L. and Edwards, S.A. (2002) The separate and interactive effects of handling and environmental enrichment on the behavior and welfare of growing pigs. *Applied Animal Behaviour Science* 75, 177–192.

Dellmeier, G.R. (1989) Motivation in relation to the welfare of enclosed livestock. *Applied Animal Behaviour Science* 22. 129.

Dellmeier, G.R., Friend, T.H. and Gbur, E.E. (1985) Comparison of four methods of calf confinement. II. Behavior. *Journal of Animal Science* 60. 1102–1109.

de Wilt. J.G. (1985) *Behavior and Welfare of Veal Calves in Relation to Husbandry Systems*. Agricultural University. Wageningen. The Netherlands.

Dodman, N.H., Shuster, L., Court, M.H. and Patel, J. (1988) Use of narcotic antagonist (nalmefene) to suppress self-mutilative behaviour in a stallion. *Journal of the American Veterinary Association* 192. 1585–1586.

Duncan, I.J. (1998) Behavior and behavioral needs. *Poultry Science* 77. 1766–1772.

Duncan, I.J.H. and Dawkins, M.S. (1983) The problem of assessing 'well-being' and 'suffering' in farm animals. In: Smidt, D. (ed.) *Indicators Relevant to Farm Animal Welfare*. Martinus Nijhoff. The Hague. The Netherlands, pp. 13–24.

Duncan, I.J.H. and Kite, V.G. (1987) Some investigations into motivation in the domestic fowl. *Applied Animal Behaviour Science* 18, 387–388.

Duncan, I.J.H. and Petherick, J.C. (1991) The implications of cognitive processes for animal welfare. *Journal of Animal Science* 69. 5017–5022.

Farm Animal Welfare Council (FAWC) (1979) Farm animal welfare council press statement. Available at: http://www.fawc.org.uk/pdf/fivefreedoms1979.pdf (accessed 1 July 2009).

Faure, J.M. (1991) Rearing conditions and needs for space and litter in laying hens. *Applied Animal Behaviour Science* 31, 111–117.

Faure, J.M. and Mills, A.D. (1998) Improving the adaptabilit of animals by selection. In: Grandin. T. (ed.) *Genetics and the Behavior of Domestic Animals*. Academic Press. San Diego, California. pp. 235–264.

Faure, A., Reynolds, S.M., Richard. J.M. and Berridge. K.C. (2008) Mesolimbic do amine in desire and dread: enabling motivation to be generated by localized glutamate disruptions in nucleus accumbens. *Journal of Neuroscience* 28, 7184–7192.

Fraser. D. (1995) Science, values and animal welfare: exploring the 'inextricable connection'. *Animal Welfare* 4, 103–117.

Fraser, D. (2008) Toward a global perspective on farm animal welfare. *Applied Animal Behaviour Science* 113, 330–339.

Goodwin. D., Davidson, H.P.B. and Harris, P. (2002) Foraging environment for stabled horses: effects on behaviour and selection. *Equine Veterinary Journal* 34, 686–691.

Grandin, T. (1989) Effects of rearing environment and environmental enrichment on the behavior and neural development of young pigs. Dissertation, University of Illinois, Urbana, Illinois.

Grandin, T. (1997) Assessment of stress during handling and transport. *Journal of Animal Science* 75, 249–257.

Grandin, T. (2000) Habituating antelope and bison to cooperate with veterinary procedures. *Journal of Applied Animal Welfare Science* 3. 253–261.

Grandin, T. and Deesing, M.J. (1998) Genetics and animal welfare. In: Grandin, T. (ed.) *Genetics and the Behavior of Domestic Animals*. Academic Press, San Diego, California, pp. 319–346.

Grandin, T. and Johnson, C. (2009) *Animals Make Us Human*. Houghton Mifflin Harcourt, Boston, Massachusetts.

Harlow, H.F., Harlow, M.K. and Meyer, D.R. (1950) Learning motivated by a manipulation drive. *Journal of Experimental Psychology* 40. 228–234.

Hays, F.A. and Sanborn. R. (1939) Breeding for egg production. *Massachusetts Agricultural Experimental Station Bulletin* 307. Agricultural Experimental Station, Amherst, Massachusetts.

Heath. R.G. (1996) *Exploring the Mind–Brain Relationship*. Moran Printing. Baton Rouge. Louisiana.

Hewson, C.J. (2003) Can we assess welfare? *Canadian Veterinary Journal* 44. 749–753.

Holm, L., Jensen. M.B. and Jeppesen, L.L. (2002) Calves' motivation for access to two different types of social contact measured by operant conditioning. *Applied Animal Behaviour Science* 79, 175–194.

Huston, J.P. and Borbély, A.A. (1973) Operant conditioning in forebrain ablated rats by use of rewarding hypothalamic stimulation. *Brain Research* 50. 467–472.

Hutt. F.B. (1949) *Genetics of the Fowl*. McGraw-Hill Book

Company. New York.

Jensen, M.B. and Pedersen, L.J. (2007) The value assigned to six different rooting materials by growing pigs. *Applied Animal Behaviour Science* 108, 31–44.

Jensen, P. (1986) Observations on the maternal behaviour of free-ranging domestic pigs. *Applied Animal Behaviour Science* 16, 131–142.

Jerison, H.J. (1997) Evolution of the prefrontal cortex. In: Kragnegor, N.A., Lyon, G.R. and Goldman-Rakic, P. (eds) *Development of the Prefrontal Cortex: Evolution. Neurobiology and Behavior.* Paul H. Brooks Publishing Co., Baltimore, Maryland. pp. 9–27.

Kilgour, R. (1978) The application of animal behavior and the humane care of farm animals. *Journal of Animal Science* 46, 1478–1486.

King, J.N., Simpson, B.S., Overall, K.L. *et al.* (2000) Treatment of separation anxiety in dogs with clomipramine: results from a prospective, randomized, double-blind, placebo-controlled, parallel-group, multicenter clinical trial. *Applied Animal Behaviour Science* 67, 255–275.

Kjaer, J.B. and Hocking, P.M. (2004) The genetics of feather pecking and cannibalism. In: Perry, G.C. (ed.) *Welfare of the Laying Hen.* CAB International, Wallingford, UK, pp. 109–122.

Knutson, B., Burgdorf, J. and Panksepp, J. (2002) Ultrasonic vocalizations as indices of affective states in rats. *Psychological Bulletin* 128, 961–977.

Kolb, B. and Tees, R.C. (1990) *The Cerebral Cortex of the Rat.* MIT Press, Cambridge, Massachusetts.

LaBar, K.S., Gatenby, J.C., Gore, J.C., LeDoux, J.E. and Phelps, E.A. (1998) Human amygdala activation during conditioned fear acquisition and extinction: a mixed-trial fmri study. *Neuron* 20, 937–945.

Lagadic, H. and Faure, J.M. (1987) Preferences of domestic hens for cage size and floor types as measured by operant conditioning. *Applied Animal Behaviour Science* 19, 147–155.

Lawrence, A.B. and Terlouw, E.M. (1993) A review of behavioral factors involved in the development and continued performance of stereotypic behaviors in pigs. *Journal of Animal Science* 71, 2815–2825.

Lawson, D.C., Schiffman, S.S. and Pappas, T.N. (1993) Short-term oral sensory deprivation: possible cause of binge eating in sham-feeding dogs. *Physiology and Behavior* 53, 1231–1234.

LeDoux, J.E. (1992) Emotion and the amygdala. In: Aggleton, J.P. (ed.) *The Amygdala: Neurological Aspects of Emotion, Memory and Mental Dysfunction.* Wiley-Liss, New York, pp. 339–351.

LeDoux, J.E. (2000) Emotion circuits in the brain. *Annual Review of Neuroscience* 23, 155–184.

Lindsay, S.R. (2001) *Handbook of Applied Dog Behavior and Training: Etiology and Assessment of Behavior.* Volume 2. Iowa State University Press, Ames, Iowa.

Liotti, M. and Panksepp, J. (2004) Imaging human emotions and affective feelings. Implications for biological psychiatry. In: Panksepp, J. (ed.) *Textbook of Biological Psychiatry.* Wiley, Hoboken, New Jersey, pp. 33–74.

Lorenz, K. and Tinbergen, N. (1938) Taxis and instinctive behavior pattern in egg-rolling by the greylag goose. In: Lorenz, K. (ed.) *Studies in Animal Behavior and Human Behavior No. 1.* Harvard University Press, Cambridge, Massachusetts, pp. 316–359.

MacLean, P.D. (1990) *The Triune Brain in Evolution.* Plenum Press, New York.

Manning, A. (1979) *An Introduction to Animal Behavior.* Addison-Wesley, Reading, Massachusetts.

Markowitz, H., Aday, C. and Gavazzi, A. (1995) Effectiveness of acoustic prey: environmental enrichment for a captive African leopard (*Panthera pardus*). *Zoo Biology* 14, 371–379.

Martrenchar, A., Huonnie, D. and Cotte, J.P. (2001) Influence of environmental enrichment on injurious pecking and perching behaviour in young turkeys. *British Poultry Science* 62, 161–170.

Mason, G.J. and Mendl, M. (1993) Why is there no simple way of measuring animal welfare? *Animal Welfare* 2, 301–309.

Mason, G.J., Cooper, J. and Clarebrough, C. (2001) Frustrations of fur-farmed mink. *Nature* 410, 35–36.

Mason, G.R., Clubb, R., Latham, N. and Vickery, S. (2007) Why and how should we use environmental enrichment to tackle sterotyped behaviour? *Applied Animal Behavioural Science* 102, 163–188.

Mason, M.P. (2008) *Head Cases: Stories of Brain Injury and its Aftermath.* Farrar, Straus and Giroux, New York.

Matthews, L.R., Temple, W., Foster, T.M. and McAdie, T.M. (1993) Quantifying the environmental requirements of layer hens by behavioural demand functions. In: Nichelmann, M., Wierenga, H.K. and Braun, S. (eds) *Proceedings of the International Congress on Applied Ethology,* Berlin, 26–30 July. Kuratorium fur Technik und Bauwesen in der Landwirtschaft, Berlin, pp. 206–209.

McAdie, T.M., Keeling, L.J., Blohhuis, H.J. and Jones, R.B. (2005) Reduction in feather pecking and improvement in feather condition with presentation of a string device to chickens. *Applied Animal Behavioural Sciences* 93, 67–80.

McBride, W.J., Murphy, J.M. and Ikemoto, S. (1999) Localization of brain reinforcement mechanisms: intracranial self-administration and intra-cranial place-conditioning studies. *Behavioural Brain Research* 101, 129–152.

McGreevy, P.D., Cripps, P.J., French, N.P., Green, L.E. and Nicol, C.J. (1995) Management factors associated with stereotypic and redirected behaviour in the Thoroughbred horse. *Equine Veterinary Journal* 27, 86–91.

Mendl, M. (1991) Some problems with the concept of a cut-off point for determining when an animal's welfare is at risk. *Applied Animal Behaviour Science* 31, 139–146.

Moberg, G.P. (1985) Biological response to stress: key to assessment of animal well-being? In: Moberg, G.P. (ed.) *Animal Stress.* American Physiological Society, Betheseda, Maryland, pp. 27–49.

National Center for Health Statistics (2007) *Health, United States 2007: with Chartbook on Trends in the Health of Americans.* United States Department of Health and Human Services, Centers for Disease Control and Prevention, Hyattsville, Maryland.

Newberry, R.C. (1995) Environmental enrichment: increasing the biological relevance of captive environments. *Applied Animal Behaviour* 44, 229–243.

Newberry, R.C. and Wood-Gush, D.G.M. (1988) Development of some behaviour patterns in piglets under semi-natural conditions. *Animal Production* 46, 103–109.

Ng, Y. (1995) Towards welfare biology: evolutionary economics of animal consciousness and suffering. *Biology and Philosophy* 10, 255–285.

Nicol, C.J. (1987) Behavioural responses of laying hens following a period of spatial restriction. *Animal Behaviour* 35, 1709–1719.

Numan, M. and Insel, T.R. (2003) *The Neurobiology of Parental Behavior.* Springer, New York.

Office of the Federal Register (1989) Final Rules: Animal Welfare Act: 9 Code of Federal Regulations (CFR) Parts 1 and 2. Federal Register Vol. 54 No. 168, 31 August. Office of the Federal Register, Washington, DC, pp. 36112–36163.

Olds, J. (1977) *Drives and Reinforcements: Behavioral Studies of Hypothalamic Function.* Raven Press, New York.

Olsson, I.A., Keeling, L.J. and McAdle, T.M. (2002) The push-door for measuring motivation in hens: an adaptation and a critical discussion of the method. *Animal Welfare* 11, 1–10.

Overall, K. (1997) *Clinical Behavioral Medicine for Small Animals.* Mosby, St Louis, Missouri.

Panksepp, J. (1971) Aggression elicited by electrical stimulation of the hypothalamus in albino rats. *Physiology and Behavior* 6, 321–329.

Panksepp, J. (1990) The psychoneurology of fear: evolutionary perspectives and the role of animal models in understanding human anxiety. In: Burrows, G.D., Roth, M. and Noyes, J.R. (eds) *Handbook of Anxiety No. 3, The Neurobiology of Anxiety.* Elsevier/North-Holland Biomedical Press, Amsterdam, pp. 3–58.

Panksepp, J. (1998) *Affective Neuroscience: the Foundations of Human and Animal Emotions.* Oxford University Press, New York.

Panksepp, J. (2003) At the interface of the affective, behavioral, and cognitive neurosciences: decoding the emotional feelings of the brain. *Brain and Cognition* 52, 4–14.

Panksepp, J. (2004) Affective consciousness and the origins of human mind: a critical role of brain research on animal emotions. *Impuls* 57, 47–60.

Panksepp, J. (2005a) Affective consciousness: core emotional feelings in animals and humans. *Consciousness and Cognition* 14, 30–80.

Panksepp, J. (2005b) Emotional experience. *Journal of Consciousness Studies* 12, 158–184.

Panksepp, J. (2005c) Affective-social neuroscience approaches to understanding core emotional feel-ings in animals. In: McMillan, F.D. (ed.) *Animal Mental Health and Well-being.* Iowa University Press, Ames, Iowa, pp. 57–76.

Panksepp, J. and Beatty, W.W. (1980) Social deprivation and play in rats. *Behavioural and Neural Biology* 30, 197–206.

Panksepp, J., Normansell, L., Cox, J.F. and Siviy, S.M. (1994) Effects of neonatal decortication on the social play of juvenile rats. *Physiology and Behavior* 56, 429–443.

Panksepp, J., Knutson, B. and Burgdorf, J. (2002) The role of brain emotional systems in addictions: a neuro-evolutionary perspective and new 'self-report' animal model. *Addiction* 97, 459.

Pedersen, L.J., Jensen, M.B., Hansen, S.W., Munksgaard, L., Ladewig, J. and Matthews, L. (2002) Social isolation affects the motivation to work for food and straw in pigs as measured by operant conditioning techniques. *Applied Animal Behaviour Science* 77, 295–309.

Petherick, J.C., Duncan, I.J.H. and Waddington, D. (1990) Previous experience with different floors influences choice of peat in a y-maze by domestic fowl. *Applied Animal Behaviour Science* 27, 177–182.

Petherick, J.C., Waddington, D. and Duncan, I.J.H. (1991) Learning to gain access to a foraging and dustbathing substrate by domestic fowl: is 'out of sight out of mind'? *Behavioural Processes* 22, 213–226.

Petrie, N.J., Mellor, D.J., Stafford, K.J., Bruce, R.A. and Ward, R.N. (1996) Cortisol responses of calves to two methods of disbudding used with or without local anaesthetic. *New Zealand Veterinary Journal* 44, 9–14.

Pfaff, D.W. (1999) *Drive: Neurobiological and Molecular Mechanisms of Sexual Behavior.* MIT Press, Cambridge, Massachusetts.

Price, E.O. (2008) *Principles and Applications of Domestic Animal Behavior.* CAB International, Wallingford, UK.

Provenza, F.D., Lynch, J.J. and Nolan, J.V. (1993) The relative importance of mother and toxicosis in the selection of foods by lambs. *Journal of Chemical Ecology* 19, 313–323.

Redbo, I. (1990) Changes in duration and frequency of stereotypies and their adjoining behaviours in heifers, before, during and after the grazing period. *Applied Animal Behaviour Science* 25, 57–67.

Redbo, I. and Nordblad, A. (1997) Stereotypies in heifers are affected by feeding regime. *Applied Animal Behaviour Sciences* 53, 193–205.

Riber, A.B. and Mench, J.A. (2008) Effects of feed and water based enrichment on the activity and cannibalism in Muscovy ducklings. *Applied Animal Behaviour Science* 114, 429–440.

Rinn, W.E. (1984) The neuropsychology of facial expression: a review of the neurological and psychological mechanisms for producing facial expressions. *Psychological Bulletin* 95, 52–77.

Rogan, M.T. and LeDoux, J.E. (1995) Ltp is accompanied by commensurate enhancement of auditory-evoked responses in a fear conditioning circuit. *Neuron* 15, 127–136.

Rogan, M.T. and LeDoux, J.E. (1996) Emotion: systems, cells, synaptic plasticity. *Cell* 85, 469–475.

Romich, J.A. (2005) *Fundamentals of Pharmacology for Veterinary Technicians*. Thomson Delmar Learning, Clifton Park, New York.

Sambraus, H.H. (1985) Mouth-based anomalous syndromes. In: Fraser, A.F. (ed.) *Ethology of Farm Animals*. Elsevier, Amsterdam, pp. 391–422.

Sandoe, P. (1996) Animal and human welfare: are they the same kind of thing? *Acta Agriculturae Scandinavica* Section A, 11–15.

Savastano, G., Hanson, A. and McCann, C. (2003) The development of an operant conditioning training program for new world primates at the bronx zoo. *Journal of Applied Animal Welfare Science* 6, 247–261.

Seaman, S., Waran, N.K. and Appleby, M.C. (2001) Motivation of laboratory rabbits for social contact. In: Garner, J.P., Mench, J.A. and Heekin, S.P. (eds) *Proceedings of the 35th International Congress of the International Society of Applied Ethology*, 4–8 August. University of California Davis, The Center for Animal Welfare, Davis, California, p. 88.

Seksel, K. and Lindeman, M.J. (1998) Use of clomipramine in the treatment of anxiety-related and obsessive-compulsive disorders in cats. *Australian Veterinary Journal* 76, 317–321.

Semitelou, J.P., Yakinthos, J.K. and Carter, S.C. (1998) Neuroendocrine perspectives on social attachment and love. *Psychoneuroendocrinology* 23, 779–818.

Sherwin, C.M. (2004) The motivation of group-housed laboratory mice, *Mus musculus*, for additional space. *Animal Behaviour* 67, 711–717.

Sherwin, C.M., Lewis, P.D. and Perry, G.C. (1999) The effects of environmental enrichment and intermittent lighting on the behaviour and welfare of male domestic turkeys. *Applied Animal Behaviour Science* 62, 319–333.

Siegel, A. (2005) *The Neurobiology of Aggression and Rage*. CRC Press, Boca Raton, Florida.

Siegel, A. and Shaikh, M.B. (1997) The neural bases of aggression and rage in the cat. *Aggression and Violent Behaviour* 2, 241–271.

Smith, S.F., Appleby, M.C. and Hughes, B.O. (1990) Problem solving by domestic hens: opening doors to reach nest sites. *Applied Animal Behaviour Science* 28, 287–292.

Stafford, K.J. and Mellor, D.J. (2005) Dehorning and disbudding distress and its alleviation in calves. *Veterinary Journal* 169, 337–349.

Stolba, A. and Wood-Gush, D.G.M. (1984) The identification of behavioural key features and their incorporation into a housing design for pigs. *Annales de Recherches Veterinaries* 15, 287–299.

Stolba, A. and Wood-Gush, D.G.M. (1989) The behaviour of pigs in a semi-natural environment. *Animal Production* 48, 419–425.

Studnitz, M., Jensen, M.B. and Pedersen, L.J. (2007) Why do pigs root and in what will they root? A review on the exploratory behaviour of pigs in relation to environmental enrichment. *Applied Animal Behaviour Science* 107, 183–197.

Sylvester, S.P., Mellor, D.J., Stafford, K.J., Bruce, R.A. and Ward, R.N. (1998) Acute cortisol responses of calves to scoop dehorning using local anaesthesia and/or cautery of the wound. *Australian Veterinary Journal* 76, 118–122.

Thorne, J.B.D., Goodwin, D., Kennedy, M.J., Davidson, H.P.B. and Harris, P. (2005) Foraging enrichment for individually housed horses: practicality and effects on behaviour. *Applied Animal Behavioural Science* 94, 149–164.

Van Putten, G. and Dammers, J. (1976) A comparative study of the well-being of piglets reared conventionally and in cages. *Applied Animal Ethology* 2, 339–356.

Vestergaard, K. (1980) The regulation of dustbathing and other patterns in the laying hen: a lorenzian approach. In: Moss, R. (ed.) *The Laying Hen and its Environment*. Martinus Nijhoff, The Hague, The Netherlands, pp. 101–120.

Vestergaard, K. (1982) Dust-bathing in the domestic fowl – diurnal rhythm and dust deprivation. *Applied Animal Ethology* 8, 487–495.

Vestergaard, K. and Hansen, L.L. (1984) Tethered versus loose sows: ethological observations and measures of productivity. I. Ethological observations during pregnancy and farrowing. *Annales de Recherches Veterinaries* 15, 245–256.

Widowski, T.M. and Duncan, I.J.H. (2000) Working for a dustbath: are hens increasing pleasure rather than reducing suffering? *Applied Animal Behaviour Science* 68, 39–53.

Wohlt, J.E., Allyn, M.E., Zajac, P.K. and Katz, L.S. (1994) Cortisol increases in plasma of Holstein heifer calves, from handling and method of electrical dehorning. *Journal of Dairy Science* 77, 3725–3729.

Wood-Gush, D.G.M. and Vestergaard, K. (1989) Exploratory behaviour and the welfare of intensively kept animals. *Journal of Agricultural Ethics* 2, 161–169.

Yoerg, S.L. (1991) Ecological frames of mind: the role of cognition in behavioral ecology. *Quarterly Review of Biology* 66, 287–301.

# 第9章　利用审核程序提高屠宰厂畜禽和鱼类的福利

**Temple Grandin**

**Colorado State University，Fort Collins，Colorado，USA**

在屠宰厂中动物低福利来源于四种基本类型的问题,要想有效地解决造成动物痛苦的问题必须正确地确定造成问题的原因。这四个基本类型的问题分别是:

1.设备或设施维护差。典型的例子就是破损的致昏器或湿滑的地面造成动物在致昏箱中或卸载坡道上跌倒。

2.未经培训或无人监督虐待动物的员工。典型的例子就是员工将一根木棒戳入动物的直肠或者用重的断头闸门猛烈打击动物。

3.很容易修正的小设计缺陷。典型的例子是用钢条铺设设计不良的致昏箱地面,以防地面光滑,或者消除发光金属的反射,防止动物的畏缩不前。

4.缺少设备的屠宰厂需要购买设备或者重装设备。典型的例子是将宗教式屠宰的悬挂提升活体动物改为用固定箱使动物保持直立状态,或者用更大容量的新设备取代旧的小型设备以满足屠宰线生产速度的增加。屠宰野生的、粗放饲养的动物的屠宰厂,若缺乏基本设施(如通道),应该添置(参阅第5章和第14章关于设计的信息)。

屠宰肉牛或水牛等大动物时,由于缺少固定和抓捕设备,引起了一些非常严重的动物福利问题,这个问题在世界各地都有存在。若屠宰野生、未驯服和不习惯被人抓捕的动物,福利问题就变得更糟,而有过引导训练的驯养动物在没有现代设备的情况下较易抓捕。

## 9.1　禁止的操作处理和需要立即采取纠正措施的严重福利问题

在很多国家,政府法规和行业内发展起来的指南都禁止最差的做法。世界动物卫生组织(OIE)有抓捕和致昏动物的指导方针,包括一系列可造成动物痛苦和不应使用的做法(OIE,2009)。当评估一个屠宰厂时,第一步要消除应该禁止的做法和雇员的不良行为。OIE法典(2009)规定,在动物清醒状态下,不应使用引起可以避免的痛苦的动物固定方法,因为它们会造成动物剧烈的疼痛,这些方法如下:

- 通过脚或腿悬挂或提升禽类以外的动物;
- 滥用和不适当使用致昏设施(如用电致昏设备移动动物等的做法);
- 机械夹紧腿或脚(用于禽类和鸵鸟的脚镣以外)作为固定动物的唯一方法;
- 通过断腿、切断腿部肌腱或致盲来固定动物;

· 切断脊髓(例如使用十字刀或匕首)或用电流固定动物(见第5章固定的有害作用)。由于电固定使动物瘫痪而又使动物保持清醒,它对动物造成的应激和痛苦较大。合适的电致昏会造成动物瞬时麻木。研究清楚地表明,电固定动物是非常不利于动物福利的(Lambooij 和 Van Voorst, 1985；Grandin 等, 1986；Pascoe, 1986；Rushen,1986)。

OIE 还有抓捕动物的标准。下面就是 2009 版法典中关于一些最重要的受到禁止的抓捕操作实践。

· 不能抛、拖、摔神志清醒的动物。

· 不应强迫用于屠宰的动物走在其他动物的身上。

· 使用诸如电刺棒等设备必须限于电池供电的电刺棒,且只能电击猪和大反刍动物的后腿和臀部,一定不能电击动物的敏感区域,如眼睛、嘴巴、耳朵、肛门生殖器区域或腹部等。这些设备一定不能用于任何年龄的马、绵羊、山羊,或犊牛、仔猪。作者补充,任何类型的驱赶辅助设备都不能用于动物的敏感部位。

· 任何导致痛苦的行为(包括鞭打,拧尾,使用鼻捻子,戳眼、耳朵或外生殖器)或电刺棒或其他可带来疼痛和痛苦的辅助设备(包括大棒、具有尖端的木棒、长金属管、围栏铁丝或厚皮革带)都不应用来驱赶动物。

OIE(2009)和许多国家都制定了一些用于畜禽致昏实践的详细的规程。屠宰前动物必须处于昏迷、无意识状态。切割四肢、剥皮或烫毛时动物出现任何恢复知觉的征兆都是不允许的。在宰前,恢复知觉的动物必须立即重新致昏。这是 OIE 和很多国家的规范要求。一旦发生任何一项残忍做法,该厂即严重侵犯了动物福利标准和人道屠宰规范。欧盟标准要求每一个屠宰厂都要指定一名动物福利官员。美国农业部(USDA)标准则没有这个要求。

## 9.2　利用数值评分评价福利

第1章和第3章介绍了利用数值评分的优点。数值评分极大改善了动物在抓捕和致昏过程中的福利 (Grandin, 2003a, 2005)。由 Grandin (1998a,2007a)开发的针对动物抓捕和致昏评分的数值评分系统在美国和其他很多国家得到广泛应用。另外一些国家也成功地在评估动物操作处理方面运用了数值评分系统(Maria 等, 2004)。运用数值评分来评估动物福利可以断定操作处理正在改善还是恶化。这与检测肉类细菌计数的危害分析关键控制点程序的原理相同。

OIE 法典(2009)支持使用数值评分的性能标准。它们远比在很大程度上基于文件或主观评价的审核更为有效。由 Grandin (1998a)开发的针对抓捕和致昏的评分系统是一种基于动物的评分系统(即所有的分数是基于每头动物),可直接观察到的指标才能用来评估。要通过审核,需要达到一个基于所有关键控制点(CCPs)的可接受的数值评分。对大型屠宰厂而言,需要给 100 头动物的每个关键控制点进行打分,而小屠宰厂需要对 1 h 的生产过程进行监测和打分。这五个关键控制点是:

1. 一次致昏使动物达到昏迷的百分比(针对所有种类的家畜、家禽和鱼类)。使用捕获栓致昏,能接受的分值是 95%,优良分值为 99%。电致昏哺乳动物和家禽,致昏的正确位置必须达到 99%。对哺乳动物,需要对钳夹放置进行评分;而对家禽,需要对有效致昏比例进行评分。

2.悬挂、剥皮、水烫、堵塞食道或其他操作处理前动物昏迷的百分比。该分数必须达到100％才能通过审核。对猪和禽而言，如果任何一头猪或一只禽在进入浸烫时出现任何迹象的清醒，审核即告失败。在禽类屠宰厂，出现任何一只红色、变色的禽类没有断喉，审核即告失败，因为很可能该禽是在活着时被活活烫死的。

3.抓捕和致昏时牛或猪发声（哞叫、吼叫或尖叫）比例。所有在致昏间或固定器中发声的动物都必须计分。在动物从通道进入致昏箱或固定器过程中，发生于活体操作处理时的叫声都需要统计（更多信息见第 5 章）。不管是安静还是发声每个动物都要统计。我们的目标是5％或更少的动物发声。发声统计不适用于屠宰厂的绵羊。

4.操作处理过程中发生跌倒（如身体接触地面）的动物的百分比（适用于所有哺乳动物）。设备的所有部分都应该计分，包括卸载坡道和致昏箱。如果超过 1％的动物跌倒，则该工厂存在应该改正的问题。

5.不用电刺棒驱赶动物移动的百分比。适用于所有的哺乳动物，75％为可接受，95％为优秀。

6.只适用于禽类——具有折翅或翅膀脱臼的禽类的百分比。目标是不超过禽总数量的 1％。

还包括将导致自动审核失败的虐待行为。一些虐待行为已经在本章的前部分"禁止的操作处理和需要立即采取纠正措施的严重福利问题"中列举。如果员工故意将门摔在动物身上，审核也将自动失败。诸如头固定架、致昏箱闸门及其他机械装置等动力设备造成具有意识的动物发生骨折、挫伤及跌倒也将会造成审核失败。重复使用具有明显故障或破损的致昏设备也是一种虐待行为。

## 9.3　致昏前的临界值

### 9.3.1　发声比例临界值

#### 9.3.1.1　牛

需要统计在抓捕时、致昏箱或其他屠宰点发声（哞叫或吼叫）的牛数。牛发声是应激的一种标志（Dunn，1990）。Grandin（1998b）发现 99％的牛发声是对诸如致昏失败、滑倒、电刺棒驱赶或固定装置造成过度压力等粗暴操作的反应。使用固定设施造成过度压力的屠宰厂有35％的牛会发声（Grandin，1998b）。另一项研究中，头部固定设备造成的过度压力造成 22％的牛发生吼叫，但当压力减小时，动物发声比例为 0％（Grandin，2001b）。不管是利用致昏的常规屠宰厂还是未进行致昏的宗教式屠宰厂，都要进行发声计数。使用单列通道行进的屠宰厂，动物在通道中行进时需要进行发声计数。在致昏箱或宗教式屠宰的固定箱或固定输送机中，要对所有发声的动物进行计数。没有行进通道或致昏箱的屠宰厂，驱赶动物的任何时间，都要对发声的动物进行计数。动物在致昏间或屠宰间时所有的叫声也都需要计数。牛的发声比例的临界值为 3％。不管是常规的还是宗教式屠宰厂，如果使用头部固定设备，标准则是5％，这是以每头动物为基础的评分——每头动物要么计为安静的动物要么计为发声的动物。

屠宰厂很容易达到这个标准(Grandin,1998b,2005,2007a)。作者收集了10个肉牛宗教式屠宰厂的数据,表明使用设计良好的头部固定装置固定动物时就能达到该标准。不管是常规的还是宗教式屠宰厂,如果牛提升悬挂后仍在发声,审核即告失败。

### 9.3.1.2　猪

猪发生尖叫与应激性操作处理和疼痛过程相关(Warriss 等,1994;White 等,1995)。不像牛,很难确定哪头猪在满是猪的行进通道中尖叫。质量保证部门运用声级计来监测声音水平。这在某一个屠宰厂内行之有效,但在与其他屠宰厂进行比较时由于屠宰厂设计和每个圈舍猪数目的差异,可比性就差一些。为了进行屠宰厂间比较,可以统计在下列区域内尖叫的猪头数:在具有行进通道的屠宰厂,记录在传送器、固定器或致昏箱中尖叫的猪的百分比;在使用气体致昏的屠宰厂中,当气体释放器打开时,记录每一头猪的情况;采用批量致昏的屠宰厂,记录致昏时每头猪的尖叫情况。这是以每头动物为基础的评分——每头动物要么计为安静的动物要么计为发声的动物。极限值应该为5%的猪发声。任何一头猪在致昏后发声,审核即告失败。

### 9.3.1.3　绵羊

发声计数不适用于绵羊。由于绵羊是最终的被捕食者,即使遭受应激或疼痛,它们通常也不发出叫声。

### 9.3.1.4　山羊

山羊发声标准还需要研发。

### 9.3.1.5　家禽

致昏前发声计数不适用于家禽。通过后备放血者后如果有任何一只家禽发出叫声,则审核失败。

## 9.3.2　电刺棒使用临界值

牛、绵羊、猪、山羊和其他所有哺乳类动物的临界值为不使用电刺棒驱赶动物的比例必须达到75%,比例达到95%为优秀。旗帜和其他无电用具应该是最基本的辅助驱赶用品。只有在需要时不得已才使用电刺棒,用完后即收存起来。如果是击打、拖拽、损伤尾巴及其他虐待性做法,审核也告失败。使用"是/否"来记录是否用电刺棒移动动物。因为很难确定电刺棒开关是否闭合,如果电刺棒接触到动物,就记录使用了电刺棒。屠宰厂能很容易达到标准(Grandin,2003a,2005,2007b)。

## 9.3.3　跌倒的临界值

牛、绵羊、猪、山羊和其他所有哺乳类动物的跌倒临界值是,从卸载到致昏或宗教式屠宰的任何一个环节,动物的跌倒比例不应超过1%。如果动物身体接触地面,即计数为跌倒。设计的致昏箱引起动物跌倒,将会导致审核失败。屠宰厂能很容易地达到该标准(Grandin,2007b)。OIE(2009)法典也对跌倒使用数值评分。如果有超过1%的动物跌倒,那就需要采取改正措施。

## 9.3.4　家禽操作处理临界值

肉鸡操作处理通过计算折翅或翅膀脱臼禽类的百分比来进行评估。折翅计数必须在有羽毛的情况下进行,以避免与由去毛设备造成的操作损伤(这是一个福利问题)相混淆。可接受的最低分数为轻型禽类折翅率为 1%,超过 3 kg 的重型禽类折翅率为 3%。超过 3 kg 禽类优秀分数为不超过 1%。行业内很容易就能达到该标准(Grandin,2007b)。来源于使用 22 家加工不低于 3 kg 的重型家禽的屠宰厂产品的 2 006 家餐厅审核数据显示,所有屠宰厂的折翅率均不超过 3%,6 个优秀的屠宰厂该比例不超过 1%。在审核刚开始时,大多屠宰厂禽类折翅率均在 5%~6%,但当他们提高了操作处理技术,分数即得到改善。

## 9.4　致昏原则

### 9.4.1　捕获栓致昏法的原则

捕获栓致昏法见第 10 章。

### 9.4.2　哺乳动物电致昏法的原则

当采用电致昏法时,必须有足够的电流通过大脑造成瞬间麻木。电流流动如水,安培是电流的强度,而电压类似于水压。现代的电子控制致昏器可以设置为自动改变电压以提供所需的电流。老式的电击设备,根据动物的电阻,设定电压,改变电流。强烈推荐润湿动物以减少电阻这种做法。表 9.1 显示了电致昏时最低电流水平(OIE,2009)。为了导致瞬间麻木,电致昏必须导致一次癫痫大发作(Croft,1952;Warrington,1974;Lambooij,1982;Lambooij 和 Spanjaard,1982)。当动物被有效致昏,阵挛(踢打)期过后,动物会变得僵硬,出现强直(僵硬)期。

表 9.1　仅头部致昏所用最小电流水平(来源:OIE,2009)。

| 物种 | 最小电流水平/$A^{ab}$ |
| --- | --- |
| 牛 | 1.5 |
| 犊牛(低于 6 月龄的牛) | 1.0 |
| 猪 | 1.25 |
| 绵羊和山羊 | 1.0 |
| 羔羊 | 0.7 |
| 鸵鸟 | 0.4 |

[a] 在所有情况下,在致昏开始 1 s 内应该达到正确的电流水平,能维持至少 1~3 s,且参照产品说明。

[b] 对头到身体心脏停搏式致昏而言,由于电流通过身体的距离较长,因此需要更高的电流强度。

对猪、绵羊、牛或山羊而言,有两种基本类型的点致昏方式:仅头部致昏和头到身体心脏停搏式致昏。图 9.1 显示了一种仅头部致昏式电致昏器的正确定位。图 9.2 和图 9.3 显示了关键性的头部电极的正确定位。必须禁止将头部电极置于颈部,因为这会造成电流绕过大脑。身体电极可以定位在背部、体侧、胸部或腹部。不推荐电流通过腿部。仅头部致昏是可逆的,羔羊或猪必须在 15 s 内进行放血以防止它们恢复知觉(Blackmore 和 Newhook,1981;Lambooij,1982)。当应用心脏停搏致昏时,致昏到放血的间隔可以长一些,因为动物由于心跳停止而死亡。心脏停搏掩盖了癫痫发作的强直期和阵挛期。如想获取电致昏的更多信息,请参考 Wotton 和 Gregory(1986)、Gregory(2007,2008)以及 Weaver 和 Wotton(2008)等文献。图 9.4 显示了屠宰厂一种简单地达到心脏停搏的方法,该方法仅采用简单的设备。首先在头部电击以使动物失去知觉,然后在胸部运用一次电刺棒或电钳。

**图 9.1** 仅头部致昏式钳型电致昏器在头部的正确定位。电流必须通过大脑来导致癫痫大发作。这可使动物立即昏迷。

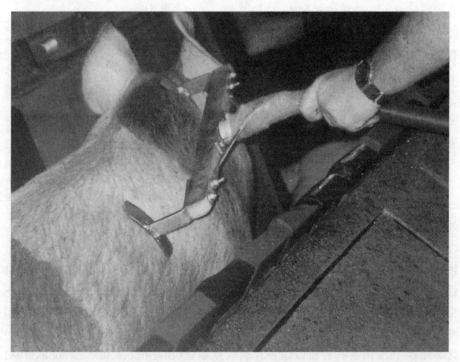

**图 9.2** 头到身体心脏停搏式电致昏器。禁止将头部电极置于颈部，必须将其放置在耳后凹处或者额部。将身体电极放置在体侧有助于减少肌肉中的血斑。本图片显示了正确的定位。

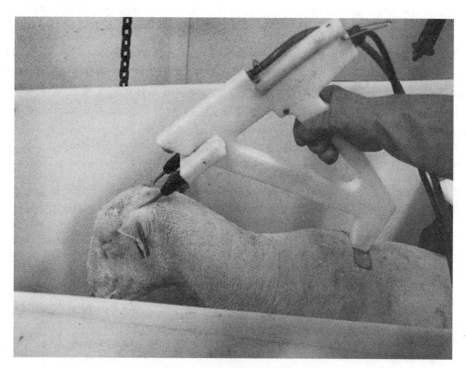

图 9.3　绵羊用头到身体心脏停搏式电致昏器。为确保电极通过羊毛与皮肤接触，要向电极注水。为保证用电安全，全部部件由塑料构成。

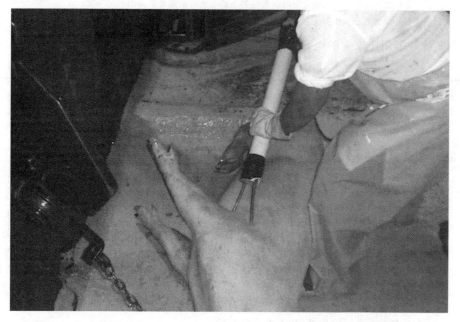

图 9.4　在小型屠宰厂，由于提升速度慢，仅头部致昏的很多猪会恢复知觉。一个简单地解决该问题的方法是首先在头部进行电击，然后在胸部进行第二次电击以停止心跳（来源：Erika Voogd）。

　　为了减少出血斑点（猪肉或家禽肉中的斑点性出血），很多电击设备使用的频率高于来自输电干线的标准频率 50～60 个循环（即 50～60 Hz，译者注）。更高的频率将减少猪处于昏迷状态的持续时间（Anil 和 McKinstry，1994）。禁止使用极高的频率（2 000～3 000 Hz）致昏（Croft，1952；Warrington，1974；Van der Wal，1978）。频率为 1 592 Hz 的正弦波或 1 642 Hz 的方波将导致小猪昏迷（Anil 和 McKinstry，1994）。很多有效的商业化系统采用 800 Hz 电流电击头部，进而再用 50 Hz 电流电击身体，这种组合是有效的（Lambooij 等，1996；Berghaus 和 Troeger，1998；Wenzlawowicz 等，1999）。

### 9.4.3　家禽致昏方法的原则

　　商业化的家禽屠宰厂中，采用电致昏或者气体致昏使鸡和火鸡呈现昏迷状态。为了瞬间使家禽昏迷，当使用电致昏时，必须使用表 9.2 所示的电流水平和频率（OIE，2009）。

表 9.2　致昏家禽所用电流水平[a] 和电流频率（来源：OIE，2009——在研究中）。[b]

| 物种 | 电流/（mA/只） | |
| --- | --- | --- |
| 肉仔鸡 | 100 | |
| 产蛋鸡（淘汰母鸡） | 100 | |
| 火鸡 | 150 | |
| 鸭和鹅 | 130 | |
| 频率/Hz | 鸡/mA | 火鸡/mA |
| <200 | 100 | 250 |
| 200～400 | 150 | 400 |
| 400～1 500 | 200 | 400 |

　　[a] 所有的电流都是正弦波交流电。其他类型的电流可能需要更高的电流强度。
　　[b] 关于电致昏家禽的补充信息见参考文献 Raj（2006）。

表 9.3 比较了用于家禽的电致昏法和气体致昏法的优缺点。

表 9.3　家禽电致昏和气体致昏系统的福利比较。

| 项目 | 致昏 | |
| --- | --- | --- |
| | 电[a] | 气体 |
| 优点 | • 瞬间昏迷（Raj 和 O'Callaghan，2004） | • 不需要从运输器具中移出禽类，可大大降低操作处理应激<br>• 运输器具中的所有禽类都能致昏<br>• 对活禽不进行操作处理，降低了员工虐待禽类的可能性 |
| 缺点 | • 活禽被倒置悬挂于传送带上，对禽类是应激，会造成血浆中皮质酮浓度上升（Kannen 等，1997 Bedanova 等，2007）<br>• 与大禽混在一起的小禽错过水浴，可能不能被致昏<br>• 管理和培训员工更加困难，由于员工对每个活禽都要进行操作处理，人虐待禽类的问题更可能发生<br>• 设计不周的系统，禽类可能在水浴前遭受小的预电击 | • 不能立即昏迷，失去意识前痛苦和不舒服程度随气体混合物而变化<br>• 需要仔细持续地检测气体混合物。在很多系统中，屠宰厂建筑周围的风、空气流通的变化、开关门都可能改变气体混合物浓度 |

　　[a] 电致昏于水浴中进行。

### 9.4.4 应用于家禽的气体致昏设备

从工程的角度来看,存在两种基本类型的气体致昏系统:第一种是开放式系统,处于运输集装箱中的禽类沿着隧道或者深井由传送带连续运送,系统的入口和出口是开放的;第二种是密闭系统(正压),在这种系统中成批的处于集装箱中的禽类被放置在密闭空间。$CO_2$ 在开放系统中运用效果良好,因为它比空气重,处于致昏箱的底部。氩气比空气重,在开放系统中应用效果也不错。氩气的主要问题是成本高。为了获得最佳效果,开放系统中必须使用比空气重的气体。同样的原理也用于猪的 $CO_2$ 致昏。处于吊舱(升降车)的猪被降落到充满 $CO_2$ 的深井。在密闭系统中,气体在正压下被输入到密闭的空间,气体通过通风系统进行再循环,而密闭空间中则一直保持特定的气体浓度。与开放系统相比,密闭空间的一个好处是混合气体能得到更精确的控制。所有种类的气体在密闭系统中应用效果都不错。密闭系统的缺点是,与 $CO_2$ 位于深井或隧道底部的 $CO_2$ 致昏箱相比,它要用更大体积的气体。在密闭系统中,在下一批禽类进入前所有的气体都要排空。密闭系统采用惰性氮气时效果会不错,因为几乎所有的氧气都被排至致昏箱外。惰性气体系统应用效果最好,如果氧浓度不超过 2%,禽类对气体的反应将会降低。这在开放系统中很难实现。利用氮气的开放系统曾经是商业上的失败,因为会造成很高的折翅率。此外,氮气在开放系统中效果很差,因为它不比空气重。氮气很便宜,可在精心设计的密闭系统中应用。

### 9.4.5 禽类和猪对气体混合物的反应

适合于家禽的气体混合物目前在科学界存在极大的争议,全面综述所有的文献超出了本书的范围。$CO_2$ 系统有用纯 $CO_2$ 或用二氧化碳与氧气、氩气或氮气的混合气体的。其他系统则专用惰性气体(如氮气或氩气)。猪或鸡不会对 90% 氩气与不高于 2% 氧气组成的混合物产生厌恶性反应,动物自发地进入充满该混合气体的空间内进行采食(Raj 和 Gregory,1990,1995)。在纯 $CO_2$ 系统中,必须禁止将鸡突然置入 $CO_2$ 浓度超过 30% 的致昏箱,除非添加氧气,否则会导致鸡的猛烈振翅,非常不利于禽类福利。作者观察了利用纯 $CO_2$ 的商业化系统,发现为了降低禽类对 $CO_2$ 的反应,$CO_2$ 浓度必须在数分钟内逐渐上升。商业性设施的实践经验表明,将 $CO_2$ 浓度从 0% 平稳地提高到 50%~55% 以上可降低倒伏(失去正常的姿态)前禽类的反应。鸡比火鸡需要在更长时间内缓慢地提高 $CO_2$ 浓度。缓慢、逐渐地提高 $CO_2$ 浓度能防止翅膀拍打和仓皇地试图从器具中逃离。

商业化应用的另外一种气体系统是两相系统。在该系统中,鸡开始处于含有 40% $CO_2$、30% 氧气和 30% 氮气的环境中 60 s,第二阶段是安乐死阶段,环境中含有 80% $CO_2$ 和空气。双相系统麻醉阶段添加氧气有益于动物福利和胴体质量(McKeegan 等,2007a,b; Coenen 等,2009)。最常见的两种商业化气体系统是缓慢导入气体的 $CO_2$ 系统和双相系统。

禽类和猪之间具有物种差异。猪必须突然置于 $CO_2$ 浓度高达 90% 的空间中致昏(Hartung 等,2002;Becerril-Herrera 等,2009)。采用 80% $CO_2$ 致昏的猪会产生更多的 PSE 肉,这是肉品质量的严重缺陷,肉呈现苍白、松软和含水过多状态(Gregory,2008)。$CO_2$ 浓度低至 70%,猪可产生厌恶性反应,不推荐使用(Becerril-Herrera 等,2009)。作者对处于方便观察空间的猪进行了观察，无应激综合征的猪在进入 90%$CO_2$ 的空间后行为反应很小，保持安静状态直到倒伏（失去正常的姿态）（Grandin，2003a）。具有应激综合征基因的猪反应更有力（Troeger 和 Wolsterdorf，1991）。一个商业化屠宰厂的观察结果显示，猪遗传基础可能影响猪对 $CO_2$ 的反应。很多猪保持安静而另外一些猪积极地试图从器具中逃离（Grandin，1988）。针对猪对 $CO_2$ 反应的研究所获结果不同，很多研究表明动物不会对 $CO_2$ 产生厌恶性反应（Forslid，1987；Jongman 等，2000），而另外的研究显示恰恰相反（Hoenderken，1978，1983）。Forslid（1987）的研究中采用的是纯种的约克夏猪，而其他研究中猪品种不明。作者的观察结果表明，猪遗传基础不同也许能解释研究结果间的差异。

## 9.5　如何确定失去知觉

角膜反射是保护眼睛不受外来物侵害的不自觉地眼睑闭合反应。它包括两个汇合于脑干的脑神经，一个为感觉神经，另一个为运动神经。当角膜感受到诸如手指或钢笔接触时，一个脉冲通过感觉神经发送到脑干的中心，随后来源于脑干的一个反射脉冲发回眼睑，启动眼睑闭合，这就是所谓的角膜反射。在人类医学上，这个测试常用来判断脑干异常。但是角膜反射仅表明脑干活动，不代表着致昏动物的知觉。运用钢笔尖触发电或气体致昏的动物微弱的角膜反射而没有其他恢复清醒的迹象可能代表该动物处于手术麻醉状态。如果在未接触眼睛的情况下动物可以自发地自然眨眼，则该动物肯定还有意识，必须重新致昏。评估失去知觉的人员必须仔细观察待宰栏中的活体动物，从而了解自发眨眼的状态。使用穿透或非穿透捕获栓设备致昏的动物，其角膜反射和眼睛运动必须消失，眼睛必须睁大到茫然凝视状态，不能转动（Gregory，2008）。当测试诸如猪和绵羊这类眼睛小的动物的眼睛反射时，一定不要用手指或者其他厚的、钝性的物体戳眼，因为这会造成很难解释的混淆迹象（Grandin，2001b）。手指测试可用于诸如牛这类的大动物。

下列的昏迷迹象可用于评估致昏效果（Grandin，2007a）。更多信息见文献 Gregory（2008）。这些迹象可用于所有类型的致昏，除非另有规定。

1.没有节律的呼吸（有节律的呼吸是指肋骨起伏至少两次）。

2.对针和刀尖刺鼻子无反应（只适用于鼻子）。

3.没有自然眨眼（在围栏中清醒动物的观察结果）。不要与眼球震颤（眼球快速不自主地运动）相混淆。电致昏后眼球震颤是允许的，但在捕获栓和气体致昏中一定不能有该迹象。

4.悬挂到传送轨道时没有正位反射（图 9.5）。正位反射呈现为背部弯成弓形，头部持续向后仰。这种反应不应与后腿无意识踢打时头部的瞬间抖动相混。

5.不发出声音。

6.无兔样的鼻子抽动。

7.舌头不僵硬不卷曲。瘫软、松弛的舌头是致昏良好的动物的一个标志。

8.忽略踢踹和其他腿部运动。评估无知觉的人员应该看头部，头部必须松软下垂（图9.5）。

如果缺乏上述任何一种迹象，则表明动物可能恢复知觉，该动物必须再一次进行致昏。

## 9.6　致昏评估

### 9.6.1　屠宰厂中电致昏的评估

如果没有电流表或其他可用于测量电压、电流和频率的设备,评价动物福利的人员不会知道致昏系统的电流。评估致昏器的一个简单方法是测试其诱导癫痫发作的强直(僵直静止期)及随后的痉挛性收缩(划动踢蹬期)的能力。如果屠宰厂使用一体的由头到身体心脏停搏式致昏棒,心脏停搏可能会掩盖癫痫发作。测试这种系统的唯一方法是将该电致昏器电力箱中的电线连接到只能用于头部的钳型致昏器进行测试,如果可诱导癫痫发作,该致昏器就是可接受的。只有当钳型致昏器从头部移去后,才能评价强直和痉挛性收缩的存在。当测试强直和痉挛性收缩时,钳型致昏器必须保持电击 $1\sim3$ s。保持电击时间太长,可能去极化脊髓和掩盖癫痫发作。

如果屠宰厂在致昏动物后使用一个固定的电流来保持胴体静止,电致昏器的效果可能也很难评估。为了观察强直和痉挛性收缩,必须关闭致昏器电流。如果致昏器不能诱导癫痫发作,则不得使用该设备。采用低电流或很高频率将导致具有意识的动物发生瘫痪。致昏器在头部的不当定位也将导致诱导癫痫发作的失败。对于鸡,癫痫发作的行为不同于家畜。恰当致昏的禽类悬于轨道时将摇摆震动它们的翅膀,并紧贴身体。当禽类恢复知觉时,它们可能完全伸展翅膀,做完整的振翅动作。

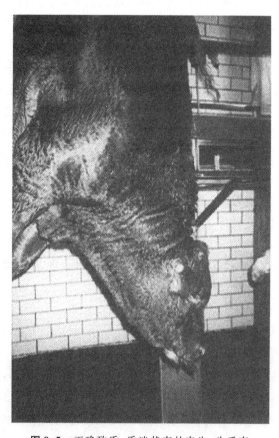

**图 9.5**　正确致昏、昏迷状态的肉牛。头垂直下悬,后肢或前肢可能会动,应该忽略。应该培训人员通过观察头部来评估动物是否失去知觉。当身体移动时,头应该松软下垂。

### 9.6.2　气体致昏评估

为了评价气体致昏,系统中必须要有窗户或者摄像机,以用于动物倒伏(失去正常的姿态)昏迷前观察诱导阶段的禽类或猪。笔者的意见是,为了审核和监测商业化系统,应该测量的基于动物的结果是动物在诱导期的反应。笔者已经观察了很多类型的商业化系统中的鸡和火鸡。在最好的 $CO_2$ 系统中,逐渐输入气体,家禽在失去正常的姿态前,很少抖动翅膀,一些家禽晃头和喘粗气。这是呼吸窘迫的迹象(Webster 和 Fletcher,2001)。在失去正常的姿态前,没有家禽试图从致昏箱中逃逸或做有力的拍打动作。一项关于火鸡的研究显示，倒伏前6.2％的动物用力地拍打翅膀，37％的动物晃头，18％的动物深呼吸（Hansch 等，2009）。笔者认为失去意识前用力地拍打翅膀是不可接受的，必须通过调整气体混合物来避免发生这种情况。在评价气体致昏系统时，重点必须是观察失去姿态和昏迷前动物或禽类的反应。关于最佳气体混合物和诱导禽类的方法的研究还在进行中。

### 9.6.3　家禽操作处理和致昏系统评估

当你评价家禽致昏系统时，你必须将致昏方法和操作处理方法看作是一个完整的系统。气体致昏可大大改善对家禽的操作处理，不用悬挂活体，更多地减少了雇员虐待家禽的机会，从而可以抵消由于气体导入期引起的某种不适。笔者的观点是，提高家禽致昏前的操作处理将使整体福利更好，即便是气体致昏能造成家禽气喘和头部摆动。如果家禽确实在失去正常的姿态前充分地有力地拍动翅膀或者试图从气室中逃离，电致昏的家禽福利可能更高。

## 9.7　致昏实践的数值评分

每一个关键控制点都是满分是不可能的。所以必须设定一个可接受的最低分值。下列的关键限值从 1997 年开始已经应用于牛、猪和绵羊（Grandin，2005，2007a），从 2001 年开始用于家禽。

### 9.7.1　致昏关键限值

#### 9.7.1.1　捕获栓致昏和枪击致昏

单次射击，95％的动物必须呈现昏迷状态，这是可接受的最低分值。该分值在管理良好的屠宰厂很容易达到（Grandin，2000，2002，2005）。优秀的分值为99％。所有需要接受第二次射击的动物在悬挂放血或其他侵害性操作前必须处于昏迷状态。穿透捕获栓比非穿透捕获栓更有效。采用非穿透捕获栓射击，稍稍偏离目标更可能导致失败。使用非穿透捕获栓致昏的动物必须在 60 s 内进行放血。牛和猪的射击部位应该在额部中间（见第 10 章）。由于绵羊具有很厚的颅骨，射击部分必须在头顶（见第 10 章）。具有很厚颅骨的婆罗门牛、水牛和其他动物可能只能在颈背后面（角后的凹处）进行射击（Gregory 等，2008a）。关于捕获栓致昏方法的更多信息请参考 Gregory（2007，2008）和 Grandin（2002）（见第 10 章）。

#### 9.7.1.2　电致昏

正确的致昏钳（电极）定位对确保电流通过 99％动物的大脑是很重要的。这个标准很容易达到（Grandin，2001a，2003b）。正确的定位对诱发立即昏迷是绝对必要的（Anil 和 McKinstry，1998）。图 9.1 至图 9.3 显示了正确的定位。头部电极禁止放置在颈部，因为那样会使电流绕过大脑。致昏棒或钳也禁止用于动物眼部、耳部或直肠。能接受的头部电极位置是：

- 前额到身体（心脏停搏）——仅对头部电极的位置评分；
- 耳后凹处到身体（心脏停搏）——仅对头部电极的位置评分；
- 利用钳型致昏器（仅头部电击），在头两侧眼和耳之间；

·利用钳型致昏器(仅头部电击),头顶和颌骨下。

对家禽水浴系统而言,99%的家禽必须置于水浴中,这样才能使电流通过家禽大脑。

预充电电击的动物不应超过1%。在电击钳或者其他设备紧密压触到动物前,电极带电即发生预充电电击。如果动物发声(尖叫、吼叫)或电击后直接反应为移动即计数为预充电电击。绵羊喊叫不能计数为预充电电击。家禽在水浴入口的提前震动计数为预充电电击。每只家禽应计为提前震动或没有提前震动。

### 9.7.1.3　二氧化碳和其他可控气体致昏方法

装载车或集装箱中的动物必须能站立或卧倒,不能相互挤压在一起。如果一只动物在其他动物上面而没有空间供它站立或卧倒,计数为超载的装载车。哺乳动物和家禽使用的标准是不超过4%的装载车超载。不得将动物或家禽塞入其他动物上面的装载车中。更多的信息参见本章标题为"家禽气体系统的机械设计"和"禽类和猪对气体混合物的反应"的部分。

### 9.7.2　昏迷关键限值

悬挂至放血前所有的动物必须均无恢复知觉的迹象。错过致昏或自动刀具的所有禽类必须由备用的放血人员进行切割放血。在诸如热烫、剥皮或腿切除等任一屠宰过程中,对动物或家禽表现出恢复知觉的迹象,均为零容忍。这个标准适用于采用致昏的标准屠宰和屠宰前不致昏的宗教式屠宰(犹太或清真)。针对二氧化碳和其他可控气体致昏,需要建立检测诱导过程中动物福利的评分系统。需要预备一个窗口,以使在诱导期(直到畜禽失去正常的姿态和跌倒)可以观察和计分(见标题为"气体致昏评估"和"家禽操作处理和致昏系统评估"的部分)。

## 9.8　客观评分提高福利

很多动物福利倡导者抱怨1%的动物跌倒或5%的动物发声不是很好的福利。真正具有好的内部和外部审核的屠宰厂,实际数值低了很多。1996年餐馆审核开始之前,最差的屠宰厂32%的牛会发声,平均为7.7%(Grandin,1997a,1998b)。自审核开始,平均的发声率已低于2%,最差的屠宰厂为6%(Grandin,2005)。减少跌倒的作用更加显著。在2005年,来源于麦当劳和温迪调查过的、经过最严格审核的屠宰厂的数据表明,对超过30个屠宰厂评估了超过3 000头牛和猪,结果0%发生跌倒。福利审核开始前,很多屠宰厂100%的牛和猪利用电刺棒来驱赶,现在电刺棒的平均使用率已低于20%。在大多数屠宰厂,唯一使用电刺棒的地方是在致昏箱或固定箱的入口。在开始4年的审核中,17.5%的牛通过电刺棒来驱赶(Grandin,2005)。青年饲育牛比老龄淘汰奶牛更易于驱赶。青年饲育牛电刺棒平均使用率为15.2%,而老龄淘汰的荷斯坦奶牛电刺棒平均使用率为29%(Grandin,2005)。最近来源于72个肉牛和猪屠宰厂的2 005次审核数据表明,仅有一个屠宰厂在电刺棒使用上是不及格的,23%的肉牛屠宰厂使用电刺棒的牛不高于5%。第一次射击牛致昏百分数平均为97.2%,91%(66个屠宰厂中的60个)的屠宰厂通过了昏迷审核(Grandin,2005)。2005年,在42个屠宰厂中,100%的肉牛在悬挂前呈现昏迷状态。

当测量这些性能指标时,屠宰厂能确定它们是在变好还是在变坏。在设定这些标准时,关键限值不得不定得足够高来迫使差的屠宰厂改进,而又不是太高以至于屠宰厂改进起来很难。动物激进分子经常问笔者是否标准应该更严格些。笔者反对改变标准,因为处理不同类型动物的难易程度会有差异。难以驱赶的动物或糟糕的天气将造成太多的屠宰厂不及格。从1999年以来,屠宰厂一直利用这些标准进行审核,很多屠宰厂正在持续地改进中。来源于一个主要的餐饮公司的数据显示,在2001年,21%的肉牛屠宰厂和33%的生猪屠宰厂5个关键控制点中的一个或多个指标不及格;而在2005年,肉牛屠宰厂不及格率降低到2.5%,猪屠宰厂不及格率降低为0%。

## 9.9 改善福利的实施成本

改善动物操作处理和致昏过程有很多优点。对员工来说,安全性足以消除操作人员对牛和其他大型动物的虐待。诸如宗教式屠宰前活牛上镣铐和吊挂这类残忍的做法是很危险的。安装使动物处于舒适直立姿势的现代化固定设施可大大减少员工的意外事故和受伤(Grandin, 1988)。其他的好处包括减少瘀伤和更好的肉品质。临近致昏时,进行应激性操作处理和滥用电刺棒将大大出现肉品质问题,如 PSE 猪肉(D'Souza 等, 1999;Hambrecht 等,2005a, b)等。多次使用电刺棒将大大提高血液中的乳酸水平和不能站立猪的比例(Benjamin 等,2001)。笔者已经与多个屠宰厂合作,他们改善操作处理做法后能向日本多出口 10% 更好质量的猪肉。

美国、欧洲、澳大利亚和南美洲绝大多数屠宰厂不需要投入主要资本来建设全新的操作处理系统。在美国和加拿大,超过75家猪和肉牛屠宰厂中只有3家需要重建整个动物操作处理设施,其他的屠宰厂只需要做一些微小的设施改进,并加强员工训练和设备维护。改进设备花费通常不超过2000美元,很多屠宰厂甚至低于500美元。最常见的简单改进是在致昏间中安装防滑地板,改进照明来促进动物移动,安装实心板防止走近的动物看到人和移动设备(Grandin, 1982, 1996, 2005)(见第5章)。对禽类而言,更好地管理抓捕员工和加强设备维护都能降低折翅率。

屠宰厂的管理是一个重要因素。有3个屠宰厂的审核一直通不过,直到更换了管理人员。管理远比生产线的速度重要。对于50~300头/h的不同速度的生产线,牛的电刺棒的使用得分非常相近(Grandin, 2005)(表9.4)。如果屠宰厂拥有高效率的生产线操作,而且配备了适合这种速度的员工,则即使操作速度很快,也能保持良好的福利。当设备过载或屠宰厂人手不足时会发生最糟的问题。笔者

**表 9.4** 不同生产线速度下采用电刺棒移动的牛的百分数(来源:Grandin, 2005)。

| 生产线速度/(头/h) | 屠宰厂数目 | 采用电刺棒移动/% |
|---|---|---|
| <50 | 16 | 20 |
| 51~100 | 13 | 27 |
| 101~200 | 10 | 12 |
| 201~300 | 21 | 24 |
| >300 | 6 | 25 |

观察到的过载设备的最糟的事件之一是,一个小型的牛屠宰厂将生产线速度从26头/h提高到35头/h,这导致致昏间的门猛烈地撞击牛。一个在26头/h速度下的屠宰厂运转很好,但在35头/h的速度下就很糟。三个不得不改造的屠宰厂的主要原因是设备尺寸过小或者设备

类型与生产线速度不配。

## 9.10　问题解决指南

下面就是屠宰厂最常遇见的造成审核不及格的问题列举和一些尝试解决这些问题的方法。

### 9.10.1　捕获栓致昏(所有动物种类)

问题和纠正方案如下：

1. 对致昏枪维护不良是造成审核不及格的主要原因。应执行每日维护和清洁方案(Grandin,2002)。强烈推荐使用测试台来测试栓速(关于栓速的更多信息见第 10 章)。

2. 气动致昏器的气压太低不足以有效致昏。大多数致昏致昏器需要专用的空气压缩机。气体储存罐只能用于每小时屠宰 4 或 5 头牛的非常小的屠宰厂。

3. 子弹发潮是子弹射击型致昏器审核不及格的一个主要原因(Grandin,2002)。子弹必须储存在干燥的环境中,如专用房间或密闭的容器中。

4. 狂躁不安的动物很难致昏。有两个解决方法:(1)改善操作处理,使动物安静地进入致昏间(如减少电刺棒的使用和停止员工大声呼喊);(2)安装防滑地板,防止动物滑倒在地板上(在致昏间地板上用直径 2 cm 的钢筋以 30 cm×30 cm 见方的方式进行焊接;钢筋必须焊接平整,不能重叠)。

5. 采用非穿透捕获栓时致昏到放血的间隔太长。

6. 牛体上的长毛可能降低非穿透捕获栓致昏的效果。

### 9.10.2　电致昏(所有动物种类)

问题和纠正方案如下：

1. 电致昏电流不足。电流最低限值是绵羊 1 A、猪 1.25 A 和牛 1.5 A(表 9.1)。老龄或大型动物可能需要设定得更高。

2. 电极放错位置使电流通过大脑(译者注:原文似有误,绕过大脑更符合此处的语境)。纠正这个问题,需要在电极正确定位方面重新培训员工。在人工操作和自动系统中可能不得不对电极(钳)重新设计或调整来帮助正确定位。

3. 如果动物体表太干燥,致昏可能没有效果。需要打湿动物或者打湿电极来提高电流传导。

4. 脱水的畜禽难以致昏。尤其是老龄动物或经过长途运输的动物常见该问题。长途运输过程中和屠宰厂待宰栏中供水将有助于防止脱水。

### 9.10.3　气体致昏(猪和禽类)

问题和纠正方案如下：

1. 气体浓度太低或使用了不合适的气体混合物(参见标题为"家禽操作处理和致昏系统评

估"部分)。对猪而言,推荐使用 90% $CO_2$(Becerril-Herrera 等, 2009),猪对 70% $CO_2$ 会产生厌恶性反应。另外一个可能发生的问题是,气体在致昏箱中分布不开。这可能是由于致昏箱设计的缺陷或屠宰厂通风系统造成的。纠正这个问题可能需要熟悉通风系统的工程学专业知识。在用于猪和禽类的诸如 $CO_2$ 系统这种开放的气体致昏系统中,造成问题的有以下几个因素:屠宰厂建筑周围的气流、屠宰厂排气扇开启数目的变化或致昏箱附近门的开关。这些因素能引起"烟囱压力",造成气体的吸出。"烟囱压力"是有效运转的致昏箱中突然出现清醒动物的常见原因。这可能在按照某个特定顺序开门或启动风扇时才发生。两室之间或者一室和室外之间气压的差异均可导致门自发地猛烈开关。气体致昏设施附近空间中压力的不同可能造成致昏设施不能正常工作。"烟囱压力"问题对正压(密闭)系统没有影响,因为该系统中气体由通风系统导入。

2.过载、尺寸过小的机械设备是气体致昏系统出现的最糟问题之一。当屠宰厂提高产能时,机械可能会过载。购置气体致昏设备的屠宰厂管理者应该购置一台足够大的设备以应对产能的进一步增加。必须替换过载的设备。一台过载的设备特有的迹象有:(1)由于输送带速度提高造成动物气体暴露时间降低,从而使动物不能呈现昏迷状态;(2)运输车或集装箱过载,猪或禽类没有足够的空间站立或卧倒,只得置身于其他个体上面。当将猪装车时,不能迫使其跳到其他猪的上面。

### 9.10.4　失去意识

这些问题和纠正方案适用于传统的和宗教式屠宰厂。

1.没有正确地致昏操作诱导昏迷——参见前面的"问题解决指南"中的致昏部分。

2.当采用仅头部可逆型电致昏时致昏到放血的时间间隔太长。该间隔必须控制在不超过15 s(Blackmore, 1984;Wotton 和 Gregory, 1986)。对心脏停搏式电致昏而言,致昏到放血间隔可以为 60 s。

3.放血后血流量不足。这是很多猪屠宰厂审核不及格的主要原因。员工必须在更高效的放血方法方面得到培训。对猪而言,切口加大能提高血流,纠正恢复清醒的问题(Grandin, 2001a)。

4.在宗教式宰杀的屠宰厂,对安静状态的动物进行切割,昏迷将出现得更快(Grandin, 1994)。用很锐利的刀进行快速切割通常更有效。不得使用没有锐利刀刃的钝刀。固定装置造成的过度压力可能引起激动,延迟昏迷的发生。高发声评分是固定装置伤害动物的一个信号。一个屠宰厂固定设施使用过高的压力能使 35% 的牛发声(Grandin, 1998b)。头部固定设备使用的压力过高造成 22% 的牛吼叫。当压力下降时,发声率下降到 0%(Grandin, 2003b)。刀必须足够长,从而使切割过程中刀柄仍位于脖颈的外面。切割过程中刀周围的切口不应闭合。应该将动物固定在一个舒服的直立位置,头部固定后 10 s 内必须进行切割。如果超过5% 的牛发声,必须立即采取纠正措施。必须很好地维护以防止后推门或固定设施的其他部分压力过大。切割后立即将头部固定器、腹部提升器、后推门和其他压制动物的设备去除,以利于放出血液。动物不能从箱中移出,直到它跌倒昏迷。

表 9.5 显示了犹太式宰牛场采用好的和差的程序宰牛的差异（Erika Voogd，个人交流，2008）。表 9.5 的时间与文献资料的结果（Blackmore 和 Newhook，1981，1983；Blackmore 等，1983；Gregory 和 Wotton，1984a）很相似。与不致昏牛相比，不致昏绵羊宰杀后昏迷更快。绵羊开始昏迷的平均时间为 2～14 s（Blackmore，1984；Gregory 和 Wotton，1984b）。

表 9.5　犹太式屠宰牛过程中眼睛反转和倒地（失去正常的姿态）时间（来源：Erika Voogd，个人交流，2008）。

| 项目 | 好技术 | 差技术 |
|---|---|---|
| 平均倒地时间/s | 17 | 33 |
| 最长时间/s | 38 | 120 |
| 30 s 内倒地的牛/% | 94 | 68 |
| 牛数/头 | 17 | 19 |

应该使用跌倒时间计分来缩短喉管切割后动物仍保持清醒的时间。不致昏、操作差的屠宰厂导致动物的清醒时间延长（Newhook 和 Blackmore，1982；Blackmore，1984；Gregory 和 Wotton，1984a，b，c）。对这些研究的综述可参见 Grandin（1985/1986）。Daly 等（1988）报道了牛大脑失去感官反应的时间变化范围为 19～126 s。为了减少这种变异和缩短知觉恢复的时间需要仔细的计分和监测跌倒（失去正常的姿态）时间。

### 9.10.5　发声

这些问题和纠正方案适用于传统的和宗教式屠宰厂。

1.过度地使用电刺棒是发声的主要原因。培训员工利用旗帜或其他不带电的辅助工具作为他们驱赶动物的主要方法（见第 5 章）。只有在需要驱赶顽固的动物时才使用电刺棒，随后马上把它放置起来。

2.错过致昏造成动物发声——纠正该问题见标题为"捕获栓致昏（所有动物种类）"部分的致昏建议。

3.在致昏箱、固定箱中或引导通道上的跌倒或者很多微小的快速滑动可能造成发声。纠正方法是安装防滑地板。当动物在致昏箱中上下快速移动和重复做出多次微小滑动时，它们会感到惊慌。

4.造成疼痛的头部固定装置或其他固定设备的过度压力导致发声。在液压或气动设备上安装限压装置。头部固定装置需要单独的压力控制，设置的压力必须低于需要更大压力控制的沉重门和其他装置的压力。如果使用固定设施时动物有直接反应，表现为发声，那么固定设施也有问题。

5.锐器刺入动物身体导致发声。接触动物的表面必须平滑。即使是一个小的尖锐棱角也可能刺入动物身体，必须发现并清除。

### 9.10.6　跌倒

这些问题和纠正方案适用于传统的和宗教式屠宰厂。

1.光滑的地板是造成动物跌倒的主要原因。有很多途径可以提供防滑地板：

（a）安装由 2 cm 钢筋焊接的 30 cm×30 cm 网格做成的防滑地板（见第 5 章）。钢筋禁止重叠。防滑网格在诸如致昏箱、通道、集畜栏、磅秤和卸载区等频繁使用的区域使用最好。

（b）利用混凝土制槽机械在地板上刻槽（由承包商做或者租用机械）。大面积光滑地面推荐使用这种方法。

（c）推荐为牛和其他大型家畜建设新地面，包括在栏内和通道的地面上刻槽，形成20 cm×20 cm 方形或菱形图案。槽至少 2 cm 深和 2 cm 宽。对猪、绵羊和其他小家畜来说，可以使用相隔更小的小槽。膨胀的金属网嵌入湿的混凝土效果不错。不推荐使用粗糙的地面处理，因为它磨损太快。

### 9.10.7　电刺棒的使用

问题和纠正方案：

1. 操作处理动物时，未经严格训练的员工倾向于过度使用电刺棒。必须训练员工操作处理动物的行为规范（Grandin，2007a，b）。必须禁止员工对着动物大声叫喊和吹口哨（见第5 章）。

2. 导入单列通道的集畜栏超载会使操作处理动物更加困难。牛和猪应该以独立的小群移入集畜栏。集畜栏应该半满。绵羊可以连续流动的形式大群操作处理（见第5章）。

3. 动物畏缩不前和拒绝移动是过度使用电刺棒的主要原因。这是一个必须要纠正的设施问题。为了提高动物移动速度，必须从设施中去除吸引动物注意的干扰性因素。参考表 9.6 确定通道、致昏箱和固定设施中必须清除的干扰因素。为了发现造成畏缩不前的原因，人们应该进入行进队列观察动物正在看什么。一头安静的动物有助于定位干扰因素。单列通道或致昏箱清晰明亮的入口能促进动物移动（图 9.6）。表 9.7 提供了解决致昏箱或固定设备中诸如发声或动物激动问题的辅助方法。

表 9.6　发现和去除造成动物畏缩不前、返回或拒绝移动的干扰因素的问题排除指南[a]。

| 造成畏缩不前的干扰因素 | 如何促进动物移动 |
| --- | --- |
| • 通道或致昏箱入口太暗 | • 添加不直射正在走近的动物眼睛的间接照明（图 9.6）。如果阳光使入口看上去昏暗，可能需要安装一个遮光物以阻断阳光 |
| • 看到前方有正在移动的人或设备 | • 行进通道安装不透明侧面，安装使人能站在后面的护罩。阻断动物看到设备移动的视野，这些视野造成动物畏缩不前；用大片的硬纸板尝试 |
| • 风吹到正在走近的动物脸部 | • 改变通风，使致昏箱的入口处无气流运动 |
| • 过度的噪声 | • 确保没有喊叫声、无较大排气声并在声音大的设备上安装橡胶垫 |
| • 金属或湿地面的倒影 | • 添加或者移动灯具通常能消除倒影。一个员工必须进入通道从动物眼睛水平观察倒影是否已消除。利用手提灯多次实验。可能需要移动现有的灯 |
| • 造成畏缩不前的小物件 | • 移除悬挂在栅栏上的蓬松塑料、衣物和通道中晃动的绳链 |
| • 颜色对比强烈 | • 将设施粉刷为同样的颜色，员工所穿衣物与墙体颜色类似 |
| • 地板排水沟或地板颜色的变化 | • 从动物行走的区域移走排水沟或使地板表面看起来颜色一致 |

[a] 更多信息见第 5 章以及 Van Putten 和 Elshof（1978）、Grandin（1982，1996）和 Tanida 等（1996）。更多专家的信息见 Grandin（2007b）。

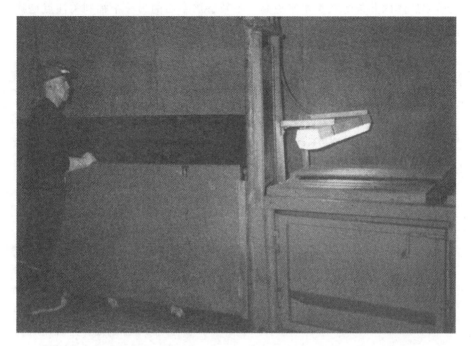

图 9.6　在单列通道入口放置一盏灯能通过吸引猪进入通道而促进动物移动。

## 9.11　宗教式屠宰的福利问题

从动物福利立场来看,不致昏屠宰动物有很大争议。全面综述宗教式屠宰文献已超出本书的范围。有 2 个主要的福利问题:未致昏割喉;割喉过程中如何固定动物。宗教式屠宰最严重的问题是固定方法。笔者已经观察到恐怖的屠宰厂:一长串乱窜的活牛被一条腿倒挂。牛发声率几乎为 100%。

对最好的动物福利而言,在非致昏屠宰过程中,应该将动物固定于一个舒适直立的位置。与直立固定相比,设计差的固定牛背部的旋转箱会造成更多的应激和发声以及更高水平的皮质醇浓度(Dunn,1990)。带有可调整边沿的改进型旋转箱和旋转后数秒即宰杀动物导致的发声率与直立箱相近。为了评价宗教式屠宰过程中操作处理和固定的动物福利情况,屠宰厂必须采用传统屠宰厂使用的方法对发声、摔倒和电刺棒使用进行计数。牛发声率不得超过 5%。执行动物福利计划的人员必须关注消除固定时疼痛、应激的方法(见第 5 章和第 14 章)。

正确的宗教式屠宰中,牛在切割过程几乎没有反应(Grandin,1994)。Barnett 等(2007)报道 100 只鸡中仅有 4 只在切割过程中出现身体反应。与操作得好的犹太式屠宰相比,当用手在动物脸前挥动时可能引起更大的行为反应(Grandin,1994)。当刀第一次接触喉咙时,大多数牛会产生轻微的抽搐。手在动物脸前 20 cm 范围内快速挥动时,会激怒动物,因为侵入了它的逃离区。笔者观察到粗放饲养的牛逃离区较远。笔者还观察到当切割做得不好,伤口紧包着刀时,动物会激烈挣扎。EEG 疼痛测量表明利用锐利的 24.5 cm 长的刀切割 109～170 kg 的犊牛颈部引起了疼痛(Gibson 等,2009a, b)。Petty 等 (1994)报道与捕获栓致昏相比，犹太式屠宰后体内儿茶酚胺类水平更高。不致昏屠宰后的另一个福利关注点是肺部充血，在牛上，该现象在 36%～69% 之间变化（Gregory 等，2008b）。

表 9.7　解决与致昏箱、头部固定器和固定传送器相关的问题。

| 问题 | 可能的原因 | 补救措施 |
| --- | --- | --- |
| 动物拒绝进入 | • 见表 9.6<br>• 固定传送器中的"视觉悬崖"效应。动物能看到传送装置高出地板<br><br><br><br><br>• 进入时压紧支架接触动物背部 | • 见表 9.6<br>• 安装假地板，提供可以行走的地板的错觉（Grandin，2003b）。必须安装假地板，大约低于正在传送的最大动物脚部位 15 cm<br>• 升高压紧支架 |
| 动物变焦躁或发声 | • 地面光滑<br>• 固定设备的压力过大<br><br><br><br><br><br><br>• 在固定器中时间太长<br>• 设备突然急速移动<br><br><br><br><br><br>• V 形固定传送器的一侧比另一侧运行速度快<br>• 压紧支架不能完全阻断固定传送器中的动物视野<br>• 动物看到致昏箱前的人员和其他移动的物体 | • 安装防滑地板<br>• 减少压力。用最适宜的压力来固定动物——必须既不太松也不太紧。安装压力固定装置。头部固定装置需要有它自己的独立的压力限制装置——它需要一个远低于重型门的压力<br>• 在 10 s 内致昏或者进行宗教式宰杀<br>• 安装减速装置，使设备平稳缓慢移动。液压或气动控制必须具有好的减速控制，这可使操作者像汽车油门踏板一样平稳移动头部固定器或其他固定设备（Grandin，1992）<br>• 两侧必须以相同的速度运行<br><br>• 为阻断动物视野，利用纸板在不同位置进行实验。加长压紧支架<br>• 在致昏箱前安装不透明的挡板 |

　　很多穆斯林宗教当局对伊斯兰屠宰允许在喉部切割前致昏。在新西兰，仅头部电致昏应用于伊斯兰屠宰。其他穆斯林当局允许使用非穿透捕获栓致昏。对家禽通常允许水浴电致昏。但不允许气体致昏。对犹太式屠宰而言，一些拉比允许在切割后立即使用捕获栓致昏。一些很好的延伸阅读材料见 Daly 等（1988）、Grandin（1992，1994，2006）、Levinger（1995）、Rosen（2004）、Shimshoney 和 Chaudry（2005）、Gregory（2007，2008）。关于失去知觉所需时间的更多信息参见标题为"如何确定失去知觉"的部分（第 178 页）。OIE、EU、美国和其他很多国家允许宗教式屠宰，以便于人们自由地实践信仰自由。

## 9.12　小心温和的操作处理改善肉品质和食品安全

临致昏前小心温和的操作处理猪将降低 PSE 肉的发生。致昏前 15 min 是最关键的,在该时间内改善操作处理和减少电刺棒的使用能使适合有利可图的海外市场的猪肉增加 10% 以上。运用电刺棒和引导通道内拥挤将提高乳酸水平(Edwards,2009)。Hambrecht 等 (2005a,b)也报道屠宰前仔细的操作处理能提高猪肉品质,降低乳酸水平。Benjamin 等 (2001)发现多次使用电刺棒将大大提高乳酸水平、喘息次数和体温。测量放血生产线上血液乳酸可以用于检测致昏区操作处理的质量。低浓度乳酸水平与小心温和的操作处理相关。血液乳酸水平用运动员所用的小型乳酸分析仪可以很容易地测量(Lactate Scout, EKF Diagnostic, GmbH, Magdeburg,Germany)。小心温和地操作处理时猪乳酸仅为 4～6 mmol/L,而多用电刺棒的粗暴操作处理不愿移动的猪则使乳酸升至 32 mmol/L(Benjamin 等,2001; Edwards,2009)。从放血生产线收集的血液乳酸水平变化范围为 4.4～31 mmol/L(Warriss 等,1994;Hambrecht 等,2005a,b)。当小心温和地操作处理猪时,猪都能移动,而多次电击和粗暴操作处理能造成 20% 的动物跌倒,变得不能移动。

屠宰前操作处理也影响牛肉品质。在养殖场装载以谷物饲喂的狂躁的牛被沙门氏菌污染毛皮的危险达到 2 倍(Dewell 等,2008)。安静操作处理也能大幅降低瘀伤(见第 1 章和第 5 章)。粗暴操作处理和过多使用电刺棒会增加瘀伤。小心温和地操作处理牛能大幅降低瘀伤 (Grandin,1981)。屠宰前 15 min 反复使用电刺棒可导致牛肉更硬(Warner 等,2007)。

## 9.13　对不能移动的动物的操作处理

必须禁止拖拽不能移动的动物。拖拽是对 OIE (2009)法典、EU 和 USDA 规范中关于人道屠宰的违背。猪、绵羊、山羊和其他小动物能用滑板或其他运输工具来轻易移动。图 9.7 演示了一种简单的运输瘫倒不能活动猪的滑板,而图 9.8 演示的是一种能轻松组装、运输不能移动的猪、绵羊和山羊的手推车。很难以不造成痛苦的方式移动诸如不能动的奶牛等这类大动物。美国农业部在美国做得最好的事情之一就是在联邦检验屠宰厂禁止屠宰不能移动的奶牛。当奶牛在较好状态时上市屠宰能预防大多数不能移动的奶牛的出现。不能移动的猪和绵羊依然能在 USDA 屠宰厂屠宰。重点应该是防止出现大量不能移动的动物。

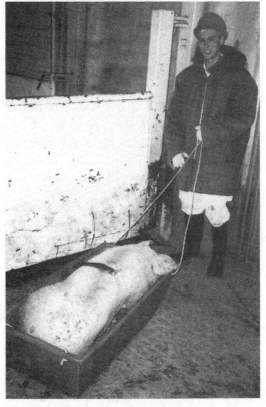

**图 9.7**　利用塑料滑板恰当地操作处理不能移动的猪。一定不能拖拽瘫倒的猪。

图9.8 移动不能活动动物的手推车。它能在装载动物的条件下不费力地滑动,能在屠宰厂维修车间内建造。一定不能拖拽不能活动的动物。在一些国家,瘫倒和不能活动的运达目的地的动物必须用捕获栓射杀在货车上。

## 9.14 使用β-受体激动剂引起的肉品质问题

饲喂高剂量盐酸莱克多巴胺(β-受体激动剂)的猪在屠宰厂可能更难移动(Marchant-Forde 等,2003)。待宰栏经理和工作人员都报告,饲喂高剂量盐酸莱克多巴胺、重达125~130 kg(275~285 lb)的大型上市猪由于太虚弱很难自行走动。这些猪没有 PSS 的症状。更多信息见第5章和 Marchant-Forde 等(2003)。对牛而言,以每天200 mg 盐酸莱克多巴胺的低剂量饲喂28 d 对操作处理只有很小的影响(Baszczrak 等,2006)。对短暂的60 min 的屠宰运输没有不利的影响。

饲喂过高剂量的β-受体激动剂,诸如盐酸莱克多巴胺或齐帕特罗,牛将生产出更硬和大理石花纹更少的肉。笔者观察到它们还有热应激和跛腿的症状。它们的蹄通常看上去正常,但可能有蹄痛症状。如果饲喂猪盐酸莱克多巴胺,其蹄部病变发生率更高(Poletto 等,2009)。对牛和猪而言,中等剂量的盐酸莱克多巴胺或齐帕特罗将提高猪肉和牛肉的韧性(Carr 等,2005;Gruber 等,2008;Hilton 等,2009)。最有效的禁止饲喂过量β-受体激动剂的方法之一就是对移动不能动的动物和硬肉进行罚款。当生产者看到钱从他的薪金支票上扣除时，他将停止使用 β-受体激动剂或者采取更负责任的态度使用它们。很多国家禁止使用这些物质。

## 9.15　集约化饲养的驯服动物与粗放饲养的动物

如果操作处理少量已经驯服、缰绳破损的动物前行，就不需要单列通道或致昏箱。人们能引导一头驯服的动物到达屠宰地点，进而致昏。一个人能控制住诸如绵羊或山羊这类小动物进行仪式性屠宰或者致昏。简单的系统适用于习惯人群的集约化饲养的驯服动物，但用于粗放饲养的动物时对它们的福利却是非常有害的。适用于驯服的中东绵羊的系统不适用于对人群不习惯的澳大利亚进口绵羊，对那些绵羊来说需要单列通道。对于小型屠宰厂，可以使用由当地电焊工制作的简单通道。绵羊能在通道内排成单列，一次可以移出一只。对于大型的中东屠宰厂，需要在通道终端安装固定传送器。

## 9.16　动物看见血液的行为反应

在很多系统中，尤其在发展中国家，动物能看见其他动物正被放血或者被迫走过满是血的地面。作者曾经观察到，如果先前的动物保持安静，牛会自发地进入满是血的犹太式固定箱。如果先前的动物由故障设备卡住 10～15 min，其他牛将拒绝进入。研究发现，诸如用刺棒多次电击等应激原存在 15 min 将引起应激信息素的分泌（Vieville-Thomas 和 Signoret，1992；Boissey 等，1999）。如果动物保持行为安静，那么地面上的血液不会影响其福利。如果动物变得狂躁，且持续数分钟，地面可能需要在处理下一头动物前进行清洗。观测数据显示，在其他动物的视野中致昏动物几乎对这些动物的行为没有影响，但在视野中出现断头可能造成下一头动物恐慌。如果跌倒的动物身体保持完整，它们好像不明白发生了什么。

## 9.17　一些问题的答案

### 9.17.1　清洗脏污家畜的方法

重点是在牧场保持牛清洁。应严禁使用诸如高压消防水管喷射动物等恶劣的方法。也应避免直接向动物脸部喷水。许多屠宰厂具有建在待宰栏地面上的喷淋装置清洁动物腿部和腹部，这是可以接受的。必须避免在低于结冰温度的环境中对动物进行清洗。必须停止给活牛剪毛或剃毛的行为，因为这样动物容易应激，对人也是很危险的。很多宰杀脏污牛的屠宰厂在致昏和放血后对胴体进行清洗，从动物福利角度，这比在活体动物上清除污物要好得多。另外一个好方法是用绵羊剪毛剪修剪胴体开膛区域。这在致昏和放血后进行。

### 9.17.2　致昏到放血的间隔

一些国家的规范要求在致昏后 20 s 或 60 s 内对动物进行放血。如果动物显示恢复知觉的任何迹象，则必须在放血生产线提升和吊挂前进行重新致昏。如果需要重新致昏，在第二次致昏后对间隔时间进行计时。

### 9.17.3　工作期间休息过程的程序

在咖啡和午饭休息期间不能将动物留在致昏箱、固定器或固定箱内。在午饭和其他较长休息时段,也应该清空引导通道。对家禽屠宰厂而言,在休息期间家禽不能悬挂在生产线上。

### 9.17.4　屠宰引起的动物应激程度如何

文献综述显示,在牧场操作处理期间动物皮质醇水平接近屠宰后。很多研究在 Grandin (1997b, 2007b)中已有综述。

## 9.18　鱼类致昏

鱼类生产商和加工商已安装致昏鱼类、使鱼类感觉不到痛苦的系统。在第1章中对鱼类痛苦知觉研究有一个讨论。研究显示活鱼冷冻过程中可能处于高度应激状态(Lines 等, 2003;Roth 等,2009)。一个文献综述显示,很多渔场管理者已经安装致昏系统。网络搜索显示,最近出现了很多鱼类致昏设备的专利。电致昏设备必须诱导大脑出现癫痫样活动才能使鱼呈现昏迷状态。电击系统和电击参数的信息可参见 Lambooij 等(2007,2008a, b)和 Branson (2008)。打击致昏也用于鱼类。鱼类致昏技术正在迅速发展。

## 9.19　评估鱼类的致昏和操作处理

可以采用用于家畜和家禽的数值评分法来评估鱼类致昏。鱼类应该运用以下参数进行评分。
1.使用一次致昏器有效致昏的鱼的百分数。
2.操作前呈现昏迷状态的鱼的百分数。
3.发生在生产区的鳍缺损等缺陷的鱼的百分数。
4.有瘀伤的鱼的百分数。
5.具有其他胴体缺陷的鱼的百分数。

为了决定一个可接受的福利水平的分值,必须收集数据。当首次开始审核鱼类加工厂和渔场时,为了获得一个可接受的分数,必须让操作最好的 25% 通过(见第1章)。

## 9.20　结论

使用客观数值评分实施审核程序将大大提高动物福利。另一个好处是将减少瘀伤和严重的肉品质缺陷(如 PSE 肉和深色分割肉)。为了有效,该程序应该审核关键控制点,如第一次致昏时正确致昏动物的百分数、动物呈现昏迷的百分数、跌倒的百分数、不用电刺棒移动的动物百分数和发声动物的百分数等。数值评分能使一个屠宰厂确定他们的操作是在改善还是在恶化。

(于永生、张树敏译,顾宪红校)

# 参考文献

Anil, A.M. and McKinstry, J.L. (1994) The effectiveness of high frequency electrical stunning in pigs. *Meat Science* 31, 481–491.

Anil, M.H. and McKinstry, J.L. (1998) Variation in electrical stunning tong placements and relative consequences in slaughter pigs. *Veterinary Journal* 155, 85–90.

Barnett, J.L., Cronin, G.M. and Scott, P.C. (2007) Behavioral responses of poultry during kosher slaughter and their implications for the bird's welfare. *Veterinary Record* 160, 45–49.

Baszczrak, J.A., Grandin, T., Gruber, S.L., Engle, T.E., Platter, W.J., Laudert, S.B., Schroeder, A.L. and Tatum, J.D. (2006) Effects of ractopamine supplementation on behavior of British, Continental, and Brahman crossbred steers during routine handling. *Journal of Animal Science* 84, 3410–3414.

Becerril-Herrera, M., Alonso-Spilsbury, M., Lemus-Flores, C., Guerrero-Legarreta, I., Hernandez, A., Ramirez-Necoechea, R. and Mota-Rojas, D. (2009) $CO_2$ stunning may compromise swine welfare compared to electrical stunning. *Meat Science* 81, 233–237.

Bedanova, I., Vaslarova, E., Chioupek, P., Pistekova, V., Suchy, P., Blahova, J., Dobsikova, R. and Vecerek, V. (2007) Stress in broilers resulting from shackling. *Poultry Science* 80, 1065–1069.

Benjamin, M.E., Gonyou, H.W., Ivers, D.L., Richardson, L.F., Jones, D.J., Wagner, J.R., Seneriz, R. and Anderson, D.B. (2001) Effect of handling method on the incidence of stress response in market swine in a model system. *Journal of Animal Science* 79 (Supplement 1), 279 (abstract).

Berghaus, A. and Troeger, K. (1998) Electrical stunning of pig's minimum current flow time required to induce epilepsy at various frequencies. *International Congress of Meat Science and Technology* 44, 1070–1073.

Blackmore, D.K. (1984) Differences in behaviour between sheep and cattle during slaughter. *Research of Veterinary Science* 37, 223–226.

Blackmore, D.K. and Newhook, J.C. (1981) Insensibility during slaughter of pigs in comparison to other domestic stock. *New Zealand Veterinary Journal* 29, 219–221.

Blackmore, D.K. and Newhook, J.C. (1983) The assessment of insensibility in sheep, calves, and pigs during slaughter. In: Eikenboom, G. (ed.) *Stunning of Animals for Slaughter.* Martinus Nijhoff, Boston, Masachusetts, pp. 13–25.

Blackmore, D.K., Newhook, J.C. and Grandin, T. (1983) Time of onset of insensibility in four- to six-week-old calves during slaughter. *Meat Science* 9, 145–149.

Boissey, A., Terlow, C. and Le Neindre, P. (1999) Presence of pheromones from stressed conspecifics increases reactivity to aversive events in cattle, evidence for the existence of alarm substances in urine. *Physiology and Behavior* 4, 489–495.

Branson, E. (2008) *Fish Welfare.* Blackwell Publishing, Oxford, UK.

Carr, S.N., Ivers, D.J., Anderson, D.B., Jones, D.J., Mowrey, D.H., England, M.B., Killefer, J., Rincker, P.J. and McKeith, P.K. (2005) The effects of ractopamine hydrochloride on lean carcass yields and pork quality characteristics. *Journal of Animal Science* 83, 2886–2893.

Coenen, A.M., Lankhaar, J., Lowe, J.C. and McKeegan, D.E. (2009) Remote monitoring of electroencephalogram, electrocardiogram, and behavior during controlled atmosphere stunning in broilers: implications for welfare. *Poultry Science* 88, 10–19.

Croft, P.S. (1952) Problems with electrical stunning. *Veterinary Record* 64, 255–258.

Daly, C.C., Kallweit, E. and Ellendorf, F. (1988) Cortical function in cattle during slaughter: conventional captive bolt stunning followed by exsanguination compared to sheehita slaughter. *Veterinary Record* 122, 325–329.

Dewell, G.A., Simpson, G.A., Dewell, R.D., Hyatt, D.R., Belk, K.E., Scanga, J.A., Morley, P.S., Grandin, T., Smith, G.C., Darget, D.A., Wagner, B.A. and Salmon, M.D. (2008) Risks associated with transportation and lairage on hide contamination with *Salmonella enterica* in finished beef cattle at slaughter. *Journal of Food Protection* 71, 2228–2232.

D'Souza, D.N., Dunshea, F.R., Levry, B.J. and Warner, R. (1999) Effect of mixing boars during lairage and preslaughter on meat quality. *Australian Journal of Agricultural Research* 50, 109–113.

Dunn, C.S. (1990) Stress reactions of cattle undergoing ritual slaughter using two methods of restraint. *Veterinary Record* 126, 22–25.

Edwards, L.N. (2009) Understanding the relationships between swine behavior, physiology, meat quality, and management to improve animal welfare and reduce transit losses within the swine industry. PhD dissertation, Colorado State University, Fort Collins, Colorado.

Forslid, A. (1987) Transient neocortisol, hippocampal and amygdaloid EEG silence induced by one minute inhalation of high concentration $CO_2$ in the swine. *Acta Physiologica Scandinavica* 130, 1–10.

Gibson, T.J., Johnson, C.B., Murrell, J.C., Hulls, C.M., Mitchinson, S.L., Stafford, K.J., Johnstone, A.C. and Mellor, D.J. (2009a) Electroencephalographic responses of halothane-anaesthetized calves to slaughter by ventral-neck incision without prior stunning. *New Zealand Veterinary Journal* 57, 77–85.

Gibson, T.J., Johnson, C.B., Murrell, J.C., Chambers, J.P., Stafford, K.J. and Mellor, D.J. (2009b) Components of electroencephalographic responses to slaughter in halothane-anesthetized calves: effects of cutting neck tissues compared to major blood vessels. *New Zealand Veterinary Journal* 57, 84–89.

Grandin, T. (1981) Bruises on Southwestern feedlot cattle. *Journal of Animal Science* 53 (Supplement 1), 213 (abstract).

Grandin, T. (1982) Pig behaviour studies applied to slaughter plant design. *Applied Animal Ethology* 6, 10–31.

Grandin, T. (1985/1986) Cardiac arrest stunning of livestock and poultry. In: Fox, M.W. (ed.) *Advances in Animal Welfare Science*. Martinus Nijhoff, Boston, Masachusetts.

Grandin, T. (1988) Possible genetic effect on pig's reaction to $CO_2$ stunning. *Proceedings of the 34th International Congress of Meat Science and Technology*, Brisbane, Australia. Commonwealth Scientific and Industrial Research Organization (CSIRO), Brisbane, Australia, pp. 96–97.

Grandin, T. (1992) Observations of cattle restraint devices for stunning and slaughter. *Animal Welfare* 1, 85–91.

Grandin, T. (1994) Euthanasia and slaughter of livestock. *Journal of the American Veterinary Medical Association* 204, 1354–1360.

Grandin, T. (1996) Factors that impede animal movement in slaughter plants. *Journal of American Veterinary Medical Association* 209, 757–759.

Grandin, T. (1997a) *Survey of Stunning and Handling in Federally Inspected Beef, Veal, Pork, and Sheep Slaughter Plants*. United States Department of Agriculture (USDA)/Agricultural Research Service Project 3602-32000-002-08G. USDA, Beltsville, Maryland.

Grandin, T. (1997b) Assessment of stress during handling and transport. *Journal of Animal Science* 75, 249–257.

Grandin, T. (1998a) Objective scoring of animal handling and stunning practices at slaughter plants. *Journal of American Veterinary Medical Association* 212, 6–39.

Grandin, T. (1998b) The feasibility of vocalization scoring as an indicator of poor welfare during slaughter. *Applied Animal Behaviour Science* 56, 121–128.

Grandin, T. (2000) Effect of animal welfare audits of slaughter plants by a major fast food company on cattle handling and stunning practices. *Journal of the American Veterinary Medical Association* 216, 848–851.

Grandin, T. (2001a) Solving return to sensibility problems after electrical stunning in commercial pork slaughter plants. *Journal of the American Veterinary Medical Association* 219, 608–611.

Grandin, T. (2001b) Cattle vocalizations are associated with handling and equipment problems in slaughter plants. *Applied Animal Behaviour Science* 71, 191–201.

Grandin, T. (2002) Return to sensibility problems after penetrating captive bolt stunning of cattle in commercial slaughter plants. *Journal of the American Veterinary Medical Association* 221, 1258–1261.

Grandin, T. (2003a) The welfare of pigs during transport and slaughter. *Pig News and Information* 24, 83N–90N.

Grandin, T. (2003b) Transferring results from behavioral research to industry to improve animal welfare on the farm, ranch, and slaughter plant. *Applied Animal Behaviour Science* 81, 215–228.

Grandin, T. (2005) Maintenance of good animal welfare standards in beef slaughter plants by use of auditory programs. *Journal American Veterinary Medical Association* 226, 370–373.

Grandin, T. (2006) Improving religious slaughter practices in the US. *Anthropology of Food*, 5 May 2006. Available at: http://aof.revues.org/document93.html (accessed 21 March 2009).

Grandin, T. (2007a) *Recommended Animal Handling Guidelines of Audit Guide*, 2007 edn. American Meat Institute Foundation, Washington, DC. Available at: www.animalhandling.org (accessed 5 July 2009).

Grandin, T. (ed.) (2007b) *Livestock Handling and Transport*. CAB International, Wallingford, UK.

Grandin, T., Curtis, S.E. and Widowski, T.M. (1986) Electro-immobilization versus mechanical restraint in an avoid-avoid choice test. *Journal of Animal Science* 62, 1469–1480.

Gregory, N.G. (2007) *Animal Welfare and Meat Production*, 2nd edn. CAB International, Wallingford, UK.

Gregory, N.G. (2008) Animal welfare at markets and during transport and slaughter. *Meat Science* 80, 2–11.

Gregory, N.G. and Wotton, S.B. (1984a) Sheep slaughtering procedures, I. Survey of abattoir practice. *British Veterinary Journal* 140, 281–286.

Gregory, N.G. and Wotton, S.B. (1984b) Sheep slaughtering procedures, II. Time to loss of brain responsiveness after exsanguination or cardiac arrest. *British Veterinary Journal* 140, 354–360.

Gregory, N.G. and Wotton, S.B. (1984c) Time of loss of brain responsiveness following exsanguination in calves. *Resources in Veterinary Science* 37, 141–143.

Gregory, N.G., Spence, J.Y., Mason, C.W., Tinarwo, A. and Heasman, L. (2008a) Effectiveness of poll shooting in water buffalo with captive bolt guns. *Meat Science* 81, 178–182.

Gregory, N.G., von Wenzlawowicz, M. and von Holleben, K. (2008b) Blood in the respiratory tract during slaughter with and without stunning in cattle. *Meat Science* 82, 13–16.

Gruber, S.L., Tatum, J.D., Engle, T.E., Prusa, K.J., Laudert, S.B., Schroeder, A.L. and Platter, W.J. (2008) Effects of ractopamine supplementation and post-mortem aging on longissimus muscle palatability of beef steers differing in biological type. *Journal of Animal Science* 86, 205–210.

Hambrecht, E., Eissen, J.J., Newman, D.J., Smits, C.H.M., den Hartog, L.A. and Vestegen, M.W.A. (2005a) Negative effects of stress immediately before slaughter on pork quality are aggravated by suboptimal transport and lairage conditions. *Journal of Animal Science* 83, 440–448.

Hambrecht, E., Eissen, J.J., Newman, D.J., Verstegen, M.W. and Hartog, L.A. (2005b) Preslaughter handling affects pork quality and glycoytic potential of two muscles differing in fiber type organization. *Journal of Animal Science* 83, 900–907.

Hansch, F., Nowak, B. and Hartung. J. (2009) Behavioural and clinical response of turkeys stunned in a V-shaped carbon dioxide tunnel. *Animal Welfare* 18, 81–86.

Hartung, J., Nowak, B., Waldmann. K.H. and Ellerbrock, S. (2002) $CO_2$ stunning of slaughter pigs: effects of EEG, catecholamines and clinical reflexes. *Deutsche Tierarztliche Wochenschrift* 109, 135–139.

Hilton, G.G., Montgomery, J.L., Krehbiel, C.R., Yates. D.A., Hutcheson, J.P., Nichols, W.T., Streeter, M.N., Blanton, J.R., Jr and Miller, M.F. (2009) Effects of feeding zilpaterol hydrochloride with and without monesin and tylosin on carcass cutability and meat palatability of beef steers. *Journal of Animal Science* 87, 1394–1396.

Hoenderken, R. (1978) Electrical stunning of pigs for slaughter. Why? Hearing on preslaughter stunning. Kavlinge, Sweden, 19 May 1978.

Hoenderken, R. (1983) Electrical and carbon dioxide stunning of pigs for slaughter. In: Eikenboom, G. (ed.) *Stunning of Animals for Slaughter*. Martinus Nijhoff, Boston, Massachusetts, pp. 59–D.

Jongman, E.C., Barnett, J.L. and Hemsworth, P.H. (2000) The aversiveness of carbon dioxide stunning in pigs and a comparison of $CO_2$ rate vs. the V restrainer. *Applied Animal Behaviour Science* 67, 67–76.

Kannen, G., Heath, J.L., Wabeck, C.J. and Mench, J.A. (1997) Shackling broilers: effects on stress responses and breast meat quality. *British Poultry Science* 38, 323–332.

Lambooij, E. (1982) Electrical stunning of sheep. *Meat Science* 6, 123–135.

Lambooij, E. and Spanjaard, W. (1982) Electrical stunning of veal calves. *Meat Science* 6, 15–25.

Lambooij, E. and Van Voorst, N. (1985) Electroanaesthesia of calves and sheep. In: Eikenboom, G. (ed.) *Stunning Animals for Slaughter*. Martinus Nijhoff, Boston, Masachusetts, pp. 117–122.

Lambooij, B., Merkus, G.S.M., Voorst, N.V. and Pieterse, C. (1996) Effect of low voltage with a high frequency electrical stunning on unconsciousness in slaughter pigs. *Fleischwirtschaft* 76, 1327–1328.

Lambooij, E., Pilarczyk, M., Blaiowas, H., van den Boogaart, J.G.M. and Van de Vie, J.W. (2007) Electrical and persussion stunning of the common carp (*Cyprinus carpio* K.): neurological and behavioral assessment. *Aquacultural Engineering* 37, 117–179.

Lambooij, E., Gerritzan, M.A., Reimert, H., Burggraai. D. and Van de Vie, J.W. (2008a) A humane protocol for electro-stunning and killing of Nile tilapia in fresh water. *Aquaculture* 295, 88–95.

Lambooij, E., Gerritzen, M.A., Reimert, H.G.M., Burggraaf, D., Andre, G. and Van de Vie, J.W. (2008b) Evaluation of electrical stunning of sea bass (*Dicentrarchus labrax*) in seawater and killing by chilling: welfare aspects, product quality, and possi-

bilities for implementation. *Aquaculture Research* 39, 50–68.

Levinger, I.M. (1995) *Shechita in the Light of the Year 2000*. Maskil L. David. Jerusalem, Israel.

Lines, J.A., Robb, D.H., Kestin, S.C., Crook, S.C. and Benson, T. (2003) Electric stunning: a humane slaughter method for trout. *Aquacultural Engineering* 28, 141–154.

Marchant-Forde, J.N., Lay, D.C., Pajor, J.A., Richert, B.T. and Schinkel, A.P. (2003) The effects of ractopamine on the behaviour and physiology of finishing pigs. *Journal of Animal Science* 81, 416–422.

Maria. G.A., Villareol, M., Chacon, G. and Gebresenbet, G. (2004) Scoring system for evaluating stress of cattle during commercial loading and unloading. *Veterinary Record* 154, 818–821.

McKeegan, D.E.F., Abeyesinghe, S.M., McLemen, M.A., Lowe. J.C., Demmeus, T.G.M., White, R.P., Kranen, R.W., Van Bemmel, H., Lankhaar, J.A.C. and Wathes, C.M. (2007a) Controlled atmosphere stunning of broiler chickens, II. Effects of behavior, physiology and meat quality in a commercial processing plant. *British Poultry Science* 48, 430–442.

McKeegan, D.E.F., McIntyre, J.A., Demmers, T.G.M., Lowe, J.C., Wather, C.M., Van den Broek, P.L.L., Coenen, A.M.L. and Gentle, M.J. (2007b) Physiological and behavioral responses of broilers to controlled atmosphere stunning: implications for welfare. *Animal Welfare* 16, 409–426.

Newhook, J.C. and Blackmore, D.K. (1982) Electroencephalographic stunning and slaughter of sheep and calves, Part 1. The onset of permanent insensibility in sheep during slaughter. *Meat Science* 6, 295–300.

OIE (2009) Chapter 7.5. *Slaughter of Animals, Terrestrial Animal Health Code*. World Organization for Animal Health. Paris, France.

Pascoe, P.J. (1986) Humaneness of electro-immobilization unit for cattle. *American Journal of Veterinary Research* 10, 2252–2256.

Petty, D.B., Hattingh, J., Ganhao, M.F. and Bezuidenhout, L. (1994) Factors which affect blood variables of slaughtered cattle. *Journal of the South African Veterinary Medical Association* 65, 41–45.

Poletto, R., Rostagno, M.H., Richert, E.T. and Marchant-Forde, J.N. (2009) Effects of 'step up' ractopamine feeding program, sex and social rank on growth performance, hoof lesions, and Enterobacteriaceae shedding in finishing pigs. *Journal of Animal Science* 87, 304–313.

Raj, A.B.M. (2006) Recent developments in stunning and slaughter of poultry. *World Poultry Science Journal* 62, 467.

Raj, A.B.M. and Gregory, N.G. (1990) Investigation into the batch stunning/killing of chickens using carbon dioxide or argon induced hypoxia. *Research in Veterinary Science* 49, 364–366.

Raj, A.B.M. and Gregory, N.G. (1995) Welfare implications of gas stunning pigs. Determination of aversion to initial inhalation of carbon dioxide or argon. *Animal*

Welfare 4, 273–280.

Raj. A.B.M. and O'Callaghan, M. (2004) Effects of electrical water bath stunning current frequencies on the spontaneous electroencephalogram and somatosensory evoked potentials in hens. *British Poultry Science* 45, 230–236.

Rosen, S.D. (2004) Physiological insights into Shechita. *Veterinary Record* 154, 759–765.

Roth, B., Imsland, A.K. and Foss, A. (2009) Live chilling of turbot and subsequent effect on behavior, muscle stiffness, muscle quality, blood gasses, and chilling. *Animal Welfare* 18, 33–42.

Rushen, J. (1986) Aversion of sheep to electro-immobilization and physical restraint. *Applied Animal Behaviour Science* 15, 315.

Shimshoney, A. and Chaudry, M.N. (2005) Slaughter of animals for human consumption. *Review of Science and Technology* 24, 693–710.

Tanida, H., Miura, A., Tanaka, T. and Yoshimoto, T. (1996) Behavioral responses of piglets to darkness and shadows. *Applied Animal Behaviour Science* 49, 173–183.

Troeger, K. and Wolsterdorf, W. (1991) Gas anesthesia of slaughter pigs. *Fleischwirtschaft International* 4, 43–49.

Van der Wal, P.B. (1978) Chemical and physiological aspects of pig stunning in relation to meat quality, a review. *Meat Science* 2, 19–30.

Van Putten, G. and Elshof, J. (1978) Observations of the effects of transport on the well-being and lean quality of slaughter pigs. *Animal Regulation Studies* 1, 247–271.

Vieville-Thomas, R.K. and Signoret, J.P. (1992) Pheromonal transmission of aversive substances in domestic pigs. *Journal of Chemical Endocrinology* 18, 1551.

Warner, R.D., Ferguson, D.M., Cottrell, J.J. and Knee, B.W. (2007) Acute stress induced by the preslaughter use of electric prodders causes tougher beef meat. *Australian Journal of Experimental Agriculture* 47, 782–788.

Warrington, P.D. (1974) Electrical stunning: a review of literature. *Veterinary Bulletin* 44, 617–633.

Warriss, P.D., Brown, S. and Adams, S.J.M. (1994) Relationship between subjective and objective assessment of stress at slaughter and meat quality in pigs. *Meat Science* 38, 329–340.

Weaver, A.L. and Wotton, S.B. (2008) The Jarvis beef stunner: effects of a prototype chest electrode. *Meat Science* 81, 51–56.

Webster, A.B. and Fletcher, D.L. (2001) Reactions of laying hens and broilers to different gases used for stunning poultry. *British Poultry Science* 80, 1371–1377.

Wenzlawowicz, M.V., Schutte, A., Hollenbon, K.V., Altrock, A.V., Bostelman, N. and Roeb, S. (1999) Field study on the welfare of meat quality aspects of Midas pig stunning device. *Fleischwirtschaft* 2, 8–13.

White, R.G., DeShazer, J.A., Tressler, C.J., Borcher, G.M., Davey, S., Waninge, A., Parkhurst, A.M., Milanuk, M.J. and Clems, E.T. (1995) Vocalizations and physiological response of pigs during castration with and without anesthetic. *Journal of Animal Science* 73, 381–386.

Wotton, S.B. and Gregory, N.G. (1986) Pig slaughtering procedures: time to loss of brain responsiveness after exsanguination or cardiac arrest. *Research in Veterinary Science* 40, 148–151.

# 第 10 章　在农场实施安乐死的推荐程序

Jennifer Woods[1]、Jan K. Shearer[2] 和 Jeff Hill[3]

[1] J. Woods Livestock Services，Blackie，Alberta，Canada；
[2] Iowa State University，Ames，Iowa，USA；[3] Innovative
Livestock Solutions，Blackie，Alberta，Canada

## 10.1　引言

　　安乐死在希腊语中为"善终"的意思，意味着动物在死亡过程中承受的疼痛、恐惧和痛苦最低。为了减少疼痛和应激，需要采用一些可以使动物立即丧失意识的技术手段，这些技术手段往往伴随或需同时应用心跳和呼吸抑制措施，从而最终使动物大脑失去功能。当对动物实施安乐死时，必须具备熟练的操作技能、相关理论知识和适宜的设备。

　　农场主和其他一些全部或部分依靠畜牧生产为生活来源的人应承担保障动物福利的道德义务，其中包括保证某些动物即使处于濒死的状态也不必遭受不必要的疼痛和应激。在动物因疾病或外伤遭受巨大痛苦或危及生命，而兽医在适宜的成本下又不能实施有效治疗的情况下，安乐死是最合适的选择。

　　在农场的实际生产中，人们可能需要经常对动物采用安乐死措施。一些情况是对动物外伤后所采取的紧急措施。而在其他的情况下，是否采用安乐死主要根据人们对患病动物行走状态、病情恢复情况的预测或对动物承受痛苦的感觉来判断。可能需进行安乐死的其他情况还包括丧失生产力、治疗成本的限制或动物的危险性因素等。无论原因如何，对于可能执行安乐死的动物或人来说，能够使动物在极短的时间内人道地死去都是非常重要的。

　　本章主要介绍动物安乐死的操作程序，包括根据具体情况确定执行安乐死操作开始，到胴体处理或肉品加工的整个过程。其中主要步骤有安乐死执行措施的适时申请、动物生理状况评价、人道关怀、执行方法选择、技术应用、人道死亡方式的确定以及安乐死技术体系的评估等。

## 10.2　影响安乐死时效性和实施效果的因素

　　因为我（第一作者）既是农场主，也是在工作中经常因应对动物车祸、训练和研究的紧急状况而实施安乐死的专业人士，因此，安乐死和动物死亡是本人生活和工作的重要组成部分。这是一项必须有人去做的工作，而且我也做过很多次，在这个过程中我也有过犹豫，但我知道这是对待伤病动物最好的方式。作为农场主，我最难下决定的一次是对我 10 岁女儿拥有的一只名叫 Posie 的羊羔实施安乐死。Posie 不同于其他的动物，它不仅仅是一只我很喜欢的宠物，而且我还要考虑我女儿的感受。

与其他羊一样，Posie 也会将头伸出栅栏间隙偷食谷物，但是这次它偷食了过量的谷物，而且同时另一只母羊也偷食了过多的谷物。谷物采食量过多会导致瘤胃酸中毒。我们抓住它们后，连续治疗了 3 d，那只母羊逐渐恢复过来，但是 Posie 吃了太多的谷物，已濒临死亡。慢性瘤胃酸中毒一般持续几天后才会导致动物死亡，Posie 一天比一天虚弱，已经没有恢复的迹象。第 3 天后，Posie 显然已经没有治愈的希望，而且当时冬天的室外温度已经降到—25℃。

是否应该和其他农场主一样亲自对 Posie 执行安乐死或者找其他人代替我，对此我一直犹豫不决。虽然我已经知道 Posie 根本没有治愈的希望，但仍然很难在继续治疗和采用安乐死让它"自然"死亡这二者间做出选择。当我对 Posie 实施安乐死并从畜舍回来后，我的女儿支持了我的决定，并含着泪水说："爸爸，我知道这很难，但是对于 Posie 来说，这是最好的选择。"通过这件事，我明白了动物福利比个人情感重要，无论做起来有多难。

### 10.2.1 保持关爱的态度

真正关爱动物的人，通常很难下决心对动物实施安乐死。Blackwell（2004）发现，当农场颁布实施安乐死的动物标准后，工人对病猪或受伤的猪实施安乐死就会相对容易一些。其中，动物标准包括肢体骨折、体况长期虚弱或兽医治疗没有效果等情况。因为这种标准明确了安乐死的实施范围，所以可以帮助农场工人进行准确的决策。制定标准对于减少动物痛苦具有重要的意义，同时对于关爱动物的工人来讲，也为他们治疗患病动物提供了选择依据（Grandin和 Johnson，2009）。如果要求具有爱心而且责任心强的农场工人处死所有病猪，他们可能会产生抗拒的心理。畜牧业的发展离不开这些具有爱心而且责任心强的人，因为他们不仅可以提高动物福利水平，而且可以有效提高动物的生产性能（见第 4 章）。在动物安乐死操作的时效性、效率以及效果的影响因素中，人与动物之间的感情是其中重要的一项，其他还包括社会人口统计学因素、环境影响因素、心理因素和管理因素。只有在深刻理解上述影响因素的情况下，才会明白其中每项因素都是及时采取安乐死措施，并将动物痛苦减少到最低程度的保障。

### 10.2.2 文化背景

为了缓解痛苦，需要对动物实施安乐死。社会人口统计学是安乐死执行效果的重要影响因素，其中包括宗教信仰、性别、文化、性格特点和年龄等。人的宗教信仰通常会影响他们对动物安乐死的态度和看法。一些宗教不能宽恕在任何情况下剥夺生命的行为，而另一些宗教则认为某些动物是神圣的。在同意执行动物安乐死的男性和女性人群中，即使男女数量相同，持肯定态度的男性比例也要高于女性。同时，性别也影响安乐死方式的选择（Matthis，2004）。不同的文化背景对动物福利也会产生截然不同的看法，从高度重视到漠不关心各有差异。美国生猪产业的一项调查表明，美国人对动物安乐死持肯定的态度，而墨西哥养殖者则持否定态度。人不同的性格和气质也会影响对动物安乐死的态度和自我情绪缓解水平。其中一些人对此毫无反应，而另外一些人则在任何情况下都会感到不舒服，并且认为会有更好的选择。这项调查还发现，从业者的年龄也会影响他们对动物安乐死的态度，年龄越大持反对态度的比例越高（Matthis，2004）。

### 10.2.3　动物安乐死的实施经验

影响对动物安乐死态度的因素还包括之前的工作经历、管理水平、工作条件、爱心和社会声誉等。养殖者之前的工作经历将会影响他们对动物安乐死的态度和接受程度。与没有农场从业经验的人相比，饲养过动物并在农场生活过的人更易接受动物安乐死。同样，对于之前实施动物安乐死有过糟糕经历的人，会表现出更加排斥的态度。

动物安乐死及相关工作的实施频率也会对养殖者产生负面影响。在猪场和动物庇护所进行的一项研究表明，一个人实施动物安乐死的时间越长，他对这项工作的排斥情绪就越大（*Swine News*，2000；Matthis，2004；Reeve 等，2004）。在动物安乐死及相关工作的实施频率方面，也存在着这种情况。这种现象可以解释猪场不同岗位饲养员对动物安乐死态度的差异，因为分娩舍饲养员实施安乐死的频率远高于肥育舍饲养员，所以他们对安乐死的排斥态度更强（Matthis，2004）。

### 10.2.4　关爱和处死之间的矛盾

养殖者的工作就是饲养和爱护动物，当他们实施动物安乐死时，就会面对"关爱和处死之间的矛盾"（Arluke，1994；Reeve 等，2005）。许多人都会纠结于这个问题，特别是当他们为挽救患病和受伤动物竭尽全力时。在一些社会背景下，对动物实施安乐死同样是一种道德污点，执行者通常会将这种"污点"上升至人格高度，从而增加了他们的紧张情绪。

许多研究认为，动物安乐死会对执行者产生负面的心理影响。其中多数研究集中于动物庇护所的工作者，而对猪养殖者的研究较少（Arluke，1994；*Swine News*，2000；Matthis，2004；Reeve 等，2004；AVMA，2007）。那些经常实施批量动物安乐死的工人通常会采用粗暴和缺少关爱的方式，而且同时他们也会产生一些不良的态度和情绪，如对工作不满、旷工次数增加、消沉、悲伤、沮丧、失眠、噩梦、孤僻、血压升高、机体溃疡增加和滥用药物等。

### 10.2.5　安乐死的心理学影响

Grandin（1988）曾报道，在一些大的屠宰厂，负责致昏（实施安乐死）动物的工人一般形成4 种心理学类型，分别是：（1）关爱型；（2）程序操作型；（3）虐待狂型；（4）宗教信仰型，如举行犹太教仪式和伊斯兰教仪式。程序操作型工作很有效率，并且能将工作和情绪区分开，这是最普遍的心理学类型。在大型屠宰厂，一名熟练的屠宰工在谈论天气和高尔夫比赛的同时，每小时可以处理 250 头牛，工作非常有效率并且从不虐待动物。虐待狂型喜欢增加动物的痛苦，因此必须将这种类型的人替换掉。Manette（2004）和 Wichert von Holten（2003）在对屠宰大量动物的工人心理疏导方面也进行了相关的研究和讨论，尤其是对于那些为了疫病防控而批量处死动物的人员，心理疏导尤为重要。在这个过程中，一些人可能会变得不敏感，而另外一些人则通过对死亡动物举行葬礼来舒缓悲痛情绪（Manette，2004）。

生活中负面经历的有无和不同导致了人们对动物安乐死反应的差异。经验表明，知识和阅历多的人，能够正确执行动物安乐死操作程序，并深刻理解其意义，而且在这项工作中保持轻松的心态。心态越轻松，压力相关症状产生的可能性就越小。

### 10. 2. 6　动物安乐死执行过程的管理

动物安乐死的管理水平将会决定农场工人的态度。管理者必须提前充分考虑动物福利涉及的每个方面，并且要求工人也具有相同的积极态度。工人积极的态度对于保证现场动物安乐死操作和实施过程的顺畅具有重要的意义。一项持续性的研究表明，农场工人对动物的态度、行为、工作表现以及动物对人类的行为反应（如恐惧等）等与动物福利之间具有紧密的联系（见第 4 章）。

在雇用或挑选包括执行动物安乐死的岗位人员时，必须保证选出的人员能够轻松地完成规定工作任务。当一个人不能轻松地执行动物安乐死，或不能胜任这个工作时，却强迫其从事相关工作，会对他的道德、安全和动物福利造成损害。工人可能会轻松地执行动物安乐死程序，但是他不一定会接受管理者所规定的处理方式（如钝器致昏），因此在执行安乐死之前一定要与工人进行有效沟通。农场需要对动物安乐死程序进行明文规定，并且当执行人员对执行方式产生排斥心理时，要有备选方案。此外，当确定执行动物安乐死时，必须在一天的 24 h 内均可实施。

农场的管理人员也有责任对动物安乐死执行人员进行培训。有研究表明，执行人员培训的数量和形式也会对他们的态度产生影响。当对工人进行包括动物安乐死等各方面的综合培训后，他们通常会更加轻松地对待动物安乐死，而且态度也变得更加积极（Matthis，2004；Reeve 等，2004）。培训不仅能传授工人技能，而且可以提高他们在执行动物安乐死时的决断信心。

农场完善的管理也能够在很大程度上缓解工人重复执行安乐死所产生的压力，特别是对于那些按规定进行操作的人员。管理者始终要与工人保持沟通，并且关注他们在行为、态度、病休频率等方面的变化。当工人需要支持或表现出渴望时，一定要及时给予支持并进行安抚。支持系统包括明确的沟通渠道、必要时进行的岗位轮换机制和必需的安抚措施。有效的动物安乐死管理是整个农场管理体系的必要组成部分。Grandin(1988)发现，具备良好的动物致昏手段和后续处理措施的农场或屠宰厂，一般都有一位具有足够关爱精神的管理者，而不是心态漠然的人。

## 10.3　可执行安乐死的动物特征

可执行安乐死的动物特征包括体况虚弱、疾病、外伤、丧失生产能力、没有经济效益和动物不再安全等。当面临上述任何一种情况时，养殖者有三种可能的选择：(1)当动物适合运输并且能够保证食品安全时，可以将动物运输至肉产品加工厂；(2)提供兽医治疗；(3)执行动物安乐死。因为动物治疗过程中存在不确定性，因此对于养殖者和动物而言，兽医治疗并不一定是最好的选择。当做出最佳的选择后，必须对其所涉及的问题进行分析，以保证对自己的决定负责。

当对动物疾病或外伤的判断结果有争议时，应该征求兽医的意见。任由痛苦的动物自然死亡（也就是"顺其自然"），这绝对是不能接受的。此外，因图方便（如等待兽医每周的定时拜访)而拖延动物安乐死的时间,增加动物的痛苦,这也是不能接受的。当动物符合安乐死的特征时,及时对其执行相关操作具有重要意义。

可执行安乐死的体况虚弱或外伤动物的判定标准示例如下:

· 因疾病或外伤导致体况消瘦和/或虚弱,不能进行运输的动物。

· 因外伤或疾病瘫痪、不能活动的动物。

· 恶性肿瘤如牛淋巴癌和鳞状细胞癌(眼癌),严重眼癌如肿瘤细胞侵入眼部外周组织时,需要立即进行安乐死。

· 患病动物治疗费用过高。

· 患病动物尚无有效的治疗手段(如反刍动物副结核病),不能预测治疗效果或预期恢复时间过长的动物。

· 治疗不能产生经济效益的慢性疾病(如牛和羊的慢性呼吸性疾病)。

· 传染性疾病(人畜共患病),威胁到人类或其他动物健康(狂犬病、口蹄疫)。

· 胫骨、髋关节或脊椎骨折,无法治愈并且不能活动和站立。

· 突发伤病情况,导致极度疼痛并且通过治疗手段不能有效缓解(如公路车祸导致的创伤)。

· 影响关键生物学机能的严重创伤(即实质器官、肌肉和骨骼系统、大脑损伤等),例如导致内部器官暴露的严重损伤。

· 流血过多。

· 猪的大的脐疝,已经因与地板摩擦造成损伤。

· 动物固定在一个位置超过 24 h。Green 等(2008)发现,奶牛在一个位置不活动超过 24 h 后已经不可能复原。

农场主有责任关爱动物并保证动物的福利。虽然利润是农场主追求的目标,但是在养殖过程中涉及的动物福利也要优先考虑。无论何时,若治疗费用超出经济回报,应考虑实施安乐死。处理患病动物的成本因素包括药物成本、治疗过程中增加的人力成本、兽医治疗费用和为恢复生产性能而额外投入的成本。其他影响决策的因素还包括:(1)动物是否能够忍受长期痛苦的恢复过程;(2)动物是否能够恢复到之前的生产性能(如恢复到良好的生理状态);(3)动物复原过程中是否能够一直保持良好的护理水平;(4)在动物恢复过程和/或复原后,是否遭遇极端天气(Woods,2009)。对于上述问题,通常没有确切的答案。但是,当任何时候农场主面临治疗、屠宰或安乐死的选择时,这些问题始终是影响决策的重要因素。

### 10.3.1　疾病或外伤的恢复时间

影响决策的一个最主要的因素就是:动物何时能够复原? 企业研究资料和技术指导建议,患病动物在治疗后的 24~48 h 内就会表现出明显的改善迹象。包括一些特殊的病例在内,大部分动物在治疗后 24 h 内就会表现出恢复的迹象,很少有动物在治疗的最初 36 h 内没有表现出改善的趋势。受外伤的动物恢复时间会长一些,并且很难预测其准确的复原时间,因此需要针对不同的个体情况进行分析。

当受伤动物不适宜进行运输或肉品不适合食用时,养殖者就有责任对其实施安乐死。这些情况包括：仍处于休药期的动物，在运输过程中可能会遭受更多痛苦的动物，以及动物始终处于高热状态或伤病导致胴体不适于食用（如眼癌）。

大部分动物的养殖都是以生产为目的的，无论是种用或提供肉、蛋和奶制品。当动物的饲料成本、兽医费用、场地成本和劳动力成本超出动物养殖收益时，养殖者有责任将其从生产周期中去除。即使动物仍然能够进行运输或生产肉制品，养殖者也要及时对其进行处理。这样做的目的也是保证养殖者的收益和其他健康动物的福利。在动物处于生命危险状态和不适合运输的情况下，现场屠宰或实施安乐死是最后的两种选择。

除了健康状况、动物福利和生产目的之外，还有其他判定实施动物安乐死的标准。当动物威胁到训练员、家庭成员、工人或其他动物的安全时，必须将其送去肉品加工厂或实施安乐死。无论动物的生产力有多高，养殖者或管理者都有责任保证农场或生产车间人员的安全。在明知动物可能威胁到人的安全的情况下，仍然将其出售给其他人，原所有者的这种行为是不负责任的，而且会受到法律的制裁（见第5章"公牛行为学"）。

### 10.3.2 认识动物疼痛和痛苦有助于理解动物安乐死的必要性

减少疼痛和痛苦是实施动物安乐死的首要原因，但是这点很容易被曲解。草食动物不表达痛感是一种本能的反应，以避免被肉食动物发现。例如牛对疼痛仅表现出轻微的反应或压抑情绪，而且肢蹄受伤的动物会通过调整步态和姿势来掩饰受伤的事实（第1章和第6章）。另一方面，肉食动物却可以随意表达疼痛和不舒服的感觉。通过观察犬就会发现，当不经意地踩到犬爪后，它就会发出嚎叫并迅速抽回爪子，偶尔也会用攻击来表达疼痛。

这就是二者间重要的区别，未及时实施安乐死通常与曲解动物对疼痛和痛苦的反应有关。一项关于安乐死的调查表明，与没有表现出疼痛的病猪相比，表现出疼痛的病猪更容易被执行安乐死（Matthis，2004）。此外，这项调查的结果还表明，绝大多数的人都认为对因患病或受伤而表现出痛苦的猪实施安乐死更人道，而不是让它继续承受痛苦。工人的社会经历和受教育程度对准确判断动物行为是非常重要的，特别是在区别动物压抑状态和正常行为时更为必要。

有几种特征可以帮助改变对动物表观的判断，以确定动物是否处于疼痛状态。动物可能表现出这些特征的一种或几种，并且可能表现出压抑症状。如果不能确定动物是否在承受痛苦或不清楚动物为什么有疼痛的表现，可以咨询有经验的工人或专家，从而对动物状态做出正确的评价。

动物疼痛特征包括以下几个方面：

·不能或不愿意站立；

·不能或不愿意行走；

·不以某一肢负重；

·保护疼痛区域；

·因疼痛而发声，特别是当行走或触碰疼痛区域时；

·张口喘气；

·拱起或隆起背部；

- 腹部卷缩；
- 垂下头部和/或耳朵；
- 尾部变直（包括没有去尾的猪）；
- 没有兴趣采食饲料和饮水；
- 对环境不敏感；
- 离群寡居；
- 对同伴的交流意愿没有反应；
- 对触碰或刺激没有反应；
- 选择比较坚固的地方站立；
- 发抖；
- 颤抖或大量出汗；
- 舔舐或用肢蹄触碰疼痛区域；
- 抓蹭或摇动受伤部位；
- 踢或啃咬腹部；
- 频繁站立或躺下；
- 绕圈走动；
- 经常打滚（马）；
- 哼哼；
- 在圈舍躲藏；
- 舔舐；
- 攻击；
- 性情改变；
- 眼睛浑浊；
- 眼球玻璃质化，瞳孔放大；
- 乳汁吸吮量减少；
- 摇尾；
- 狂躁不安；
- 变得不舒服；
- 头颈转向身后；
- 趴卧时腹部着地；
- 血压升高，心跳加快；
- 被毛粗糙或不平整（短毛动物易见）。

　　上述表现包括急性和慢性疼痛和压抑的特征。动物去角或去势时表现出的疼痛特征见第 1 章和第 6 章。

　　根据 Moberg(1985)的研究资料，当动物机体摄入的营养物质从主要的生物学功能（如生长、繁殖等）消耗转移到机体修复时，就会产生压抑的表现。压抑的行为表现有如下几种，但并不局限于此，如声音粗浊、尝试逃跑、危险行为、急促或不规律的呼吸、张口喘气、流涎、挣扎、排尿、排便、心跳加快、流汗、瞳孔放大、摇动或颤抖、静静地呆立、磨牙以及减少或增加乳汁吸吮量。和疼痛的表现一样，这些特征可能单独出现或几种联合出现。

当对有问题的动物进行最初的诊断时，一般很少听到工人说"它和以前的行为不一样"这样的字眼。了解所饲养的动物并懂得它们的行为语言，将有助于区分伤病和疫病，并且有助于增加治愈的机会或通过及时实施安乐死而减少动物的痛苦。拥有可以读懂动物行为语言的员工也是农场的一份资产。

## 10.4    实施动物安乐死前需要考虑的问题和准备工作

在执行安乐死之前，工人尽可能地减少动物焦虑、恐惧、疼痛和压抑的情绪具有重要意义。如果被执行安乐死的动物能够行走，或移动时不会带来压抑、不适或疼痛表现，那么可将其移至运输尸体相对容易的地点。利用粗暴的方式驱赶动物或拖拽不能行走的动物是不可接受的，并且会触犯国内和其他一些国家的法律。如果移动会增加动物的压抑或痛苦，那么需要首先对其实施安乐死，经过死亡确认后再转移尸体。

### 10.4.1    固定动物的方法

当必须固定动物的活动时，需要尽量缩短固定时间，并且采用应激最小的有效方法。所选择的固定方法一定要保证工人安全，并最大限度减少动物应激。如果用手固定小动物，以进行穿透捕获栓枪（PCBG）操作，一定要格外小心，以免伤到固定者的手或腿。动物必须固定，以便在出现状况时，动物不会猛烈攻击人或逃跑。在执行完安乐死之后，尽快将动物尸体从现场移走。

对于猪的固定，主要根据体型大小和生理状况选择方法。对于初生仔猪和保育早期的仔猪，用手或合适的设备（如吊索）牢牢抓住其身体的两个部位（即腿和侧腹），将其从圈舍中挑选出来。任何情况下都不要只拖拽仔猪身体的单一部位（即腿），也不允许采用摇晃和抛掷等方式（OIE，2009a）。对于大动物，至少应该将其关在圈内。使用设计适当的固定坡道可以使动物移动的机会最小，并且可降低安乐死操作失误的概率。鼻勒需要根据猪的年龄和体重进行设计，材料应选用绳索或光滑的圆形电缆线，并保证不能割伤或伤害动物机体。一定不能用鼻勒拖拽或提升动物，而且在使用鼻勒后应尽快实施动物安乐死。固定坡道（通道和路面粗糙度）也要根据动物的年龄和体重进行设计，并且保证动物易于通过以利于安乐死操作。如果在固定坡道内实施安乐死，其设计要有利于移动已确认死亡的动物。Sneddon 等（2006）的资料中提供了许多有用的图片。

对于牛来说，可以用拥挤坡道，但动物可能会非常难移动。另外，要保证单列通道末端的头闸（纵立的栅栏，头部固定）工作状态良好。对于已驯化的动物，可以利用缰绳（头颈部）将其牵引至安乐死执行地点。马和羊可以利用固定坡道和缰绳进行固定。使用缰绳时，要保证缰绳的长度，以便于在执行安乐死后解开，并防止卡住动物。此外，在麋鹿或圈养鹿中也推荐应用固定坡道（通道）。农场中的禽类可以用锥形器或用手直接固定。

对性情暴躁的动物（如有攻击性的公牛或奶牛）实施安乐死时，可能需要在通道上抓捕并进行镇静处理,然后用转运设备将其移至附近的畜栏内。一旦镇静剂起效、动物不动,就需要采用合适的、对执行者和助手安全的安乐死方法。

与此同时,也要考虑安乐死执行地点附近动物的安全。如果必要的话,其他动物应远离执行地点,以减少被流弹击中以及因惊吓而受伤的概率。生物学安全措施也是需要考虑的问题,因为患病动物在执行安乐死后会流出污染的体液和血液。

## 10.5　安乐死最佳执行方法的选择

选择最合适的安乐死执行方法时,应考虑以下几个方面:

- 保证人员安全;
- 动物福利;
- 执行者和协助者对动物情绪的安抚;
- 操作过程中固定动物的技术;
- 安乐死执行人员的技能;
- 费用;
- 动物油脂提炼和尸体处理的相关问题;
- 进行脑组织诊断的可能性。

一些安乐死执行方法的成本较高。在使用的工具中,捕获栓枪的购买成本较高,但是使用和维护成本相对低廉。使用过量麻醉药时,由于需要兽医参与,并且含有药物残留的尸体处理起来比较麻烦,因此成本相对较高。此外,也要考虑同一批安乐死处理过程中的动物数量。与经常批量实施动物安乐死或定点屠宰大量动物相比,仅仅对单个动物实施安乐死的成本并不是一个重要的因素。

每一种安乐死实施方法都要求工人接受培训,并具有一定的技能水平。当操作人员的技能和效率决定整项工作的进程时,就需要对其进行重点考虑了。错误使用工具不仅威胁操作人员的安全,而且也会损害动物福利。大部分动物安乐死失误的原因都是人为因素。

### 10.5.1　执行方法的个人喜好

我们也要考虑执行方法的个人喜好问题。工人通常喜欢并熟悉一种执行方法,他们对所选择的方法感觉越轻松,他们运用得就会越熟练。影响执行方法选择的因素一般包括员工的宗教信仰、家庭背景、性别、教育/培训程度及以前的经历和美感。

每种安乐死执行方法都有一定程度的丑陋性,与钝器致昏等方式相比,其他一些方法相对容易接受(如过量麻醉等)。另外,动物流血和机体物理创伤都会对美感造成影响。因此,必须考虑执行者和旁观人员(一般公众和媒体记者)的心理接受程度。虽然有些方式并不美观,但并不意味着这种方式不人道。巴比妥酸盐过量注射法在合理应用的情况下非常有效,并且容易被接受和符合人道主义,但是这种方法并不适用于大多数家畜。过量麻醉致死的动物不能被人和其他动物食用,而且许多国家的动物油脂提炼厂不接受巴比妥酸盐致死的动物。

另外,对一些动物安乐死的执行方法也存在着法律限制。在许多国家,药物注射法必须由具有执照的兽医完成或在其监督下操作，因为巴比妥酸盐可能导致滥用现象，它是监管部门控制的药物。当使用处方药时，应该符合国家、州或省的法律规定。在一些国家，枪械或捕获栓枪的使用不需要兽医的监管，但是一些国家规定枪械必须注册，并且操作人员需要持有有效的枪械执照，而另外一些国家根本不允许群众持有枪械。

生物安全包括疾病传播范围的控制和执行地点的清理。执行完动物安乐死之后，紧接着就需要对动物进行放血，血液会污染设备。采用枪械、捕获栓枪和钝伤导致脑死亡的方法也会对操作地点造成污染。另外，执行过程中动物流出的其他体液也会对设备造成污染。

在选择合适的安乐死操作方法时，也要考虑动物的品种、体型和年龄因素。手工钝伤致死法仅推荐应用于禽类、仔猪、羔羊和小山羊；颈部脱臼法仅可以应用于幼龄禽类，如雏鸡；公猪、奶牛、野牛、成年公牛颅骨非常厚，很难用枪支和捕获栓枪射穿，一些工具往往达不到致死的效果。

选择动物安乐死方法时，还要考虑尸体的处理方法。动物尸体的处理方法要符合当地和国家的法律规定。如果动物尸体可以提供给食腐动物（如秃鹫和狼等），就不要采用过量麻醉致死法。当需要对死亡动物进行进一步的诊断（如狂犬病诊断）时，就不要损伤或破坏其脑组织。

### 10.5.2　导致动物死亡的原因

死亡是一个过程而不是一瞬间的事。动物死亡时，首先失去知觉，之后机体才开始死亡，大脑停止工作，心脏停止跳动，肺停止呼吸以及血液停止循环。整个机体并不会在一瞬间死亡，如枪击会立刻破坏大脑组织，但是心脏会继续跳动数分钟。如果子弹击中大脑正确位置启动死亡程序后，动物会立即失去痛觉，并且永远不会恢复。

以下一种或几种机制可能导致死亡：中枢神经系统（central nervous system，CNS）遭到直接破坏，组织缺氧以及大脑正常机能遭到物理性破坏。通过注射过量巴比妥酸盐可以直接破坏 CNS。吸入性麻醉药如乙醚和氟烷虽然在家畜生产设施中不常应用，但是同样会通过抑制 CNS 而导致死亡，在应用时要保证工人的安全。可以通过让动物处于高浓度的 $CO_2$ 或氩气的环境中，或对动物实施放血，达到氧气不足或组织缺氧的目的。枪击、钝伤或捕获栓枪射击主要是通过损害 CNS，破坏大脑功能，达到使动物死亡的目的。另外，当呼吸困难或心跳停止时，也会导致动物死亡（AVMA，2007）。

### 10.6　麻醉致死法

农场中对家畜实施安乐死时，可以选用巴比妥酸盐麻醉致死法，并且需要由具有执照的兽医通过静脉注射执行，这样可以保证药物的使用范围。其他应考虑的问题包括：动物的固定；操作人员的安全，尤其是对于大型动物；家畜尸体的处理；某些动物较高的操作成本和技术要求。美国兽医协会（American Veterinary Medical Association，AVMA）和英国兽医协会（British Veterinary Medical Association，BVMA）已经颁布了麻醉致死法技术指导。AVMA 技术指导在网络上可以免费下载，并且在 Google 上键入"AVMA Guidelines on Euthanasia"

就可以搜索到。但是 BVMA 技术指导需要付费或成为会员才可以下载。

当因可行性或技术性原因不能采用麻醉致死法时，可以采用枪击法、捕获栓枪法、$CO_2$ 法、电击法、钝伤法和颈部脱臼法，此外一氧化碳法和浸软法也是可以选择的动物安乐死执行方法。由于一氧化碳法在人员安全和动物福利方面存在严重问题，而浸软法仅应用于 1 日龄家禽和受精蛋，因此本章不对这两种方法进行详述。

## 10.7　枪击法

枪击法可以应用于各种动物的安乐死。在美国，枪击法是应用范围最广的方法（Fulwider 等，2008）。枪击法会对脑组织造成很大的破坏。影响伤害程度的因素包括枪械类型、子弹（或霰弹）的型号和射击的准确性。在执行动物安乐死时，手枪主要限于近距离射击，范围应小于 5～25 cm（2～10 in）；霰弹猎枪合适距离为 1～2 m（1～2 yd）；步枪适合于长距离射击。

弹药的选择对于顺利实施动物安乐死具有非常重要的作用。一种子弹的能量和破坏力通常以枪口能量（如力量产生的 J 或 ft lb）描述。对于体重低于 180 kg（400 lb）的动物，推荐使用枪口能量为 407 J（300 ft lb）的枪械；对于体重超过 180 kg（400 lb）的动物，推荐使用枪口能量为 1 356 J（1 000 ft lb）的枪械（USDA，2004）。

### 10.7.1　28、20、16 和 12 口径的霰弹猎枪或.410 半自动霰弹猎枪

霰弹猎枪在执行动物安乐死时非常有效，在 1～2 m（1～2 yd）的距离范围内效果最好。20、16 和 12 口径的霰弹猎枪适用于任何体重和种类的动物。由于颅骨较厚的原因，较小的 28 口径的霰弹猎枪和.410 半自动霰弹猎枪不适合体型较大的动物和成年动物。4、5 或 6 号铅弹适合近距离射击，因为小号铅弹射出枪膛后，呈分散或散开状前进，动物距离越远，其冲击力和破坏力越弱。重弹头（特制的霰弹猎枪子弹）是由坚固的金属材料制成的，离开枪膛后不会发散，因此最适合执行动物安乐死。当动物比较分散或执行者不能接近动物时，最好选择使用配备重弹头的霰弹猎枪。

### 10.7.2　步枪

.22 口径的长筒步枪是最常用的一种枪械，但是其平均枪口能量仅为 100 ft lb 左右，不能达到家畜执行安乐死的瞬间能量需要。低于 180 kg（400 lb）的家畜枪口能量至少要达到 300 ft lb，高于 180 kg（400 lb）的要达到 1 000 ft lb 以上，才能保证动物死亡（USDA，2004）。因此，.22 口径步枪必须与脑脊髓刺毁法或放血法联合使用。.22 口径步枪一定不能用于野牛、麋鹿或其他任何大型家畜，因为这种步枪并不能达到人道死亡的效果。如果应用.22 口径步枪，必须配有长枪筒、圆头弹和坚固的铅弹头。

当射击距离低于 274 m（300 yd）时，所需的步枪子弹要求如表 10.1 所示。需要注意的是，当射击距离达到 274 m（300 yd）时，枪口能量已经开始降低。

由于具有射穿目标的可能性，因此大口径步枪如.308 口径步枪并不适合近距离使用。

**表 10.1    步枪说明(来源:USDA,2004)。**

| 枪筒 | 枪口能量/J（括号内单位为 ft lb） | 274 m(300 yd)的枪口能量/J（括号内单位为 ft lb） |
|---|---|---|
| .357 马格南枪(步枪) | 1 593(1 175) | 457(337) |
| .223 雷明顿枪 | 1 757(1 296) | 778(574)[a] |
| 30－30 温彻斯特枪 | 2 579(1 902) | 883(651) |
| .308 | 3 590(2 648) | 1 617(1 193) |
| 30－06 斯普林菲尔德枪 | 3 852(2 841) | 1 973(1 455) |

[a]. 223 雷明顿枪配有 5.56 mm 的 NATO 步枪枪筒。

### 10.7.3    手枪

配有圆头弹和铅弹头的手枪可用于执行 5～25 cm(2～10 in)的近距离动物安乐死。表 10.2 列出了枪口能量超过推荐的 300 ft lb 的普通手枪枪筒规格。

**表 10.2    手枪说明(来源:USDA,2004)。[a]**

| 枪筒 | 平均枪口能量/J（括号内单位为 ft lb） |
|---|---|
| .40 史密斯和韦森枪 | 553(408) |
| .45 自动手枪 | 557(411) |
| .357 马格南枪 | 755(557) |
| .41 雷明顿马格南枪 | 823(607) |
| 10 mm 自动手枪 | 880(649) |
| .44 雷明顿马格南枪 | 988(729) |

[a] 当需要更高的枪口能量时,推荐使用步枪。

### 10.7.4    动物安乐死时枪械的应用

枪械一定不要顶住动物头部或身体进行连射,射击时枪膛内产生的压力会导致枪筒爆炸。比较合理的是让枪筒与目标保持一定的角度,这样子弹就可以沿着角度射入颈部或脊柱。当射击角度理想时,子弹会穿过大脑到达脊柱或脑干的顶部。由于安全原因,枪筒和目标之间的角度非常重要,理想的情况是让子弹存留在动物体内。虽然世界动物卫生组织(OIE)接受颈部射击方式,但是这种方式仅可在批量处死患病动物时应用,并不适用于单个动物的安乐死。AVMA(2007)、人道屠宰协会(Human Slaughter Association)(2005)和欧洲食品安全委员会(European Food Safety Authority,EFSA)(2004)并不推荐心脏或颈部射击方式,因为这两种方式不能立即使动物丧失意识。

#### 10.7.4.1    成年牛和犊牛

成年牛可以在两个位置执行枪击,一个是前额,另一个是后脑。如果动物为躺卧姿势,并且有角或颅骨很硬,后脑射击方式优于前额射击方式(Gregory 等,2008)。

前额射击位置应在动物头部的上方,不应在两眼之间,可以在两眼与两角(或两耳顶端)之间画假想的交叉线 X,交叉点上方 2 cm(1 in)即为目标位置,而不是交叉点的中心(图 10.1)。枪筒位置应垂直于颅骨,并且子弹从前额进入后应朝着动物尾部方向前进。另外,可以根据动物颅骨形状和角的大小,对射击角度进行相应调整。

#### 10.7.4.2    猪

确定猪的射击位置相对复杂,因为与颅骨面积相比,猪的大脑体积相对较小。随着年龄的增长,猪的颅骨比大脑增长得更多,因此确定射击的准确位置更加困难。另外,不同品种猪的颅骨形状也不同,并且在猪的成熟过程中,颅骨形状也会发生变化,因此导致情况更加复杂。

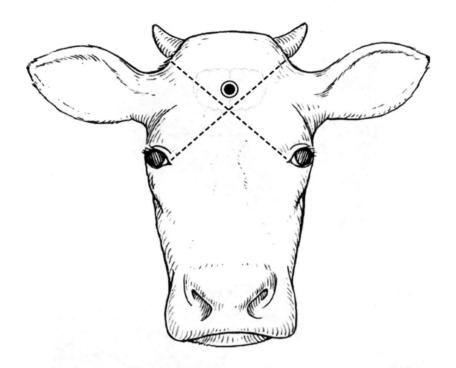

**图 10.1**　牛捕获栓枪和枪械的正确射击位置,稍高于 X 交叉点的位置更为有效(来源:Shearer,1999)。

成熟母猪脑前有一个很大的鼻窦腔,导致大脑的位置离颅骨相对较远,因此需要穿透能力强的子弹或穿透捕获栓枪。同样,公猪成熟后,会在颅骨前形成一个隆起,使射穿大脑变得更为困难。对于体重低于 5 kg(12 lb)的仔猪,为了保证固定人员的安全和防止子弹弹射,枪击法并不是合适的选择。

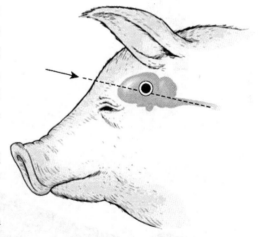

对于达到上市体重(100~135 kg)的猪,理想的射击位置是眼上部大约 2.5 cm(1 in),介于前额中部处(图 10.2)。对于年龄较大的公猪和母猪,射击的位置应位于两眼连线上部 3~4 cm(1.5~2 in),紧靠颅骨隆起旁的位置。对年老和成熟的猪,最好使用装有重弹头枪械。

**图10.2**　猪捕获栓枪和枪械的正确射击位置,许多以前的图片给出的位置过低(来源:J. K. Shearer)。

10.7.4.3　马

马的大脑位于前额较高处,因此在眼睛和对侧耳朵"画"交叉线 X 后,交叉点稍高处即为射击位置。准确的解剖学射击位置应为交叉点上部 2 cm(1 in)处(图 10.3)。应当特别注意的是,射击马可能出现前冲或用后腿站立的情况,因此对于站着的马,执行人员在射击时应防止出现上述情况,并且根据情况调整自己的位置。

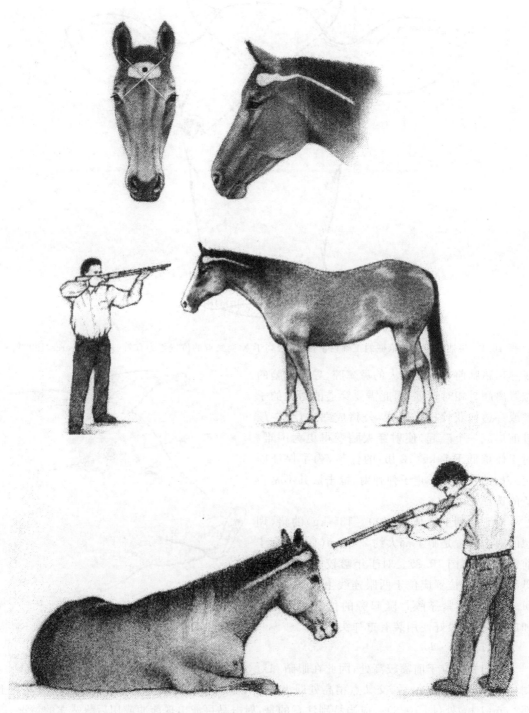

**图 10.3** 马的正确射击位置。选择合适的射击角度非常重要(来源:Alberta Farm Animal Care,Alberta,Canada)。

#### 10.7.4.4　绵羊和山羊

绵羊有三个可以射击的位置,分别是前额、头顶和后脑。当用解剖位置确定前额射击位置时,枪瞄准的位置应位于眼睛上方 2 cm 处。由于不同品种的绵羊和山羊具有不同形状的颅骨,给射击位置的确定带来困难,因此在执行安乐死时需要根据动物的具体情况进行调整。

绵羊理想的射击位置是头顶。枪应沿着颅骨中线,与喉咙呈直线射击。这种射击方式可以使子弹贯穿大脑。霰弹猎枪最适合这种射击方式,因为不仅可以避免子弹穿透动物身体,而且还可以防止子弹误伤其他人员。对于有角的绵羊,最有效的方式是后脑射击,并且射击后子弹一般不会穿透由角发育成并覆盖于前脑的骨组织。后脑射击最好采用霰弹猎枪,可以减少子弹因穿透身体而误射其他目标、动物或人员的概率。另外,采用这种方式时应沿着喉咙或嘴的方向射击(图 10.4)。

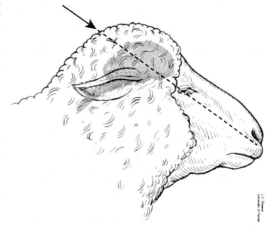

**图10.4**　羔羊或山羊的正确射击位置。一些绵羊品种颅骨较厚,后脑射击方式比较有效。为确保射中脑部,正确的角度非常重要(来源:J. K. Shearer)。

#### 10.7.4.5　家禽

枪击法也是家禽安乐死可选择的一种方式,执行时枪支要垂直于额骨(呈直角)射击。虽然在家禽安乐死中可以选择枪击法,但并不是一种实用的方法,不仅因为家禽的体型较小,而且在射击时家禽跳脱的概率也较大。

#### 10.7.4.6　圈养鹿和麋鹿

鹿的大脑位于颅腔的上部。通过在眼睛与对侧鹿角之间"画"线,在前额形成假想的 X 线,交叉点上部 2 cm 处即为正确的射击位置(图 10.5)。

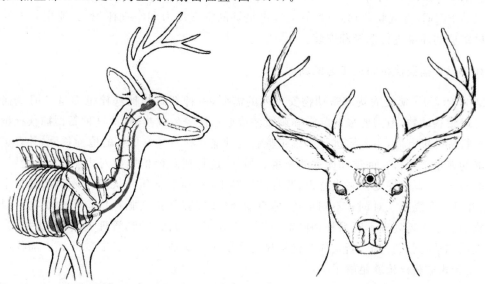

**图 10.5**　用捕获栓枪或火枪射击鹿时的正确射击位置(来源:Canadian Agri-Food Research Council)。

#### 10.7.4.7 圈养野牛

对圈养野牛执行安乐死时，需要选用威力大的步枪或.357马格南枪及更大的手枪。由于野牛颅骨很大，因此最佳的射击位置是头旁侧角和耳朵之间处。当野牛呈行走状态时，子弹最理想的射入角度是与角基呈同一水平线；当野牛呈静止站立状态时，子弹最好是从后脑颅腔射入。

如果必须从野牛前方射击，射击位置应为眼睛和对侧牛角之间直线交叉点上方处（图10.1，同家牛），并且需要使用威力大的步枪。当从前方射击时，野牛的头最好是朝向地面，这种姿态可以通过在地面撒饲料实现。在野牛前方射击时，子弹弹射是一个主要的潜在威胁。

## 10.8 穿透捕获栓枪

穿透捕获栓枪（PCBG）主要由枪筒内的凸缘钢制捕获栓和末端活塞组成。当射击时，膨胀气体推进活塞，活塞推动捕获栓从枪膛射出。在射击前，主要由枪膛内一系列的胶垫吸收捕获栓的能量，使其保持静止状态。不同设计的PCBG可以自动或人为使捕获栓缩回至枪膛内。为了保证效果，捕获栓必须达到一定的速度。对于牛，捕获栓的最佳速度范围为55~58 m/s，41~47 m/s的捕获栓速度效果较差（Daly等，1987）。Blackmore（1985）、Daly和Whittington（1989）以及Gregory等（2007）对PCBG的使用也进行了其他一些重要的研究。

PCBG主要是利用火药或压缩空气的能量进行射击，而且根据不同动物种类，火药和压缩空气必须提供足够的能量以保证捕获栓枪射穿颅骨。合适的射击位置、捕获栓能量（捕获栓速度）和刺入颅骨的深度决定动物安乐死的执行效果。捕获栓速度主要依赖于PCBG的日常维护（特别是清洁）和火药的保存。许多PCBG的生产厂家都提供了捕获栓速度的检测标准。在PCBG的使用中一定要保证正确操作，火药不能存放于潮湿的环境中，受潮的火药会导致闷射，通常会降低使用效果（Grandin，2002；Gregory等，2007）。

PCBG有9 mm和.22、.25口径三种，外形有管状（圆筒形）和握把手枪式（类似手枪）2种。气动PCBG（空气驱动）必须为射击提供足够的空气压力和空气体积，其他主要零件需要根据屠宰厂的环境进行选择和安装。

#### 10.8.1 捕获栓枪制造工艺的新时代

2007年，为了满足农场家畜动物安乐死的需要，一种新式的捕获栓枪面世。旧式捕获栓枪虽可以致昏动物，但需要采取脑脊髓刺毁法或放血法等后续步骤，而这种新型捕获栓枪的安乐死执行部件更有效，不需要进行后续步骤。这种捕获栓枪具有更长的枪栓长度，并且可以产生足够的能量杀死所有种类和体重的家畜。另外，这种捕获栓枪能够对大脑（大脑皮层）造成足够的破坏力，瞬间使动物失去意识，并且破坏脑干（特别是延髓），从而导致动物丧失生物学机能，并且不会复原。对饲养不同年龄/体重动物（如饲养仔猪到肥育猪阶段的农场）、混养不同动物的农场或需处理不同品种和体重动物的工作者如兽医、动物管理人员、市场拍卖人员、运输人员和动物救助人员，新式捕获栓枪显著降低了购买成本和维护需要。无论动物体型大小，一支新式捕获栓枪就足够了。

PCBG操作人员必须经过培训，而且在射击时需要穿戴耳朵和眼睛的防护装备。PCBG操作者必须做好准备，并且确定动物已经完全固定或在其他预防走火的安全措施已经就绪的条件下，才可以扣动扳机。捕获栓枪的枪口应朝着地面方向。射击者因混淆了射击端与枪顶而以枪击口向上的方向持枪,是直列式圆枪支造成意外伤害的主要原因。

使用捕获栓枪射击站立行走的动物存在一定的危险。射击者应等到动物的头保持静止后再进行射击,并且不要用枪追逐动物的头。成功的射击应立即使动物失去意识。如果不确定动物是否失去意识,则需要进行补射。补射位置要不同于第一次射击的位置。当第一次射击位置正确时,第二次射击位置要选择第一次射击洞孔的稍上部或旁侧。如果第一次射击位置错误,第二次射击时要选择正确的位置。

强烈建议用高火力捕获栓枪进行农场安乐死,因为老式 PCBG 仅能致昏动物,因此需要采取后续步骤。后续步骤包括脑脊髓刺毁法和放血法。使用 PCBG 时,必须紧挨动物头部。如果 PCBG 未紧靠动物头部,捕获栓可能不会射穿动物颅骨,也可能从动物头部滑落。可从前方接近动物。但从后方接近动物并到达动物一侧似乎更容易,然后射击者手持 PCBG 越过动物头部,置于额头执行射击。PCBG 有两种扳机触动方式,一种是扣动捕获栓枪上部开关,另一种需要执行者拉动扳机后再进行射击。PCBG 的反作用力主要取决于枪的口径、减震器结构、枪的制造和使用的火药等。必要的情况下,执行者在射击时需要用两只手握枪,以保持稳定。不同类型的捕获栓枪在射击时会产生不同程度的反作用力和噪声。

### 10.8.2　捕获栓枪的维护

不对捕获栓枪进行维护是导致哑火和无效射击的主要原因(Grandin,1998)。因此,捕获栓枪必须进行清洁和维护,以保证动物安乐死的顺利执行。每天使用结束后,都要对 PCBG 进行清洁和检查。即使不经常使用的 PCBG,也需要进行清洁和上油。在使用之前,PCBG 所有组件都要进行重新组装,并补充或更换缺失和受损的部件。在哑火的情况下,要关闭捕获栓后膛至少 30 s,以防止因雷管慢点火导致的"射击延迟"问题。

在清洁捕获栓枪前应阅读生产厂家的说明手册,并保证捕获栓枪处于退膛状态。PCBG 和火药要存放在干燥的环境中,暴露于潮湿环境中会影响枪支的使用和火药的效力。框 10.1 介绍了捕获栓枪维护的要点。

---

**框 10.1　捕获栓枪维护要点**(来源:Bildstein,2009)。

- 使用后必须每天进行清洁,清洁方式同枪械。
- 使用枪械专用油和清洁剂,不要使用机器用油脂、白油或 WD-40。
- 防止捕获栓枪受潮。
- 每次枪头清洁完毕后,用铁丝刷清洁捕获栓末端的活塞。
- 如果减震器出现裂缝或硬化,需要进行更换,因其会妨碍捕获栓进入动物脑中。
- 同型号捕获栓枪之间不可换用零部件,因为每个捕获栓枪的磨损程度都是不同的。
- 备有充足零件以便随时更换磨损组件。
- 火药存放于干燥处。

---

### 10.8.3　捕获栓枪射击位置

目前,牛捕获栓枪射击的推荐位置与枪械相同(本文第一作者以个人经验和商业角度建议,由于子弹和捕获栓的弹道轨迹不同,因此捕获栓枪射击位置需要位于 X 线交叉点上部 2～5 cm 处)(图 10.1)。另外,根据动物颅骨形状的不同可对射击位置进行调整,例如荷斯坦奶牛的颅骨就比海福特奶牛长很多。水牛或婆罗门牛等具有较重颅骨的动物,选择在后脑凹陷处射击会更有效(Gregory 等,2008)。另外,射击角度也要保证精确,这样可以完全刺穿动物大脑。

与牛一样,猪的推荐射击位置也与前面所述的枪械射击位置相同(Lyndi Gilliam 博士,俄克拉荷马州立大学,个人交流,2009)。由于弹道轨迹不同,商业应用中推荐捕获栓枪的射击位置应位于枪击位置上方 2~5 cm 处。猪 PCBG 射击位置的确定相对困难,为了保证捕获栓在大脑中理想的射击轨迹,必须对 PCBG 射击角度进行微调,使捕获栓朝向猪尾部的方向前进。如果 PCBG 射击角度过偏,可能不会射穿颅骨,而是从颅骨向上运动。随着年龄的增长,颅骨还会增长,但是脑容量不会增加,因此使射击位置的确定变得更加困难。成年母猪脑前有一个很大的鼻窦腔,导致大脑的位置离颅骨相对较远,因此需要深度射击。公猪成年后,会在颅骨前形成一个隆起,使射穿大脑变得更为困难。虽然公猪的射击位置与枪械相同,但射击时捕获栓枪的位置也要稍向隆起的旁侧移动一些。

在农场,用捕获栓枪对马射击时一定要进行固定,这就使捕获栓枪的使用受到很大限制。在射击时,马通常会出现向前移动(跳向空中)的现象,从而威胁马前方握枪射击的操作人员(图 10.3)。当马趴卧在地上不动时或为保障工作人员的安全而被固定在坡道中时,捕获栓枪的使用就会变得很方便。马捕获栓枪的射击位置与枪械相同。

绵羊捕获栓枪的射击位置在头的最高点/处,与枪械相同。对于山羊,捕获栓枪最好从脑后射击。捕获栓枪仅可用于射击大型成熟火鸡的头部,并且需要固定火鸡的喙。捕获栓枪射击麇鹿和圈养鹿的位置也与枪械相同。捕获栓枪不推荐用于野牛的安乐死。

小型捕获栓枪适用于肉鸡的安乐死。为了保证执行效果,需要配备 6 mm 的捕获栓,采用 827 kPa 的空气压力,射穿深度要达到 10 mm(Raj 和 O'Callaghan,2001)。小型捕获栓枪要朝向鸡的头部进行射击。

## 10.9 可控钝伤法

可控钝伤法主要是通过物理破坏动物大脑达到安乐死的目的。对于拥有很薄颅骨的小型动物来说,击打头部是一种相对独立和有效的安乐死方式。对颅骨实施单次急速的击打可以立即抑制动物的 CNS 活动,并破坏脑组织,而不必击碎动物的颅骨。

可控钝伤法的操作设备包括弹药筒和气动非 PCBG。非 PCBG 配有金属材质的钝性平头或蘑菇形捕获栓,以压缩空气或空弹筒为驱动力。钝伤法是在一定角度用枪抵住动物头部进行射击,对头部的剧烈冲击导致动物脑出血,并通过剪切应力和应变破坏大脑和其他组织。

配备有凸面蘑菇形撞头的非 PCBG 是典型的可控钝伤设备,可以在猪、低于 15 kg(33 lb)的绵羊和山羊羔羊以及家禽上使用。当对体重大于上述标准的家畜使用非 PCBG 时,需要采取后续步骤,如放血等(AVMA,2007)。动物体型、颅骨结构和质量以及操作人员的技能也是影响执行效果的重要因素。

对猪、家禽和羔羊使用非 PCBG 时,必须将动物固定,并且射击位置为动物的头顶;山羊的射击位置应为脑后部。

农场中标准的蘑菇形撞头非 PCBG 仅可用于犊牛,并且只在紧接着采用后续步骤,如放血的情况下才可以使用,其他所有的钝伤方法都不可以在牛上应用。对于马、麇鹿和野牛,不可以采用可控钝伤法。大部分蘑菇形撞头都有很小的误差范围,因此枪口必须垂直对准动物的头部射击才能达到最佳效果。一些动物,如海福特牛的被毛较厚,可能会降低 PCBG 的射击效果。

非 PCBG 的维护条件和 PCBG 相同。

### 10.9.1　处死小动物用的平头捕获栓枪

本文第一作者的测试结果表明,农场中利用平头捕获栓枪对仔猪实施安乐死非常有效。平头捕获栓枪不同于标准的非穿透捕获栓枪,没有蘑菇形(凸面的)撞头,取而代之的是 3.8 cm(1.5 in)直径的平头。当这种捕获栓枪应用于体重在 $11.4\sim22.7$ kg($25\sim50$ lb)的猪时,会对大脑造成比标准穿透捕获栓枪更严重的损伤。触摸诊断结果表明,撞击会造成超过 1.3 cm(1/2 in)的凹陷,但是皮肤并没有破损,而与捕获栓撞头直径相同的一块颅骨已经深深凹陷进大脑内,并且大部分大脑组织已经呈糊状。对于农场动物安乐死或为控制疫病而需要处死的仔猪来说,平头捕获栓枪可能是最好的选择。对于初生羔羊和出生一天的犊牛,平头捕获栓枪同样有效。

## 10.10　手工钝伤方法

手工钝伤方法同样是通过破坏大脑组织而导致动物死亡。对于颅骨较薄的小动物,采用头部撞击方式是执行安乐死的有效手段。对于体重 5 kg(12 lb)及以下的仔猪、体重小于 9 kg(20 lb)的初生绵羊羔、体重小于 7 kg(15 lb)的初生山羊羔以及家禽(鸡和火鸡)也可以采用手工钝伤方法。

对颅骨中部实施单次急速的强力击打可以立即抑制动物的 CNS 活动,并破坏脑组织,而不用击碎动物的颅骨。采用手工钝伤方式时,器械必须主动朝向动物头部击打,而不能驱使动物迎合器械,驱使动物迎合器械会显著降低动物福利的等级。如果动物在安乐死实施过程中身体左右晃动,表明它们可能正承受着高度应激,而且增加了关节脱臼和肢体骨折等伤害的概率。目前手工钝伤安乐死所使用的工具包括圆头铁锤、铁棒、木质球棒和钢管。

仔猪和山羊羔采用钝伤法时,必须击打头部顶端;绵羊羔羊的最佳击打部位是头顶或脑后。家禽在击打后的反应很强烈,翅膀会剧烈扇动,因此一定要保证操作人员的安全。准确和果断是顺利实施钝伤法的必要条件。

保持击打力量的一致性对于执行人员是一项挑战,因此在可靠性和效力方面,手工钝伤法存在着一定的不确定性。另外,手工钝伤法并不适合对牛、马、麋鹿或野牛使用。

钝伤法还存在着一个严重的问题,对幼龄动物具有爱心的工人通常不希望亲自执行这种操作。解决这个问题的方法就是当前面这名工人借故请假后,另外聘用一名工人执行这项操作,或者使用气体安乐死方法。实际经验表明,许多人喜欢将动物置于"箱子"(如安乐死实施容器)内,而不喜欢击打动物头部的方法。一名工人曾说过,"我喜欢这种方式,是箱子处死了动物"。

## 10.11 二氧化碳法

暴露时间和 $CO_2$ 的浓度决定 $CO_2$ 法的效果和人道程度。许多国家对猪、家禽和初生绵羊和山羊推荐使用 $CO_2$ 法。农场只能对体重轻的动物使用 $CO_2$ 法，因为必须将动物放置到合适的容器中。目前，对于在动物安乐死中采用 $CO_2$ 法，不同国家之间有很大的分歧。在幼龄动物（包括家养水禽）中使用 $CO_2$ 法时需要增加 $CO_2$ 浓度和暴露时间，因为这些动物抵抗组织缺氧的能力较强。

在动物生产中主要有两种 $CO_2$ 注入方式：高浓度 $CO_2$ 预注入方式和逐级注入方式。每种方式都需要进行合理的设计和精心操作，以保证人道死亡，最大程度减少动物的应激。农场在执行动物安乐死时，推荐 $CO_2$ 浓度≥80%，暴露时间至少为 5 min，并且在动物从容器中转移之前，对动物的死亡指征进行鉴定。

### 10.11.1 预注入方式

预注入方式就是在动物放入容器之前，容器内已经注入高浓度 $CO_2$（>80%，最好达到90%）。这种方式推荐在猪中使用，因为可以减少猪在窒息倒下失去意识之前的痛苦、尖叫和躁动（见第 9 章）。为了最大程度减少动物在失去意识前对气体的逃避反应，一定要尽可能快地将动物全部浸入气体中。在确定动物死亡之前，$CO_2$ 浓度要始终保持在规定范围内。

动物安乐死容器一定要根据目标动物的行为学和体型特点设计，其中包括门、防滑地板和充足照明设施的设计等。不要超载使用容器，并且要为容器中的所有动物提供足够站立和躺卧的空间。另外，在应用中禁止将动物堆积在容器内，这样不仅会损害动物福利，而且会导致动物因窒息而死亡。

当一种气体注入容器后，容器中原有的气体就会被注入气体替换，这就存在气体交换率。$CO_2$ 重于空气，当容器中注入 $CO_2$ 后会产生分层，因此为了保证容器中 $CO_2$ 的均匀性，必须采用多气孔注入方式。此外，还要应用调控和检测措施以保证气体注入速度的稳定。如果不对容器中气体的释放速度进行调控，就可能引起动物受凉、气体注入管道冻坏或气体交换率降低的现象，从而造成操作失败或 $CO_2$ 损失，增加操作成本。排气阀的设计一定要避免在气体注入时对系统施加过大的压力。要降低气体注入速度，以防止因气体流速过快而发出尖锐的声音，造成动物应激。整套系统要配有 $CO_2$ 监视器，或至少安装 $CO_2$ 低浓度报警器。

### 10.11.2 逐级注入方式

当一种气体注入容器后，容器中原有的气体就会被注入气体替换，这就存在气体交换率。$CO_2$ 重于空气，当容器中注入 $CO_2$ 后会产生分层，因此为了保证容器中 $CO_2$ 的均匀性，必须采用多气孔注入方式。此外，还要应用调控和检测措施以保证气体注入速度的稳定。如果不对容器中气体的释放速度进行调控，就可能引起动物受凉、气体注入管道冻坏或气体交换率降低的现象，从而造成操作失败或 $CO_2$ 损失，增加操作成本。排气阀的设计一定要避免在气体注入时对系统施加过大的压力。要降低气体注入速度，以防止因气体流速过快而发出尖锐的声音,造成动物应激。整套系统要配有 $CO_2$ 监视器,或至少安装 $CO_2$ 低浓度报警器。Gerritzen 等(2004)对家禽 $CO_2$ 法进行了更深入的研究(网络可查询文章摘要,并且可以免费下载)(译者注:虽此段与上段内容完全一致,但却是两种方式)。

### 10.11.3　 $CO_2$ 法的改进

家禽在较低 $CO_2$ 浓度(20%～25%)下即可失去意识,因此除了采用传统预注入方式和逐级注入方式外,还可应用一种改进的低浓度逐级注入方式。低浓度逐级注入方式中 $CO_2$ 目标浓度为 40%, $CO_2$ 目标浓度注满时间为 20 min。

因为家畜和家禽对 $CO_2$ 会产生逃避反应,因此在动物安乐死时,注入的 $CO_2$ 中通常加入不同浓度的惰性气体(如氩气和氮气等)。对于混合物中不同气体的比例,研究者仍然存在着争论,其他信息可参考 Raj 和 Gregory(1995)、Raj(1999)、Meyer 和 Morrow(2005)、Christensen 和 Holst(2006)以及 Hawkins 等(2006)的研究资料。另外,本书第 9 章也对相关研究进行了更多的阐述。农场中评价气体比例最实用的方法就是观察动物的反应。当动物在一种气体中表现出攀爬或逃离容器的行为时,这种气体的混合比例就不甚合理。在动物倒下或失去正常的姿态之前,如果发生挣扎、尖叫或精神仍然旺盛的现象,就需要更换所用的混合气体。

动物失去正常的姿态(丧失意识)之后,动物强有力的身体反应并不影响动物福利。

## 10.12　电击法

电击法被认为是非常人道的方法,当足够的电流流经大脑时会导致极度癫痫,流经心脏会造成纤维性颤动,心脏纤维性颤动导致心搏停止从而引起动物死亡(见第 9 章)。动物被电击时,初始电流导致大脑死亡,随后的二次电流流经心脏,导致丧失意识的动物心脏纤维性颤动,或在诱导失去意识的同时导致心房纤维性颤动。心脏纤维性颤动通常会引起心搏停止,从而阻止心脏向大脑和其他重要器官供血。

电流的强度取决于电压和通路中的总阻抗,同时也受动物种类、电极型号、电极施于身体的压力、电极接触位置、电极间的距离和电击时动物呼吸阶段的影响。目前在动物电击安乐死中,大部分操作者都会将电压、电流、频率和电击时间配合使用得很好。但是,要根据研究资料和商业中成功应用的经验对上述因素进行选择。可以使不同动物大脑瞬时失去意识的绝对最小电流如表 10.3 所示。

表 10.3　致死动物的最小电流[a](来源:OIE,2009a)。

| 动物种类 | 电流/A |
| --- | --- |
| 牛 | 1.5 |
| 犊牛 | 1.0 |
| 绵羊/山羊 | 1.0 |
| 绵羊羔羊/山羊羔羊 | 0.6 |
| 仔猪 | 0.5 |
| 猪 | 1.3 |

[a] 电流频率不能超过 100 Hz,50～60 Hz 为推荐值。

初始校正电流需要在 1 s 内达到规定要求,并且在实施时最少保持 3 s(OIE,2009a)。

在实施电击之前,要确保电极与动物完全接触。当使用电刺棒时,要预先进行充电,这种电刺棒充电后称为热电刺棒,会导致动物产生疼痛感。热电刺棒接触到牛或猪身体时,会立刻导致牛或猪发声。因为需要特殊的设备和高强度的电流,所以牛电击法只能在屠宰厂使用(见

第9章）。

电击法只能用于体重超过 5 kg(11 lb)的猪，并且实施电击时，电极要首先放在头部的两侧，这样可以保证电流经过大脑。使用商品猪电致昏器时，电钳应夹在耳朵根部。当电流流经大脑后，再将电钳夹到前胸，从而造成心脏纤维性颤动。在实际生产中，推荐使用商品猪电致昏器，而自制的电致昏设备通常存在危险性，并且效果较差(更多信息见第9章)。

对于绵羊、马、麋鹿和野牛，目前还没有电击法操作指导和操作建议。因为被毛具有绝缘性，因此电击法在绵羊中的应用存在一定的困难。屠宰厂使用的特殊电击设备存在着危险性，因此并不适合在农场中使用。

## 10.13 颈部脱臼法

颈部脱臼法通过物理方法造成颅骨和脊柱之间脱臼，破坏大脑和脊髓的连接，从而损害脑下区域并可以使动物瞬时失去意识。为了保证动物彻底死亡，动物颈部脱臼后还要采取放血法。

颈部脱臼法只适用于家禽，并且比其他方法需要更多的技巧。为了保证操作的成功，需要对工人进行适当的培训，而且拉直法比脊椎压碎法效果好。幼龄家禽可通过扭动颈部造成脱臼；成年家禽可用一只手抓住胫骨(腿部)，另一只手迅速抓住脑后位置，拉直颈部迅速向下顿挫并向后猛推造成脱臼，此时动物的反应可能比较剧烈，会猛烈扇动翅膀，因此最好在实施脱臼法之前固定翅膀。

颈部脱臼法适用于体重为 3.0 kg(7 lb)及以下的家禽，对于体重超出这个范围或肌肉比较发达的家禽如肉种鸡或火鸡，实施颈部脱臼法就非常困难，但可以使用 Burdizzo® 牛去势钳对体重较大的家禽实施机械性颈部脱臼。使用这种方法时，当条件反射性肌肉痉挛停止后再松开钳子，这样可以防止濒死期逆呕和腺胃内容物吸入呼吸道所产生的痛苦。

## 10.14 动物安乐死禁止采用的方法

麻醉致死法需要使用巴比妥酸盐或其他麻醉药物，以使动物失去意识。对敏感动物不能使用非麻醉性激动剂。如果使用非麻醉性药物，为了保证动物完全死亡，一定要预先注射麻醉性药物以使动物丧失意识。另外，不能采用溺死法、勒杀法和空气栓塞法。本文的三位作者和此书的编辑对乡村大型动物最人道的安乐死方法进行了讨论。在乡村，普通民众不能拥有枪械和火药式捕获栓枪，而乡村屠宰厂一般使用气动捕获栓枪，而非火药式捕获栓枪；麻醉致死法由于成本较高，也不是一种理想的方法。唯一的选择是使用许多发达国家(在这些国家，捕获栓枪很容易获得)的兽医职业协会不会批准的方法。

在这种情况下，一种选择是使用重锤击打牛的前额(图 10.1 的 X 位置)之后立即对动物进行放血。如果不使用击打法而仅采用放血法时，可以遵循穆斯林或犹太教的规定，使用长度为颈部宽两倍的锋利刀具进行放血。刀具应从喉咙外部向脊柱方向进行划割，并同时切断颈部四条主要的血管。放血时一般不要采用图 10.6 所示的方式，只有在利用本章前述方法使动

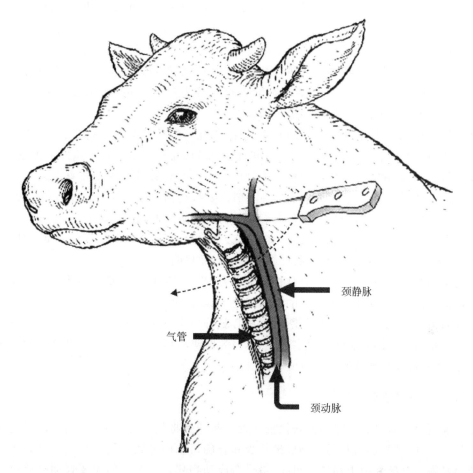

图 10.6　动物丧失意识后采用的放血方法。如果放血对象是完全有意识的动物，则不能使用此方法，因为刺颈会给动物带来巨大的疼痛。在世界一些不能应用先进动物安乐死方法的地区，可以遵循穆斯林或犹太教的规定，使用锋利刀具进行放血，刀的长度一定要远远大于刀具的宽度（来源：Shearer，1999）。

物失去意识后，才能采用这种方式。总之，当不能应用枪击法、捕获栓枪法、麻醉法和其他推荐的方法时，才可以选择放血法。

## 10.15　后续处死步骤

采用后续处死步骤时，一般有不同的原因。在一些情况下，动物安乐死实施工具只用于或只能致昏动物，而不能杀死动物，如许多捕获栓枪的设计就是只能暂时致昏动物。如果枪械或捕获栓枪第一次射击失败，必须立即对动物进行补射。后续处死步骤必须在第一次射击后的 30 s 内完成，操作方法包括放血法和脊髓刺毁法。

### 10.15.1　放血法

作为后续处死步骤的放血法虽然被大多数动物福利指导方法所接受，但并不是一种独立的方法,尤其是在刀具变钝(刀口不锋利)或采用钝伤法的时候。由于在放血的过程中,动物承受巨大的疼痛、痛苦和应激,因此这种方法是不人道的。有资料表明,动物放血直至死亡的过程需耗时数分钟,并且在此过程中动物始终具有意识,会产生严重的焦虑、疼痛、应激和其他痛苦的感觉,存在着严重的动物福利问题(EFSA,2004)。学者对动物从放血到完全失去意识的时间进行了一些研究,对牛的研究结果表明,这个过程需要 35～680 s(Bager 等,1992),而绵羊从放血到失去意识的时间比牛短(更多信息见第 9 章)。

　　动物放血时,要使用尖锐和锋利的硬质刀具,并且刀的长度至少达到 15.2 cm(6 in)。刀具应该全部刺穿下颌后部和颈椎下方的皮肤(图 10.6),并从这个位置开始向前方划割,直至割断颈动脉、颈静脉和气管。如果操作正确,血会大量涌出,数分钟内动物就会死亡。放血法并不是一种独立的安乐死方法,而在放血前一般需要将动物致昏。这个过程会产生大量血污,不仅会引起旁观者的不快,而且会增加人们对生物安全防控方面的担心。

　　对于牛,还要割断臂部的脉管系统,具体方法是抬起前肢,在肘部前端的腋窝处插入尖刀,割断皮肤、血管和外周组织,直到前肢能够从胸前向后弯曲。

　　对猪使用的刀具不仅要锋利,而且长度至少为 12 cm(5 in)。刀插入点为胸前颈部中间的凹陷处,插入前先轻轻抓住目标位置的皮肤并向上提起,插入时刀柄要低一些,这样刀片就会接近垂直的角度,向上刺入后可以割断所有从心脏分生出的主要血管。猪肢体脉管系统的割断方法与牛相同。采用放血法时要多加小心,因为即使动物失去意识,肌肉仍然能够产生强烈的反射性收缩,可能会导致操作人员受伤。

### 10.15.2　脑脊髓刺毁法

　　脑脊髓刺毁法就是利用穿透捕获栓枪或无火药子弹将颅骨射穿后,用细长的脊髓探针或其他工具从颅骨裂隙刺入脑,通过彻底破坏脑和脊髓组织而导致动物死亡的一种技术。操作者用脊髓刺毁工具破坏脑干和脊髓组织,最终造成动物死亡。有时候需要在动物放血之前刺毁脊髓,以减少丧失意识动物的反射性活动。

　　脊髓探针可以由多种材质制成,如废弃的牛输精枪、高弹性的金属丝、钢丝或其他相似的工具,而且在市场中也可购买到不同种类的脊髓探针。脊髓探针必须坚硬一些,并且具有一定的弹性。此外,脊髓探针还要稍长一些,以保证能够从枪械或 PCBG 造成的颅骨裂隙中触碰到脑和脊髓组织。Appelt 和 Sperry(2007)建议,在捕获栓枪射击后如果不对动物进行放血,需要立即刺毁脊髓,有助于阻止动物恢复意识。

## 10.16　安乐死动物的死亡确认

　　对死亡过程的理解是非常重要的,死亡是一个过程而不是瞬时发生的事,即使是在枪击、捕获栓枪射击或电击使动物失去意识和痛感的时候,动物仍然有感觉,特别是在发声(尖叫或吼叫)、试图站起、抬头或眨眼睛的时候就像完全活着的动物一样。当动物有上述任何表现时,必须立即进行补射。动物在失去意识后机体才开始死亡,具体表现为大脑停止活动,心脏停止跳动,肺脏停止呼吸以及血液停止循环,因此死亡并不是一个瞬间发生的事。在正确实施安乐死措施后,死亡过程大约为 3 min;在采用巴比妥酸盐的时候,死亡过程会更长一些。

　　实施动物安乐死时,如果操作人员对预期发生的事没有任何深刻的认识,他或她就会对动物有意识和无意识的表现做出错误的理解。动物失去意识后,会表现出条件反射性的行为或发生肌肉痉挛,这些都是死亡过程正常的组成部分,不应该将其理解为动物正经受疼痛或痛苦的过程。一些种类的动物和安乐死方式会使动物表现出更加强烈的非自主性动作(见第 9 章)。

在枪击或捕获栓枪射击后,牛肌肉痉挛的平均持续时间为 5～10 s,初生羔羊可持续几分钟,猪的反应比较强烈,而且持续时间较长,大约为 15～20 s,并伴随有随意性的轻度震颤,震颤可持续数分钟。如果动物反应的时间较长或发出"晃动"的行为,那么需要再次采取致昏措施或再次射击。在死亡过程中,所有的动物都会表现出较弱而且频率较低的踢踏动作,并且会持续数分钟。

另外,对于没有安乐死实施经验的人来说,动物这种无意识的动作会给他们带来心理上的痛苦,正确认识这一点也是非常重要的。安乐死实施前对围观者进行预先警告,会有效地减少事后必要的解释。在确定动物死亡的过程中要保障人员的安全,操作者必须注意防止被动物无意识的动作踢到,并且要沿着动物的背部/脊柱方向接近动物,防止与动物的腿部或头部接触。

确认动物死亡(反射性或无意识的)应在安乐死执行后的 30 s 内进行;死亡确认要在安乐死执行后的 3 min 内完成,并且可以在兽医办公室或实验室外进行。稳定和有节律心跳的终止以及呼吸消失是判定死亡最可靠的标志,但是在嘈杂的环境中根据上述两个标志进行判断是非常困难的。如果对动物是否死亡还不能完全确定,那么就要再次进行确认或执行后续处死步骤。

可通过视觉观察胸腔的活动或对胸腔进行触诊以判断动物的心跳是否消失,但是失去意识的动物可能仍然具有非常迟缓而且不规律的呼吸,这就给胸腔活动有无的判断带来了困难。不能将喘息和不规则的呼吸误判为有节律的呼吸。胸腔停止活动是动物呼吸消失的标志,因为这意味着动物的呼吸系统已经停止工作(见第 9 章)。

除了判定有节律的呼吸是否消失外,还要根据以下五种标志中的任何两种对动物是否已处于技术死亡状态进行判断:有节奏的心跳停止;脉搏消失;眼睑反射消失;瞳孔放大;毛细血管无复流。在死亡确认之前一定不要转移动物,推荐死亡确认至尸体转移处理之间至少间隔 20 min。

虽然在一些情况下可以通过叩诊法判断动物是否停止心跳,但是也可以利用听诊器、心电图(electrocardiograph,ECG)或脑电图(electroencephalogram,EEG)对规律性心跳的停止进行准确判定,并且这些仪器可以对心脏是否停止供血以及血液是否流经身体和大脑进行判断。当心脏停止跳动 3 min 以上时就可以确认动物已经死亡,但是在野外环境下,这种方法却存在一定的困难。对于听诊器判断方法而言,不仅要有听诊器,而且环境噪声会给心跳的听诊带来影响;为了利用 ECG 和 EEG,需要拥有适宜的仪器设备,这些设备非常昂贵,且在兽医诊所外不常使用。

动物脉搏消失可通过触诊来判定,并且脉搏消失也是心脏停止跳动的一项标志。这种方法在野外环境中同样具有一定的操作难度,要求操作者必须具备一定的技能,且主要用于大型动物。脉搏不是总能触知的,因此它不能作为判断心脏停止跳动或动物死亡确认的单一手段。

可通过沿睫毛方向快速移动手指观察眼睑反射,而且眼睑反射检测要先于角膜反射检测,以避免因手指触碰敏感动物的眼睛导致的疼痛。当接触到睫毛时,动物不应该出现眼球转动和眨眼的现象。眼睑反射消失意味着动物已经丧失了意识。眼睑反射检测后,可实施角膜反射检测，通过触碰眼球表面的角膜进行判断，接触角膜后不应该出现眼球活动或眨眼的现象。如果动物已经死亡，眼睛会仍然睁开并且眼睑停止活动。

通过观察角膜可判断动物瞳孔是否已经放大。当心脏停止跳动后会停止向机体和眼球供血，因此就会出现瞳孔放大现象。同时也可以采用其他检测方法，如用针刺鼻子或对着眼睛实施高亮度的闪光测试，已确认死亡的动物一定不会对上述刺激产生反应。

另外，还可通过观察唇部黏膜是否失色和毛细血管是否再充盈判定动物的死亡。当动物死亡后，唇部黏膜就会变苍白并出现斑点。按压黏膜后，黏膜颜色不会恢复，并且毛细血管仍然干瘪，这意味着黏膜毛细血管已经失去了再次充盈的能力。心跳消失后会停止向机体供血，因此黏膜就会变干变硬。

如果动物实施安乐死后抬起头，试图恢复身体平衡，发声，眼睛活动或眨眼，脉搏明显，或瞳孔对疼痛刺激仍然有反应，表明动物并没有死亡。

在确认动物死亡后的 20 min 内，不要移动或处置动物，以确认动物已经彻底死亡并不会再次恢复意识。即使在动物实施安乐死后已经确认死亡，仍然需要采取上述措施。不同动物品种死亡后尸僵和尸体肿胀时间各不相同，猪正常为 4～8 h，绵羊为 8～12 h，牛为 12～24 h。由于出现的时间过晚，因此尸僵并不能作为死亡确认的方法。

## 10.17　为疫病防控所采取的动物批量处死方法

OIE(2009b)对防控疫病所进行的家畜或家禽批量处死法进行了规范。批量动物枪击法、捕获栓枪法和电击法的操作与第 9 章和第 10 章所介绍的操作相同，但是不可采用以下处理方法：

- 在坑中焚烧活体动物；
- 将动物叠放于土坑、袋子或垃圾箱中，任由其被挤压或窒息；
- 溺死；
- 勒杀；
- 使用会产生疼痛的药物。

OIE(2009b)规定如下：

当为防控疫病而宰杀动物时，所采用的方法要求使动物立刻死亡或在死亡过程中丧失意识。当动物不能立刻失去意识时，所采取的方法不要引起动物反感或导致动物产生焦虑、疼痛、应激或痛苦。

用低应激的人道方法扑杀大量家禽是非常困难的。在鸡舍中注入窒息气体通常不会杀死鸡笼上层的产蛋鸡。疫病防控中批量宰杀家禽的方法仍然需要进行深入研究。最有前景的方法包括在饲料或饮水中加入麻醉药或其他药品，或在鸡舍中注入窒息气体(Raj，2008)。加拿大学者已成功使用箱式系统批量处理家禽(John Church，个人交流，2008)。美国学者应用灭火泡沫处理肉鸡(Benson 等，2007)，但泡沫法还需要进行深入研究。对家禽业中应用泡沫法的讨论结果表明，要小心控制泡沫的大小，以保证处理过程的稳定。对于所有的气体法和泡沫法而言，需要对家禽失去正常的姿态(摔倒)前的反应进行评价(见第 9 章)。Gerritzen 和 Sparrey(2008)研究表明，灭火泡沫可以与 $CO_2$ 共同使用，泡沫必须达到一定的体积，从而保

证家禽死于吸入性 $CO_2$,而不是因通风口闭塞或溺水而死。Raj 等(2008)已对混合有氮气的泡沫致死法开展试验研究。2009 年,OIE 也已开始对泡沫法进行研究。

## 10.18　尸体处理

动物安乐死也带来了另外一个问题,就是动物尸体的处理,而人们并未对此进行深入思考。目前对死亡家畜尸体的处理方法主要包括以下几种:腐食法、掩埋法、堆肥法、焚烧法、油脂提炼法和组织分解法。腐食法就是将死亡动物提供给腐食动物,通过自然降解法处理动物尸体。掩埋法是最常使用的一种方法,就是在实施动物安乐死后就地埋葬动物尸体。当采用堆肥法时,动物尸体应混有富碳介质,如磨碎的稻草或锯末等可以分解为有机物的物质。组织消解炉通过碱性水解法分解动物尸体。焚烧法就是将动物尸体焚化成灰。油脂提炼法就是通过蒸煮消除病原微生物后,生产肉、毛、骨或血粉制品的过程。上述方法都有优缺点,无论采用何种方法都要遵守当地的法律法规。Shearer 等(2008)的资料对堆肥法进行了详细介绍。

## 10.19　安乐死动物的食用

在世界上一些食物匮乏的地方,饥饿的人一般食用安乐死动物,并且将动物皮剥下来制成衣物。这些食物匮乏地区的人通常不会扔弃食物,他们对肉进行煮熟,待粉红色消失后,可以将一般的病原体如沙门氏菌、大肠杆菌和大部分的寄生虫杀死。禁止食用患有传染病的家畜或家禽,这些传染病包括肺结核、布鲁氏菌病、狂犬病、牛海绵状脑病(疯牛病)或禽流感。在一些特定疾病流行地区,严禁食用动物尸体,并且要将动物尸体进行彻底处理,以防止流行疾病对公众健康造成威胁。

## 10.20　工作人员培训和福利保障

所有农场和养殖场都需要建立培训机制,以指导工作人员掌握正确的动物人道安乐死操作技术,这些技术和经验对于正确实施动物安乐死具有极其重要的意义。研究表明,许多人员(即使那些具有动物安乐死实施经验的人)并不理解正确实施安乐死所需生理参数的意义。此外,人们应该认识到,无论采用何种安乐死实施方法,对操作者(或枪击法实施过程中的围观者)都具有一定的危险性,因此仅允许那些达到技术示范标准和具有丰富经验的人执行安乐死操作。如果操作失误,不仅会导致动物受伤,而且动物仍保持着不同程度的意识,从而承受不必要的疼痛和应激。

经验丰富的人员应该协助培训经验不足的人员,并且利用尸体演示动物解剖学特点和不同的操作技术。对于经验不足的人员,可以利用动物尸体进行练习,直至完全掌握操作技术为止。工作人员也要完全掌握动物死亡确认的方法,在一些情况下,需要利用活体动物进行培训和观察。

无论养殖规模大小,农场的所有者和经营者都必须掌握本章所介绍的要点。无论是拥有50 名员工的农场还是个人经营管理的农场,所有者或经营者能够接受动物安乐死并合理安排工作任务,保证工人掌握熟练的操作技能和拥有健康的心态都是他们的职责。

　　不仅要对参加操作的新员工进行培训,而且还要对老员工进行持续性的培训和评估。培训内容应该丰富多样,应包括对动物安乐死各个方面的文字讲解和实践操作。一项对猪场工人的调查结果表明,工人更喜欢接受管理人员的培训。普通员工除非通过测试,证明自己已经成为技术熟练和高效的员工,否则不允许单独进行操作。

　　确认所有员工都已掌握动物安乐死操作技术并能及时实施是经营者的责任。为保证动物安乐死的顺利实施,需要采用标准的评价体系或第三方评价程序对每名员工进行常态测评和圈舍检查。框 10.2 为标准农场动物福利测评示例。

---

**框 10.2**　农场动物安乐死的动物福利测评(来源:Woods 等,2008)。

**农场动物安乐死动物福利测评**

测评日期:

地点:

测评人:

雇员:

动物品种和体重:

**测评标准**

*动物安乐死实施前*

1.雇员是否已经接受动物安乐死操作程序和操作技术培训?

　　是或否

　　培训课程的名称和日期_____

2.是否根据动物品种和体重级别选择合适的工具?

　　是或否

3.必要设备(操作设备、固定装置、安乐死执行工具等)是否可用,并且在工作条件下是否能够正常使用?

　　是或否

4.驱赶和固定过程中,动物是否处于应激、疼痛和紧张的状态下?

　　是或否

5.决定对动物实施安乐死后,能否确保安乐死的及时进行?

　　是或否

*动物安乐死实施过程中*

6.动物安乐死实施程序是否完全符合操作指南标准?

　　是或否

7.实施安乐死后,动物死亡指征的确认是否在 30 s 内完成?

　　是或否

　　如果选"否",那么是否应用了确保动物死亡的调整措施?

　　是或否

8.如果需要采取后续处理(如放血法、脑脊髓刺毁法、补射法等),为保证人道死亡的操作是否及时?

　　是或否或不需要

续框 10.2

---

**动物安乐死实施后**

9. 是否在动物安乐死实施后 3 min 内进行死亡确认?

　是或否

10. 动物尸体处理是否符合所有操作规范和法律法规?

　是或否

11. 对动物安乐死实施地点是否进行了正确的清理和消毒?

　是或否

12. 动物安乐死实施工具是否清洁并正确存放?

　是或否

　如果上述所有问题的答案均为"否",建议重新检查动物安乐死培训计划,并且在此后的三个安乐死实施过程中对安乐死实施过程进行重新测评。

**备注或建议:**

_____

_____

_____

**故意性的虐待行为**

　　在动物安乐死实施过程中,任何故意性的虐待行为都源于习惯性的惩戒行为。故意性的虐待行为包括但并不局限于以下几种:(1)故意用棍棒击打动物敏感部位,如眼睛、耳朵、鼻子和直肠部位;(2)故意将门摔在家畜身上;(3)不遵照生产厂商建议和国际标准使用动物安乐死执行工具(例子包括用电击器具如电刺棒驱赶动物;射击动物肢体,通过抑制动物行动以方便脑部射击;等等);(4)击打或拍打动物;(5)拖拽活体动物。

是否观察到有故意性的动物虐待行为?

是或否

---

（闫晓钢译,张树敏、郝月校）

# 参考文献

American Veterinary Medical Association (AVMA) (2007) *AMVA Guidelines on Euthanasia.* AMVA, Schaumberg, Illinois.

Appelt, M. and Sperry, J. (2007) Stunning and killing cattle humanely and reliably in emergency situations – a comparison between a stunning only and a stunning and pithing protocol. *Canadian Veterinary Journal* 48, 529–534.

Arluke, A. (1994) Managing emotions in an animal shelter. In: Manning, A. and Serpell, J. (eds) *Animals and Human Society*. Routledge, New York, pp. 145–165.

Bager, F., Braggins, T.J., Devine, C.E., Graafhuis, A.E., Meller, D.J., Tavener, A. and Upsdell, M.P. (1992) Onset of insensibility at slaughter in calves: effects of electroplectic seizure and exsanguination on spontaneous electrocortical activity and indices of cerebral metabolism. *Research in Veterinary Science* 52, 162–173.

Benson, E., Malone, G.W., Alphin, R.L., Dawson, M.D., Pope, C.R. and Van Wickler, G.L. (2007) Foam based mass emergency depopulation of floor raised meat type poultry operations. *Poultry Science* 86, 219–224.

Bildstein, C. (2009) Animal Care and Handling Conference, 18–19 March, Kansas City, Missouri.

Blackmore, D.K. (1985) Energy requirements for the penetration of heads of domestic livestock and the development of a multiple projectile. *Veterinary Record* 116, 36–40.

Blackwell, T.E. (2004) Production practices and well-being of swine. In: Benson, G.J. and Rollins, B.E. (eds) *The Well-being of Farm Animals*. Blackwell

Publishing, Ames, Iowa, pp. 241–269.

Christensen, L. and Holst, S. (2006) *Group-wise Stunning of Pigs in CO₂ Stunning Systems – Technical and Practical Guidelines for Good Animal Welfare: a Danish Perspective*. Danish Meat Research Institute, Roskilde, Denmark.

Daly, C.C. and Whittington, P.E. (1989) Investigation into the principal determinants of effective captive bolt stunning of sheep. *Research Veterinary Science* 46, 406–408.

Daly, C.C., Gregory, N.G. and Wotton, S.B. (1987) Captive bolt stunning of cattle: effects on brain function of bolt velocity. *British Veterinary Journal* 143, 574.

European Food Safety Authority (EFSA) (2004) *Welfare Aspects of Animal Stunning and Killing Methods*. EFSA AHAW/04-207. EFSA, Parma, Italy.

Fulwider, W.K., Grandin, T., Rollin, B.E., Engle, T.E., Dalsted, N.L. and Lamm, W.D. (2008) Survey of management practices on one hundred and thirteen north central and northeastern United States dairies. *Journal of Dairy Science* 91, 1686–1692.

Gerritzen, M.A. and Sparrey, J. (2008) A pilot study to determine whether high expansion CO₂ enriched foam is acceptable for on-farm emergency killing of poultry. *Animal Welfare* 17, 285–288.

Gerritzen, M.A., Lambooij, B., Reimert, M., Stegeman, A. and Spruijt, B. (2004) On-farm euthanasia of broiler chickens: effects of different gas mixtures on behavior and brain activity. *Poultry Science* 83, 1294–1301.

Grandin, T. (1988) Behavior of slaughter plant and auction employees towards animals. *Anthrozoos* 1, 205–213.

Grandin, T. (1998) Objective scoring of animal handling and stunning practices in slaughter plants. *Journal of the American Veterinary Medical Association* 212, 36–93.

Grandin, T. (2002) Return to sensibility problems after penetrating captive bolt stunning in commercial slaughter plants. *Journal of the American Veterinary Medical Association* 221, 1258–1261.

Grandin, T. and Johnson, C. (2009) *Animals Make Us Human*. Houghton Mifflin Harcourt, Boston, Massachusetts.

Green, A.L., Lombard, J.E., Gerber, L.P., Wagner, B.A. and Hill, G.W. (2008) Factors associated with the recovery of nonambulatory cows in the United States. *Journal of Dairy Science* 91, 2275–2283.

Gregory, N.G., Lee, C.J. and Widdicombe, J.P. (2007) Depth of concussion in cattle shot by penetrating captive bolt. *Meat Science* 77, 499–503.

Gregory, N.C., Spence, J.Y., Mason, C.W., Tinarwo, A. and Heasenan, L. (2008) Effectiveness of poll shooting in water buffalo with captive bolt guns. *Meat Science* 81, 178–182.

Hawkins, P., Playle, L., Golledge, H., Leach, M., Banzett, R., Coenen, A., Cooper, J., Danneman, P., Flecknell, P., Kirkden, R., Niel, L. and Raj, M. (2006) Newcastle Consensus Meeting on Carbon Dioxide Euthanasia of Laboratory Animals, 27–28 February,

Humane Slaughter Association (2005) *Humane Killing of Livestock Using Firearms*, 2nd edn. Humane Slaughter Association, Wheathampstead, UK.

Manette, C.S. (2004) A reflection on the ways veterinarians cope with death euthanasia and slaughter of animals. *Journal of the American Veterinary Medical Association* 225, 34–38.

Matthis, J.S. (2004) Selected employee attributes and perceptions regarding methods and animal welfare concerns associated with swine euthanasia. Dissertation, North Carolina State University, Raleigh, North Carolina.

Meyer, R.E. and Morrow, W.E. (2005) Carbon dioxide for emergency on-farm euthanasia of swine. *Journal of Swine Health and Production* 13(4), 210–217.

Moberg, G.P. (1985) Biological response to stress: key to assessment of animal well-being? In: Moberg, G.P. (ed.) *Animal Stress*. American Physiological Society, Bethesda, Maryland, pp. 27–49.

OIE (2009a) Chapter 7.5. *Slaughter of Animals, Terrestrial Animal Health Code*. World Organization for Animal Health, Paris.

OIE (2009b) Chapter 7.6 *Killing of Animals for Disease Control Purposes, Terrestrial Animal Health Code*. World Organization for Animal Health, Paris.

Raj, A.B.M. (1999) Behaviour of pigs exposed to mixtures of gases and the time required to stun and kill them: welfare implications. *Veterinary Record* 144(7), 165–168.

Raj, A.B.M. and Gregory, N.G. (1995) Welfare implications of the gas stunning of pigs I. Determination of aversion to the initial inhalation of carbon dioxide or argon. *Animal Welfare* 4, 273–280.

Raj, A.B.M. and O'Callaghan, M. (2001) Evaluation of a pneumatically operated captive bolt gun for stunning broiler chickens. *British Poultry Science* 42, 295–299.

Raj, A.B.M., Smith, C. and Hickman, C. (2008) Novel method for killing poultry in houses with dry foam created using nitrogen. *Veterinary Record* 162, 722–723.

Raj, M. (2008) Humane killing of non-human animals for disease control purposes. *Journal of Applied Animal Welfare Science* 11, 112–124.

Reeve, C.L., Spitzmüller, C., Rogelberg, S.G., Walker, A., Schultz, L. and Clark, O. (2004) Employee reactions and adjustment to euthanasia-related work: identifying turning-point events through retrospective narratives. *Journal of Applied Animal Welfare Science* 7(1), 1–25.

Reeve, C.L., Rogelberg, S.G., Spitzmüller, C. and Digiacomo, N. (2005) The caring and killing paradox: euthanasia-related strain among animal-shelter workers. *Journal of Applied Psychology* 35(1), 119–143.

Shearer, J.K. (1999) *Practical Euthanasia of Cattle: Considerations for the Producer, Livestock Market Operator, Livestock Transporter and Veterinarian*. Brochure prepared by the Animal Welfare Committee of the American Association of Bovine Practitioners, Opelika, Alabama.

Shearer, J.K., Irsik, M. and Jennings, E. (2008) Methods

of Large Animal Carcass Disposal in Florida. University of Florida Extension. Available at: http://edis.ifas,ufl.edu/document_vm133 (accessed 17 April 2009).

Sneddon, C.C., Sonsthagen, T. and Topel, J.A. (2006) *Animal Restraint for Veterinary Professionals.* Mosby/Elsevier, St Louis, Missouri.

*Swine News* (2000) Euthanasia for hog farms. *Swine News* July.

United States Department of Agriculture (USDA) (2004) *National Animal Health Emergency Management System Guidelines.* USDA, Washington, DC. Available at: www.dem.ri.gov/topics/erp/nahems_euthanasia.

pdf (accessed 27 August 2009).

Wichart von Holten, S. (2003) Psycho-social stress in humans of mass slaughter of farm animals. *Deutsche Tierärztliche Wochenschrift* 110, 196–199.

Woods, J. (2009) *Swine Euthanasia Resource.* Blackie, Alberta, Canada.

Woods, J.A., Hill, J.D. and Shearer, J.K. (2008) Animal welfare assessment tool for on-farm euthanasia. Presented at the Welfare and Epidemiology Conference: Across Species, Across Disciplines, Across Borders, 14–16 July, Iowa State University, Ames, Iowa.

## 延伸阅读

American Association of Bovine Practitioners (2009) Practical Euthanasia of Cattle. Available at: www.aabp.org/resources/euth.pdf (accessed 4 July 2009).

American Association of Swine Veterinarians (2009) On Farm Euthanasia Options for the Producer. American Association of Swine Veterinarians, Perry, Iowa. Available at: www.aasv.org/aasv/euthanasia.pdf (accessed 4 July 2009).

Australian Veterinary Association (1987) Guidelines on humane slaughter and euthanasia. *Australian Veterinary Journal* 64, 4–7.

Canadian Food Inspection Agency (2007) *Notifiable Avian Influenza: Hazard Specific Plan.* Canadian Food Inspection Agency, Ottawa, Canada.

Humane Slaughter Association (2004) *Emergency Slaughter.* Humane Slaughter Association, The Old School, Brewhouse Hill, Wheathampstead, UK.

Morrow, W.E.M., Meyer, R.E., Roberts, J. and Lascelles, D. (2006) Financial and welfare implications of immediately euthanizing compromised nursery pigs. *Journal of Swine Health and Production* 14, 34.

University of California Veterinary Medicine (2009) The Emergency Euthanasia of Horses. University of California Davis, California. Available at: www.vetmed.ucdavis.edu/vetext/INF-AN-EMERGUTH-HORSES-HTML (accessed 4 July 2009).

# 第 11 章　经济因素对畜禽福利的影响

**Temple Grandin**

**Colorado State University，Fort Collins，Colorado，USA**

在为期 35 年的职业生涯里,作者越来越理解经济力量是如何用于提高动物福利的。经济动力可以非常有效地促进人类善待动物。消费者主动要求善待动物是改善动物福利的巨大推动力。大大小小的公司都会积极提高实践操作来满足消费者的需求。

作者所有的建议事项都是基于科学论文、动物福利审核项目的第一手资料及去其他许多国家的考察,或基于对那些实施过有效项目的人们的研究或采访。本章的第一部分将介绍经济因素对于改善畜禽福利的影响,第二部分将介绍不利于动物福利改善的经济因素。

## 11.1　经济因素可以促进动物福利的改善

### 11.1.1　生产商和肉类加工企业之间的联盟

在这些系统中,农场主和农民们生产的畜产品必须满足动物福利、食品安全及其他的特殊要求。有机和纯天然肉类市场的快速增长,导致了可以实施标准的联盟产生。生产者为了获取更高的价格往往渴望加入这些项目。这些项目大多强调肉类、奶类和蛋类等畜禽产品在当地的生产加工。

### 11.1.2　大型肉类买家的福利审核

超市和餐馆实施的审核农场和屠宰设施的项目,极大地改善了生产商和肉类加工公司对待动物的方式(Grandin,2005,2007a)。这些审核会使屠宰设施得到大幅度提高。其中,最显著的改变是设备(如致昏设备、通道和待宰圈)维修和保养。在 75 家麦当劳公司合格的牛肉和猪肉供应商名单中,只有 3 家需要建立全新的系统。大部分工厂获得了简单的经济改善,这在第 5 章和第 9 章中已介绍。还有 3 家工厂聘请了新的生产经理之后才有所改善,这表明管理者的态度非常重要。在美国大部分的工厂至少有充足的设备。在南美和其他一些地区,新建了许多待宰圈、通道和致昏箱来替代旧设施。乐购和其他欧洲的大型超市以及南美的麦当劳分公司都要求其购买的动物得到更好的管理。

麦当劳的审核项目目前正在美国、加拿大、南美、澳大利亚、亚洲和欧洲实施。大型肉类买家如麦当劳和乐购凭借着其巨大的购买力提高标准,从而大大改善了畜禽福利。当一个屠宰公司不再被它们选为供应商时,屠宰公司将损失惨重。如果一个大型美国肉类加工公司不被选为供应商,那它一年的损失将超过 100 万美元。麦当劳购买的牛肉超过 90% 来自美国和加拿大的大中型肉类加工公司。大公司所执行的具有社会责任感的采购计划也带来了环境和劳动力的改善。来自动物保护主义者的压力也促使许多大公司的上层管理者去检验它们供应商的福利实施情况。

作者有机会带着许多公司的高级管理者第一次参观从农场养殖到屠宰厂的整个过程。当看到动物受到良好处理时,大家都会很开心;但当目睹动物受到虐待时,他们开始积极推动动物福利的改善。只有让这些高管亲眼目睹那些不良的实践,才能让他们做出改变。当一个高管看到一只虚弱多病的老龄奶牛即将成为他的汉堡包时,他大为震动,产生了改善条件的真正动力。要让动物福利从一个与公共关系和法律部门相关的抽象概念变为现实,必须让那些高层管理者走出办公室,亲眼去目睹那些不良实践,这样才能激励他们去改善动物福利。

### 11.1.3　让生产者和运输者对运输过程中动物产生的瘀伤、肉质问题、瘫痪和死亡等损失承担经济责任

当生产者或者运输者需要为此承担经济责任时,待宰牛的瘀伤情况极大减少。在美国,当实施牛在运输过程中产生的损失由生产者承担的支付方案时,牛在运送到屠宰厂的途中得到了更好的处理。Grandin(1981)发现,当生产者不得不对供宰牛的身体瘀伤支付费用时,牛的身体瘀伤率会降低一半。Parennas de Costa(个人交流,2007)报道,在巴西,当超市检查牛的身体瘀伤情况,并从运输者的酬劳中扣除相应的费用时,牛的身体瘀伤率从 20% 减少到了 1%。瘀伤造成严重的经济损失,很大部分的肉需要从严重瘀伤的胴体中清除(图 11.1)。智利的 Carmen Gallo 报道,当运输者将因动物身体瘀伤而被罚时,动物的身体瘀伤减少(Grandin 和 Gallo,2007)。在另一个案例中,当生产者因猪疲劳而受到 20 美元/头的罚款时,因过度疲劳而不能从卡车上走下来或者移动到致昏器的猪大大减少。生产者通过减少莱克多巴胺的使用量来减少虚弱或瘫痪猪的数量。这种添加剂能够提高猪的瘦肉率,但过多使用会导致猪的瘫痪率提高。

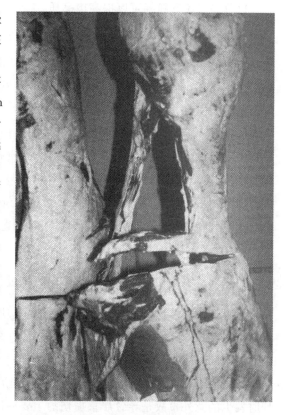

**图 11.1**　粗暴的抓捕和超载的大货车可造成大面积瘀伤和对肉的破坏。该图中动物尸体上的瘀伤肉已被修剪。仔细抓捕可避免这种瘀伤。

### 11.1.4 用客观方法评价抓捕和运输中的损失

含糊不清的指导方法如"充足的空间"或者"适当的处理"是不可能被执行的，因为每个人对适当处理的理解都不同。装卸卡车和驱赶动物通过接种疫苗通道等都应该用一些数字化的指标来评价，比如动物跌倒的百分率、对动物使用电刺棒的百分率以及动物移动速度过快的百分率。以正常步行的速度移动才是最合适的。想得到更多的信息可以参看 Grandin（1998a，2007b）和 Maria 等（2004）文章中的第 1 和第 3 章。据 Alvaro Barros-Restano（个人交流，2006）报道，在乌拉圭的拍卖市场，连续的监测极大地改善了管理者对动物的处理方式。抓捕处理需要不间断的测量，以免其逐渐恶化。动物的死亡损失、瘫痪、瘀伤、损伤、PSE 猪肉和牛肉切片发黑干硬（dark，firm and dry，DFD）的情况也应该作为衡量给运输者或生产者奖金还是从其酬劳中扣钱的标准。在很多国家都有规定，当出现牛肉品质下降，例如 DFD 牛肉的情况时，将从生产者或者运输者的酬劳中扣除一大笔钱。

### 11.1.5 改善抓捕可以提高肉品质

在 20 世纪 80 年代初期，作者在猪肉屠宰厂工作，那时处理待宰猪的方法非常糟糕，每头猪都会经历多次电击。在 80 年代末，美国开始向日本出口猪肉，但是日本的消费者拒绝购买 PSE 肉。作者访问了许多不同的屠宰厂，同时劝阻他们停止在动物通往致昏器的通道中过度使用电刺棒的行为。之后，有超过 10% 的猪肉可以出口到日本，因为这些肉不再因为粗暴处理而形成 PSE 肉。这表明我们需要更加细心地对待猪。目前，一些调查研究清晰地表明，在致昏斜道的最后几分钟里如何对待猪对肉品质有着很大影响。应激和电刺棒的使用都会增加 PSE 肉率（Grandin，1985；Hambrecht 等，2005）。一项在饲养场的研究表明，家畜都有一个很大的逃离区域，当人们靠近时，动物会焦躁不安，从而使其肉质变得粗糙（Gruber 等，2006）。以前 Voisinet 等（1997）的研究也发现，牛情绪激动会导致其肉品质变得粗糙或者出现更多的牛肉切片发黑的情况。

### 11.1.6 提高动物福利会使家畜的抓捕过程变得更安全

作者说服许多屠宰厂、饲养场和农场提高动物福利，以降低工作人员意外事故和受伤的发生率。Marcos Zapiola 在南美洲也用过相同的方法促使人们使用温和的方式对待动物。在美国的屠宰厂，作者也以"安全性"来"推销"，促使美国屠宰厂不再用扣脚链拴住后腿吊挂动物。Douphrate 等（2009）收集并分析了近十年美国屠宰厂工作人员受伤的数据。对牛进行屠宰处理时发生的意外事故是导致严重损伤的主要原因，并需要支付高额的医药费用。在美国，由于宗教的原因，对动物进行吊挂放血的行为仍是合法的。当小牛屠宰厂在屠宰时用犹太式直立固定取代脚镣和吊挂时，这家工厂发生的人员意外受伤事故急剧减少。在安装固定装置之前的 18 个月里，由于员工在工作时发生意外受伤事故导致这家工厂有 126 d 没有正常运行，三名员工超过三周没能上班。而在用新的屠宰装置取代原先的吊挂式放血装置后的 18 个月里，仅有一名员工因为擦伤手臂 2 d 没有上班（Grandin，1988）。

### 11.1.7　使用动物福利友好型设备可以减少劳动力需要

作者设计制造了很多新型的家畜管理系统卖给屠宰厂和养殖场的老板,以降低劳动力成本。美国和加拿大有一半的家畜在屠宰时都是使用作者设计的固定系统。当作者在屠宰厂介绍一种全新的操作装置时,许多管理者都购买了这个系统,因为它能节省下一或两个全职劳动力。减少劳动支出、提高肉品质、减少意外受伤事故这些优点都让管理者清楚使用这套新的装置可以帮他们节省多少钱。

### 11.1.8　提高淘汰动物的经济价值

作者所看到的最残酷虐待动物的行为是运输那些不适合运输的动物。这些动物受到虐待是因为它们价值太低。应该对农场上瘦弱的老龄母牛、母猪或母羊实行安乐死,而且不能装上运输车。应该采用公开发表材料中的方法来评估家畜的体况、跛腿和受伤情况。我强烈推荐大家使用更客观地评估动物体况的图片和视频。在很多国家都有非常好的家畜体况评价体系用于评估家畜是否适合长途运输。当执行这套体系时,生产者会因为奶牛状况更好而得到更多的利润,他们会更加积极地在那些淘汰奶牛消瘦之前将它们卖出去(Roeber 等,2001)。在美国已经有一些成功的评价体系用来提高淘汰奶牛的价值。这些淘汰奶牛会在饲养场中饲喂60~90 d 以提高肉品质,从而让其肉变得更有价值。

### 11.1.9　推动畜禽身份识别和追溯系统的使用

在多数发达国家,畜禽需要有个体识别编号或者其来源农场的证明。畜禽有了身份识别系统,就可以追溯其来自哪个农场,这样可以让顾客了解他们购买的肉来自哪里。这种追溯很容易让生产者和运输者对损失负责。

### 11.1.10　对消费者进行动物福利方面的教育

在发达国家,人们越来越关注食物的来源。许多消费者可能不愿意购买来自长途运输的动物或者被虐待动物的肉。一旦消费者接受过教育,他们将会购买更有社会责任的产品。这种方法对富裕的消费者更加有效果。在美国和欧洲,运用更高福利标准的当地奶酪生产者和其他肉类、奶类和蛋类的供应商的市场在扩大。在英国,2007 年经过公平交易协议达成的产品销售上升了 70%(Editor in the *Independent*,2008)。

### 11.1.11　在发展中国家,使用有经验的管理者管理当地的屠宰和奶制品加工设备

许多国家需要在养殖动物的地方建立高质量的小型屠宰厂。一些国家政府建设当地屠宰厂失败了,这是因为政府不提供资金去雇用有经验的管理者来经营它。在发展中国家,这种情况始终得不到改善。其中一些屠宰厂所使用的设备对当地人来说很贵而且维持起来很困难。在试图建立生产者拥有的合作屠宰厂时,产生了许多复杂的结果。成功的合作屠宰厂要将条款写入法律文件中以防止少量生产者拥有很大的股权然后卖掉它,这样就会使屠宰厂的新老板不再受到原有合作协议的约束。作者在美国已亲眼目睹了三家大型合作组织的悲剧命运。

成功的合作屠宰厂必须有一个牢固而富有经验的领导者和法律文件,从而防止一或两个生产者接管屠宰厂而损害其他生产成员的利益。生产者董事会的一些成员间的争斗已经损害了一些组织的合作。

### 11.1.12　雇用和培训能够解决实际问题的人并且给予他们高工资

实际工作中需要大量有经验的人。他们不仅需要有科学知识而且需要实际操作的经验,才能填补政策制定和实际贯彻落实之间的缺口。在美国没有太多的学生想成为大型动物的兽医(NIAA,2007)。欧洲也有相似的情况。应该开发使年轻的学生接触动物的项目,同时需要使用经济手段来鼓励年轻人去从事那些能够帮助提高动物福利和支撑可持续农业发展的职业。政策和法律只有在有经验的人贯彻落实时才会有效。实际应用领域的研究投入将有助于制定有效的政策和法律。很多领域缺少工作在底层且能做出真正建设性改变的人员。从医学到农业的很多领域中都普遍存在这种现象。作者在此呼吁政府、非政府组织(NGO)动物权益团体和畜禽公司扶持和教育有技能的牧场工人和研究人员,这些人能够为动物福利带来真正的改变和提高。

在一些发达国家,缺少熟练的卡车司机。卡车司机、动物装卸者的工作需要更多的认可和报酬。作者观察到,当雇员得到培训、受到良好的监督、被给予更高报酬,以及被授予特殊的动物福利标志帽时,改善动物处理的有效计划会得以实施。为了让这些方法更有效,他们必须得到来自上层管理者强有力的支持和许诺。

### 11.1.13　与政府财政机构合作以资助应用研究

在美国和其他一些国家,政府的财政机构给基础研究提供大量的资金,但实际应用研究得到的资助却很少。这种偏见使得大学的管理层雇用更多做基础研究的教授,而不是做实际应用研究的教授。与做基础研究的人员相比,实际应用方面的研究者在退休后更有可能找不到接班人。近期《自然》(Nature)上的一篇文章指出,在人类医学研究中基础研究领域的一些重大发现并不能应用到实际病人身上(Butler,2008)。实际操作的医生越来越少做研究,而且他们也不再与生物医学的科学家进行交流。在基础和应用研究之间的资金投入差距将会损伤人和动物的福利。关心动物福利的人应该呼吁政府财政机构给实际应用方面的研究投入更多的资金。

### 11.1.14　在发展中国家使用简单、实用、经济的方法来改善畜禽的运输

昂贵设备比如卡车后挡板的水压提升机或者铝制的拖车对于发展中国家常常并不实用。那儿的人没有设备或者足够的钱去维持这些东西。在许多国家,作者发现一些简单的改善就会起到很大的作用。对于运输车、磅秤和致昏箱,防滑表面至关重要。将可用的钢筋焊接成网格状,置于地面上,可防滑。防滑地板可以防止很多动物的严重损伤。建造装卸坡道也是必要的。在发展中国家,很多动物都是在被迫跳下车时摔伤的。给人们培训动物行为知识和减少应激的处理方法也很必要。更多的信息可以参考第5章和Grandin(1987,1998b,2007a,b)、Smith(1998)以及Ewbank和Parker(2007)的文章。很多人错误地认为昂贵的设备可以解决

所有的问题。在过去的几年里,作者已经了解到昂贵的设备能使善待动物变得容易,但是如果没有高水平的管理者一切都是无用的。

### 11.1.15 私人公司和基金会投资动物福利项目和给予学生奖学金

对于动物福利项目,这些资金来源是最佳的。他们往往比政府组织更有远见,而且也会愿意长时间资助一个项目,这将会帮助项目的确立和运行。私人资金更愿意支持可持续发展的农业和当地食品生产的一些项目。一项被洛佩斯社区土地信托(Lopez Community Land Trust)资助的可移动屠宰单元就是有效项目的好例子。洛佩斯社区土地信托是一个非营利组织,它主要资助可持续农业项目(Etter,2008)。这个可移动屠宰单元使得当地小型牛羊生产商通过了美国农业部(USDA)屠宰厂的检查,而且他们的肉产品销售也不再受限制。这个移动单元提高了动物福利,因为它使在农场进行屠宰成为可能。为了使这类项目成功运行,必须提供资金雇用称职的人员来操作这一设备。如果取消了对操作费用的资助,那么这类项目很可能会失败。

私人资金对兽医和那些投身动物福利事业的毕业生的资助也是非常有效的。如果有足够的奖学金和项目经费,学生将很快进入动物福利领域。

### 11.1.16 用经济手段激励畜禽的抓捕和装卸人员

畜禽受伤和死亡减少时,可以给装卸者额外增加工资。在美国和英国的家禽工厂,折翅率从 5% 减少到 1% 时,装卸鸡的工作人员就会得到奖金,这样可以使折翅率减少到 1% 或者更少。这种方法也适用于猪和牛的装卸者。最糟糕的方法是按照每小时的搬运数量支付搬运工资,这将会使动物受到粗暴的对待。作者观察到,当装卸者通过高速度的操作获得报酬时,猪、牛和家禽将受到非常残忍的对待。工人需要通过高质量的操作来获得报酬。不让动物装卸人员过度工作或者在人手不足的条件下工作也是必需的。劳累的员工会虐待动物。大型畜禽公司未公布的数据显示,当卡车装卸工人工作超过 6 h 时,畜禽的受伤和死亡比例加倍。

### 11.1.17 大量供应商能使超市或者餐馆有效地执行高福利标准

麦当劳和其他一些汉堡连锁企业之所以能够有效地提高牛肉屠宰厂的水平,是因为超过 40 家的工厂是他们的供应商。如果一或两家工厂没有通过审核,那么他们可以停止从那里购买而且依然可以获得足够的牛肉。大部分没有通过审核的工厂不会被永远剥夺供应资格。等他们做到了改善动物福利水平并通过了再次的审核时,他们将重新回到供应商的名单。在家禽的福利水平的提高上没有太大进展,因为美国大部分的餐饮企业依靠 3～5 家专用的屠宰厂。如果一家不再被作为供应商,他们将得不到充足的货源。温迪国际已经成为能够带来改变最有效的买家,因为其有 27 个屠宰厂供货。虽然三家大型公司拥有大多数的屠宰厂,那也没有什么影响,因为是一家工厂被清除出供应商名单,而不是一个大公司。作者发现,与工厂进行谈判而不是与一个主要的公司谈判时能达到最好的改变效果。每个工厂都会因为拥有大量的订单而获利或者因为订单减少而受到惩罚。

### 11.1.18 把动物福利审核与食品安全和质量的提高结合起来

当福利审核项目在一个国家或地区刚开始实施时,如果能与食品安全项目、健康和疫苗接种项目相结合，就容易实施。在美国，进行食品安全审核和屠宰厂审核的是相同的人。这使审核项目能够轻松实施，因为不需要雇用额外的人员，在进行食品审核的同时已经检查了屠宰厂。在南美洲，尽管动物福利的概念刚刚兴起，动物福利正一步步与防止注射部位损伤项目和服从停药期项目相结合。防止动物瘀伤是南美审核项目的主要部分。在欧洲国家，尽管动物福利的概念早已确立，但仍然有很多人认为动物福利检查仅仅是工作而已。

## 11.2　对动物福利造成不良影响的主要问题领域

### 11.2.1　消费者需要鲜活的动物

澳大利亚的活绵羊贸易就是一个典型例子。如果在澳大利亚将羊屠宰后再将其肉用船运至中东，动物福利就能得到很大提高。但是问题在于其中存在着巨大的经济阻力。中东地区的人不喜欢冷冻肉，他们更倾向于用更高价格购买活绵羊宰杀。澳大利亚可以达到伊斯兰教屠宰的宗教要求。取消这种贸易方式最主要的障碍就在于消费者需要非冷冻肉。这一问题的唯一解决办法就是提高消费者的动物福利意识，同时让他们相信冷冻肉也是一种好产品。

### 11.2.2　几乎没有经济价值的老龄淘汰畜禽

在抓捕、运输和屠宰过程中，一些最严重的虐待行为发生于老龄淘汰畜禽。在美国，淘汰奶牛和老龄种母猪运输的距离通常要比用谷物或饲草育肥的年轻动物更远。因为其价值没有青年个体高，所以善待这些动物缺乏经济动力。

减少虐待的有效方法是提高老年种畜的价值，从而为善待它们提供经济动力。需要向生产者传授以下知识：只有在动物变得消瘦之前将其卖出才能获得最大的经济利益。美国以及其他发达国家已经开展一系列项目，通过开发一些地区专门育肥老年种畜，从而提高其肉用价值。

### 11.2.3　过度分割的销售链——商人、代理机构和中间商对动物福利产生不良影响

在欧洲和北美等发达国家，大多数高质量的青年动物在经过育肥后都是直接从饲养场和农场中送到屠宰厂宰杀的。这种行为在责任承担方面有一定的方便。而老年种畜在经过许多中间商的交易和转手后，最初的来源已经无法查明。在发展中国家，所有的牲畜交易都会经过中间商。然而在所有国家中，中间商的问题都很难完全解决。一个高度分化的市场中一般不存在对损失负责的问题。非动物拥有者的中间商和交易人很少关心动物的身体瘀伤、受伤和疾病问题，因为他们并不对损失负有直接的经济责任。

在澳大利亚，犊牛的疫苗接种和训练其在料槽中采食降低了疾病的发生率（Walker 等，2006）。在美国，牛的呼吸道疾病（bovine respiratory disease，BRD）是一个主要问题。其实，大多数 BRD 的病因都可以通过出栏前提前断奶和接种疫苗的方法来解决。然而，大多数的农场主并不采取这些措施，原因是对他们来说这是一种额外的经济负担（Suther，2006）。为了防止疾病，肉犊牛需经过 45 d 或更长时间的预处理才能被船运至饲育场。预处理的程序包括疫

苗接种、断奶和训练其在料槽中采食，在水槽中饮水。预处理能够显著降低动物应激和疾病的发生率（National Cattlemen's Beef Association，1994；Arthington 等，2008）。最好的鼓励牧场主采取这些措施的方法就是给予他们额外的酬金。牛生病后会降低肉品质，导致大理石花纹肉的减少，从而降低其经济价值（Texas A&M University，1998；Waggoner 等，2006）。

#### 11.2.3.1　可以替代过度分割的销售链和提高动物福利的销售体系

可以替代过度分割的销售链和提高动物福利的销售体系包括以下几方面：

· 规定动物只有经过预处理程序后才能进入市场。国家和省级牛协会正与当地生产者协商开展这些项目。购买者将花更多的钱来购买牛（Troxel 等，2006）。通过第三方机构证明牛已经过预处理，同时购买者应向牧场主支付额外的费用（Bulot 和 Lawrence，2006）。

· 农场主应与超市、餐馆、肉类企业或其他购买者签订协议。保证生产出的动物满足某些规范的要求，如散养、牛要进行预处理等。在这些项目中需要向生产者支付额外的费用。

· 生产者只允许通过合作组织销售已通过严格动物福利标准审核的动物。所有的项目都需要进行审核，以保证人们遵守规范。

### 11.2.4　生理上的超负荷给动物带来痛苦

在集约化养殖系统中，经过多年遗传选择，获得的肉鸡、蛋鸡、奶牛和肉猪产肉、产奶越来越多。这些偏向性的人工选择带来了一系列动物福利问题，如鸡和奶牛的跛腿和腿病问题（Knowles 等，2008）。近年来，这些问题变得越来越严重，一些新进入这一领域的人并不知道高比例的跛腿是不正常的。有三个方面的变化导致了动物生理上的超负荷，降低了动物福利：基因选择导致的体重快速增长、快速的肌肉生长和一直增加的牛奶产量。

在猪的培育中，单一目的的人工选择存在许多负面影响（Meeker 等，1987；Johnson 等，2005）。比利时的一项研究表明，有机农场中慢速生长鸡的波动性不对称明显低于快速生长鸡（Tuyttens 等，2007）。波动性不对称的产生是由于某些个体明显大于或者小于其他个体。这种不对称性主要是由基因缺陷造成的。高产的美国荷斯坦牛的产奶量是正常奶牛的 2 倍，但一般在两个泌乳期后就会耗竭。新西兰以牧草饲喂的荷斯坦牛可用 4 个泌乳期。前者的生产者会获得短期的经济效益，但从长远看由于缺乏抗病力和更新小母牛的昂贵费用，经济效益反而会下降。

#### 11.2.4.1　β-受体激动剂和生长激素（rBST）

饲料中的一些添加剂，比如 β-受体激动剂会使动物变得瘦肉率非常高，如果这些动物经常饲喂这些添加剂或者饲喂很高剂量，就会造成严重的福利问题。

在一项来自英国内陆的研究中，以 200 mg/d 的剂量给育肥牛饲喂莱克多巴胺 28 d，会使抓捕时牛的移动速度轻微增加（Baszczak 等，2006），这对动物福利没有任何负面影响。有趣的报告表明，当使用相同剂量的药物时会使饲养在泥泞区的荷斯坦奶牛出现蹄病。屠宰厂待宰圈管理者和我的亲身观察表明，长时间高剂量地使用药物会使动物变得虚弱，出现瘫痪。这也会导致对待宰猪的操作变得更加困难（Marchant-Forde 等，2003）。生产商已经把饲养过程中的推荐剂量从 18 g/t 降低至 4.5 g/t。使用高剂量的齐帕特罗（Zilmax®）或者莱克多巴胺都会导致奶牛跛腿和热应激。两个屠宰厂围栏管理者的报告称，饲喂高剂量的 β-受体激动剂已经导致奶牛蹄子的外壳脱落。作者和管理者都发现,这些牛的蹄子是正常的,并非像那些得了蹄叶炎的牛蹄那样瘦长。由美国食品和药物管理局(US Food and Drug Administration)的自由法规批准的对齐帕特罗的调查数据表明,以 6.8 g/t 的剂量给牛饲喂齐帕特罗会导致牛肉变得更硬。牛肉成熟过程中剪切力的测试结果显示,正常养殖牛肉的剪切力是 3.29 kg,而饲喂齐帕特罗的牛肉剪切力是 4.01 kg,差异极显著($P<0.001$)(US Food and Drug Administration,2006)。Vasconcelos 等(2008)的研究表明,饲喂齐帕特罗会使牛肉的大理石花纹减少($P<0.01$)。除非猪肉熟化 10 d,否则莱克多巴胺会使猪肉变硬(Xiong 等,2006)。Fernandez-Duenas 等(2008)也曾报道,饲喂含莱克多巴胺的饲料会使猪肉的剪切力显著增加。所有这些都表明,β-受体激动剂会导致肌肉聚集和眼肌面积增加。这种增加肉产量的代价是肉品质的下降和动物福利的恶化,因此必须小心使用 β-受体激动剂。

肉的品质和数量是相对立的两个指标。肉牛饲喂过多的 β-受体激动剂会导致肉大理石花纹减少和肉质变硬。一些需要高品质肉的加工企业已经禁止或者严格限制 β-受体激动剂类药物的使用。不幸的是,仍有一些肉类加工企业给那些瘦肉率高的动物额外的费用。这样会错误地引导 β-受体激动剂的过量使用,同时会导致更多跛腿现象的发生。他们之所以这样做,是因为要把肉卖给那些低收入的消费者,他们利用针刺机使肉嫩化。因为 β-受体激动剂是血管收缩类药物,所以它会造成动物的跛腿、虚弱和蹄病问题。

在发达国家,除非有严格的使用管理方案,否则生长激素 rBST 会使奶牛出现问题。它会导致奶牛体重严重下降,乳房炎的患病概率增加(Willeberg,1993;Kronfield,1994;Collier 等,2001)。人们在对使用生长激素的农场和牧场进行福利评估时,应当以动物的体况、跛腿情况和许多应激症状(如气喘)等表现进行仔细评估。

### 11.2.5　不良的保险方案造成不良的实践

如果卡车司机或运输公司对每个死亡、受伤或瘀伤的动物进行赔偿,对动物处理不善或瘀伤和死亡的高水平损失就会显现出来。最有效的保险方案对灾难性的损失如翻车进行赔付,而对最初死亡的 5 头猪不会进行赔付。有一部分损失不在赔付之列。这就会激励那些司机和运输公司,使他们对动物好一点,不至于为自己的粗暴处理和漠不关心造成的损失买单。

### 11.2.6　疲惫、过度劳累的司机和饲养员

为了节约运输成本,一些司机长时间驾驶因而睡眠不充足。从许多卡车事故中可以看出:一些私营的卡车司机为了多赚点钱,通常会因疲劳驾驶而导致一些严重的事故。而一些运输公司的司机会按照排出的工作表上班,他们可以得到充足的休息,不会出现这样的事故。一位加拿大畜牧专家 Jennifer Woods 指出,之所以运输牲畜车辆发生事故的情况如此之多,主要是由于疲劳驾驶,因为 49% 的事故发生在午夜至早上 9 点之间。另一项研究表明,疲劳驾驶是导致运输牲畜车辆发生事故的主要原因,80% 的这类事故仅涉及一辆车,且 84% 的事故是由于司机驾驶时睡着了而使车行驶到右侧车道造成的。天气状况对事故的影响倒是不大,因为在冬季即使路上下着雪,运输牲畜发生事故的数量也少于 10 月(此时家畜的卡车运输量最

大)。这些数据源于互联网上的新闻报道和对发生在美国和加拿大的 415 起牲畜车祸事故的调查分析(Woods 和 Grandin,2008)。

### 11.2.7　过度劳累的员工和超负荷工作的设备不利于动物福利

很多对动物福利感兴趣的人指出,流水线速度过快的屠宰厂对动物来说不好。Grandin(2005)收集到的数据表明,当给设备配备足够的员工时,屠宰速度对用捕获栓枪一枪致昏牛的比例没有影响(表 11.1)。作者发现,无论是人还是设备超负荷工作时,即当工厂的肉类销售超过该工厂设备和人员的能力时,就会发生极糟糕的事故。一个工厂屠宰牛的速度控

**表 11.1**　肉牛屠宰厂中流水线速度对致昏的影响(来源:Grandin,2005)。

| 流水线速度/(头/h) | 用捕获栓枪一枪致昏牛的比例/%[a] |
|---|---|
| <50(16 家工厂) | 96.2 |
| 51~100(13 家工厂) | 98.9 |
| 101~200(10 家工厂) | 97.4 |
| >200(27 家工厂) | 96.7 |

[a] 表示各厂家百分比的平均值。

制在每小时 26 头的时候,工厂运行得很好。但是该工厂在不增加员工人数、不进行设备改善的条件下,将屠宰速度提升到每小时 35 头,结果雇员反复将致昏箱的门摔在家畜身上。因违反人道屠宰方案,最终该厂的 USDA 审核被搁置。

### 11.2.8　在审核期间的利益冲突

给农场或屠宰厂做审核和检验的人员不应该与该农场或屠宰厂有利益上的冲突,这点很重要。当审核的执行者是第三方、独立的审核者、肉类购买公司的代表、政府雇员或与生产者签订有畜禽生产合同的肉品公司的代表时,关于动物福利和食品安全的审核才是最可信的。一位农场的普通兽医也会与农场之间有利益冲突。如果他或她对动物健康的要求过于严格,就有可能会被辞掉。这种情况就像一位交警给他的上司开了张超速罚单一样。为了防止审核和检验人员受贿,应该给他们开足够多的工资,这样他们就很少会再接受贿赂了。农场的兽医在促使农场遵从生产标准方面起着至关重要的作用,他们应该定期对农场进行内部审核和检验,为随时接受审核和检验部门的外部审核做准备。如果审核和检验人员向被审核的农场出售设备、药品、饲料或者提供其他任何农场所需要的服务而从中获利,也会在审核过程中出现利益冲突。

### 11.2.9　有机或天然饲养动物治疗失败

大部分采用有机或天然饲养计划养殖牲畜和家禽的饲养者干得不错,如果用有机方法治疗动物失败,他们将使用抗生素。美国和一些其他国家的天然饲养计划明令禁止使用抗生素。如果一只生病的动物在治疗过程中使用了抗生素,那么必须将其从天然饲养计划中剔除。作者发现,许多因为虱子或者严重的咳嗽而导致牛脱毛的案例中,为了保持牛的有机状态,农场主不会对其进行治疗。成功的有机治疗方案的重点是实行良好的管理操作,从而防止疾病的发生。饲养那些具有更抗寒、抗病特性的遗传品系的动物是防止动物生病的有效方法。美国农业部的调查研究显示,某种具有瘦肉率高、生长速度快特性的猪更容易患呼吸和繁殖综合征(porcine respiratory and reproduce syndrome,PRRS)(Johnson 等,2005)。对于以有机牧草

为基础的奶业而言,相比美国荷斯坦牛,新西兰荷斯坦牛可能是更好的选择,因为它们更抗寒。在美国一个经营不善的有机奶牛场,30%的荷斯坦犊牛因不能使用抗生素而死亡。

### 11.2.10　粮食价格对动物福利和牧场毁坏的影响

20世纪60年代,在美国,低廉的谷物价格使牛肉加工企业开始将肉牛放在饲养场养殖。低廉的谷物价格刺激人们将牛从牧场迁移到饲养场。低廉谷物的方便易得也使猪肉和家禽加工企业的规模大幅扩张。21世纪初,全世界用于制作乙醇的谷物不断增加,导致了谷物价格的提升。2007和2008年,作者走访了巴西和乌拉圭,了解到谷物价格的提升刺激人们将牧场改为种植谷物。乌拉圭30%以上的上好牧场都被改为种植大豆用地。在巴西越来越多的人把牛从牧场迁移到饲养场。阿根廷也出现了类似情况。阿根廷大部分的谷物都出口到欧洲,与此同时阿根廷在谷物出口税上得到大笔收入。据估计,2008年阿根廷的谷物出口税占到国家税收的80%(Nafion,2008)。牧场主们将越来越多的牧地用于种植谷物。在美国伊利诺伊州那些本不适合谷物生长的丘陵也种上了谷物。

干燥的饲养场有利于动物的生长。加拿大、澳大利亚、新西兰和美国的中部和南部地区每年的降雨量都超过50 cm(20 in),在走访这些地区之后,作者意识到这些地区要保持饲养场的干燥十分困难,这也是美国如此多的饲养场建在雨量小、地势高的平原地区的原因。在20世纪70年代多雨的美国东南部,牧场主们试图建立舍外饲养场,但是因为泥土潮湿而放弃。很多人把牛迁回多雨的中西部农作物种植地,以利于饲喂乙醇制作中的副产物。用船运输这些潮湿产物的费用远比运输干燥的谷物昂贵,这使得许多牛饲养在室内饲养场中。

### 11.2.11　为更大的利润而牺牲个体福利

当把猪或鸡挤在一个房间饲养时,每个动物的利润和产量通常都会降低。不幸的是,由于每间房舍的鸡蛋或肉的总产提高,这种经济刺激使人们倾向于这样做。

加大畜禽饲养密度的不良经济刺激最有可能出现在土地和楼房价格都昂贵的地方。

### 11.2.12　当畜产品供不应求时福利标准会变得不那么严格

作者曾访问过卖有机或高福利标准的肉类、牛奶和蛋类的食品店。刚开始,他们采用了严格的标准。此后产品流行起来,供不应求。食品店无法获得足够的产品,因此他们试图通过降低标准或开始使用不可靠的供应商来满足需求。作者观察到一个天然牛肉公司在执行自己产品的标准上有所松弛,它的屠宰厂超负荷工作,操作变得很糟,结果被USDA因为违反人道主义而关闭了几次。当公司创始人离职并将公司卖给大公司时,屠宰标准也会下滑。当公司创始人离职后,公司就不再有原来的特点了。

### 11.2.13　消费者的贫穷往往使他们在动物福利之前优先考虑养家

处于这种情况下的人会买最便宜的肉。这一问题普遍存在于贫穷的发展中国家,他们的首要任务是养家。一些肉类公司会把饲喂过齐帕特罗的肉卖给低收入客户。

### 11.2.14　切割成年牛角是一项非常痛苦而充满应激的程序

在牛的运输中,运输有角牛的瘀伤比例会比运输无角牛的高。西非最近的一项研究表明,与那些角小的牛相比,角大的牛瘀伤和身体擦伤程度较高(Minka 和 Ayo,2008)。去角尖牛并不能减少瘀伤(Ramsey 等,1976)。一些运输商和生产商会切除成年动物的角,以减少运输过程中的损伤。然而,应当禁止给成年动物去角的做法,因为它是一种十分痛苦和充满应激的程序。目前在美国和其他国家,仍有给大型育肥牛去角的操作,因为屠宰厂告诉他们需要这样做,而且没有考虑动物福利。然而,去角应该在小牛的牛角长长之前进行切割或者选育使用无角品种。此外,降低卡车的装载密度、采用防滑地板和温柔地处理或许可以减少对非洲牛的伤害。制定的"角税"可以有效鼓励生产者去除犊牛的角,同时也减少了去除成熟动物角的额外支出。

### 11.2.15　战争和腐败所造成的福利问题

对于一个不稳定或腐败的发展中国家,可能激起人们严重虐待动物的原因来自于经济。一位资深的动物学家(考虑到他的安全,这里不列出他的名字)曾经在一个腐败的国家工作过,该国家错误地采用经济措施鼓励当地人民使用残暴的方式管理动物。在产奶季节给水牛和本地牛饲喂过多的 rBST(生长激素)和催产素以不断挤奶,最终会使它们骨瘦如柴。这些农场都位于大城市的周边,由于战争和其他因素,没有经济激励再饲养一个产奶周期。只要动物用完后,经销商就会从郊区居住的穷困农夫那里购买更多的动物,所用的药物都是来自亚洲企业制造的廉价仿制品。

### 11.2.16　发达国家的畜牧业通过向发展中国家销售不适宜的种用动物来获利

种用动物,例如母牛被运往世界上的很多国家。一些贸易是有利的,并且有助于提高家畜的遗传选育,但是仍然存在一些由贸易所引发的严重福利问题。私有企业能够赢利,主要是由于发展中国家的政府机构错误地相信高生产力的动物,如荷斯坦奶牛会改善他们的奶制品行业。有时,这些母牛会很快死亡,因为接收小母牛的国家没有设施来保护它们免受高温应激或者提供足够的饲料来支持它们的高产量。这种贸易的另一缺点是牛、猪或鸡等地方抗寒品种也许会消失。在未来的发展中,地方抗寒品种可能在抗病育种过程中起到重要作用。一种最具创新的方案是将进口动物与当地的抗寒品种进行杂交。在墨西哥,作者观察到荷斯坦牛与当地的瘤牛杂交后既抗寒,又耐热。

## 11.3　善意的立法带来不利的结果

作者这些年已经见过很多善意的立法和激进分子的活动最终不利于动物福利提高的例子。关于这个问题最好的例子是美国禁止屠宰马匹供人消费。美国 2/3 马匹屠宰厂的关闭导致生产者将多余的马匹运输至加拿大和墨西哥屠宰。活马也被船运至日本。当动物保护协会向美国政府建议通过这项法律时,没有人会想到那些淘汰的马匹会遭受更悲惨的命运。这比在德克萨斯州和伊利诺伊州被屠宰更惨,其主要原因是:(1)运输时间更长;(2)在墨西哥的运输条件不符合标准;(3)马匹饥饿,无人看管(高价的饲草会使这种情况恶化);(4)在墨西哥仍被骑乘,直至完全衰弱。作者还曾见过更糟糕的情况,马匹屠宰成为一个敏感的事件,以至于动物保护主义者选择忽视这种比在美国直接屠宰马匹还糟糕的现实。

当国家通过法律制定严格的福利标准,以至于一个动物产业链被迫关闭或产品被转移到另一个有残暴标准的国家时,动物福利会变得更加恶劣。蛋类现在是从东欧出口到西欧。东欧的动物福利标准很低,但奶类、蛋类和肉类的出口商要严格执行进口国家的福利标准。

## 11.4　结论

理解经济因素如何影响农场动物被对待的方式,将帮助政策制定者提高动物的福利水平。对损失承担经济责任或对低损失给予经济奖励,将极大改善对畜禽的处理。大型肉类买家明智地使用其巨大的购买力,已经使动物的福利水平得到显著提高。不幸的是,仍然有很多不利于动物福利的经济因素存在。一个最糟糕的问题是,一心提高生产力的选育或过量使用可以提高生产性能的药物,使动物超过其生理极限。

(顾宪红、冯跃进译校)

## 参考文献

Arthington, J.D., Qiu, X., Cooke, R.F., Vendramini, J.M.B., Araujo, D.B., Chase, C.C. and Coleman, S.W. (2008) Effects of preshipping management on measures of stress and performances of beef steers during feedlot receiving. *Journal of Animal Science* 86, 2016–2023.

Baszczak, J.A., Grandin, T., Gruber, S.L., Engle, T.E., Platter, W.J., Laudert, S.B., Schroeder, A.L. and Tatum, J.D. (2006) Effects of ractopamine supplementation on behavior of British, Continental and Brahman crossbred steers during routine handling. *Journal of Animal Science* 84, 3410–3414.

Bulot, H. and Lawrence, J.D. (2006) The value of third party certification of preconditioning claims in Iowa. Department of Economics Working Papers, Iowa State University, Ames, Iowa.

Butler, D. (2008) Crossing the valley of death. *Nature* 453, 840–842.

Collier, R.J., Byatt, J.C., Denham, S.C., Eppard, P.J., Fabellar, A.C., Hintz, R.L., McGrath, M.F., McLaughlin, C.L., Shearer, J.K., Veenhuizen, J.J. and Vicini, J.L. (2001) Effects of sustained release bovine somatotropin (sometribove) on animal health in commercial dairy herds. *Journal of Dairy Science* 84, 1098–1108.

Douphrate, D.L., Rosecrance, J.C., Stallone, L., Reynolds, S.J. and Gilkes, D.P. (2009) Livestock handling injuries in agriculture: an analysis of workers compensation data. *American Journal of Industrial Medicine* 5 February (Epub). Available at: www.pubmedcentral.nih.gov (accessed 7 July 2009).

Editor in the *Independent* (2008) Editorial and opinion. *Independent* (London), 24 May, p. 44.

Etter, L. (2008) Have knife will travel: a slaughterhouse on wheels. *Wall Street Journal*, 5 September, p. 1.

Ewbank, R. and Parker, M. (2007) Handling cattle raised in close association with people. In: Grandin, T. (ed.) *Livestock Handling and Transport*. CAB International, Wallingford, UK, pp. 76–89.

Fernandez-Duenas, D.M., Myer, A.J., Scramlin, C., Parks, C.W., Carr, S.N., Killefer, J. and McKeith, F.K. (2008) Carcass meat quality and sensory characteristics of heavy weight pigs fed ractopamine hydrochloride (Paylean). *Journal of Animal Science* 86, 3544–3550.

Grandin, T. (1981) Bruises on Southwestern feedlot cattle. *Journal of Animal Science* 53 (Supplement 1), 213 (abstract).

Grandin, T. (1985) Improving pork quality through handling systems. In: *Animal Health and Nutrition*. Watt Publishing, Mount Morris, Illinois, pp. 14–26.

Grandin, T. (1987) Animal handling. *Veterinary Clinics of North America, Food Animal Practice* 3, 323–338.

Grandin, T. (1988) Double rail restrainer conveyor for livestock handling. *Journal of Agricultural Engineering Research* 41, 327–338.

Grandin, T. (1998a) Objective scoring of animal handling and stunning practices in slaughter plants. *Journal of the American Veterinary Medical Association* 212, 36–39.

Grandin, T. (1998b) Handling methods and facilities to reduce stress on cattle. *Veterinary Clinics of North America, Food Animal Practice* 14, 325–341.

Grandin, T. (2005) Maintenance of good animal welfare standards in beef slaughter plants by use of auditing programs. *Journal American Veterinary Medical Association* 226, 370–373.

Grandin, T. (2007a) Introduction: effect of customer requirements, international standards and marketing structure on the handling and transport of livestock and poultry. In: Grandin, T. (ed.) *Livestock Handling and Transport*. CAB International, Wallingford, UK, pp. 1–18.

Grandin, T. (2007b) *Recommended Animal Handling Guidelines and Audit Guide*, 2007 edn. American Meat Institute Foundation, Washington, DC. Available at: www.animalhandling.org (accessed 5 July 2009).

Grandin, T. and Gallo, C. (2007) Cattle transport. In: Grandin, T. (ed.) *Livestock Handling and Transport*. CAB International, Wallingford, UK, pp. 134–154.

Gruber, S.L., Tatum, J.D., Grandin, T., Scanga, J.A., Belk, K.E. and Smith, G.C. (2006) Is the difference in tenderness commonly observed between heifers and steers attributable to differences in temperament and reaction to pre-harvest stress? Final Report, submitted to the National Cattlemen's Beef Association, Department of Animal Sciences, Colorado State University, Fort Collins, Colorado, pp. 1–38.

Hambrecht, E., Eissen, J.J., Newman, D.J., Verstegen, M.W. and Hartog, L.A. (2005) Preslaughter handling affects pork quality and glycolytic potential in two muscles differing in fiber type organization. *Journal of Animal Science* 83, 900–907.

Johnson, R., Petry, D. and Lurney, J. (2005) Genetic resistance to PRRS studied. Swine research review. *National Hog Farmer*, 15 December, pp. 19–20.

Knowles, T.G., Kestin, S.C., Hasslam, S.M., Brown, S.N., Green, L.E., Butterworth, A., Pope, S.J., Pfeiffer, D. and Nicol, C.J. (2008) Leg disorders in broiler chickens: prevalance, risk factors and prevention. *PLOS One* 3(2). Available at: www.pubmedcentral.nih.gov/articlerender.fegi?articl=2212134 (accessed 6 July 2009).

Kronfield, D.S. (1994) Health management of dairy herds treated with bovine somatotropin. *Journal of American Veterinary Medical Association* 204, 116–130.

Marchant-Forde, J.N., Lay, D.C., Pajor, J.A., Richert, B.T. and Schinckel, A.P. (2003) The effects of ractopamine on the behavior and physiology of finishing pig. *Journal of Animal Science* 81, 416–422.

Maria, G.A., Villaroel, M., Chacon, C. and Gebresenbet, C. (2004) Scoring system for evaluating stress to cattle during commercial loading and unloading. *Veterinary Record* 154, 818–821.

Meeker, D.L., Rothschild, M.F., Christian, L.L., Warner,

C.M. and Hill, H.T. (1987) Genetic control of immune response to pseudorabiens and atrophic rhinitis vaccines. *Journal of Animal Science* 64, 407–413.

Minka, N.S. and Ayo, J.O. (2008) Effect of loading behavior and road transport stress on traumatic injuries in cattle transported by road during the hot, dry season. *Livestock Science* 107, 91–95.

Nation, A. (2008) High grain prices are creating more confinement grain feeding in Argentina. *The Stockman Grass Farmer*, January, pp. 1–4.

National Cattlemen's Beef Association (1994) *Strategic Alliances Field Study*. Coordination with Colorado State University, Texas A&M University and the National Cattlemen's Beef Association, Englewood, Colorado.

National Institute of Animal Agriculture (NIAA) (2007) Shortage of food animal veterinarians: a call for action. In: *Cattle Health Newsletter* Summer. NIAA, Bowling Green, Kentucky, p. 6.

Ramsey, W.R., Meischke, H.R.C. and Anderson, B. (1976) The effect of tipping horns and interruption of the journey on bruising cattle. *Australian Veterinary Journal* 52, 285–286.

Roeber, D.L., Mies, P.D., Smith, C.D., Field, T.G., Tatum, J.D., Scanga, J.A. and Smith, G.C. (2001) National market cow and bull beef quality audit, 1999: a survey of producer-related defects in market cows and bulls. *Journal of Animal Science* 79, 658–665.

Smith, G. (1998) *Moving Em, a Guide to Low Stress Animal Handling*. Graziers, Hui, Kamuela, Hawaii.

Suther, S. (2006) CAB (Certified Angus) drovers survey: benchmarks for producer practices and opinions. *Drover's Journal*, Vance Publishing, Lenexa, Kansas, pp. 18–19.

Texas A&M University (1998) *Ranch-to-Rail Statistics 1992–1998*. Department of Animal Science, Texas A&M University, College Station, Texas.

Troxel, T.R., Barham, B.L., Cline, S., Foley, D., Hardgrave, R., Wiedower, R. and Wiedower, W. (2006) Management factors affecting selling prices of Arkansas beef calves. *Journal of Animal Science* 64 (Supplement 1), 12 (abstract).

Tuyttens, F., Heyndrickx, M., DeBoeck, M., Moreels, A., Nuffel, A.V., Poucke, E.V., Coillie, E.V., van Doogan, S. and Lens, L. (2007) Broiler chicken health, welfare and fluctuating asymmetry in organic versus conventional production systems. *Livestock Science* 113, 123–132.

US Food and Drug Administration (2006) New animal drug application for Zilmax (zilpaterol). Freedom of Information Act Summary. 10 August. US Food and Drug Administration, Washington, DC, pp. 141–258.

Vasconselos, J.T., Rathman, R.J., Reuter, R.R., Leibovich, J., McMeniman, J.P., Hales, K.E., Covey, T.L., Miller, M.F., Nicholas, W.T. and Galyean, M.L. (2008) Effects of duration of zilpaterol hydrochloride feeding and days on the finishing diet on feedlot cattle performance and carcass traits. *Journal of Animal Science* 86(8), 2005–2015.

Voisinet, B.D., Grandin, T., O'Connor, S.F., Tatum, J.D.

and Deesing, M.J. (1997) *Bos indicus* cross feedlot cattle with excitable temperaments have tougher meat and a higher incidence of borderline dark cutters. *Meat Science* 46, 367–377.

Waggoner, J.W., Mathis, C.P., Loest, C.A., Sawyer, J.E. and McColum, F.T. (2006) Impact of feedlot morbidity on performance, carcass characteristics and profitability of New Mexico ranch-to-rail steers. *Journal of Animal Science* 84 (Supplement 1), 12 (abstract).

Walker, K.H., Fell, L.R., Reddacliff, L.A., Kilgour, R.J., House, J.R., Wilson, S.C. and Nichols, P.J. (2006) Effects of yard weaning and behavioral adaptation of cattle to a feedlot. *Livestock Science* 106, 210–217.

Willeberg, P. (1993) Bovine somatotropin and clinical mastitis: epidemiological assessment of the welfare risk. *Livestock Production Science* 36, 55–66.

Woods, J. and Grandin, T. (2008) Fatigue is a major cause of commercial livestock truck accidents. *Veterinaria Italiana* 44, 259–262.

Xiong, Y.L., Gower, M.J., Elmore, C.A., Cromwell, G.L. and Lindemann, M.D. (2006) Effect of dietary ractopamine on tenderness and postmortem protein degradation of pork muscle. *Meat Science* 72, 600–604.

# 第12章　提高动物福利——实现改变的实践方法

**Helen R. Whay** 和 **David C. J. Main**
**University of Bristol，Langford，Bristol，UK**

## 12.1　引言

　　本章主要强调如何运用改善动物福利的信息。已有大量可用的相关信息介绍何种管理模式、经营活动和程序可提高动物福利。这些信息来源于动物福利科学家和农业科学家们的研究成果，农场主、家畜承运人、拍卖商和屠宰厂工人的实践经验和其他出版物的报道。但是，本章并不涉及怎样能达到动物福利要求的具体技术要素，而是介绍如何对这些可用的信息进行加工整理，并变成动物相关人员服务于动物福利的行动。简言之，本章讲述的就是：如何改变人类的行为。

　　人类行为改变的本身就是一门科学，通常与"社会医学"这个术语相联系。多年来，人类医学工作者一直努力倡导人们戒烟、减肥、少喝酒、安全性行为和多吃水果蔬菜。改变人类行为的这种需求除了人类对健康的需求之外，还包括更多其他的活动，比如垃圾回收、节约用水、公路上开车减速和开车系安全带等等。动物福利与此的联系就在于，我们必须认识到现代家畜（包括生产型动物）的生活完全处于人类的掌控之中。人类决定它们吃什么、吃多少，以及什么时候吃。人类决定它们应该生活在什么样的环境中，应该用多少垫料，垫料的清洁和干燥程度如何，以及应该获得多少光照。人类选择的管理措施，可能促进或阻止传染病的传播。确定免疫程序，并决定什么时候进行治疗，或是否需要进行治疗。人类甚至控制着动物怎么死、什么时候死。一旦我们认识到动物实际上不能真正控制自己的生活，那么很明显，要想提高动物福利，我们必须同负责照顾动物的人合作。这可能会让同行中很多从事农业和兽医领域工作的人感到意外，因为我们原以为我们要和动物们一起工作。

### 12.2　行为改变的目标：我们想影响谁

　　如果我们能接受人类是实施动物福利媒介的话，那就值得研究一下在众多不同分工的人群中，谁是贯彻该变革的最关键角色。显然，照顾动物的人（农民、运输者和屠宰工人们）是主要目标对象。科学产生的知识需要过滤，并由掌握动物生活的一线工人们来贯彻执行。认识这个群体相当重要。在这个群体中，有一些人的行为具有竞争性、商业性，并经常自动改变对牲畜的管理模式。同时，也有一些人想在他们的掌控之下，尽力照顾好家畜，所以就自然而然地在管理上做些改变。但是他们发现要想掌握或过滤现有的知识是一种挑战，并可能发现为了使这些知识与自身情况联系起来而进行转化是一件非常困难的事，于是这些人便不断改变现有的程序，试验新的方法。最后，还有一群人，他们同样也愿意以可能的最好方式来管理畜群，但总是工夫下了不少却仍在原地打转，并发现实际上根本没有掌握最新知识，并将其贯彻执行，这就是"危机管理"人群。除了生产者之外，当然还有很多其他的群体对行为改变的贯彻实施感兴趣，如农场顾问、销售代表、农场保险商、标准制定者、立法者、动物福利慈善团体和活动者、兽医外科医生和动物健康技术员、动物福利科学家和零售商。此外，在某种程度上，终产品的消费者也参与其中。不同的利益群体常常有不同的动机，都想看到家畜管理人员所做出的改变。尽管人们的动机各不相同，但是多数人群都愿意看到所实施的改变能使动物生活得更加美好。农场顾问也通过他们给农场提供的实施建议来建立公信力和良好的声誉。立法者们更愿意看到法律能得到恰当实施，即应用法律不是为了达到某种目的，而是因为如果不应用法律，就会削弱其在社会中的作用。动物福利科学家们想看到他们的成果得到应用，而且他们更愿意看到具体的实施过程，亲自看到他们的成果在农场的应用效果是多么的好。最后，最重要的是消费者，但也常常是最容易被忽视的一部分人。动物产品消费者对动物福利有巨大的影响力，但消费者并不这样认为。不幸的是，食品消费者中仅有很少的一部分人在购买产品时以是否源于动物福利为依据。但是，以伦理为标准的购物兴趣逐渐增加。最近，一家英国超市所作的研究调查（Talking Retail，2008）表明：消费者认为购买商品时，动物福利比环境问题更有吸引力。以上提到的这些利益群体，可能是促进农场实施动物福利行为的重要群体，但也要知道这一群体本身也是需要促使其行为改变的目标对象。

到目前为止，本章已强调改变人类行为是提高动物福利的根本途径，并且各类人群都愿意看到将这种改变贯彻实施下去。然而，假如它像"有希望就会变成现实"那么简单的话，本书中的这一章就毫无意义了。不幸的是，大量的证据表明，人们常常会发现改变他们自己的行为是相当困难的。仅仅看一下仍在抽烟或者是尝试减肥的人群数量，便可领会这个问题的严重性。实现提高动物福利的将是人类，人类代表第三方——动物来实施这一变革，所以为提高动物福利而改变人类行为的挑战更加巨大。如果人们发现做一些改变，像为了维持身体健康而进行的日常锻炼和减少饮酒等很困难的话，那么让他们做出改变来改善动物的生存状况显然是一个挑战。来自农业部门的一个例子说明了知识和变革未能成功地用于英国奶牛跛腿病。作者从 20 世纪 80 年代后期就开始定期收集有关英国畜群跛腿病情况的信息（Clarkson 等，1996；Whay 等，2003）。这些资料告诉我们，英国每天有 20％～25％的奶牛群可能会出现跛腿。尽管已有大量关于如何减少跛腿的方法，但是这个数字基本保持不变。当被问及为什么没有实施新的防跛腿病管理措施时，农场主们最常见的回答是没有时间、没有熟练的工人或者是这一措施还不受欢迎（K. L. Leach，Z. E. Barker，A. Bell，C. Maggs，H. R. Whay 和 D. C. J. Main，2009，未发表文章）。全章均有重点阐述与奶牛跛腿相关的例子，这是因为在该领域已有大量关于行为变化的研究。同时，作者还具有该领域的亲身经历。

为了实现解决动物福利问题所需的行为改变，就必须真正认识到一个问题的存在必然伴随着可能的解决途径(例如,改善现有的状况而采取的行动或改变)。不幸的是,认识问题和知道解决问题的方案并不一定能带来应有的改变。创造条件,为人们采取程式化改变提供选择,以帮助人们在日常、计划和工作实践中采取导致改变的步骤,是以促进改变为己任的人们的工作。

有一点我们必须清楚,不是所有人都对同一类型的干预敏感。图 12.1 阐明了将生产者根据他们最可能有反应的方案进行分类的概念。图的最左边是实施动物福利最差的生产者,他们不可能应用我们支持的机制来帮助他们自己,只能强制这些人实施改变。这可能要通过法律、操作规范和使用一些手段来实施,例如应用保证计划以建立最低标准,同时保证产品在上市前遵守此标准。图中间的部分代表大多数的生产者,他们需要通过鼓励和强制联合才有可能实施改变,但是他们不太可能主动改变,因此需要外部联系来激发其改变,在某种程度上需要外部来维持其改变的过程。最右边代表的生产者具有很高的自发性,他们喜欢竞争,并敢于承担风险,定期寻找新的市场机遇。他们除了从接受新知识和科研成果中获利之外,不需要干预措施。考虑到市场份额和获得有利的营销机会,他们可通过生产高价商品获利。人们并不需要分享或接受来自同行的信息。虚线表示通过提供与这三类人相适应的干预方式,促进其提高动物福利的可能性。

本章以下部分将概括当前鼓励和强制变革的有效方法。

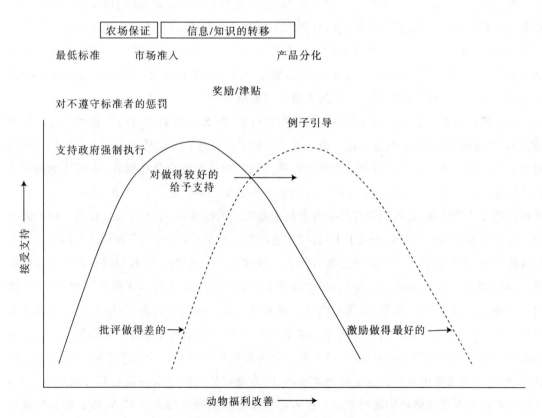

**图 12.1**　生产者行为的潜在类别与恰当干预方式匹配图(来源:Defra,2008)。

## 12.3　将鼓励作为实施变革的一种方法

鼓励可持续的行为改变的关键原则是将问题和解决方法转交给承担负责的人。在这种情况下，生产者或者农场主都要对实施的改革负责。我们应牢记的黄金法则是：告诉人们怎么做，无论多么令人鼓舞——无论呈现的信息多么精彩、引人注目或者简单明白，展示的解决方案多么美好、充满激情，你希望看到实现的改变多么简单和直接，却根本不起什么作用。这一点在优秀著作《培养可持续的行为》(*Fostering Sustainable Behaviour*)(McKenzie-Mohr 和 Smith，1999)中已有很好的阐述。在这本书中，作者 Doug McKenzie-Mohr 和 William Smith 列举了由 Scott Geller 所做的一些工作的例子(Geller，1981)。Geller 和他的同事们举办了一系列的学习班，这些学习班主要为家庭主妇们提供一些关于家庭节能重要性的信息和一些让每位家庭主妇都能在家做到节能减排的方法和建议等。他们所办的这个学习班主要是想为家庭主妇们传递这样的信息：在自己家里完全可能做到节能减排的变革。Geller 和他的同事们观察了参与学习班前后家庭主妇们的态度。他们发现，随着学习班的推进，参与者们对节能问题的认识已有很大的提高，同时他们决定在自家主动实施节能措施。然而，这种态度的改变并没有转化到行动上。期间，研究人员走访了 40 位参加学习班的家庭主妇们，仅有一位按照推荐方法降低了热水器上的恒温器温度，有两位参加者接受意见，在热水器上盖了毯子。但是据了解，他们在参加学习班之前就这么做了。事实上，实施过程中唯一的有意义的改变是有 8 位学习班成员家里安装了低水流量的淋浴头，尽管这一改变并不是单纯由于建议，而可能由于该学习班还给每位成员免费发放了一个低水流量的淋浴头。

仅对生产者说，"由于你是这些改变的贯彻执行者，那么你就是它们的所有者"，并不能完全说明"改变的所有者"的概念。这一概念也不是愤世嫉俗地让人们感觉改变就是他们自己最初的想法。给予某人改变的权利是让他们有机会探索和认识到自身的问题，从而让他们成为解决问题的参与者。给农民们指出他们的动物正在遭受福利问题上的痛苦，甚至暗示他们还有可能违反法律法规，对他们的尊严和专业技能是很大的挑战，也很容易被看作是一种恶意行为。再回到前面奶牛跛腿病的例子上：假设有这样的一种情形，农民们意识到他们的牛群中有跛腿病的牛，但他们并不知道跛腿意味着什么。通过询问一系列问题：跛腿将会带来怎样的影响，当奶牛发生跛腿时它的感觉如何，奶牛场的工人们需要花多少时间来照顾跛腿奶牛，跛腿奶牛在哪方面花钱较多，等等，农民们就会在脑海里形成一幅清晰的画面，即农场中有跛腿奶牛存在时，可能产生一系列的潜在危害。这样一来，这些问题就属于生产者自己的问题了。其他农场主们听说后与别人进行探讨，马上就会认为跛腿病的确是一个需要重视的问题了。同样的，解决问题方案的负责人也是相当重要的，因为没有任何两个农场的运营方式完全一致，所以也就没有万能的解决问题的方案。在考虑和讨论解决问题的方案时，农场主们首先要将该方案的实施流程在自己脑海里过一遍，"排练"改变过程对于实施改变非常重要。事实上，在全面实施改变之前排练范围甚至要扩大到针对目标改变进行的一系列试验。此外，知道其他的农场主也正在努力实施这些改变,这是非常重要的。通常,听说其他人也在进行改变很重要,听同行说某项具体措施很有效比听农业顾问、外科兽医或动物福利科学家说此措施有效更可信。

因此实施鼓励措施的主要目的是:

· 把问题和解决问题方案的所有权交给农民;

· 鼓励农民们在思想上排练所有将要执行的改变,并且鼓励他们在进行改变之前进行试验;

· 鼓励农民与他们的同行探讨问题——让他们认识到进行改变是相当正常的行为,这是非常有价值的。

事实上,鼓励进行改变应该营造一种氛围,让农民自己提出并解决问题,而不是强制手把手地去解决问题。但是,记住几点警告很值得。用任何干预手段都不能获得 100% 的成功。人是独立存在的个体,人们生活中会有很多其他更重要的事情,从而削弱了我们干预措施所提及的目的。人们通常是不可预见的,也不会做出我们认为符合逻辑的决定(应注意的是,在别人看来我们的决定是同样不合理的)。在指导人类行为改变的书中,Kerr 等(2005)写道:"干预常犯的错误是认为人类的行为是由理性、态度和意志直接决定的",这也就给了我们一个提示,即人们是不会因为我们希望他们那样做,他们就会按我们安排好的方式去行动的。有一些关于干预回报的基本法则指示:你收获的成功与付出的努力应该是成比例的,对促进改变的推动者和实施改变的农场主来说,都应该是这样的。因此,不要认为我们可以很容易地去改变行为,我们应该投入尽可能充分的资源来完成该项工作。最后,本章所描述的各种干预措施纯属一种操控手段,尽管意图很好,并且代表了没有发言权的动物们。但是,在这种操纵模式下,那些有技能的人为了自己的不当利益会受到操纵别人的诱惑。这是不道德的,同时也会削弱为人和动物利益而努力推进行为改变的人们的数量。

下面描述了鼓励行为改变的三条途径(社会营销、参与措施和农场主团体)。目前,这三条途径正在被贯彻实施和接受农业部门的检测,每一种途径都要明确它的优缺点。

### 12.3.1　社会营销途径

社会营销被广泛应用于促进人类群体的改变。它是营销和广告运用原则的延伸。我们很熟悉广告商们努力说服大家去改变习惯和购买产品的方法。广告商们通过暗示人们一旦拥有这些习惯和产品的话,就会使你魅力四射、广受欢迎、节约大量的时间等。广告商们也会尝试通过让我们知道其他人也购买了该产品或服务来达到让我们放心购买的目的,同时也为我们提供了一种特殊的激励,最终消除我们花钱的顾虑。社会营销同样也是试图说服人们去做一些事情,并通过使用一系列的手段来达到目的。但是,社会营销与商业营销最关键的两点区别是,前者具有:(1)直接鼓励对社会有益的改变(在我们这个案例中即对动物和动物的拥有者们有利);(2)明确的工作职责,即认识和扫清阻碍变革的一切障碍。

在动物福利和农业方面的文章中,我们发现了很多已经可以应用的社会营销工具,但是考虑到地地道道的与外界隔绝的农场主们,我们还必须做一些调整。英国的农场主们经常独自在自己的农场里工作，他们很少与其他人联系，他们每天做一些完全重复的日常工作。因此，适用于农场主们的社会营销就要包含比预期更多的个人联系。为了理解社会营销是如何发挥作用的，下面的例子说明了可用的不同类型的社会营销手段。与此同时，还会介绍一个目前已经在英国实施的项目，即鼓励奶农行动起来减少奶牛跛腿。

### 12.3.1.1　利益和障碍

对于每一种想要的行为改变，将同时存在可预见的利益和障碍。这些利益和障碍可能是内部的，也可能是外部的或内外都有：

· 内部利益可能包括一种与个人道德水平密切联系在一起的改变（例如，坚信应该为他们的动物福利尽可能做好每一件该做的事）。这样的话，他们可以得到一种自豪感，或者获得一份友谊，这种友谊来自于志同道合地致力于解决这一问题的人们。

· 外部利益可能包括人们相信改变可以节约时间、提供经济利益或者会使农场的日常任务变得简单些。例如保持奶牛的蹄部干净卫生可减少感染性跛腿病，最终可使奶牛乳房清洁卫生，加快挤奶的效率。

· 内部障碍可能包括人们对改变可能会带来不方便、费事费力和影响现有工作的顺利实施的恐惧。更深层次的障碍可能仅仅是对改变本身的恐惧。

· 外部障碍可能包括没有合适的设备，如庭院铲土机效率低或者需要修理、更换等。其他外部障碍可能有：如果开始进行改变的话，就没有时间做其他重要的工作，现有的农场布局使得进行改变的难度较大，或者是从其他农场主们那里听说改变纯属浪费时间，没有什么作用。

对于任何推动改变的人来说，认识到利益和障碍的存在是非常重要的。他们也应该知道，促进行为改变的其他途径必然存在，但是这些途径不一定等同于对动物福利有益。例如某个农场主可能认识到畜舍应该比现在的情况更干净才好，但是他或她又不愿意增加每天清扫的频率，而是建议冲洗畜舍。这样不仅可以保持畜舍干净，同时还利用了当前挤奶室不用的废水。然而，清洗畜舍的目的是给奶牛创造整洁干燥的环境以减少乏足趾的皮肤炎症发生，而冲水会使奶牛的蹄子经常处于浸泡的状态，从而增加了它们对疾病的易感性。确保农场主们对利益和障碍的恰当理解是社会营销的基石，建立重点群体是做这件事的一个好方法。当给农场主们讲到要做一些改变时，学习一些地方俗话如一些短语和俗语是相当有用的。

### 12.3.1.2　推动

每位农场主都会接受来自行为改变项目人员的访问，这些项目的推动者掌握关于奶牛跛腿和为解决跛腿问题应采取哪些改变的科学知识。访问的目的不是给农场主提建议而是帮助他们找到适合于他们自己农场的解决方案。项目推动者会随农场主一起走进农场，并询问一些关于农场中可能引起奶牛跛腿病方面的问题。他们会通过让农场主自己权衡利弊的方式来解决由农场主提出的改变过程中存在的障碍问题。项目推动者还会分享其他农场主们已经采取的相关行动的经验，并提供其他农场主的联系方式（经其允许），因为这些农场主已有方法解决遇到的类似问题。在访问活动的最后，即离开农场之前，项目推动者将编制一份农场主认同的改变活动清单,包括谁将要负责每一项改变的实施(农场管理者、牧民和拖拉机司机等),以及什么时候开始实施改变,当每项空格被打上钩时就意味着改变的出台。然后,这本清单将留给农场主为来年所用。

#### 12.3.1.3　模仿

模仿(norms)是让农场主们放心其他人也在改变(为减少跛腿病,实施改变则是正常的行为)的行为。尽管事实上,我们中的大部分人会认为我们是自己耕耘自己土地的独立个体,但实际上,社会学研究表明,当我们知道其他人也在做相同的事情时,我们会感觉更舒适、更安心。有个例子可以很好地证明这一点,20 世纪 70 年代,美国有个广告展示了一个本土美国人为大面积的环境破坏而落泪的情形。这形成了非常有效的宣传。随后,为了巩固胜利,又推出了第二个广告。这个广告是这样设计的:人们将垃圾和废弃物丢弃在公共汽车站,与此同时,本土的美国人流着泪眼睁睁地看着这一场景。使广告商们大为惊讶的是,这张海报使得公共汽车站的垃圾逐渐增多。第二张海报告诉人们,在公共汽车站乱丢垃圾是很正常的,每个人偶尔都会这样做。实际上,这张海报给了人们在公共汽车站乱丢垃圾的许可。

模仿在跛腿病项目中的作用是这样发挥的,首先设计项目的形象和名称(图 12.2),使所有参与者意识到自己属于一个其他人也参加的项目,他们是群体的一员,并可以此为荣。

蹄部健康项目

通过合作减少奶牛跛腿病

与先前的描述相同,模仿也可通过描述其他农场主在他们自己农场里已经做了的改变来建立。这样会帮助我们排除已发现的障碍,同时也可起到让每位农场主放心的作用,因为其他的农场主已经实施了这些改变,也解决了实施过程中所出现的问题。其他农场主所进行的一些行动,可以通过口述、图片(得到允许)和引用语来描述(如“你可以修好你农场里的物品,但如果你损伤了奶牛的蹄子,那么你是不可能修好它们的”)。这个项目也会定期发行新闻简报,该简报的特点是:以各个农场中已经实施的改变为案例进行报道。

**图12.2**　跛腿病项目的标识。目的是为该群体确立身份,从而让农场主们知道,他们正与其他农场主一起致力于减少奶牛跛腿病。

#### 12.3.1.4　承诺

以项目成员的身份进行承诺,对于行为改变的可持续性来说是至关重要的。尽管农场主们参与了前面所说的跛腿病项目,通过加入项目体现出某种承诺,但通常他们只是旁观者,而非完全的承诺者。有通过各种各样的技术来鼓励农场主做出更多积极承诺的措施。人们更倾向于把自己看作是行为的贯彻者,因此,签订项目承诺书会使他们更愿意忠于该项目,并不断贯彻实施各种改变。在奶牛跛腿病项目组内部,所有参与的农场主都有一个印有项目标识的徽章(可在衣服上佩戴的徽章和汽车用的贴纸,如图 12.2 所示),以此鼓励他们尽情地去展示。尽管这只是一个小小的行动,但是通过给别人展示他们是该项目的一部分,农场主就可能不断勇于承当行为改变所带来的挑战。来看一下这个例子（Goldstein 等，2007）：人们发现如果要求一群人佩戴上慈善癌症协会的徽章，那么他们给慈善组织捐钱的可能性要比没有佩戴的人群高 2 倍。

在奶牛跛腿病项目中，同样考虑做出类似改变的农场主已经看到了改变后的图片。这不仅在制定规范和排除障碍时有用，而且已经实施改变的农场主可以通过展示他或她的照片，清楚地告诉别人他们已经做出的改变。这将达到很多目的：允许别人看照片，就意味着农场主同意向外界更深层次地展示出他们对项目的承诺；知道别人在看这些照片，就会鼓舞农场主维护已做的改变。将他们的联系方式给其他农场主可将以上这点进一步加强，因为其他农场主可能希望实地看看这些改变。

让农场主在推进访问期间拟订的项目实施计划上签名来实现更深层次的承诺。就编辑签署了行动计划的农场主的清单取得许可，以便将该清单放到项目网站上。以上所有的一切都是为鼓励尽可能多地向外展示对项目的承诺。

### 12.3.1.5　提示语

提示语是一种辅助性记忆手段，用于提醒人们记起他们想要做的行为改变。尽管人们改变一个特定行为或习惯的初衷一般都会很好，但是人们很容易忘记所做的新活动，或者这些新的活动仅仅在脑海里一闪而过，特别是当人们在改变日常活动或者在时间紧迫的情况下，更容易忘记。提示语应尽可能接近人们渴望改变的行为，太普遍的提示语的作用很小。奶牛跛腿病项目证明，要想创造出目的性极强的提示语是相当困难的，因为所发起的不同类型的行为改变有很大的差异。如今，已经使用的提示语（除图 12.2 的标识和线条）都是针对特定活动所做的卡通图片（图 12.3 给出了一个实例）。

**图 12.3**　卡通图片提示农场主应尽早发现并治疗奶牛的跛腿病（来源：Steve Long）。

在拟定推进行动的清单时，就应该列出在减少跛腿病期间日常所需的设备、服务和材料的供应商目录。提供这一目录的目的就是提示拿起电话完成订单，或定制服务等，因为一般来说，一个行动拖延的原因就是农场主说他们不知道在哪里可以买到原材料（例如为了提高奶牛的舒适度，用作垫料的木头刨花）；建立这个目录的目的就是为了克服这个障碍。给引入和改变足浴操作的农场主的行动清单包括一个小薄卡片，卡片上说明了不同足浴药物的适宜稀释浓度，并详细介绍了不同大小的足浴池如何达到这一稀释浓度。最后，还制作了一张强调与跛腿病相关的经济损失海报（图 12.4）。只有农场主行为已经改变，才可采用这个海报。与大众观点完全不同的是，尤其是在农业部门，认为通过提高经济利益来促进行为改变几乎很难成功。但是，一旦人们改变了行为，他们便开始关注他们的经济利益，这是促成可持续行为改变的有力工具。

蹄部健康项目

# 奶牛跛腿病的代价

蹄部健康项目

**当奶牛跛腿时，其产奶量下降**

**跛腿牛产小牛的可行性较小**

**跛腿牛的产奶量损失**

**305 d 泌乳期的损失与此相关:**

- 中度跛腿评分=−442.8 kg
- 高度跛腿评分=−745.6 kg
- 蹄损伤=−360 kg

泌乳前期，产奶量损失最多

足底溃疡前，产奶量下降2个月

足底溃疡和白线病后，产奶量下降5个月

**跛腿牛的繁殖力低**

**跛腿牛的时间间隔增加:**

- 产犊到受孕=增加14~50 d
- 产犊到返情=增加4 d
- 返情到受孕=增加8 d

第一胎受孕率降低10%

每次受孕要增加0.42倍的受精次数

高1.16倍的可能被当作不发情的牛

**跛腿牛更容易在早期被淘汰**

**跛腿牛会降低农场主的利润**

**跛腿牛被淘汰的情况**

早期被淘汰的数量是其他牛的8.4倍
很多牛在跛腿之前的产奶量高于其他未跛腿的
牛，因此跛腿牛在泌乳期比乳房炎和低受精率
的牛淘汰得要晚。

**跛腿牛的全部损失**

降低受精率= £ 46.14

降低产奶量= £ 55.05

淘汰/替代= £ 53.72

治疗费用= £ 23.32(治疗1.4次/牛)

> **全部费用=每头跛腿牛 £ 178.23**

> 这张海报展示了很多关于跛腿奶牛的研究成果。跛腿奶牛的全部费用为DAISY研究报道(No.5, 2002)
> 的跛腿成本平均值。这张图的目的是给农场主以指导，但会因农场不同而变化。

**图 12.4**　强调跛腿奶牛带来经济损失的海报(来源:Zoe Barker 和 Steve Long)。

### 12.3.1.6  激励手段

激励手段是行为变革最有力的工具，可以采取经济奖励或处罚的方式，给予赞许、认可或一些小的"药物公司型"礼物。这些在现实生活中人们可能需要更少的努力就可买到的小礼物对人们的激励作用不可小视。这种激励手段经常出现在医药公司和兽医之间，兽医们努力将某种特定的药物向他们的顾客推销，就是为了得到个杯子或棉背心。但是，迄今为止，跛腿病项目还没有完全应用"药物公司型"的礼品，尽管有时候一些印有小标志的羊毛帽或是绝缘杯子等小礼品会分发给已经做出改变的农场主，这样做的目的就是进一步强化对推动者所提出改变的认可。在跛腿病项目中，一些积极的人群已经完成了跛腿病项目执行计划中的改变，这些人就可以获得适当的经济奖励，而不是一些无关紧要的奖励。尽管这项激励计划的最终结果尚未评估，但是能达到高水平行为改变的农场主将在这群人中产生。

农业部门已经有其他类型的经济奖励措施，例如全球广泛应用的津贴方案，即按照散装牛奶中所含的体细胞数发放补偿津贴的计划。农场主获得津贴的数量按照散装牛奶中所含体细胞的数量来调整。Dekkers 和他的同事们（1996）报道，在加拿大的安大略省生产奶制品的农场主通过这项计划可获得可观的额外收入。Algers 和 Berg（2001）报道，瑞典为提高商业化生产的肉仔鸡的福利水平，建立了以激励手段为基础的干预方法。瑞典禽肉联盟建立了肉仔鸡福利规范，该规范规定了禽舍的建筑规格和肉鸡饲养过程中使用的设备标准等，并以此规范为基础进行评分。这个评分就决定了今后生产者饲养肉鸡时可采取的最大饲养密度。家禽的饲养密度从 20 kg/m² 到 36 kg/m² 不等，对生产者来说，这就是一个很明显的经济暗示，对于那些选择改善肉鸡饲养设施的生产者来说，它是以一个奖励制度来推进的。蹄部健康计划包含在动物福利项目中，蹄部健康计划会在屠宰家禽时对家禽的足垫皮炎情况进行检测和评分。评分的情况也是家禽饲养密度奖励回报项目的一部分。同时，蹄部健康监测计划与农场主可用的咨询服务紧密联系在一起。蹄部健康计划实施的头 2 年内，足部损伤从 11％ 下降到 6％。

以上例子证明，在鼓励行为改变方面，激励具有潜在的非常重要的作用。上述方法的缺陷在于，他们需要考虑外部投资途径以提高动物福利水平，这些外部投资可通过政府、零售商和食品加工商或慈善机构来实现。激励在强制实施行为改变的模式中也具有重要的作用，如产品必须满足动物福利的要求才准许进入市场。本章的强制实施部分将会探讨这种激励方式使用的细节。

### 12.3.1.7  社会营销方案总结

社会营销是广为人知且被广泛使用的一种推动人类行为改变的工具。从以上的描述中可以看出，它需要仔细计划，而且某项单独的实施方案需要包含很多战略措施。该方案明显的优势就是，计划中含有完整、持续的改变，其唯一的缺陷就是限制了拟订计划人员的创新性和想象力。这里所讲的方案含有对所有参与该项目的农场进行一对一的访问，显然，这是一个比较耗费劳动力的活动，从而使该方案变成一种高成本的干预措施，尽管这种干预措施的成本可通过改变所获得的成效来抵消。未来感兴趣的是，在没有一对一的推进的条件下社会营销的应用。

## 12.3.2  推荐的延伸阅读

Hastings，G.（2007）*Social Marketing：Why Should the Devil Have All the Best Tunes？* Elsevier，Oxford，UK.

McKenzie-Mohr，D. and Smith，W.（1999）*Fostering Sustainable Behaviour. An Introduc-*

*tion to Community—based Social Marketing*. New Society Publishers，Gabriola Island，British Columbia，Canada.

### 12.3.3　参与措施

这部分所描述的参与措施是为社会团体的发展所创造的，尤其是为发展中国家所需。此处所描述的措施很有力，并以公认的边缘化和弱势的人群为提高自己的生活水平而实施的改变为基础。以前，我们在亚洲运用这些措施来帮助改善役用动物的福利水平，同时不影响这些动物所有者的收入。最近，我们将这些措施中的一部分带到英国的农场，让这些农场主明白，自己的行为改变可以改善他们动物的生活水平。这里所描述的措施可参考 PRA（Participatory Rural Appraisal，参与式农村评估）或者 PLA（Participatory Learning and Action，参与式学习和行动），这些名称可能会有一些变化。此处我们将讨论参与措施的两个主要领域：(1)指导原则；(2)可利用的工具类型。这些"重新解释"与西方商业化的农业环境相关，因此，先向可能读到本书的所有工人道歉。

#### 12.3.3.1　参与的原则

参与措施的关键是形成一种互动的工具，或组织一个演习，让一个农民或一群农民可分享、介绍、分析和强化他们可能遇到问题的知识。在本书中，我们关心的主要是动物福利。需要了解的第一个原则是可参与性。直接说就是，"所有人都有权利参与做出影响他们生活的决定（International HIV/AIDS Alliance，2006）"。所以，对我们而言，就是让农场主参与到为动物们做出改变的行动中来，因为这些改变也会影响到他们自己的生活。我们必须认识到，在很多关于农场改变的讨论中，除了农场主自己和管理者们以外，还可能会有很多其他的声音对改变来说也是非常重要的。我们几乎听不到这些声音也不会重视这些声音，例如来自挤奶工人、农场主的妻子或放学回家喂牛的儿子等的声音。因此，我们的目的就是让尽可能多的人参与进来，支持改变的人越多，发生改变的可能性就越大。第二个原则是这些措施必须重视现实，这个现实就是当地人（我们这个案例中就是农场主）比外边的团体更了解自身的情况。如果在我们没有意识到我们对于某个农场是如何工作的，以及现今的日常工作和实践是如何形成的还不是特别了解之前，我们就简单地给予一些意见或建议的话，我们就太傲慢专横了。我们没有停下来考虑和运用他们已有的知识，而是匆忙地给农民带来新知识。参与措施的目的就是将知识以一种栩栩如生、引人入胜和有组织的形式带给农场团队，从而让他们考虑和学习。第三，也是经常被忽视的问题，运用参与措施的原则是需要对信息进行适当的反馈和分析。通常有这样一种倾向，即运用工具并尽可能快速有效地完成一项练习，但没有停下来回顾、思考和讨论我们能从这个练习中学到什么。事实上，如果不去思考和回顾的话，就没有必要去做这个练习了。

显然，这个过程需要有人将这些原则和工具带给农场或农场的团体，并在整个过程中进行指导。这个人常常是外面的代理商，并乐于帮助农场实施行为改变，我们通常称其为推动者。这个过程能否成功主要取决于推动者的能力。推动者这个术语可大致翻译为"简单化"，也能口头翻译为"他们是一群不带有自己的价值偏见，而按照列出来的原则去帮助其他人的人"。好的推动者通常通过提问但不提供意见的方式来鼓励其他人多讲话，并花大量时间去倾听而不是去说。

#### 12.3.3.2　参与的工具

上文已经提到过，这些工具适用于发展中国家的那些边缘化的小团体。这些工具的设计应尽可能利用当地原材料，如干豆子、棍和石头等，并易于在地面实施。尽量避免文字的传播方式，因为有很多农场的人不识字，经常不用笔和纸，他们不习惯文字这种传播方式。但是，按照参与原则,为了让西方农场主更愿意去应用,对现有的原材料进行改变是最容易被接受的。我们会围着桌子坐下工作,使用笔、大张的纸和色彩鲜明的便签。我们确实在尝试使用图片,而不是单单依赖文字。来自官方统计的结果,英国 1/6 的成年人是全文盲,在一定程度上,他们甚至不会用电话本来找水管工。因此图画可避免将受教育程度较低的人群排除在外,同时图画还可提醒人们某一问题和目录指的是什么。对于来自东欧的与我们语言不通的移民农场劳动者来说,这种形式也是非常有益的。

以下三种工具和练习都是用绘画的形式来阐明它们的意图。在推动改变的过程中,像这样按步骤来实施,并在一段时间内努力完成某一步是很重要的。

工具 1 的例子:季节性跛腿病日程表。图 12.5 说明的就是推动者按照农场的记录编辑的季节性跛腿病日程表。理想情况下,这应该由农场团队成员们合作完成,但是我们发现当农场人员的时间有限时,提供供讨论和分析的最终方案仍是很有用的。这个图让农场主去思考与跛腿病高峰相关的管理上的变化,这有利于农场主确定某种跛腿病特有的潜在风险,并可帮助农场主去思考何时采用特定的管理措施遏制跛腿率的提高。

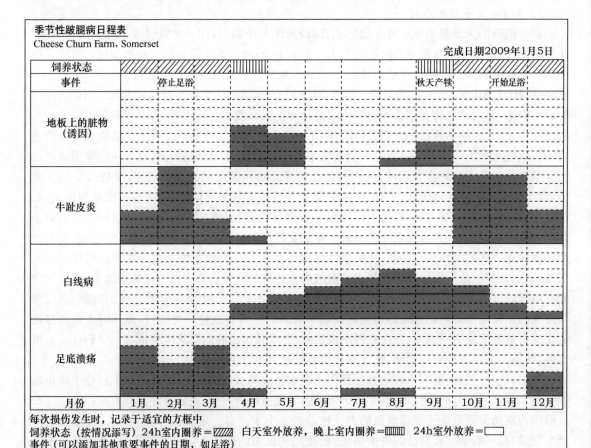

**图 12.5** 按照农场记录编制的季节性跛腿病日程表。这张表清晰地阐明了在什么季节发生什么类型的跛腿病,这张表可用于促进关于不同类型跛腿病发生因素的讨论,并制定季节性管理活动方案(来源:Zoe Barker)。

　　工具 2 的例子：安排跛腿病管理活动次序的矩阵。图 12.6 展示的矩阵是按阶段建立的。首先，要求参与者们做一张未来降低奶牛跛腿可能要做的改变清单，这些改变会出现在单独的卡片上，并摆在一个个专栏里。然后，参考每个动物能享受多少动物福利所带来的益处，要求农场主考虑这些可能的改变。每个改变都要求评分，10 分表示可以获得最大的益处。下一步，会要求农场主对可能改变的成本进行评分。同样用 10 分代表最有利的结果（即成本最小）。为了多次评分，还需提出更多的问题。考虑到成本，农场主可以考虑对某一项日常工作实施永久改变或一次性投资的潜在成本。最后，要求农场主对实施改变的"麻烦"（额外日常工作）因素进行打分，10 分代表麻烦最小。一旦矩阵画完，马上回顾最高分在哪里。这个操练对排列实施改变的先后顺序非常有用，并且这样可以消除改变是否会没有意义的顾虑。

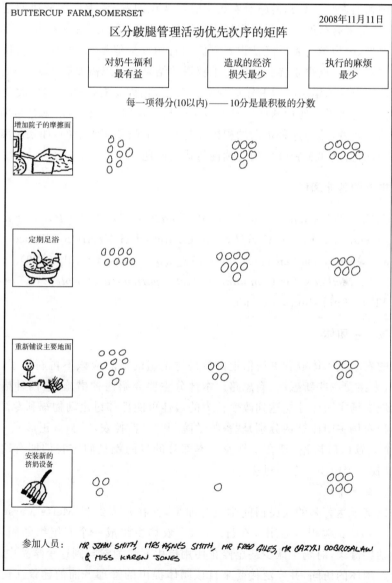

**图 12.6** 区分改变优先次序的矩阵图。该矩阵分阶段绘制，可以帮助参与人员认识图中每块管理措施的改变的积极或消极的作用。

工具 3 的例子：参观跛腿牛。参观跛腿牛（图 12.7）表明，对于农民团体会议的组织是有用的。会议开始时，要求这个团体确定"追随奶牛步伐"的路线，以参观东道主的农场。我们会给每位参与者发放一张农场地图和一个记事本，他们可以随时记下关于为跛腿奶牛所做改变的任何好主意、造成跛腿的潜在风险和改变的机会。参观之后，群体中的每个成员会把他们观察到的东西写到色彩鲜明的便签上，并将这些便签贴到事先准备好的巨大表格中。之后，推动者会就贴签儿较密集的区域进行讨论。推动者的作用就是保证讨论的进行，为改变带来尽可能多的机会。尽管讨论是以被访问的农场为基础，但所有参与者都将得益于听到的主意、建议和其他人的经验，同时还会在讨论中提出遇到的某些问题。

### 12.3.3.3　参与措施总结

本节中所讲到的参与工具和措施对农场主通过认识问题、考虑可能解决问题的方案和认清优先做的事，都是很有帮助的。如果农场主能够很好地接受和理解这些方法，那这些方法实施起来就没有困难，因为参与者已经认识到它们的有用性。但是，必须意识到，仅靠练习不足以刺激行为的改变，这一点很重要。从练习中获得的结果和反思需要融入到行动计划中，同时引进一些社会营销中的承诺工具以利于确保行为改变，也许是有用的。实施改变的可持续性取决于农场主自身的水平和使用这些工具的效果分析。这些方法的目的就是帮助人们看到自己是农场改变的控制者，然而这种正向的积极性是与以下问题相平衡的：如果脱离了与推动者的联系，创新技术的引进和实施改变的连续性将成为问题。

### 12.3.4　推荐的延伸阅读

International HIV/AIDS Alliance（2006）*Tools Together Now*！100 *Participatory Tools to Mobilise Communities for HIV/AIDS*. International HIV/AIDS Alliance，Hove，UK. Available at：www. aidsalliance. org/sw44872_asp（accessed 6 July 2009）.

Kumar，S.（2002）*Methods for Community Participation*：*a Complete Guide for Practitioners*. ITDG Publishing，London.

### 12.3.5　农场主团体

自发形成的农场主团体或者更通俗地讲就是讨论组的概念应该不再新鲜了，这些群组常常会走出农场，去接受一些新想法、新思路。本部分主要介绍两种措施，这两种措施的目的就是解决怎样管理农场主团体才能达到改变行为的最佳可能性和讨论动物福利专注的领域。本节中介绍的两种农场主团体结构分别是"畜牧学院"和"可监控农场"。真正形成一个团体往往不容易，但这个问题以后讨论，现在不涉及。本部分的目的就是假定我们拥有这样一群农场主，他们正在寻找一个组织能参与进去。

### 12.3.5.1　畜牧学院

畜牧学院以乌干达著名的农民田间学校为原型，并在丹麦经过 Mette Varst 和他的同事们（Varst 等，2007）的试验得以运用。在丹麦，六个农场主组成一个有组织的团体，他们的目标是通过促进动物健康，对奶牛减少甚至停止使用抗生素。为参与到这个学院中来，每个农民都同意接受这一团体的访问，并广泛接受来自该团体提出的管理方面的建议。访问包括参观农场，在此过程中，农场主需要展示他们引以为荣的一个方面和两个问题领域。参观结束后，团体成员们返回农舍或办公室检查农场账目。接下来，团队成员们进行讨论，大家就提高农场

参观肢腿牛 (Daisy Dell Farm, Somerset)　　　　　　　　　　2008年8月3日

| | 躺卧区域 | 饲喂区 | 集畜场 | 挤奶厅出口 | 混凝土装卸区 | 放牧通道 | 牧场 | 干奶牛 |
|---|---|---|---|---|---|---|---|---|
| 良好的意见 | *硬化站立区安有良好的水槽 | *良好的颈夹的角度 *宽敞的通道 | *有回槽的混凝土 *庭院用拖拉机铲斗碾过，以除去腐蚀性物质 *宽敞的挤奶厅入口 *冬天挤奶时为了降低站立时间，将奶牛分组 | *防滑地板 *坚固的地面 *在挤奶厅中对单头牛进行处理，并进行足浴 | *有槽的混凝土 *充足的空间 | *通道上没有车辆 | *充足的牧草 | *混凝土上铺撒沙子 *宽敞的通道 |
| 造成肢腿的风险 | *喂料的栅栏对奶牛的前腿不利 *饲料提升不够，无法降低奶牛前腿的压力 | *泥浆处理不善 *集畜场宽度容需要使用备用门 | | *未进行足浴 *出口及旋转门偏小（90°） | *泥塘 | *坚硬、泥泞 *大雨过后变得很潮湿 *泥土会弄脏奶牛 *容易引起瘸腿的因素 | | *擦伤频率 *水槽附近很潮湿 *出现一些其他有关DD的问题 |
| 改变的机会 | *匹配信息 | | | *用特殊洗液足浴 *环脏处理 *在出口的拐角处铺上橡胶（防滑） *保证不要把DD混入其他群体，如干奶牛、初期奶牛、小母牛 | | *撒上木头碎片 *不一定需要使用整个道路的宽度 *混凝土枕木 | | |

参加人员：MR KING, MRS KNIGHT, MR & MRS BISHOP, MISS ROOK, MR PAWN, MR & MRS CASTLE & MRS QUEEN

**图12.7** 农场参观记录。该参观表是由很多农场主写的建议构成的一张大表上摘抄下来的，这些建议都用彩色（便利贴）标记。该表为到农场参观后的简单化的简单记录后发印后发印后发给所有参与该农场讨论的农场主。该表通过复印后发给所有参与该农场讨论的农场主（由Clare Maggs小姐协助复制）。

的管理措施以降低奶牛对抗生素的需要量方面的问题形成建设性的意见。目标是防止出现需要抗生素治疗的问题，而不是阻止对动物进行治疗。推动者的角色就是鼓励所有团队成员参加，并记录和报道讨论结果。访问完所有的农场后，每个农场都将会接受一次跟踪访问，因此每个农场都要访问两次。这些举措在关于减少抗生素的使用这一共同目标上取得了巨大成功。然而，除了这一共有的目标之外，每位农场主还有自己的"局部"目标，这种"局部"目标一些是关于动物健康方面的，另一些则是改善家庭或者社会环境方面的。这些都是这个项目得以成功的重要标志，很多参与的农场主感觉他们参加这个团体很有收获。

### 12.3.5.2　可监控农场

可监控农场措施源于新西兰，目前苏格兰引用得比较多。参与到可监控农场举措中的农场主的目标是改善农场动物的生产性能，获得更高的利润，在这些目标中可能隐含着动物福利。在本章中，我们必须对这个方法进行推断，以获知如果明确地将其用于提高动物福利时，它将如何起作用。

可监控农场的概念就是一个农场主同意向其他农场主或者团体、产业联盟的成员，例如兽医外科医生和养殖专家开放自己的农场事业。可监控农场会定期组织来自团体的访问，在访问期间会就农场的管理和可能做的改变等问题进行讨论。然后，定期会议允许各个团体观察农场事务的全程，并看到已经实施的改变的效果如何。可监控农场也会为团体之外的参观者一年公开一天，在这一天这些参观者可以参观农场并了解整个过程。再次提醒，推动者会帮助安排整个过程，包括帮助设定会议主题、管理运营和分析数据等。

很明显，尽管可监控农场并不需要听从团体的意见，但他们本身可能会去实现一些改变。团体成员本身可能会对自己的农场不断尝试进行改变，他们会从其他人的经验中获益，还能从可监控农场中了解到的已经实施的行为改变中获益。在某些情况下，团队成员们也会进行一些合作活动。有建议说"水滴石穿"效应可以让改变在更多更广区域中实施。"水滴石穿"是发展中一个普遍的具有推动作用的概念，但是要想将它展示出来却非常困难。

### 12.3.5.3　农场主团体总结

这里给出了两个有组织的农场主团体的例子，它们是调控行为改变很有潜力的工具。在畜牧学院里，所有的参与者都有希望在自己的农场做出改变。在一定程度上，这些农场主在微小的鼓励和支持下，愿意预选自己来实施行为改变。可监控农场系统允许那些最初可能不愿开放农场去实施改变的农场主作为观众（而不是执行者）加入。但是，随着时间的流逝希望他们也可能成为改变的实施者。这两种措施最主要的不同在于，畜牧学院系统要求所有参与的农场主必须将他们的农场事务公开，接受外部的审查和研究。但是并不是所有的农场主都愿意将农场开放并接受审查，也会有一些农场因此而退出这个团体。尽管可监控农场系统不能直接影响每一位成员，但是可能会使更多的团体参与，这些参与者可能会信心大增，最终发展成会员。

## 12.3.6　推荐的延伸阅读

ADAS（2008）*An Investigation into the Role and Effectiveness of Scottish Monitor Farms*. A report prepared for the Scottish Government by ADAS（Agricultural Development and Advisory Service）UK Ltd. Scottish Government Publications，Wolverhampton，UK. Available at：www. scotland. gov. uk/publications/ 2008/10/29093936/0（accessed 7 July 2009）.

Vaarst，M. （2007）Participatory common learning in groups of dairy farmers in Uganda （FFS approach）and Danish stable schools. *DJF Animal Sciences* 78（special edition）. Available at：http：//orgprints/13731/（accessed 7 July 2009）.

## 12.4  实施改变的方法——强制

### 12.4.1  立法、政策手段和农场保险

强制农场主对其饲养的动物采取特殊措施以提高动物福利是强迫其行为改变的一个很好路径。从传统上来说，主要就是设立农场主必须执行的法律要求，如果农场主没有按法律要求去做，就会遭到起诉或受到惩罚，这都取决于当地的法律要求。

很明显，立法是被政府高度认可的能够达到行为改变的调控机制。但是，法律也仅仅是政府为了实施政策，而被称作"政策工具"的一系列工具之一而已。农场动物福利协会（FAWC）（2008）评估了英国政府用于改善动物福利的政策。总共评估确认了 11 套不同类型的政策手段，包括直接行为、教育、激励、调查研究和促进私人市场等方面（表 12.1）。政策手段的例子之一已成为政府特定的动物福利规范，扮演着指导生产的角色。动物福利规范不但以一种清晰明了的形式呈现出来，而且也很好地推动了畜牧生产和畜牧养殖。动物福利规范会影响农场主、农场监督者和农场顾问对农场的指导。立法可能是政府可用的最直接工具，农场动物福利协会（FAWC，2008）建议："为了达到人们想要的动物福利水平，需要协调应用政策手段，促成期望的行为改变。"

表 12.1  政府干预类型及其相关优势和劣势（来源：Webster 等，2006；FAWC 再编，2008）。

| 政策类型 | 举例 | 在动物福利和健康中的应用[a] | 优势 | 劣势 |
|---|---|---|---|---|
| 1.法律规定的权利和责任 | 侵权法规则 | 动物福利法（英格兰和威尔士），2006。动物健康和福利法（苏格兰），2006 | 自我帮助 | 可能无法预防事故的发生和/或不合理的行为 |
| 2.指挥和控制 | 二级立法。从业的健康与安全 | 家禽的最小空间规则 | 法律效力、强制力、最低标准、即时性、透明性 | 对于管理进行干预。只能促进达标，但不会促进超越标准。成本高。不灵活 |
| 3.直接行为（政府行为） | 军队 | 由国家和当地兽医局制定的动物福利检查。边境管制 | 使基础设施与操作分离 | 有过度干预的危险 |
| 4.公共补偿/社会保险 | 失业补贴 | 2001 年 FMD 暴发期间针对动物福利设定的屠宰动物的补偿。交叉执行。动物福利改善的第二支柱款项[b] | 保险可以提供经济激励机制 | 可能提供不良激励。对纳税人可能是昂贵的 |
| 5.激励和税收 | 燃油税 | 交叉执行。动物福利改善的第二支柱款项 | 低监管权力。低成本应用。迫于经济压力，采取可接受行为 | 需要规则。从激励的困难中可以预测结果。可能不灵活 |

续表12.1

| 政策类型 | 举例 | 在动物福利和健康中的应用[a] | 优势 | 劣势 |
|---|---|---|---|---|
| 6.体制安排 | 机构设置、税务机构、地方政府 | 动物保健,肉品卫生服务,兽医实验室,地方当局 | 专家功能。问责制 | 可能对于责任关注比较狭窄 |
| 7.信息披露 | 食品/饮料行业的强制披露 | 传染病报告,标签 | 较低的干预 | 信息的利用者可能产生误会 |
| 8.教育培训 | 国家培训课程 | 动物福利在兽医中的教育,国家课程 | 保障社会对教育和技能的需要 | 可能过于强制性和不灵活 |
| 9.研究 | 研究院 | 对 BBSRC、Defra、慈善事业等的动物福利研究提供资金 | 提供政策信息 | 可重复或取代私营者的活动 |
| 10.促进私人市场(a)竞争法律 | 公平贸易办公室。航空业。电信业 | 食品供给链中的公司的市场力量,以及满足农民生产成本的生产价格 | 规模经济在一般规则中的应用。较低水平的干预 | 没有专门的机构来解决技术或商业性问题。全球大宗贸易成本的冲击。不确定性。贸易的成本 |
| (b)特许经营和办理牌照 | 铁路、电视、电台 | 兽药/治疗。动物畜牧业设备 | 执法的成本(公共)低 | 可能导致垄断的行为 |
| (c)缔约 | 地方政府不提供服务 | 雇用私人兽医提供公共服务 | 与提供服务相结合的联合控制 | 监管和服务中的角色混乱 |
| (d)交易许可 | 对环境造成的排放。牛奶配额 | 集约化畜禽生产的许可(例如,荷兰) | 为最大的财富创造者提供许可 | 对于管理和监测的需求 |
| 11.自我调节(a)个人行为(b)强制行为 | (a)保险业(b)收入所得税 | (a)农场保证计划、兽医规范、行业业务守则(b)Defra"福利法规" | 重承诺。成本低。灵活 | (a)利己性。监管和执法可能很弱 |

[a]缩写:BBSRC,生物技术和生物科学研究会;Defra,英国环境、食品和农村事务部;FMD,口蹄疫。
[b]欧盟共同农业政策补贴的水平。

但是最近,市场让生产者维持最低的动物福利标准。未达到市场标准将会导致农场主自己的产品滞销。这是推进改变最有力的激励因素。在许多国家,农场主要成为农场保证计划中的一员,才能达到进入市场的要求。农场保证计划的目的就是保证买方可以买到满足动物福利标准(食品安全)的产品。该计划由那些热衷于确保产品的最低标准的零售商们推动。零售商们最主要的动力来自尽量避免因农场问题造成负面新闻而影响到他们的生意。通常,这些计划所要实现的最低目标是证实是否符合国家法律的要求。然而,一些零售商的计划还制定了其他的要求,或者作为公司法人社会义务的一部分,或者为了获得有别于其他产品的市场,动物福利就可能会含在以上列出的情形之中。麦当劳的例子就描述了这种影响:快餐连锁店麦当劳为提高动物福利,对屠宰厂提出的要求(第1章和第9章已介绍)就是以上述原则为基础的。

尽管让农民遵守的特定标准来源不同,例如政府代表公民利益而制定的法规、市场代表消费者利益而制定的标准,但是最终的结果都是相同的:生产者必须遵守。因此,"强制"措施(法律和市场要求)也存在其固有的优缺点。

强制措施的优点:

1.可有效避免最坏和最极端的动物福利问题的出现;

2.有一套清晰的要求,所有农场主都容易理解,并且农场主之间可以相互交流;

3.提供一个仔细的发展过程,包括纳入相关的实践经验和科学知识,这样对生产者而言,其标准是公平的;

4.考虑到处罚(起诉或不能进入市场),农场主会积极遵守;

5.一旦监管和认证系统建立起来,在最低标准基础上还有额外的要求,这些额外的要求可用于市场激励,导致发生额外费用(例如给予执行该计划的成员积极的经济奖励)。

强制措施的缺点:

1.这种措施本身具有其消极性,这会让农场主产生不好的感觉,因为这种措施给农场主传递了这样的信息,即"我们不相信你们会好好对待你们的动物"。

2.我们鼓励农场主遵守最低标准,但是农场主可能认识不到高于最低标准的很多优秀的、持续不断的改进或者具有创新性的标准等。

3.将强制措施写成书面要求很难,因为有些很难定义。因此,如果没有进行充分的磋商,就以一种随意的方法编写标准的话,很容易造成模棱两可。

4.如果市场没有提出标准,那么就可能会要求农场主(可能来自发展中国家)遵守一个具有商业缺陷的标准。

要求农场主达到最低标准似乎是合理的。确实,出于为所有农场主的利益考虑,需要对那些不能满足动物福利的情况进行管理,因为少数人的行为可能就会对公众和媒体产生重大影响。所以,强制措施对一些极端行为的调控还是相当有用的。

Temple Grandin 基于设置要求以获得屠宰厂环境内一系列福利结果进行的试验十分有效(见第 1 章和第 9 章)。这个试验的关键就是获得一些参数,并能让屠宰厂管理者看到实施改变是可能的。我们所面临的挑战是,如何在长期出现动物福利问题的农场去复制这种成功。这些福利问题与该农场生产系统固有的做法直接相关。例如,解决猪咬尾问题,然而这个问题似乎是某种生产系统下固有的。屠宰厂调整某些管理系统后,下批动物屠宰时就能看到动物福利提高的结果。然而,在农场想要看到改变所带来的结果和积极影响的话,需要花费很长时间。一旦奶牛由于蹄部溃烂变成跛腿,她的蹄部就毁掉了她一生,直到下一代小牛犊加入这个牛群中,我们才能看到已经实施的预防措施效果如何。

### 12.4.2　强制措施的标准应用

在本章中回顾可能影响动物福利的所有立法和标准是不可能的。大多数国家立法的目的就是避免动物遭受残酷对待和"不必要的苦难"。这绝对是动物福利标准的底线。虽然农场动物福利的最低标准适用于很多欧盟国家(Directive 98/58/EC),但是,在高于这个最低标准的立法要求方面,各国之间肯定是不同的。同样,不遵守这些标准的惩罚在各个国家间也是不同的。

为了理解用标准改善动物福利的潜在力量,检查什么样的标准是可用的是非常有用的。以下给出的例子包括健康计划、福利问题的个体和群体动物的处理以及资源配置方面的标准。框 12.1 说明了这些标准是如何应用到解决奶牛跛腿问题上的。不同标准的潜在影响当然是不同的,例如直接与跛腿相关的特定活动的标准可能要比记录和协议相关的活动有更大的利益,当然这些与记录和协议相关的活动也有其作用。从本章所介绍的各种各样措施中我们可以看出,将标准与农场以动物为基础的结果联系起来非常重要。以动物为基础的结果是直接来源于动物本身的福利衡量指标,例如有多少奶牛跛腿了,动物的体况评分是多少,人靠近动物时动物的反应如何,等等。以动物为基础的结果的衡量方法有别于以资源为基础的衡量方法,后者是描述动物应该生活的环境,而不是描述动物福利是什么。以动物为基础的结果衡量方法可能会采取让农场主自己、外面的监察员或评估人员来评估农场动物的情况。一旦监察员发现处于某种特殊情况下(如跛腿)的动物的发生率已经超过之前设定的界限,那么动物评估结果就可能要求农场主采取特定的行动。

以下的四个例子阐明了标准是如何被强行使用来改善动物福利的。

---

**框 12.1　展示强制措施是如何应用到牛的跛腿问题上的。**

**与奶牛跛腿相关的英国标准的例子**

以下是与奶牛跛腿相关的英国立法或英国福利准则的例子。尽管推荐英国福利准则,但是要求农场保证计划要和英国福利准则及英国立法保持一致

**与健康计划活动相关的要求**

· 饲养人员应该与兽医一起起草书面的健康和福利计划,如果需要的话,应该每年更新一次*。

· 书面的健康和福利计划应该……关注……跛腿的检查和肢蹄健康*。

· 必须有医疗记录……给予动物的任何医疗处置**。

· ……作为健康福利计划的一部分,记录特定的案例……跛腿……是非常有用的,以及在哪儿给予了相关的治疗*。

**与受影响动物个体相关的要求**

· 如果动物生病或者受伤,必须给予恰当的治疗,不得延迟。如果该治疗没有效果,应尽快征求兽医意见**。

· 如果兽医给予的治疗仍没有效果,应淘汰该跛腿动物,而不是让动物忍受煎熬*。

· ……不能运输不能独自站立或者四肢不能承受自身体重的牛*。

**与群体水平结果相关的要求**

· ……所有的动物饲养人员必须……确保满足动物的需求,饲养员有义务遵循相关标准,包括免除动物疼痛、痛苦、伤害和疾病***。

尽管目前没有明确规定,检测人员的标准指南可以规定,高于一定比例的跛腿病可以作为没有遵循要求的证据。

**与特殊资源供应相关的要求**

· 地面不应该太滑、太陡……因为太滑的坡道可引起腿部问题,如滑倒*。

· (采用漏缝地面)板条之间的缝隙不得太宽,以免使牛的肢蹄受伤*。

· (采用散养)需要足够的垫料来防止牛擦伤或压疮*。

* Defra 动物福利推荐准则：牛 2003 PB7949

** (英格兰)农场动物福利规范 2007 SI 2078

*** 动物福利法案 2006 第 45 章

12.4.2.1　与健康计划活动相关的要求

健康计划对于帮助农场主提早认识动物福利问题（包括疾病）、识别引入和扩散这些福利问题的潜在风险以及管理这些被识别的风险非常重要（Defra,2004）。这些标准保证农场主会参加具有预防和矫正作用的、与特定参数相关的健康计划活动,这可能包括改变畜舍、设备、日常工作或者定期使用的药物等。生产者一直都需要这些标准。以下是应该长期执行的标准的例子:

· 在"某种状况"存在的情况下,农场主（或者兽医外科医生）必须定期观察他们动物的情况（每周观察）。

· 在"某种状况"存在的情况下,兽医或者生产者必须及时记录被观察动物的所有信息。

· 生产者或者兽医必须定期回顾与"某种状况"相关的所有记录（如每隔 6 个月）。

· 必须写出书面行动计划,这个行动计划包括减少"某种状况"发生的预防管理和用药相关活动。

· 书面的行动计划也应该包括预先界定农场特定的干预水平,也就是何时需要进行调查。

12.4.2.2　与受影响动物个体相关的要求

标准可直接保证农场主适当地管理受影响最严重的个体。这适用于福利问题在预设严重程度阈值之上的所有动物个体。这与受到严重影响的动物相关,例如跛腿动物。要求应当包括以下至少一项内容:

· 所有受到"这种状况"影响的动物必须立刻得到治疗和护理。

· 如果受影响的动物治疗 3 d 仍毫无反应,那么必须获得兽医的建议。

· 禁止将受"这种状况"影响的动物运送到屠宰厂。

· 对受"这种状况"严重影响的动物,必须执行人道的安乐死或淘汰。

12.4.2.3　与群体水平结果相关的要求

标准可以直接确保农民对于畜群水平的动物福利问题进行恰当的管理。在某些地方,如果动物受某种问题影响的程度超过了在干预指南中预先界定的水平（例如一天内中重度跛腿牛的数量超过 20%）,那么该标准在这个地方是可用的。要求应当包括以下至少一项内容:

· 生产者必须对"某种状况"加强管理,以便受影响的程度不会超过干预指南预先界定的限度;

· 当农场受影响的程度超过干预指南中所设的限度时,生产者必须与他们的兽医外科医生联合制订书面的农场行动计划;

· 当受影响的畜群水平超过干预指南中所设的限度时,生产者必须采取适当行动加以控制;

· 如果"某种状况"的发生率超过干预指南中所设的限度,那么农场必须接受一次额外的实地核查,这样的访问是要收取费用的。

12.4.2.4　与特殊资源供应相关的要求

农场保证和市场要求包括很多以资源为基础的标准:我们必须给动物供应特定的设备、空间和垫料等。有时,这些会参考工程标准。动物最终的表现也可用于解释这些要求。如果标准要求是"合适的"或者资源是"充足的",例如垫料,则动物清洁程度、身体损伤和肿块等的测量结果可帮助界定动物福利术语中什么是"充足的"。例如:

· 必须给动物提供足够的资源（如垫料）,以确保动物不会出现与此相关的结果（如关节肿胀）。

### 12.4.3 在强制措施中采用以动物为基础的测量结果作为标准

很明显,以动物为基础的测量结果不仅对农场主来说是一个很有用的工具,而且也应该是动物福利强制措施中的一部分。为了贯彻实施以动物为基础的结果评估标准,也需要考虑以下几个条件:

1. 很明显,检查者胜任能力是一个重要判断标准。对于大多数此类标准,检查者观察动物的情况是相当重要的。因此检查者需要相关的知识、技能和态度来执行这些任务。标准可能也要求对书面的记录或协议和证明材料进行观察,这些可以核实农场是否已经采取恰当的行动。为评估这些标准,检查者需要有充足的系统知识去做合理的判断。

2. 指南说明对于所有的标准都是重要的,因为对于这些标准不可避免地存在不同解释的可能性。

3. 就如何实施动物相关的评估,对检查者、生产者或者兽医外科医生进行培训是重要的,确保评估的一致性是非常难的。

4. 确定基准信息对于建立干预指南和给农场主提出建议是至关重要的。农场主需要知道,他们的评估结果与其他相似单位相比如何,产品零售商也会热衷于去获取这些信息,以便产品零售商向感兴趣的消费者介绍他们正在出售产品的动物福利水平。

5. 取样协议中必须界定接受观察的动物的数量。这取决于正常单元内参数的可变性和普遍性。例如,某猪群的单元内,如果一般来说,各个圈之间的参数是相对一致的,那么就会选择少数的几圈去做评估,给出一个合理的结论。一般来说,如果某一参数的普遍性相对较低,那么就需要用更多的动物进行评估,最终形成具有决定性的结果。另外,如果评估的目的是得到总的农场平均数,那么从具有代表性的圈栏中取样才会令人满意。但是,如果一个农场主需要知道问题根源的话,那就需要从更多的圈栏中取样。

6. 需要形成让农场主管理这些结果的建议信息。尽管农场保证计划中通常不允许根据不偏不倚的评估结果提供建议,但是农场主需要通过某些渠道获得一些建议,通常兽医最应该给出这些建议。

### 12.4.4 推荐的延伸阅读

Webster, A. J. F. and Main, D. C. J. (2003) Proceedings of the 2nd International Workshop on the Assessment of Animal Welfare at Farm and Group Level. Animal Welfare 12 (4), 429-713.

### 12.4.5 强制和激励之间的联系

农场主一般将农场保证措施和市场标准看作一种消极的强制措施,因为如果不遵守的话,产品就无法在市场上流通。然而,很多消费者愿意为这些标准支付额外的费用,因为消费者认为这些畜产品已经遵循了额外的标准。因此,这样的话,就可以将市场标准看作一种激励措施。例如,英国防止虐待动物协会(RSPCA)自由食品计划的目的旨在提供有关家畜福利的高水平保证,消费者可能看重这个。对农场主来说,类似于这种声明产生的额外收入,将是促使他们参与到这项计划中的一种激励。加入该计划的一项潜在激励就是,会出现这种特定商品买卖的专门市场,获得与特定的经销商签订合同的机会(尤其是对他们供货商有很好的跟踪记录的销售商),或者保证该农场的商品有一个强有力的市场。

另一个例子是可持续乳制品项目,这个项目给供应乐购(Tesco)(英国一个主要的零售商)的生产者提供津贴,作为回应,生产者要遵循很多动物福利的附加要求,包括跛腿自我评估的要求等。出于对 Tesco 所做努力的认可,RSPCA 授予其优秀交易创新奖。

一些激励措施可以界定为积极的,同样一些财务工具很明显具有妨碍激励的特点。举两个关于跛腿奶牛的例子。第一个,在欧洲,乳制品卫生标准的含义有很大差异。一些官方将跛腿奶牛定义为"不健康的"奶牛。例如,来自这些牛的奶,即便没有用药也是不健康的,相关的产品不能进入食物链。这意味着农场主将直接在每个跛腿奶牛乳制品的销售上受到影响,这样的话,奶牛场就会强烈控制跛腿奶牛的出现。

第二个,为了获得单一农场报酬(Single Farm Payment)计划的补贴,欧洲农民需要证明其服从相关法规和标准(他们信守农场管理方面的法律标准,例如环境保护和动物福利标准)。这些要求由政府代理机构证实,如果不遵守的话,将导致补贴资金收回或减少。尽管动物福利标准不是特定的,但是给兽医观察者提供的指南具有更多的针对性。例如,欧洲共同体指令98/58/EC 要求:"任何生病或受伤的动物都应得到及时恰当的看护;如果在看护下动物没有好转,那么应尽快获得兽医的建议。"在英国,对兽医观察者提供的指导方针明确提及跛腿动物,具体陈述如下:

> 如果在观察时奶牛或奶山羊出现跛腿的数量较大(目前干预指南设定的上限是5%),观察员就应该展开调查,并确定是否已掌握跛腿的原因、是否采取了适当的行动、是否听从了兽医的建议或服从了 FHWP(畜牧场健康和福利计划)的协议。

### 12.4.6　强制措施总结

不论是由政府还是市场推动的强制措施,在确保农场满足最起码的动物福利标准方面都具有特殊的作用。然而,若将强制措施与激励措施联系起来的话,就能进一步推动行为的改变。通过提供激励(如补助金)或不激励(如收回津贴)的方式就可能达到行为改变的效果。

## 12.5　结论

本章强调了几种促进农场主提高动物福利水平的行为改变的措施。为达到提高动物福利水平的目的,这里还建议了几种措施。不同的农场,协同使用两种以上的方法,将是最有效的,因为不同的农场对不同的方法有着不同的反应。这里需要特别强调的是,不论是通过激励措施、强制措施,还是两者都使用,行为的改变取决于农场主是否具有以关爱和人性方式经营农场的良好知识,即"专业知识"。没有这些知识,农场主将不知道问题的存在,也就找不到解决问题的方法。在本章中我们认为,大多数的农场主确实掌握了丰富的知识,不论是针对他们农场的一般常识,还是专业知识。事实上,当前存在着一种危险,即农场主常常很难分辨和筛选他们收到的信息。这里重申一下,掌握知识(尽管极其重要)是重要的,但是光靠知识本身促成行为改变是远远不够的。这里描述的所有工具给农场主提供了一种机制,按照他们已有的知识和技能,帮助他们处理问题。

最后说明一下，我们想指出的最为重要的一点是，对任何干预措施都应进行仔细的监督，只有这样，才能很容易地识别该措施的成功与否，从而进行一些恰当的修改。回应式监督不仅让动物免除无意识的伤害（这种伤害可能源于改变的开始阶段），而且允许我们所有人更快更有效地从改变中学到东西。

（耿爱莲译，张俊玲、顾宪红校）

## 参考文献

Algers, B. and Berg, C. (2001) Monitoring animal welfare on commercial broiler farms in Sweden. *Acta Agriculturæ Scandinavica Section A, Animal Science* Supplement 30, 88–92.

Animal Health and Welfare (Scotland) Act (2006) HMSO, London.

Animal Welfare Act (England and Wales) (2006) HMSO, London.

Clarkson, M.J., Faull, W.B., Hughes, J.W., Manson, F.J., Merritt, J.B., Murray, R.D., Sutherst, J.E., Ward, W.R., Downham, D.Y. and Russell, W.B. (1996) Incidence and prevalence of lameness in dairy cattle. *Veterinary Record* 138, 563–567.

Dekkers, J.C.M., Van Erp, T. and Schukken, Y.H. (1996) Economic benefits of reducing somatic cell count under the milk quality program of Ontario. *Journal of Dairy Science* 79, 396–401.

Department for Environment, Food and Rural Affairs (Defra) (2003) *Welfare Code of Recommendation: Cattle.* PB7949. Defra, London.

Department for Environment, Food and Rural Affairs (Defra) (2004) *Animal Health and Welfare Strategy.* Defra, London.

Department for Environment, Food and Rural Affairs (Defra) (2008) *A Roadmap for Environmental Behaviours. In a Framework for Pro-environmental Behaviours.* Defra, London.

European Community (Directive 98/58/EC) Concerning the protection of animals kept for farming purposes. *Official Journal of the European Community.*

Farm Animal Welfare Council (FAWC) (2008) *Opinion on Policy Instruments for Protecting and Improving Farm Animal Welfare.* FAWC, London.

Geller, E.S. (1981) Evaluating energy conservation programs: is verbal reporting enough? *Journal of Consumer Research* 8, 331–335.

Goldstein, N.J., Martin, S.J. and Cialdini, R.B. (2007) *Yes! 50 Secrets From the Science of Persuasion.* Profile Books, London, pp. 18–21.

International HIV/AIDS Alliance (2006) *Tools Together Now! 100 Participatory Tools to Mobilise Communities for HIV/AIDS.* International HIV/AIDS Alliance, Hove, UK. Available at: www.aidsalliance.org/sw44872_asp (accessed 6 July 2009).

Kerr, J., Weitkunat, R. and Moretti, M. (2005) *ABC of Behaviour Change. A Guide to Successful Disease Prevention and Health Promotion.* Elsevier Churchill Livingstone, Amsterdam.

McKenzie-Mohr, D. and Smith, W. (1999) *Fostering Sustainable Behaviour. An Introduction to Community-based Social Marketing.* New Society Publishers, Gabriola Island, British Columbia, Canada.

Talking Retail (2008) Co-op Shoppers Put Animal Welfare Above Climate Change. Available at: www.talking retail.com (accessed 1 December 2008).

Vaarst, M., Nissen, T.B., Østergaard, S., IKlaas, I.C., Bennedsgaard, T.W. and Christensen, J. (2007) Danish stable schools for experimental common learning in groups of organic dairy farmers. *Journal of Dairy Science* 90, 2543–2554.

Webster, S., Brigstocke, T., Bennett, R., Upton, M. and Blowey, R. (2006) An economic framework for developing and appraising animal health and welfare policy. Report to the Department for Environment, Food and Rural Affairs. In: Farm Animal Welfare Council (FAWC) (2008) *Opinion on Policy Instruments for Protecting and Improving Farm Animal Welfare.* Farm Animal Welfare Council, London, p. 4.

Welfare of Farmed Animals (England) Regulations (2007) HMSO, London.

Whay, H.R., Main, D.C.J., Green, L.E. and Webster, A.J.F. (2003) Assessment of the welfare of dairy cattle using animal-based measurements: direct observations and investigation of farm records. *Veterinary Record* 153, 197–202.

# 第13章 改善发展中地区马、驴及其他役畜福利的实用方法

Camie R. Heleski、Amy K. Mclean 和 Janice C. Swanson
Michigan State University, East Lansing, Michigan, USA

## 13.1 序

本人(第一作者)职业生涯的大多数时间是负责协调密西西比州立大学(Michigan State University,MSU)马匹管理项目。我的主要任务是传授马匹优化管理的策略,这些策略包括提高马匹竞争力、改良营养配方、增加收益、加强育种管理,以及挑选符合美学标准的马。

2000年开始的三次巴西之旅的首次旅行见闻,促使我投入役用马、驴的福利事业。我认为,要提高役畜福利,畜主们必须做到5~15件事,并意识到这些措施在提高役畜福利的同时,也可以提高畜主们的幸福感(Starkey,1997;Kitalyi等,2005)。

我努力让畜主们明白放牧和饲草对疲劳役畜的重要性,而不是教他们如何平衡氨基酸加快幼畜生长;鼓励畜主们上挽具时放置干净的挽具垫,避免动物带着伤口工作,而不是费心教他们选择形状适合不伤害马肘的盛装舞步肚带;说服畜主不要用枝条或鞭子抽打役畜,而不是训练他们如何用最轻柔的动作驾驭牲畜;确保畜主们知道用泥浆、粪便和柴油这些过去所谓的"药"处理伤口会导致感染,而不是将注意力集中在教他们怎样包扎伤口可以减小伤疤。

大多数畜主并不是故意残忍地虐待役畜。畜主们的生活环境相对较差,同时缺乏役畜管理知识。有时资金短缺使他们无法为役畜做得更多,当然大多数情况下,主要是他们缺乏役畜管理知识。

假如你是一位在发展中地区工作的专业或半专业人员,你的工作是非常重要的,因为你正在为一个非常重要的对象服务,你的工作会极大地改善很多役畜的福利。接下来的建议将力求用较小的资金投入,将役畜的管理模式由被动的救治护理(治疗伤口和帮助病畜或营养不良动物恢复健康重新工作)转变为预先防护,这样既可提高役畜的工作效率,又可延长使用寿命,改善役畜福利。从我们获得的第一手资料来看,这样的转变也有助于改善那些靠役畜谋生的家庭的生活状况,并提高他们的自豪感。

## 13.2 引言

世界上发展中地区役畜的重要性经常被忽略(Pearson等,1999)。在参考的出版物中,有

关这些动物的研究较少(尽管在本章的编写准备过程中留下的深刻印象是：如果知道如何查找,关于役畜的可用资料很多)。据统计(Pollock,2009),大约 550 万匹马的 84%、410 万头驴的 98% 和 130 万头马骡和驴骡的 96% 在发展中国家被当作役畜在使用(Pollock,2009)。据调查,全球 98% 马科医生的工作覆盖面仅占马科动物的 10%(Pollock,2009)。虽然大多数马科医生愿意在经济发达地区工作是可以理解的,但众多役马的遭遇也应引起我们的关注。没有做过与发展中地区家畜相关工作的人不可避免地会问这样一个问题：在自顾不暇的时候为什么还要帮助这些动物? 然而根据我们的经验,一旦役畜的福利提高了,畜主们的家庭状况也会得到改善。而且,在用简单技术模式就能获取效益的发展中国家,提高役畜福利更利于环境友好(FAO,2002)。

鉴于这一点,本章主要是为那些工作在发展中地区从事马科动物的专业或半专业人员提供一些加强和改善役畜尤其是马科类役畜管理和福利的必要知识。本章的观点和建议来自于本人在巴西南部和西非马里地区关于役用马和驴的亲身工作经历,以及所查阅的文献资料。鉴于大多数役畜的主人或使用者没有资金用于提高役畜福利,以下措施将以最小的资金投入而不是节约时间为前提,让这些动物更舒适和长寿,以保证本章内容更为切实可行。

以下是能显著提高役畜福利、延长役畜寿命的 15 条建议：

1. 检查挽具是否合适,必要时作适当调整。
2. 检查车辕的高度和车的平衡。
3. 在工作间隙清洁(洗/刷)役畜。
4. 在需要的地方放置干净的挽具垫。
5. 清理并用抗生素药膏处理伤口。
6. 增加饲喂草料的次数。
7. 给工作的役畜增加优质的草料或精料,尤其当动物在干重活或开始消瘦的时候。
8. 在工作间隙尽量使动物在阴凉处休息。
9. 提供食盐,最好提供含微量元素的食盐。
10. 每天多次提供新鲜、干净的饮水。马的需水量显著高于驴。
11. 根据你所在区域发现的寄生虫给动物驱虫。
12. 根据兽医的建议,预防接种关键疫苗。
13. 经常护理马蹄。
14. 尽可能不要让跛腿或有严重创伤或疾病的役畜工作。
15. 善待役畜——禁止鞭打役畜! 通常马不需要鞭打前行,除非马已精疲力竭或超载,而这种情况下,更应该让马休息。

## 13.3　舒适挽具的安装和货物装载

改善挽具的舒适度是提高役畜福利最为经济的方法——在需要的地方放置挽具垫,保持挽具安装部位的清洁、挽具本身的清洁,以及确保车上的负载尽可能平衡。所有的这些措施有助于减少役马常见的鞍伤(如 Diarra 等,2007；Sevilla 和 León, 2007)(图 13.1)。此外,体况适中,即不瘦的动物(体况评分将在"营养"部分重点讨论),身体与挽具接触点的摩擦较小,很

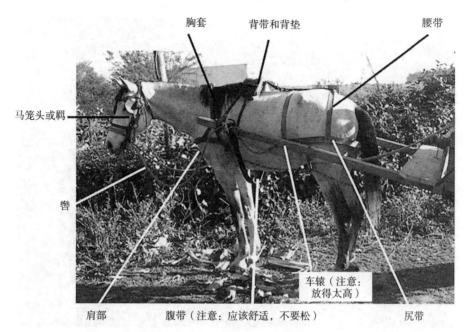

　　胸套　　　背带和背垫　　　　　腰带

　　马笼头或羁

　　辔

车辕（注意：
放得太高）

肩部　　　　腹带（注意：应该舒适，不要松）　　　　尻带

**图 13.1　有助于分散负载的挽具、车辕和其他适宜挽具附件的正确安装方法。**

少擦伤。假如动物在工作中大量出汗（马比驴常见，骡介于二者之间），在工作结束之后，应该用水冲洗或用海绵擦拭（Bullard 等，1970）。如果水比较稀缺，也可以在第二天上挽具之前用刷子清理畜体。这样的话，不会有汗渍在挽具下积累，在接下来的工作中会减少挽具与身体的摩擦。如果尘土或汗液在挽具下积累，就会增加挽具与动物身体的摩擦。如果动物瘦弱，则缺少了天然的挽具垫，更易造成磨伤。

　　在巴西的拉车马调查中，我们观察到 96% 的马匹都有鞍伤，并且伤口集中发生在肩隆部或肘后（Zanella 等，2003）。我们对马主们进行了一场培训，强调了前面提出的那些建议，4 个月后重新调查发现受伤率下降到 62%。正如这项调查所反映的，役马的福利得到了显著提高，鞍伤下降了 34%。

　　Diarra 等（2007）在马里的调查中观察到超过 60% 的驴有明显的鞍伤。值得关注的是，很多马和驴的伤口未愈合。在未愈合伤口上带着挽具工作一整天是十分痛苦的。改善挽具的舒适性，放置挽具垫将极大地改善役马福利（如 Ramswamy，1998）。

　　图 13.2 至图 13.5 所示马和驴所带的挽具总体较合适。每个国家对挽具和常用马车的标准设计都有不同的细微调整（图 13.6 和图 13.7）。从目前经济情况来讲，让每个畜主为役马精心设计一套挽具是不现实的。同时，如果是因为挽具设计缺陷导致动物福利下降，那么与这些畜主一起工作、负责帮助动物的人应该设计出有效且足够舒适的挽具。建议读者们多访问役畜新闻网站（Draught Animal News，DAN），在那里可以下载大量发展中国家改进役畜挽具和工具的指导性建议、照片和图示资料。在搜索引擎如谷歌上输入"役畜新闻"即可。一些关于挽具垫及挽具垫清洁的建议见表 13.1。

图 13.2　巴西地区拉车马挽具典型安装方法。车辕部位稍高，理想的车辕应更长点。多数情况下车辕应该和马肩齐平。注意照片中的挽具。此图片可作为拉车马安装挽具的良好示范。胸套或马肩上和环绕胸部的皮带松紧适度，并且是用坚韧但不伤害马的材料制成。这匹马还装了腹带和背带，其与肩和肩隆之间放置了足够的挽具垫。这两条带子主要是帮助稳定货物和车辕的。照片上的马还配备了尻带，主要是用来停下马车和重物。通常普通挽具没有尻带（环绕在后面的水平带），但当动物负载很重时就需要尻带来停车，特别是在丘陵或山区地区。套绳或缰链，连接胸套和车的铁链也是需要的，这样可以有效利用役马力量驱动马车。同样，普通挽具或粗糙的挽具往往也没有缰链。为了有助于役马工作，应该添置。

表 13.1　防止畜体割伤和擦伤的挽具垫和修补材料。

| 优质材料 | 劣质材料 |
| --- | --- |
| ·棉帆布 | ·塑料编织袋——最坏的材料 |
| ·软质皮革 | ·麻袋 |
| ·羊皮 | ·褶皱隆起会增加摩擦的薄布 |
| ·毛织毯子 | ·聚乙烯板——太热 |
| ·泡沫垫 | ·橡胶内胎——太热 |
| ·麻绳或细绳用于快速修补 | ·金属线用于快速修补——金属线永远不应该直接接触动物 |

| 清洁挽具垫的方法 |
| --- |
| ·擦去陈旧灰和汗渍 |
| ·去除织毯的碎屑 |
| ·尽可能每月更换泡沫 |
| ·用肥皂和水清洗，但确保使用前动物接触面完全干燥 |
| ·为保持皮革柔软，尽可能使用洗革皂或皮油 |

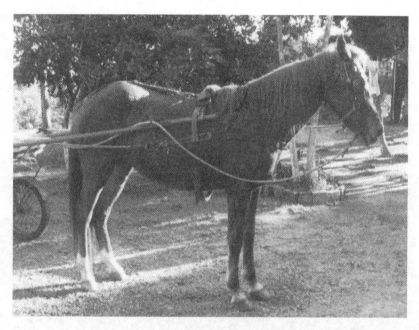

**图 13.3**　巴西地区拉车马挽具的另外一种典型安装方法。车辕位置稍高，车辕应该长过肩部。注意，这匹马没有尻带，但尾部周围有皮带（尾鞦），也可以帮助马减轻负重，或至少可以让负载更平衡。

**图 13.4**　在非洲西部地区看到的驴车的一种典型装置。注意参比肩部位置正确安装车辕。这个例子中还值得注意的是：主要用笼头或缰绳驾驭驴。据观察，从使用效果来讲，棉垫要比塑料垫好得多。

**图 13.5**　用笼头或缰绳赶驴的例子。注意车辕的长度正好，高度也比较理想，能够与肩平齐。而且，与前面的照片相比，车子的车轮较高，车轴较低。因为轴和轮平衡，驴能够较容易地拖动车子。用合成材料（可能是泡沫）做驴背带下的垫子。这种材料软，不粗糙，容易清洗，还可以重复利用。这头驴的身体状态良好。营养供给良好时，驴和马的工作效率更高。

**图 13.6**　一种用来载人和少量货物的典型车子（巴西南部）。

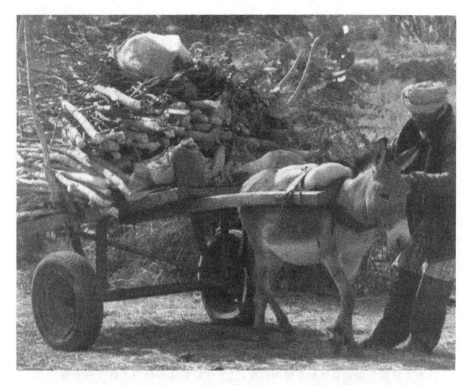

**图 13.7** 非洲西部驴车的典型挽具。注意背部的垫子可以帮助减少鞍伤。像这样的驴通常是用棍子驱赶的。照片中的挽具非常粗糙，没有引导、连接驴的笼头或衔。腹带是用可能引起割伤的细绳做的，应该用更宽更厚的材料代替。而且，这套挽具缺少将驴拉车的力量传递到车子上的挽绳。如果车轮再高些的话更容易滚动。

我们在巴西的调查显示，很多马匹的车辕都装得过高（图 13.8），使马肩隆承受很大的压力——有时被称为垂直重量（Jones，2008a）。很多马的肩隆区都有损伤（图 13.9），这可能会使马极不舒适。马里地区的很多驴也有肩隆部位损伤或者是肩隆瘘（Doumbia，2008），这可能是车辕安装部位太高，或者是挽具垫粗糙所致（挽具垫正确放置方法见图 13.10）。在西非地区，国外动物保护协会（Society for the Protection of Animals Abroad，SPANA）正在努力分发合适的挽具垫给畜主（图 13.11）。Burn 等（2008）近期研究显示，约旦地区的很多驮运包裹的驴都有由于使用劣质的或不干净的尾鞭造成的尾下损伤（图 13.12）。

### 13.3.1 负重

总体原则是，任何时候都不要让役畜长时间拖运超过自身体重的货物（Jones，2008a）。制定一个特定的使役时长是比较困难的，因为这还取决于地形的坡度、路面状况（是压实的、多砂的，还是多石的）、车轮承受的阻力大小（转动顺畅还是有很大阻力）、途中的行进速度、动物要拉多久的货物、是否提供休息以及动物的体况等。就体重而言，发展中地区的驴和骡子通常要比典型的轻型种马更强壮。

**图 13.8**　车辕安装得太高。你可以看到马前腿拼命向后来保持平衡。马车上重量的分布也会增加车辕的高度。这照片好的方面是用了尻带和套绳。但当不恰当地猛拉马时,尻带和套绳也无法有效地减轻额外负荷对马前腿的压力。负重分布不均匀会导致跛腿和擦伤。

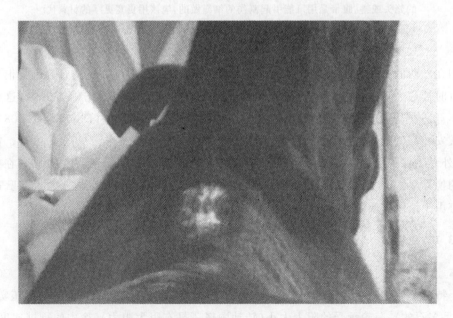

**图 13.9**　在巴西地区,因挽具不合适、缺少挽具垫或马太瘦,肩隆受伤的役用拉车马很常见。此外,传统观念通常认为马不需要洗澡,所以脏的挽具经常被放回到满是汗渍的马身上,增加了摩擦损伤。

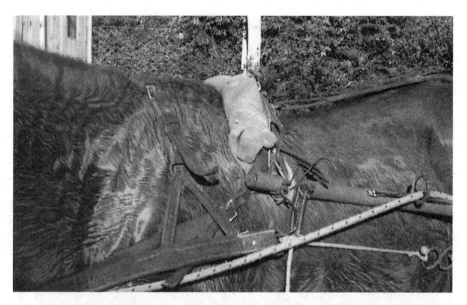

**图 13.10**　泡沫挽具垫有时被用来保护马的肩隆部位不被挽具弄伤。如果能保持挽具垫清洁，可以极大地减少马匹受伤。不要使用塑料编织袋做挽具垫，塑料编织袋材料粗糙，会造成溃疡。

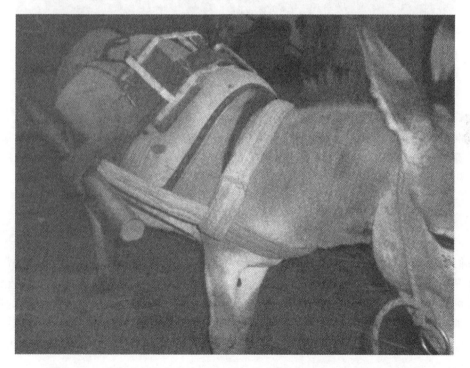

**图 13.11**　棉帆布做的背带垫，可以缓解驴肩隆部和背部的压力。很多时候背带垫所用的垫料粗糙，易导致损伤。为了避免损伤，背带垫可以使用棉花、皮革或泡沫垫。背带垫也应该保持清洁，应该在驴工作间隙进行清洁以减少摩擦。

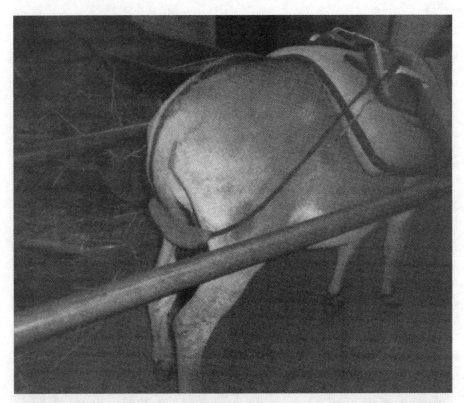

**图 13.12**　粗糙的尾鞭。要减少驴的负重、帮助车子停下还是用尻带(图 13.2)更理想。如果要用尾鞭，必须确保材料不摩擦尾部。通常尾鞭使用的材料会摩擦尾部，导致尾部下面严重损伤，动物怠工。尾鞭不能太紧或太松，必须要非常合适。

　　装载货物的数量就更难计算了。假设在马的体况和路况等处于平均水平的前提下，发达地区所推荐的马的负载重量为体重的 20％～25％(Wickler 等，2001)。然而调查中发现，很多驴驮着超出它们一半体重的货物走很长的距离，而且所走的路面经常是很不平整。这不是理想的状态，很有可能是造成这些动物身上有醒目伤痕的原因。

## 13.4　营养

　　我们所看到的大多数役用马属动物都比较瘦(图 13.13 和图 13.14)，其中很多非常瘦弱，如此体况可能会缩短它们的工作寿命，使它们的福利状况很差。瘦弱的动物因挽具造成的损伤通常更加严重，同时免疫力更差，更易得病。各个国家的专业或半专业人员所采用的体况评分系统不同(如 Henneke 等，1983；Svendsen，1997)，但基本都分为超重(在役用马类中几乎没有)、标准(图13.15和图 13.16)、偏瘦和极瘦(图 13.13 和图 13.14)几个不同水平(Pritchard 等，2005)。

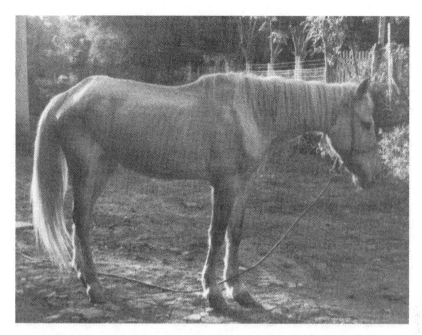

**图 13.13**　太瘦的马。马的肋骨、脊柱和臀部骨头都很突出,脖子也很瘦,体况得分为2(Henneke,1983)。这样瘦弱的动物会难以胜任主人安排的工作,抗病力也很差。

### 13.4.1　饮水

饮水对役畜健康非常重要。很多畜主不知道自家牲口的需水量,尤其是马。马小跑时每小时的出汗量约为 15 L,在湿热的季节排汗更多(Clayton,1991),由此可以推测一匹役马在暖和季节工作时,每天需要 40~60 L(10~15 UKgal)新鲜干净的水(图 13.17)。而一头驴一天需要 20 L(5 UKgal)水(图 13.18)。驴出汗比马少,因此是气候炎热地区的最佳的役畜选择。理想的供水方式为白天多次提供。在巴西南部(Zanella 等,2003),大部分役畜仅在晚上能饮到水,并且只有一桶。在我们调查的5 000 匹役畜中,50%的马和 37%的驴明显脱水(Pritchard 等,2007)。在巴西南部还存在的另一个问题是死水(停滞的水),死水中有钩端螺旋体病原体(R. Zanella,个人交流)。马匹经常被放养在以静止的小池塘水为唯一水源的小围场中,钩端螺旋体的血清阳性率非常高。这种病原体不但能导致马出现月盲症/葡萄膜炎、流产和精神萎靡等,它还是一种人畜共患病,对于附近居民也是一个威胁。

幸运的是驴比马耐旱(NRC,2007)。野驴通常 2~3 d 才饮一次水,然而当它们遇到水时,可以在短时间内饮入大量的水(Bullard 等,1970)。所以应该每天都为役驴提供饮水,尤其在炎热季节,每天应多次提供饮水,当然水的质量和卫生状况也非常重要。

缺水易导致役畜采食量下降(NRC,2007),工作效率降低。而役畜工作效率下降往往引起畜主的不满,招致鞭打。

尽管与传统理念相悖,对于超负荷工作役马的重复性研究表明,当有水的时候,允许马、驴和骡子尽情饮用后再回去工作对役畜没有负面影响(Jones,2004;Pearson,2005)。

**图 13.14**　太瘦的驴。清晰可见的肋骨和髋骨、消瘦的脖子。驴身上有明显的伤痕，有些是挽具摩擦造成的，有些是粗暴处理造成的。

**图 13.15**　体型适中、状态良好的马。体况得分为 5（Henneke，1983），肋骨、髋骨和脊柱上肌肉的曲线平滑，营养良好，皮毛清洁有光泽。

图 13.16　体型适中、状态良好的驴。肋骨上肌肉曲线丰满,脖颈部与肩部连接光滑。营养良好,皮毛清洁光亮。

### 13.4.2　草料

只有很少的役马能摄入足够的能量来承担工作负荷,因而我们所观察到的大多数役用马都很瘦(如 Pearson,2005)。畜主们应该多让役马采食草料,在工作间隙给役用马补充草料。在巴西南部地区,牧草的质量通常很好,然而,畜主们一般居住在城市边缘的小村庄(城郊),几十匹马被集中拴在野外吃草,造成地上的牧草被过度啃食。马可以在夜间放牧,但这种情况食入的能量很少。调查中发现,一些畜主会让他们的孩子去附近的沟岸上割草。那些可以吃到割草的马匹,体况要好于所调查马匹的平均水平(图 13.19)。(注意:割草不应该存放在袋子里,那样会容易霉变,容易引起马匹生病。)

需要补充的是,我们所观察到的体况好的役马,除了采食草料之外,还添喂了当地水果站剩余的甜瓜、面包房剩余的面包、麦麸和燕麦片,马能利用这些非常规饲料的额外能量。很显然,应当注意有毒植物可能造成的风险。但大多数马匹,即使是很瘦的马匹也很擅长于识别有毒植物。这并不是认可非常规饲料资源,但目前大多数役马正遭受饥饿的折磨,而很少有役马因食物中毒死亡。在发展中地区,任何事都要权衡利弊。所以应该将当地所有可以利用的饲料资源,甚至是那些偏离"正常"饲料的东西纳入考虑的范围。

役驴的每日能量需求比役马少(NRC,2007)。最令人惊讶的是,它维持生存需要极少的资源。我们所观察到的很多驴都依赖于季节性生长的牧草生存。例如,在豇豆的生长季节里,驴可能时不时地吃到豇豆秸,这是一种高质量的食物来源,从而可以帮助它们弥补在干旱季节的体重损失(图 13.20)。在一年中的其他时候,驴只能采食养分很低的稻草或玉米秸秆(玉米收获后留下的茎叶)。某种程度上驴可以有效利用其他动物无法利用的饲料(如秸秆)中的各种养分(Pearson,2005;NRC,2007)。少数情况下,驴的饲料中也添加一些谷物,但这种情况罕见。驴和其他马科动物的营养配方中,需要加一些新鲜的绿色饲草以满足它们对维生素的需求。

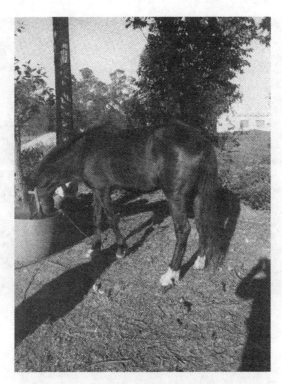

**图 13.17** 应该经常给马匹提供新鲜、干净的水，特别是在炎热季节。这对于那些役马以及居住在湿热环境下的动物来说尤为重要。一匹马日需水量为 40～60 L(10～15 UKgal)。让畜主知道马正确的饮水量的简单做法是告诉他们马每天需要多少桶水。

本文另一作者 Amy Mclean 虽然没有去过发展中地区，但她具有相当丰富的骡的饲养管理经验。通常，骡子的营养需要介于马和驴之间。

### 13.4.3  盐

马对盐分的需要量已研究得非常清楚(NRC,2007)，应针对不同地区微量元素特点，给马补充含微量元素(TM)的食盐。比如全球的很多地区缺乏硒，因此在这些地区含有微量元素的食盐中往往添加硒元素。盐分获取不足的马匹很容易脱水和疲劳，有时饮水量也会因此而受到抑制。在全球大部分地方，盐是一种比较便宜的养分。我们希望所有为马类服务的流动兽医诊所能够为马提供含微量元素的食盐。

关于驴对盐分需求量的研究较少(Pearson，2005；NRC，2007)。有关驴的饲养指南建议添加含微量元素的食盐。如果没有含微量元素的食盐，少量的食盐或者岩盐也有利于驴补充主要的电解质如钠离子、氯离子。

虽然没有关于骡子对盐分需要量的资料，但是根据骡子的出汗量介于马和驴之间，推测骡子对盐的需要量也可能介于马和驴之间。

**图 13.18** 驴的抗旱能力比马强,但是仍然需要饮用新鲜、干净的水。当驴饮水量不足时,采食量下降,工作效率降低。驴能够适应沙漠的居住环境,需水量较少。每天大概需要 20 L(5 UKgal)的水。

**图 13.19** 正在采食新鲜牧草的马。此例中牧草割自附近的沟岸。

图 13.20    正在吃草的驴。这种豇豆秸是非洲西部的一种营养成分相当高
的草料。驴的饲草通常从市场采购，尤其在干旱季节。照片中驴的主人在驴
休息时选择了卸下挽具让它吃草。当马或驴不工作时，应该卸下挽具，让它
们吃草、饮水。在休息时尽可能把它们牵到阴凉处。

## 13.5    寄生虫控制

在发达国家，一般推荐每年至少驱虫四次，并且交替使用驱虫药。（目前发达国家正在就
马的驱虫问题进行讨论，并有可能在不久之后重新修订。）

在发展中地区，任何控制寄生虫的措施都是值得鼓励的。在巴西南部的采访过程中
（Zanella 等，2003）我们观察到，尽管动物被密集地拴系在有大量粪便的区域内一起采食，仅有
不到 5％ 的畜主对马进行驱虫。每年用低成本的伊维菌素类产品驱虫两次，可明显减少寄生
虫。不幸的是，由于缺乏资金，还没有对该策略进行过调研。伊维菌素有助于驱除侵染役马的
外寄生虫（这一作用有时被发达国家的人们忽视）。我们调查了许多役马和役驴，应该说如果
没有体外寄生虫，这些动物的皮肤健康状况不会如此之差。

## 13.6    健康管理（创伤护理和疫苗接种）

创伤护理和疫苗接种可能是畜主们最缺乏的知识。马经常被拴系在带有锋利边缘的垃圾
和杂物中，毫无疑问，这很容易对马造成伤害（图 13.21）。可惜人们缺乏役畜伤口紧急处理的
常识（Pearson 和 Krecek，2006）。畜主们通常把泥浆、粪便和柴油，或者其他一些传统的“药”
敷到开裂的伤口上。虽然泥浆可能凑巧有一点好处（如阻挡苍蝇），但大部分物质却延长了伤
口的愈合时间，加重伤口感染。此外，在发展中地区要留意预防破伤风。接种破伤风疫苗是预

防破伤风的相对廉价的方式（Colorado State University，2008）。

　　创伤护理的第一步是清理伤口。比较理想的方法是用肥皂和清水清洗伤口。接着，在伤口上敷抗生素药膏可明显减少伤口感染。是否用绷带包扎伤口需要经过慎重考虑，不适当的包扎可能得不偿失。必须记住，在落后地区工作通常就像战场上急救，很少能考虑到最佳护理，我们要尽量想办法减少动物的痛苦，延长它们的寿命。

　　挽具不合适造成的损伤是另一种常见的创伤（图 13.22）。在"挽具"部分已经介绍了减少鞍伤的方法。鞍伤也需要清洁和包扎。理想状况下，动物在伤口愈合之前，需要让其充分休息，而这也常常做不到。至少，在发现问题后，应该在挽具下受伤的地方放置挽具垫（图 13.10 和图 13.11）。

　　另一种役马常见的创伤是绳子勒伤（图 13.23）。主要是由于拴马前没有让马充分了解什么是拴系而造成的。当马被绳子缠住脚踝时，就会感到恐慌并挣扎，直到系部形成一个较深的、烧伤状的伤口。在发达国家，是不会把马拴在桩上的，因为这样马容易被绳子勒

**图 13.21**　役用马经常被拴系在存放垃圾和杂物的地方。这匹马的一条腿有割伤，像这样被金属线划破的伤口很常见。畜主应该随身备有抗生素药膏，在用肥皂水清洗伤口后，涂上抗生素药膏。理想情况下，役马应该定期接种破伤风疫苗。

伤。然而，我们在巴西发现，马往往只有在拴在户外时，才有机会采食到足够的饲草。令人惊奇的是，我们没有观察到被绳子勒伤的马匹。这可能是因为在这种环境下工作的马匹，在劳累了一天之后，已经没力气恐慌和挣扎了。如果有可能，在绳子或链条上包裹一段旧水管更安全。当然，训练马慢慢地接受拴系，也有助于它们学会让绳子处于松弛状态。

　　挽具长久固定在役畜身上，是造成役畜不幸受伤的原因之一。例如，我们观察到一些马带着粗制滥造的永久夹板靴（用麻绳把成片的胶皮绑在腿上），其中的麻绳已经陷进肉里。也有人（Jones，2008b）看到固定挽具和鞍子的电线经常刺入畜体，尤其是固定在畜体上时间过长时容易发生。

### 13.6.1　疫苗

　　在发达地区，大量的钱用于接种预防马可能感染的所有疾病。通常这是一个很好的做法。但是在发展中地区，则需要权衡风险与效益，以及畜主是否能够负担得起疫苗费用。

　　当有捐赠的或便宜疫苗时，优先推荐能有效预防人畜共患病的疫苗。如在巴西南部，我们给许多马匹接种破伤风疫苗、东部马脑脊髓炎疫苗（eastern equine encephalomyelitis，EEE，昏睡病）和西部马脑脊髓炎疫苗（western equine encephalomyelitis，WEE，也叫昏睡病）。在不同

地区的工作人员需要考虑该地区潜在的流行病。例如,某些地区需要将狂犬病作为重点预防疾病,其他地区可能需要将西尼罗河病毒(West Nile virus,WNV)或委内瑞拉马脑脊髓炎(Venezuelan equine encephalomyelitis,VEE)作为重点预防疾病。如果对马匹进行马传染性贫血(equine infectious anaemia,EIA)检测,那就必须为检测结果阳性的家庭提供健康的替代动物,否则这个测试对这些役畜主人而言没有任何意义。

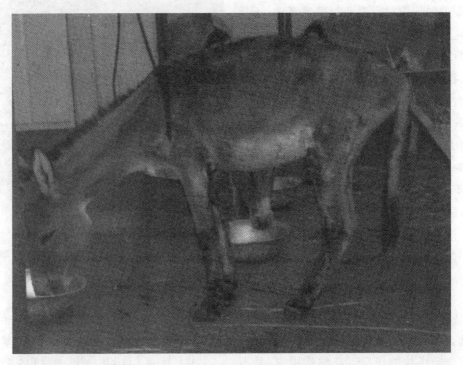

图 13.22　瘦弱的有伤的驴正在马里巴马科的国外动物保护协会(SPANA)兽医诊所接受康复治疗。接受治疗后,这头驴能够健康地回去工作。

### 13.6.2　蹄部护理

令人惊奇的是,在巴西南部的调查中,我们很少发现役畜有蹄病。每 6～10 周一次的修蹄和钉蹄掌花费了畜主们有限收入中相当大的一部分。修蹄师傅的手艺很好,我们很少看到工作的跛腿马。至少在巴西南部,畜主们已经知道适当的蹄部护理可以有效地减少马匹跛腿带来的经济损失。

在其他地区并没有发现类似的情况。在墨西哥的调查中(Aluja,1998)观察到很多马和驴的蹄部缺乏护理,经常看到蹄尖过长的驴,甚至许多圈养驴也出现中度或重度跛腿。

跛腿的动物需要休息。考虑到这一做法的困难,非洲的国外动物保护协会(SPANA)诊所经常为那些愿意交出跛腿驴的主人提供替代驴。在这个项目中,畜主没有损失收入,而他们的跛腿动物也得到了治疗所需要的休息机会。

如果役畜长期跛腿或治疗费用很高,则建议及时将其淘汰。没有额外的经费帮助这些跛腿动物减轻痛苦。动物的痛苦不仅折磨动物本身,而且也影响畜主的生活质量。

## 13.7　公平对待

在巴西南部,虽然马的能量和水的摄入可能被不幸忽视,但极少有人故意虐待马。数周内,我们观察了几百匹马,只看到有两匹马是用鞭子驱赶的(这是几个青年为了享受"驾车"的乐趣)。

**图 13.23**　绳勒伤在役用拉车马中也较为常见。拴马的好处是,马能够在工作间隙采食青草,坏处是,一些马在第一次被绳子拴住时会感到惊恐,导致勒伤。

而马里的见闻则有所不同。许多驴不是由缰绳牵引着,而是由主人用棍子驱赶着,非常粗鲁并频繁地使用棍子抽打,导致驴的臀部和腰部出现很多伤痕(图 13.24)。许多研究者报道,非洲畜主经常使用带有尖锐钉子的棍子(Herbert,2006)。显然这易导致有时在动物身上看到的严重的(有时感染的)损伤。目前我们正着力研究用缰绳赶驴(图 13.5)和用棍子赶驴(图 13.7)的差别。理论上,用缰绳能减少打驴及其造成的疼痛的和难以愈合的伤口。如果可以让畜主认识到善待动物的重要性与益处,将极大地改善这些役畜的福利(Swann,2006;McLean 等,2008)。

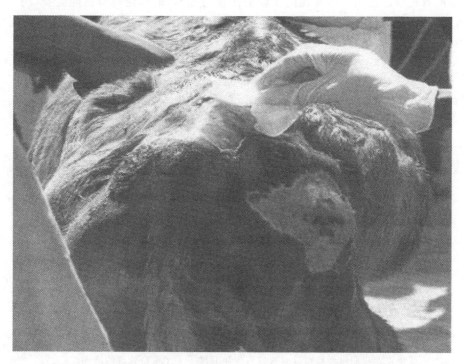

**图 13.24**　马里的驴臀部经常有许多伤口。这些皮肤表面的伤口和深部组织的伤是用棍子抽打所致。一些伤口已经感染。

### 13.8    繁殖与幼马饲养

事实上，很少有小农户能合理饲养幼马。但考虑到役马的更新，幼马又是必须饲养的。在巴西，我们参观过的农村很少饲养幼马。据了解，畜主们主要从养马场购买幼马。我们看到的几匹幼马，因蛋白质摄入不足、钙磷比例不合适（NRC，2007），发育迟缓，头部相对于整个身体来说过大。

在马里经常可以看到驴驹跟随着工作的母驴。由于驴所具有的天然抗逆性，这些驴驹非常健康。

在发展中地区推广动物去势技术比较困难，种马常与阉马和母马一起参加劳作。这样做可能会造成潜在的攻击行为或无计划繁育。然而这些种马工作非常辛苦，以致不会出现一些典型的行为问题。与发达地区相比，这些种马的行为问题较少的另一个原因是它们和同伴有较好的社会关系。在发达国家，经常把幼马单独饲养在马厩里，这阻碍了它们学会与较老的、有经验的马相处。不管性别单独饲养的马，更有可能攻击其他动物（见第5章）。

### 13.9    结论

我们应投入更多的时间和资金，改善资源匮乏地区役马的福利。另外，我们还应促进行政机构、畜牧专家和畜主们进行交流（Dijkman等，1999；Pearson和Krecek，2006）（图13.25）。当然，这对所有役畜都适用。尽管我们比较关注役马福利，但其他役畜也能受益（图13.26）。改善役畜福利有时候类似小男孩和海星的故事[1]，故事中小男孩的话鼓励着我们继续从事动物福利工作。

(a)                                          (b)

**图 13.25**    在巴西（a）和马里（b），大多数情况是由孩子带役畜到诊所治疗或免疫。我们已经特别针对这些青少年开展了关于役畜管理的培训。

**图 13.26**　在菲律宾,水牛靠身上一个简单的挽具拉着犁。肩部的溃疡是最常见的问题。当把这种挽具用到婆罗门牛身上时,常发生肩峰溃疡。照片中的水牛体况较好,可以减少肩部溃疡。接触身体的轭和其他组件必须光滑,不能有锋利的边缘(来源:Temple Grandin)。

## 13.10　注

**[1] 海星的故事——原作者:Loren Eisley**

一天,一个男人正沿着海滩散步,走着走着,他看见一个小男孩从地上捡起一些东西,然后轻轻地扔回大海。男人走近男孩问:"你在干什么?"小男孩回答道:"帮助海星回大海。当海浪和潮水退去时,不把它们放回去,它们就会死去。""孩子,"男人说,"难道你没看到海滩是如此之大,海星是如此之多? 你这样做能有什么用呢?"听完他的话,小男孩弯下腰,捡起另一个海星,扔进海浪中。然后,他微笑着对男人说:"我帮助了那个海星。"

## 13.11　致谢

感谢 Temple Grandin 博士邀请我们编写本章内容。高度赞扬她为让动物福利研究人员更多关注发展中国家役畜福利状况而做出的努力。

(陆扬、李荣杰、夏东译,顾宪红校)

## 参考文献

Aluja, A. (1998) The welfare of working equids in Mexico. *Applied Animal Behaviour Science* 59, 19–29.

Bullard, R.W., Dill, D.B. and Yousef, M.K. (1970) Responses of the burro to desert heat stress. *Journal of Applied Physiology* 29(2), 159–167.

Burn, C.C., Pritchard, J.C., Farajat, M., Twaissi, A. and Whay, H.R. (2008) Risk factors for strap-related lesions in working donkeys at the World Heritage Site of Petra in Jordan. *Veterinary Journal* 178, 261–269.

Clayton, H.M. (1991) Thermoregulation. In: Clayton, H.M. *Conditioning Sport Horses*. Sport Horse Publications, Mason, Michigan, p. 66.

Colorado State University (2008) Working Equids in Ethiopia Receive Donated Vaccines. *theHorse.com* Article #13295. Available at: www.thehorse.com/ PrintArticle.aspx?ID=13295 (accessed 19 December 2008).

Diarra, M.M., Doumbia, A. and McLean, A.K. (2007) Survey of working conditions and management of donkeys in Niono and Segou, Mali. *Journal of Animal Science* 85 (Supplement 1), 139 (abstract #59).

Dijkman, J.T., Sims, B.G. and Zambrana, L. (1999) Availability and use of work animals in the middle Andean hill farming systems of Bolivia. *Livestock Research for Rural Development* 11(2), 1–12.

Doumbia, A. (2008) Fistulous withers: a major cause of morbidity and loss of use amongst working equines in West Africa. An evaluation of the aetiology and treatment of 33 cases in Mali. In: *Proceedings of the 10th International Congress of World Equine Veterinary Association*, Moscow, Russia, pp. 581–583. Available at the International Veterinary Information Service: http://www.ivis.org/proceedings/ weva/2008/shortcom9/1.pdf?LA=1 (accessed 7 July 2009).

Food and Agriculture Organization (FAO) (2002) Draught Animals Plough On. Available at: www.fao.org/ag/ magazine/009sp1.htm (accessed 24 September 2002).

Henneke, D., Potter, G., Kreider, J. and Yates, B. (1983) Relationship between condition score, physical measurements and body fat percentage in mares. *Equine Veterinary Journal* 15, 371–372.

Herbert, K. (2006) At Work in Morocco. *theHorse.com* Article #7001. Available at: www.thehorse.com/ printarticle.aspx?ID=7001 (accessed 1 June 2006).

Jones, P. (2008a) Animal tolerance. *Draught Animal News* 46(1), 17–19. Available at: http://www.link.vet.ed.ac. uk/ctvm/Research/DAPR/draught%20animal%20 news/danindex.htm (accessed 7 July 2009).

Jones, P. (2008b) Thoughts on harnessing donkeys for work, based on practical experiences in southern Africa. *Draught Animal News* 46(2), 64–70. Available at: http://www.link.vet.ed.ac.uk/ctvm/Research/ DAPR/draught%20animal%20news/danindex.htm (accessed 7 July 2009).

Jones, W.E. (2004) Water, dehydration, and drinking. *Journal of Equine Veterinary Science* 24(1), 43–44.

Kitalyi, A., Mtenga, L., Morton, J., McLeod, A., Thornton, P., Dorward, A. and Saadullah, M. (2005) Why keep livestock if you are poor? In: Owen, E., Kitalyi, A., Jayasuriya, N. and Smith, T. (eds) *Livestock and Wealth Creation, Improving the Husbandry of Animals Kept by Resource-poor People in Developing Countries*. Nottingham University Press, Nottingham, UK, pp. 13–27.

McLean, A., Heleski, C.R. and Bauson, L. (2008) Donkeys and bribes...maybe more than just a cartoon! In: *Proceedings of the 42nd Congress of the International Society for Applied Ethology*, Dublin, Ireland. International Society for Applied Ethology, Dublin, Ireland, p. 72.

National Research Council (NRC) (2007) Donkeys and other equids. In: *Nutrient Requirements of Horses*, 6th revised edn. The National Academies Press, Washington, DC, pp. 268–279.

Pearson, R.A. (2005) Nutrition and feeding of donkeys. In: Matthews, N.S. and Taylor, T.S. (eds) *Veterinary Care of Donkeys*. Available at the International Veterinary Information Service: http://www.ivis.org/ advances/Matthews/pearson/chapter.asp?LA=1 (accessed 7 July 2009).

Pearson, R.A. and Krecek, R.C. (2006) Delivery of health and husbandry improvements to working animals in Africa. *Tropical Animal Health Production* 38, 93–101.

Pearson, R.A., Nengomasha, E. and Krecek, R. (1999) The challenges in using donkeys for work in Africa. In: Starkey, P. and Kaumbutho, A. (eds) *Meeting the Challenges of Animal Traction*. Intermediate Technology Publications, London, pp. 190–198. Available at: http:// www.atnesa.org/challenges/challenges-pearson- donkeys.pdf (accessed 7 July 2009).

Pollock, P.J. (2009) Helping working equids in Egypt. *theHorse.com* Article #13537. Available at: www. thehorse.com/Print.aspx?ID=13537 (accessed 29 January 2009).

Pritchard, J.C., Lindberg, A.C., Mail, D.C.J. and Whay, H.R. (2005) Assessment of the welfare of working horses, mules and donkeys, using health and behavior parameters. *Preventative Veterinary Medicine* 69, 265–283.

Pritchard, J.C., Barr, A.R.S. and Whay, H.R. (2007) Repeatability of a skin tent test for dehydration in working horses and donkeys. *Animal Welfare* 16, 181–183.

Ramswamy, N.S. (1998) Draught animal welfare. *Applied Animal Behaviour Science* 59, 73–84.

Sevilla, H.C. and León, A.C. (2007) Harnesses and equipment communly used by donkeys (*Equus asinus*) in Mexico. In: Matthews, N.S. and Taylor, T.S. (eds) *Veterinary Care of Donkeys*. Available at the International Veterinary Information Service: http://

www.ivis.org/advances/Matthews/chavira/chapter.
asp?LA=1 (accessed 7 July 2009).

Starkey, P. (1997) Donkey work. In: Svensen, E.D. (com-
piler) *The Professional Handbook of the Donkey.*
Whittet Books, Stowmarket, Suffolk, UK, pp.
183–206.

Svendsen, E. (1997) Parasites abroad. In: Svensen, E.D.
(compiler) *The Professional Handbook of the Donkey.*
Whittet Books, Stowmarket, Suffolk, UK, pp.
227–238.

Swann, W.J. (2006) Improving the welfare of working
equine animals in developing countries. *Applied
Animal Behaviour Science* 100, 148–151.

Wickler, S.J., Hoyt, D.F., Cogger, E.A. and Hall, K.M.
(2001) Effect of load on preferred speed and cost of
transport. *Journal of Applied Physiology* 90(4),
1548–1551.

Zanella, R., Heleski, C. and Zanella, A.J. (2003)
Assessment of the Michigan State University equine
welfare intervention strategy (MSU EQWIS-ACTION)
using Brazilian draught horses as a case study. In:
*Proceedings of the 37th International Congress of
the International Society for Applied Ethology*, Abano
Terme, Italy, p. 192. Available at: http://www.applied-
ethology.org/isaemeetings_files/2003%20ISAE%20
in%20Abano%20Therme,%20Italy.pdf (accessed 7
July 2009).

# 第 14 章 动物行为和福利科研成果在养殖场和屠宰厂的成功转化

**Temple Grandin**

**Colorado State University，Fort Collins，Colorado，USA**

在人医和动物福利这两个领域,研究人员的科研成果与实际应用严重脱节,这种现象在发达国家尤为突出。Deelan Butler(2008)在《自然》杂志中写道:"在医学研究人员和需要他们研究成果的患者之间存在一个鸿沟",她称其为"死亡峡谷"。人类医学科研成果亟须转化,以推动试验台上的科研成果在临床医学上的应用(Begley,2008)。

同样的问题也存在于动物福利领域。最近,作者咨询了一个大型商品猪场,大部分的管理者并不知道动物行为学属于科学研究范畴。他们知道母猪单体妊娠栏应该淘汰,但是对数以百计的相关行为学研究结果却一无所知。他们不知道,许多科学论文可以帮助他们顺利过渡到群养方式。作者向许多管理者展示了如何访问科学数据库。关于运输,参阅第 7 章可以了解更多信息。当作者告诉他们如何访问 www. scirus. com、Google Scholar 和 PubMed 时,他们对所能查到的信息感到惊讶。

## 14.1 行为学研究未能走出实验室

在许多发达国家,医学和动物福利领域的科研人员通常都是专职搞研究的,他们不是临床医生、兽医和养殖管理者。如此产生的问题是一些研究过于专业,与实践相脱节。之所以出现这种情况主要是研究人员和临床医生、兽医和养殖管理者之间有着完全不同的职业轨迹。许多国家根据科研人员发表的文章,以及他们为所在单位争取到的资金多少进行奖励,而不奖励科研成果转化。一个研究课题一旦完成,科研人员就会申请另一个课题。通常应用研究领域所能申请到的经费与基础研究申请到的巨额经费相比要少得多。英国一个重要课题小组负责人 Ian Taylor 指出:"应该将应用科学提高到与基础科学同等重要的地位"(Taylor,2009)。他走访了多家大学,发现科学家们对在研究论文发表后无法获得经费继续研究感到无奈。

## 14.2 科研创新止于实验室

很多科学家的创新性设计都能在生产中应用。在 20 世纪 80 年代,一位也叫 Ian Taylor 的天才科学家观察到,一个设计不合理的母猪喂料器会造成 10%～20% 的饲料浪费。为了防止饲料浪费,母猪喂料器应该使用大而深的料槽,这样母猪既可以尽情享受饲料,又不会把饲料拱到地板上。25 年后,仍有许多猪场还在使用那种不合理的料槽,造成成吨的饲料被浪费。2009 年,某个著名的猪设备制造公司还在其产品页的显著位置刊登了这些设计糟糕的喂料器。还有很多关于产仔栏的优化研究成果,优化的产仔栏在保护仔猪的同时,给母猪提供了更大的自由活动空间。然而很多这样的创新设计都没能进行后续研究,未能被安装在养猪场的产房,接受常规生产测试。图 14.1 中展示了试验站中使用良好的可转身的产仔栏,但是它未能在北美的养猪场广泛使用。

　　许多出色的科研成果没有在养殖场应用的原因之一是不合理的经济奖励制度。在许多发达国家,学术评定仅仅根据出版的论文和获得的资助,而不看是否能将技术转化为生产力。解决该问题的一个方法是,畜牧企业和政府提供资金,激励研究成果向生产应用转化,新方法成功推广落实需要投入大量时间和资金。

### 14.2.1　缺乏远见也会阻碍新技术转化

　　新知识和新技术从大学转化到生产应用往往需要耗费比起初的纯理论研究更多的工作(Grandin,2003)。传播学研究领域有许多好技术在市场转化阶段失败的例子。如 1970－1975 年施乐公司(Xerox Corporation)的研发团队发明了个人电脑和鼠标,但没能成功地投入生产和销售(Rogers,2003)。直到 1984 年,苹果公司的 Steve Jobs 雇用了大量前施乐公司个人电脑研发实验室工作的员工,个人电脑才得到推广。还有其他一些高科技产品要么从来没在市场推广,要么就是在推广过程中失败。施乐公司没能将个人电脑市场化的原因可能是缺乏对市场需求的判断。高层管理者误认为个人电脑是消费者不会购买的新奇事物(Grandin 和 Johnson,2009)。

**图 14.1**　可转身产仔栏在试验猪场中应用效果很好。可转身产仔栏在仔猪出生后可以像传统的产仔栏一样把母猪饲养在里面。这张照片显示的是产仔栏开启可转身的位置。尺寸非常关键。在某次研究中,制造商改变了产仔栏的一些关键尺寸,造成产仔栏试验效果不理想。细节很重要。

### 14.3　成功转化科技成果的策略

动物行为学家、兽医、动物科学家，需要用很多的时间将科研成果转化为生产力。作者总结出四个步骤来帮助实验室研究成果成功转化。这些建议是在多年从事改进动物操作处理、发明新设备、完成动物福利调查项目的基础上提出的。

#### 14.3.1　对外公布科研成果

把研究成果发表在有同行审议的科学杂志上可以防止研究成果流失。在影响因子较高的杂志上发表文章，也有助于用好的科学方法验证该研究成果。除此之外，研究者还需要通过交谈、演讲、向企业杂志投稿或创建网站来发布自己的科研成果。作者能够将牛处理系统产业化的原因之一是将自己的工作写成了300多篇文章，发表在家畜生产杂志上；她的每个研究项目都有多篇文章发表；她还在各种生产会议上作报告，将设计粘贴到所有人都能免费下载的网站上。人们通常非常不愿意提供信息。作者发现在提供大量信息后往往带来更多的无法应付的咨询工作。作者免费发布标准设计，通过对定制设计和咨询收费以维持生计。

#### 14.3.2　确保最初使用者成功

确保一项技术的成功转化，必须保证第一个接纳该项技术的人能够成功。研究者和开发者选择的公司必须保证管理者完全相信他们的工作，他们必须对每个细节进行指导。在设备安装和启动的每个步骤中，都必须对新技术试用者进行指导，确保新方法能正常工作。另外选择合适的农场或屠宰厂也非常重要，管理者必须对这个项目感兴趣，能努力让项目运转。一个态度消极的管理者可能把一个好系统做失败。作者曾经有个很有前景的技术，当时总部对这个项目很感兴趣，但分厂经理不喜欢尝试新技术带来的麻烦，就是因为分厂经理不感兴趣，该项目以失败而告终。

#### 14.3.3　指导其他早期用户，预防可能造成失败的错误方法和技术

作者花了很多时间把"中心通道"技术成功安装到第一家屠宰厂（图14.2）。随后陆续有九家犊牛和肉牛屠宰厂安装了该系统。为了保证设备的正确安装，作者同样花费了很多时间。焊接公司经常对设计进行一些不好的改动，他们以为优化了系统，但他们的改动往往带来不好的结果。作者走访发现，有半数屠宰厂因安装错误或改动造成系统无法运转。与第一个屠宰厂相比，将技术由第一个屠宰厂推广到九个屠宰厂所耗费的时间和行程更多。

#### 14.3.4　别让专利权困住你的方法和技术

为防止新技术被应用，许多公司购买新技术的专利。在20世纪70年代，一位爱尔兰设计师发明了一种既人道又廉价的电击设备。他的设计很聪明，只需要一些廉价的自行车零件就可以造出，不需要人工就可以自动运行，运转费用极低，许多小屠宰厂都可以负担，但是无法买到该产品。因为某个为大型屠宰厂制造和销售昂贵电击设备的制造公司购买了该技术的专利。他们将这个新发明束之高阁，彻底从市场上抹去。

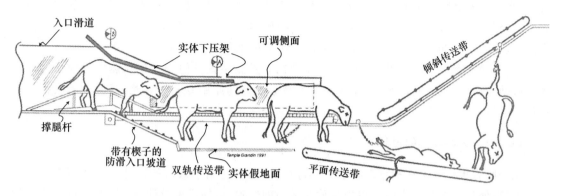

图 14.2 用于大型肉牛屠宰厂的中心通道传输系统侧面图。牛跨立在 26 cm 宽金属板条构建的传送带上。传送带及外框宽度必须不超过 30 cm。

这真是个可怕的浪费,因为这个新设计比现在小屠宰厂用的设备更加人性化,而大屠宰厂又因设备太小无法使用。购买专利的公司只是为了排除与他们已有的系统可能有竞争的产品,其实如果这种价廉物美的设备投入市场,它们并不会有任何损失(Grandin 和 Johnson,2009)。

## 14.4 技术从研究室到产业成功转化的案例分析

中心通道固定设备的最初构想来自于 20 世纪 70 年代美国康乃迪克州立大学的工作(Westervelt 等,1976;Giger 等,1977)。在 20 世纪 70 年代早期,家畜保护委员会(Council for Livestock Protection)美国动物福利组织中的一个财团,为该大学研究人员提供了 60 000 美元的经费,让他们为犹太屠宰厂开发一种新方法来替代以前残忍的屠宰方法。美国家畜保护协会和其他主要的动物保护非政府机构(NGO)对这个项目也做出了贡献。研究人员开发和建造了一个胶合板模型,但要投入生产应用还需要配置很多部件(图 14.3)。根据这个模型,研究者认为动物跨立在传送带上应激小,是比较舒适的动物固定方法(Westervelt 等,1976)。在这种跨立(中心通道固定设备)设计发明之前,所有屠宰厂使用的是 V 形固定设备,它由位于动物两侧的两条传送带组成,两条传送带成一定角度,运转时挤压动物前行。V 形固定设备是为猪发明的,适合肥胖丰满的猪,但对像牛这样棱角分明的瘦肉型动物就不舒适了。

1985 年,家畜保护委员会又拨款 100 000

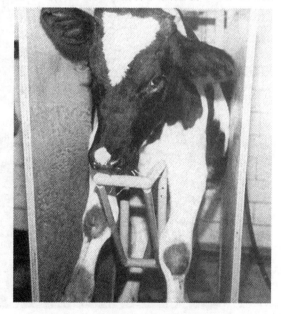

图 14.3 犊牛固定设备模型证明跨立式固定设备是一种低应激的固定牛羊的方法。钢管之间的空间让动物可以靠腋窝支撑休息,从而不会对胸部造成太大的压力。

美元,在一个商品犊牛屠宰厂安装了一套操作系统。该研究模型能够成功市场化的主要原因是同一个基金组织对该技术研发和最初的商业推广都提供了资金资助。作者受雇设计了该技术的商业系统,并负责安装。委员会帮助找到了接纳设备的屠宰厂——由一位名叫 Frank Broccoli 喜欢创新的经理管理。Frank 喜欢帮助开发新系统。他的支持和热情对项目的成功很有帮助。委员会在 20 世纪 70 年代注册了跨立模型的原始专利。如此,其他人无法再对这项技术申请专利,该设计被放到不受专利限制的公共领域,任何人都可以使用。

### 14.4.1　重要组件的设计

原先胶合板模型无法根据动物的大小进行调整,不适用于入口的设计。作者不得不发明一个入口,使牛走上传送带时可以把腿放在适当的位置,另外还须设计一个适合不同大小动物通过的可调侧面(图 14.4)。你可以将这个侧面想象成打印机的进纸口,打印信封时可以调窄,打印纸张时可以调大。如果没有这两个新组件,系统就无法工作(Grandin,1988,1991)(图14.4)。

作者放弃了国际发明专利权,使发明的入口和可调侧面变为公众所有。作者在一个肉类杂志上刊登了这两项发明的图片,提供了该发明完成的确切日期,从而阻止美国以外的公司对这个设计申请专利。此项设计的公众化保证了此项技术的推广应用。

1990 年,作者收到一个非营利机构的第二大资助——为成年牛设计一个更大的中心通道系统(图 14.2 和图 14.4)。2008 年,在美国、澳大利亚和加拿大超过 25 家公司使用中心通道传送装置。在美国和加拿大超过一半的牛在屠宰前都是经此装置传送的。

**图 14.4**　一头大型肉牛被控制在中心通道固定设备内。牛能保持安静是因为传送带能完全支持牛的躯体。根据传送动物的大小可以方便地调节可调侧面。在可调侧面和框架之间留有空隙,以防手指被夹。

### 14.4.2　屠宰厂可以灵活使用中心通道传送系统

这项技术成功转化过程中另一个有趣的插曲是,大部分中心通道传送装置应用在使用致昏法的常规屠宰厂。虽然最初的设计是为符合犹太教规的牛羊屠宰设备准备的,但该系统先由常规屠宰厂采纳并得到广泛应用。现在,在一些符合犹太教规的屠宰厂,也开始使用该系统(图 14.5)。这表明,一种技术无论它最初是怎么设计的,有时可以以不同的方式得到成功应用。有些人不明白作者为什么在可以从自己的设计中赢利时,放弃发明专利权。一项设计,如果销量很低,很难从中获得利润。如果价格太高,工厂就不会购买。一个国际专利,如果只是在 25～30 家工厂使用,其成本会超出其所获得的利润。从动物福利考虑,这项设计是成功的。屠宰厂使用中心通道传送装置一天可屠宰 40 000 多头牛。

### 14.4.3　技术转化投入多于原始研发

这项技术由实验室转化为实际生产应用所获得的资金资助是原始研究经费的两倍多。其他经费用于构建商品犊牛处理系统和商品牛处理系统,这些经费包含了购买设备与安装设备的费用。两个屠宰厂都支付了存放设备的场地建筑费和水电费。设备不应完全免费,通常只有当人们支付部分费用时,他们才会更积极主动地促成这套设备正常工作。当这两个系统成功安装后,屠宰厂开始出资让几家不同公司为他们安装其他部件。而另一件麻烦事就是,指导每家初次安装的设备公司如何正确安装系统,有家公司将可调侧面板装反了,另一家公司使用低强度轻型钢,造成多个部件破损。现在已经有 20 多套系统投入使用,但仍要对其他国家开设的新场进行系统组装培训。通常情况下,不去现场就可以解决问题,作者曾花费数小时在电话中解释图片和图纸。现在,因特网的在线视频对我们解决问题很有帮助。

**图 14.5**　专门为伊斯兰或犹太教规屠宰设计的中心通道末端的牛头固定设备。在牛头顶后面有一个直径 7 cm 圆管。见 Grandin(2007),详情见 www.grandin.com。

### 14.4.4　眼见为实

尽管第一个犊牛屠宰系统已经运行了 4 年并得到广泛宣传，但是没有任何一个肉牛屠宰厂经营者想到将该系统放大后应用于大型肉牛的屠宰系统。如果没有亲眼看到大型肉牛屠宰系统，没人愿意投资。只有当大型肉牛屠宰系统建好了，人们亲眼看到其运行，该技术才能得到迅速推广使用。作者又花费 2 年去了新建的 7 个屠宰厂，指导他们安装、调试设备。不管是犊牛屠宰厂还是肉牛屠宰厂都必须签订合约，允许其他对该系统有兴趣的投资者参观拜访。

## 14.5　避免推广不成熟技术

在一项技术或方法尚未成熟之前就在整个行业推广使用是一个常见的错误。作者在确保第一个系统运行良好时才开始考虑在第二个屠宰厂推广使用中心通道技术。下面就是一个推广不成熟技术而失败的例子。

20 世纪 80 年代，美国就曾因销售一种设计不成熟的母猪群饲电子喂料器而惹上麻烦。应用该系统，每头母猪通过身上携带的电子钥匙可以进入饲喂栏并采食到精准定额的饲料。这个系统刚推出时，母猪采食后必须倒退出来，这时往往会被下一头等待吃料的母猪撕咬。很多农场在安装之后发现效果不好又拆除了。设备公司的市场部早在该系统的研发团队结束工作之前就把它推向了市场。直到 90 年代，该系统的许多问题才得到解决。最有成效的改造是给电子喂料系统增加一个让母猪从前面走出饲喂栏的门（图 14.6）。现在，该系统运行良好。但一项技术失败的话，有时需要 10～20 年的时间，人们才肯再次尝试它。

母猪群饲电子喂料器的失败可能是母猪单体妊娠栏得以在美国推广的重要原因。20 世纪 90 年代，美国的养猪业迅速扩张，母猪单体栏饲养开始比母猪群养流行。此前母猪电子喂料器的失败经历对于三个最大养猪公司决定采用单体栏起到了一定作用（Grandin 和 Johnson，2009）。

(a)　　　　　　　　　　　　(b)

图14.6　现在的母猪电子喂料器功能完善，运行良好。(a)喂料器全景图。(b)喂料器后入口母猪视图。当喂料器有猪时门是关闭的。照片左上角倾斜的通道是喂料器前侧的出口。这个出口是喂料器的一项重要改进，避免了后面排队的猪撕咬前面的猪（来源：University of Minnesota）。

## 14.6　成功转化为母猪群养

许多农场管理人员会对母猪群体养殖系统的转变进行监督。有很多系统可供选择,其中既简单又有效的系统是把这些母猪关在独立的饲喂栏喂料。这个方法技术要求低,任何国家都可以采用,不用电,老式的母猪妊娠栏可以很方便地转换成这种饲喂栏。在发达国家,电子喂料系统运行情况确实良好,管理人员可以通过电脑处理,准确控制每头猪的喂料量。

### 14.6.1　基因型

一些基因型的猪虽然生长快、瘦肉率高但攻击性非常强。作者观察发现,引进某个新的瘦肉型猪种时,发生咬尾的概率成倍增加。许多从妊娠栏转为群饲栏的生产者们发现,他们需要把猪品系换成攻击性小的品系。若发现个别母猪咬其他母猪的外阴,并造成严重伤害,应该立即将其从猪群里剔除。由于过去母猪都是分栏饲养的,饲养者没有淘汰攻击性强的动物,人们已经有 25 年多没有根据动物的性情进行选育。动物在单独饲养时不会表现出攻击性。

### 14.6.2　群体大小

一些成功的母猪养殖系统都采用每栏 60 头以上的大群养殖。大群养殖时打架少,如果五或六头猪一栏进行混养,往往会发生严重的打斗。其原因之一是小群养殖时,被攻击的动物无处可逃。农场可以采用"静态"的小群养殖,每圈只养五或六头固定的母猪,不再重新混群,也可以采用大群"动态"养殖,猪不断有进有出。动态养殖,每栏母猪必须不少于 60 头。框 14.1 列出了从母猪妊娠栏成功过渡到大群养殖的一些建议。

### 14.6.3　提供藏身之处

另一个减少打斗的方法是为受攻击的猪提供一个"掩体"。McGlone 和 Curtis(1985)曾经

---

**框 14.1**　从母猪妊娠栏顺利转换为大群养殖的窍门。

- 必须改良猪的遗传特性。很多瘦肉型猪非常好斗,可以通过遗传选育来降低猪的攻击性。不要将性情温和的猪与攻击性强的猪混养,否则,会导致前者严重受伤。
- 及时将严重侵害其他猪的母猪移出猪群,以避免其他母猪模仿其打斗行为。攻击性强的母猪及其后代不留作种用,待其产仔后进行淘汰,其后代只作为商品猪饲养。留一些妊娠栏用来饲养攻击性强的母猪直至其分娩。
- 混群时,应全部转移到新的饲养栏,以防新来的母猪和原有母猪发生领地争斗。
- 混群操作时,在栏内铺一些稻草或者其他富含纤维的植物有助于减少打斗。另外,在猪的饲料中增加一些容积大、纤维多的饲料。在母猪饲料中添加一些黄豆壳、麦麸或者甜菜渣等纤维饲料,可以促进仔猪增重(Goihl,2009)。
- 小群饲养时,不要经常进行混群。五或六头的小群体应该尽量保持稳定,规模在 60 头以上的大群可以有流动性,不时地增减猪只。由于猪被攻击时可以逃跑,大群养殖的猪打架比较少。
- 农场管理者应该对改变养殖系统有热情。管理者的反对往往会导致项目失败。
- 如果可能的话,用年轻母猪更新以前一直生活在定位栏内的母猪。

在猪圈的一面墙旁建一个小的半栏。当猪躲到这个"掩体"时,可以保护它的头部和肩部免受攻击。"掩体"可以减轻打斗造成的伤害。猪在打斗的时候本能地攻击对方的肩部。猪圈中安置的"掩体"可以将猪身上最容易受攻击的地方保护起来,减少受伤。富有创新精神的管理者和科研人员可以就这一思路进行探索。该篇文献可以从网上免费下载,文献中配有清晰的、可以放大的照片和图示。

## 14.7　建筑承包者引起的福利问题

作者与许多建筑者共事已有 35 年以上。建筑者喜欢建设劳动效率高的工程。因为人工费用是确定的,他们可以精确地估计出在店内制作钢架的成本。但是当他们必须为养殖场现场制造钢架时,他们的成本可能会由于天气恶劣造成的延误有很大的不确定性。

天气问题成为一种经济动力,推动建筑者设计能够在农场快速搭建的建筑物,以减少雨雾天气延误施工带来的经济损失,但是这些设计往往对动物来说不是最好的。一个设计良好的自然通风的奶牛场牛棚或者有顶牛舍应具有一个高的斜屋顶,而且屋脊上设有大的通风口。但是从减少劳动量的角度出发,建筑者更喜欢把它建成一个通风口较小的平顶建筑。一个平顶牛棚如果通风口只有 30 cm,夏季棚内温度会较高。在寒冷的季节,采用自然通风的建筑,如果屋顶通风口不够大,大量的屋顶冷凝水会滴到舍内。作者走访了全球很多待宰圈、牲畜交易市场和奶牛场。一个建筑如果需要大面积的屋顶和自然通风时,最好采用坡屋顶和不小于 2 m 宽的通风口(图 14.7)。这种结构可以形成烟囱效应,将热与湿气排出建筑。

**图 14.7**　采用坡屋顶、大通风口,可以保证待宰圈、奶牛场和其他家畜用建筑设施夏季凉爽并通风良好,以减少对机械通风的需求。

建筑者也会试图说服农场主打消建造自然通风建筑的计划,改为建造需要更多管理的机械通风建筑。机械通风建筑由于不需要坡屋顶和大通风口,承建商可以更快、更容易地建造。他们还可以通过销售风扇和一些昂贵的通风设备进行赢利。

在发展中国家的温暖地区应避免使用复杂的机械通风系统。这些系统能耗高,不易于维护。作者在巴西、智利、菲律宾、墨西哥和中国旅行时发现,当地设计的自然通风建筑物非常有效。在中国,一个采用自然通风的肉鸡舍,没有任何的机械通风设施,只是将水洒在屋顶上,通过蒸发作用便可以达到很好的降温效果。

## 14.8　动物行为在设计中的重要性

向养殖业者灌输根据动物行为进行设施设计的重要性很难。在畜牧场药浴池和中心轨道固定系统的入口坡道处,作者进行了防滑设计(Grandin,1980,2007)。很多人不理解防滑坡道的原理,把坡道建成光滑的易滑倒的坡道,作者不得不又跑到五或六个肉牛屠宰厂和几个药浴池,把光滑坡道改回防滑坡道。当动物拒绝进入该系统时,使用者只是猜测需要更换坡道,而没有发现动物的焦急,这在 Grandin(1996)和本书第 5 章已有介绍。

人们常错误地使用强制手段,而不是利用动物行为学原理引导动物通过设备。安装设备的第一步是排除引起动物焦急的因素。人们应该在动用强制手段之前首先运用动物行为学原理。

一些人很难理解在药浴池或电击室内使用防滑地板的重要性。给动物提供一个安全的站立之处可以使其保持安静。作者几乎每次走访一个新的肉牛屠宰厂都会发现电击室光滑的地板引起的问题。2008 年,作者初次走访的四个肉牛和犊牛屠宰厂,电击室内都需要安装防滑地板。防滑地板安装后,管理人员惊奇地发现了由此带来的不同。另一个难以转化的技术是屠宰过程中控制动物视野的遮挡物的使用。在"中心通道"中,通过设置两个大的金属板遮挡动物的视线,来调控动物的行为(Grandin,2003)。

第一道挡板设置在传送带的入口和第一部分(图 14.4),可以遮挡动物的视线,直到动物完全进入传送带和固定设备(Grandin,2003)。如果这块板太短,动物经常表现出过分焦虑。0.5 m 长度的差别,就会对家畜的行为产生巨大影响。有两个肉牛屠宰厂的板子被焊接工无意中缩短,结果导致大部分牛发狂逃跑。为了证明这块金属板是必需的,作者在入口处用一张厚纸板将挡板延长,屠宰厂得以在剩余的工作日里继续运转,处理体重为 560 kg 的牛。这就是行为的力量! 几天之后,纸板被换成了金属板。

有些人去除的第二个部件是防止动物产生"视觉悬崖"感觉的假地板。固定传送带距离地面 2.2 m,动物看到这么高的落差会拒绝进入。假地板的安装必须恰好让动物产生视觉错觉,认为是走在地板上。假地板应该安装在动物蹄部下方 15 cm 处。不幸的是,人们不知道假地板的用处,经常将其拆除。他们认为它是多余的,不想对其进行清洁和维护。很多时候,作者必须返回屠宰厂去解决动物拒绝进入固定设备的问题,当放回被拆除下来的假地板后问题就解决了。

### 14.9    为什么符合动物行为特性的设计让人难以理解

人们都知道动力单元是负责传送带运转的,不会将其拆除。而一些考虑动物行为学的设计,却不被人们理解而随意变动。这种情况可能主要出现在接受过培训的人员离开后,新人接替原来的工作时。动物往往注意到一些没有被人所察觉的感知细节。因为动物不会说话,它们对周围环境中的小的视觉细节比人更加敏感(Grandin 和 Johnson,2005)。图 14.8 展示了一个由轻质传送带制成的白色帘子,它可防止生产线上后面的动物看到致昏箱的工作状态。动物在看到迅速移动的物体或者较大的颜色反差时,往往会拒绝前进(见第 5 章)。

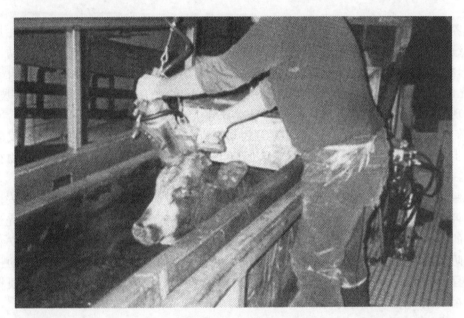

**图 14.8**    一个帘子遮住动物的视线,防止后面过来的动物看到气动致昏器的移动。管理员应该时刻注意帘子是否完整,一旦发现破损,立即更换。

### 14.10    技术转化容易,教会如何管理难

在长期与客户接触的过程中,作者发现,比起改进管理方法,人们更愿意接受可以解决问题的新技术。比如说,在花时间训练、监督操作人员和购买新设备之间,它们更倾向于选择后者。作者的咨询业务销售记录显示,家畜处理设备类书籍的销售量是动物行为原理类书籍的两倍。先进的设备固然重要,但必须要配合良好的管理方法才能发挥其作用。

第 4 章所陈述的研究说明,良好的管理和养殖技能有利于促进动物健康,提高动物福利水平和生产水平。培养良好的养殖技能需要花费大量的时间,需要奉献精神和刻苦工作。一个普遍的错误观点就是,养殖场的问题都可以通过购买新设备来解决。好的设备只能解决一半问题,另一半问题必须通过好的管理实践来解决。设计精良的设备仅提供了方便处理动物的工具,但是如果管理者不认真培训和监督员工的话,这些设备是没有用的。

## 14.11　弯道操作处理系统

作者曾为许多牧场、农场和屠宰厂设计弯道操作处理系统(图 14.9 至图 14.11)。在第 5 章详细介绍了设计这些系统所利用的动物行为学原理。弯形通道系统运转良好,因为它利用了动物喜欢朝自己出发的方向转弯的本能。弯形通道效果好的另一个原因是动物进入弯道后,最先进入的动物无法看到站在弯道出口的人。该系统布局得非常精确(图 14.10 和图 14.11)。最常见的错误是单列通道和集畜栏连接处拐弯过急。通道入口到拐弯处必须留有 2~3 个动物身长的可视距离。通道的布局原理在网站(www.grandin.com)上已表述得非常清楚,但仍有很多人会搞错。错误布局会削弱该系统的功能。集畜栏和单列通道连接处对于整个系统非常关键。

## 14.12　找出问题的真正原因

当出现问题时,必须找出产生问题的真正原因。在过去的几年,禽与猪越来越脆弱,越来越难运输。对于抗性弱的动物,与其采用越来越多的技术手段去解决问题,还不如选育抗性强的品系。动物福利的改善、疾病的减少和死亡损失的减少所带来的利益超出了生产率略微下降所带来的损失。

**图 14.9**　圆曲围栏和弯道系统。正确的布局很重要,在转弯进入单列通道之前,设计了一段直行道,这样可以有助于牛的向前移动,从而让牛知道行进的方向。如果动物拒绝通过单向开启挡板,可以在挡板上安装一个远程控制绳,使挡板在牛进入的时候保持开启状态。

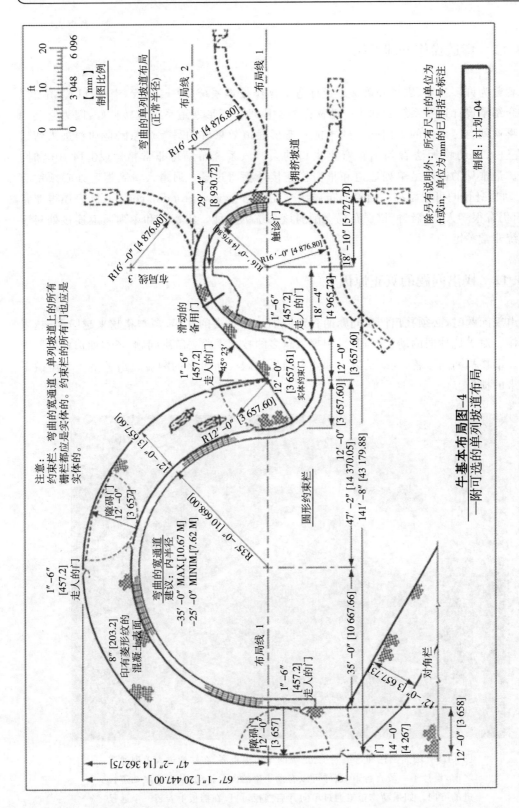

**图14.10** 布局图显示了所有的单列弯道可以采用的布局方式。单列通道和集畜栏间连接处的布局方式很重要，这部分的布局必须严格按照此图设置。

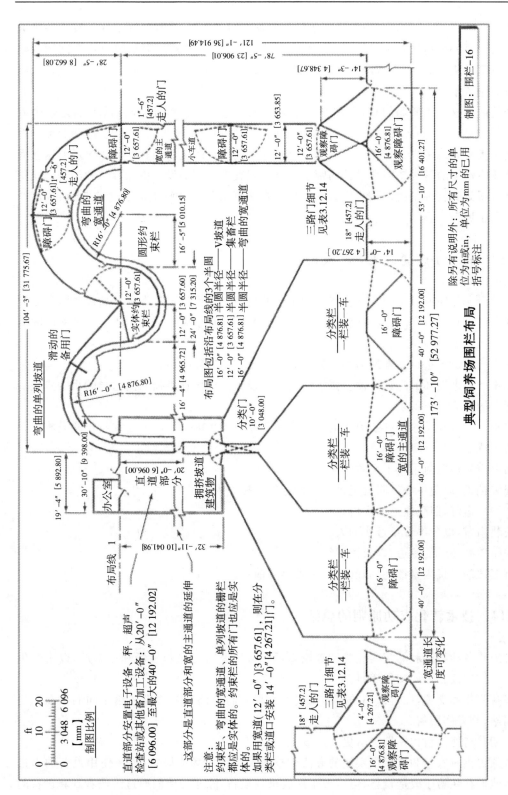

图14.11　大型牧场或饲养场的弯道布局。动物在接种疫苗和处理后，可以分成三路。

作者从 1980 年的一个教训中学到解决问题时必须找出真正原因的重要性。我为一个大型屠宰厂设计了一个传送系统,运输体质太弱而不能走上长坡的猪。但是解决这个问题的整个工程构思都是错误的。传送带被安装在单列通道的底部,这易导致猪向上和向后跳。最终整个昂贵的系统不得不被拆除。

我开始追溯这些体质弱的猪,发现它们都来自同一个农场。因此,应该改变的是这个农场,而不是更换屠宰厂的所有设备。猪体质弱的问题可以通过更换种公猪、淘汰肢蹄变形的遗传缺陷猪比较容易地解决。农场还改造了造成猪蹄过度生长的金属地板。改正农场的这些问题要远比适应动物的基因缺陷和过长的蹄子而重新配置屠宰厂的设施更加容易和经济。从这件事情可以得到的教训是:管理者、兽医和工程师在花费大量资金解决问题之前,必须找出产生问题的真正原因。

## 14.13　许多小改变促成大的改善

很多旧设备往往通过小的改进就能得到很大的提高。你永远不想在置办新设备时重复原有不好的设计,但往往许多旧设备改造后可以很好地提高动物福利。以下是一个屠宰厂的改进清单。

第一步　对员工进行基本的动物行为学原理培训(参见第 5 章)。

第二步　修理损坏的门和其他直接接触动物的设施。如修理破损的门这样的小的修理要比修理漏水的天棚重要得多。

第三步　发现并消除所有使动物退回或畏缩不前的干扰因素。以下是在特定的设施中必须消除的干扰:

- 用窗帘遮挡照射主要干道的阳光。
- 安装挡板,以免牛看见附近记录牛身份标签的操作人员。
- 增加一盏灯,照亮通道的入口。
- 安装窗帘,以免牛看见过往的人。
- 关闭单列通道的侧边,以阻挡视线。

所有上述的干扰因素都处理好的话,牛很容易前行。

## 14.14　技术转化成功原则的总结

1. 必须具备动物福利的实践经验和理论知识。必须坚持走访养殖场和屠宰厂,以不断更新知识。坚持阅读相关的文献资料。

2. 坚持写作和交流,经常以小的演讲稿或论文形式将思路与方法表述给不同的听众。建立免费网站,刊登实用信息。

3. 长期坚持努力将比短期突击更有成效。

4. 必须提供对农场和屠宰厂实用的方法或技术。走访农场或屠宰厂,跟使用设备的人进行交流。他们往往擅于改造设备,但一般不愿尝试新设备,除非让他们通过录像看到新设备的优点。

5. 虚心接受批评,尤其是在做开拓性的新产品时。虚心接受有建设性的意见,并做出相应的改进。

6. 灵活改变可以改变的部分，不要在不可改变的部分钻牛角尖。

7. 在交际中要积极主动，守信用。对畜牧场、公众和动物保护组织提供的信息应一致。不要粗鲁、刻薄和说脏话。

8. 寻找一些喜欢创新的农场或屠宰厂管理者最先尝试你的新方法。为了保证转化成功，必须让早期的尝试者信任你的方法和研究。

9. 成果转化所需的时间和工作量远超过科学研究本身。

10. 做到保守秘密，这样才能够保证进入农场或屠宰厂的权利。当发现不当时，作者的谈话和文字中都不涉及具体是哪个农场或屠宰厂。如果让人们辨认出这个农场或屠宰厂，这个农场或屠宰厂则有可能拒绝向你敞开接受技术革新的大门。

（陆扬、李荣杰、夏东译，顾宪红校）

## 参考文献

Begley, S. (2008) On science: where are the cures? *Newsweek*, 10 November, p. 56.

Butler, D. (2008) Crossing the valley of death. *Nature* 453, 840–842.

Giger, W., Prince, R.P., Westervelt, R. and Kinsman, D.M. (1977) Equipment for low stress animal slaughter. *Transactions of the American Society of Agricultural Engineering* 20. 571–578.

Goihl, J. (2009) Bulky gestation diets help piglets grow faster. *Feedstuffs* 23 March, pp. 12–13.

Grandin. T. (1980) Observations of cattle behavior applied to the design of cattle handling facilities. *Applied Animal Ethology* 6, 19–31.

Grandin, T. (1988) Double rail restrainer for livestock handling. *International Journal of Agricultural Engineering* 41, 327–338.

Grandin, T. (1991) *Double Rail Restrainer for Handling Beef Cattle*. Paper No. 91–5004. American Society of Agricultural Engineers, St Joseph. Michigan.

Grandin, T. (1996) Factors that impede animal movement at slaughter plants. *Journal of the American Veterinary Medical Association* 209, 757–759.

Grandin, T. (2003) Transferring results of behavioral research to industry to improve animal welfare on the farm, ranch and the slaughter plants. *Applied Animal Behaviour Science* 81, 215–228.

Grandin, T. (2007) Handling and welfare in slaughter plants. In: Grandin, T. (ed.) *Livestock Handling and Transport*. CAB International, Wallingford, UK, pp. 329–353.

Grandin, T. and Johnson, C. (2005) *Animals in Translation*. Scribner (Simon and Schuster), New York.

Grandin, T. and Johnson, C. (2009) *Animals Make Us Human*. Houghton Mifflin Harcourt, Boston, Massachusetts.

McGlone. J.J. and Curtis, S.E. (1985) Behavior and performance of weanling pigs in pens equipped with hide areas. *Journal of Animal Science* 60, 20–24.

Rogers, E.M. (2003) *Diffusion of Innovations*, 5th edn. Free Press, New York.

Taylor, I. (2009) Learn to convince politicians. *Nature* 457, 958–959.

Westervelt, R.G., Kinsman, D., Prince, R.P. and Giger, W. (1976) Physiological stress measurement during slaughter of calves and lambs. *Journal of Animal Science* 42, 831–834.

# 第15章 为什么行为需求很重要

**Tina Widowski**
**University of Guelph，Guelph，Ontario，Canada**

## 15.1 引言

出于一些原因，动物行为一直是讨论动物福利时的重要内容。其中一个原因是源于许多人持有的如下观点：良好的福利意味着动物应该能够过上比较自然的生活，或者至少行为方式与其物种的天然习性一致（Fraser，2003）。尽管按照所有自然行为模式生活并不是良好福利的必然要求，从科学的角度来看，一个物种的行为生物学——它的感知能力和行为的一般特征——将决定动物如何看待和适应我们对它们的安置和对待（Spinka，2006）。因此，我们所提供的照料与它们的行为特征相匹配是很重要的。进一步的观念是，一些特定行为模式的表现（例如母鸡筑巢或猪只用鼻拱土），对于动物可能是很重要的，如果动物无法表现上述行为，则可能会痛苦（Dawkins，1990；Duncan，1998）。这种观点引出了关乎农场动物福利的一些最困难和最有争议的问题。

### 15.1.1 感觉的重要性

动物行为起着重要作用的另一原因是源于动物福利主要是指动物的感受的观点（Duncan，1996；Rushen，1996）。根据这种观点，应该这样安置和对待动物：避免比如疼痛、恐惧和沮丧的负面情绪，甚至使用可能会促进快乐或满足这类积极情绪产生的方法。第8章包含了关于情绪生物学的信息。尽管动物的感觉无法直接测量，但基于已经开发出来的多种实验技术，我们现在建立了一些方法，以科学地衡量动物的感知和情感（Kirkden 和 Pajor，2006）。一些技术依赖于动物的喜好和如下事实：动物会付出很大努力以获得某样它认为非常值得的东西，并且试图回避或者逃离那些让它不快的东西。其他旨在衡量动物福利的行为学技术对动物用来沟通恐惧、疼痛或痛苦等情感的姿势和发声进行量化（Dawkins，2004）。

### 15.1.2 有问题的行为模式

行为在动物福利中起到了关键作用的最后一个原因是，在许多商业环境下，动物表现出侵略性的或对其他动物造成伤害性的行为模式，这直接降低了受害者的福利。猪咬尾和家禽啄羽是会对目标动物福利造成破坏性影响的行为问题的两个例子。此外，许多动物会形成似乎不正常的行为模式，这往往被作为福利差的指标（Mason 和 Latham，2004）。它们包括诸如空嚼、母猪咬栏和牛的卷舌等重复性异常行为。大量研究着眼于找出这些问题行为类型发生的环境、遗传和神经生理机制,以帮助我们理解为什么会形成这些行为,它们对福利意味着什么及如何才能避免它们(见 Mason 和 Rushen,2006)。

### 15.1.3　使用以结果为基础的测量

在实际环境中,人们可能很难解释动物短暂的行为,因此用来评估福利的多数行为学测量往往更适合于实验研究。动物自然行为模式、喜好和厌恶,通常通过对比性试验来测量,这些信息可以用来给基于投入的畜舍或管理实践方面的福利指标提供建议。一些体现恐惧、疼痛或热不适的行为指标,比如发声、步态或姿势,已经得到了实验室研究的验证,可作为基于结果的福利测量指标(见第 1 章和第 3 章)使用。有知识的饲养人员在日常实践中很容易接受和使用很多这样的指标,有些指标可以用于福利评估。由于饲养条件不佳产生的行为或者伤害,这种伤害不论对进行该行为的动物,还是对群体中的其他个体,都可以通过基于结果的测量,如伤口评分(Turner 等,2006)、羽毛评分(Bilcik 和 Keeling,1999;LayWel,2009)或体况评分(见第 3 章)来间接地进行评估。然而,了解这些饲养条件的潜在原因对于解释它们与动物福利之间的关系和解决问题十分重要。

在这一章中,将讨论一些科学概念和用来测量与动物福利有关的动物行为的方法。这将包括对行为和动机的理解如何告诉我们动物怎样感知我们提供的环境,以及帮助我们开发管理动物生理和社会环境的最佳实践方法,也包括一些对行为间接测量方法的讨论,以及为何它们可用于识别和解决行为问题。

## 15.2　理解动物行为生物学的重要性

每一头动物都有保持自身健康、生存和繁殖的机制,而行为是这种机制的核心部分。纵观其自然历史,每个物种都进化形成了复杂的策略和一系列协调的反应,以获得养分,从天敌或其他伤害中保护自己,寻找配偶以及照顾后代。在很大程度上,基因控制着行为,因为基因决定了感觉器官、肌肉及协调两者的神经系统的发育。我们现在的家畜品种都经过了数千年的驯化,驯化过程和生产性状密集的遗传选择,导致现代品种与其野生的祖先相比,一些行为已经发生改变。然而,在行为上所发生的变化多数是定量而不是定性的(Price,2003)。这意味着,已经驯化的品种保留了许多(如果不是大部分)其野生祖先的行为特征,但这些特征在表现程度上有所不同。

### 15.2.1　家养动物和野生动物的行为比较

Jensen 和他的同事们最近进行了一系列全面的研究,比较选育用于产蛋的白来航蛋鸡和家养鸡的野生祖先原鸡的行为(Jensen,2006)。它们在相同的条件下孵化、出壳和饲养,然后在半自然环境中进行观察(室外,但提供食物和庇护所),期间进行了一系列的行为测试。现代蛋鸡品种表现出与其野生祖先完全相同的行动模式以及社会信号和性信号,但它们普遍显得更不活跃,对人类和新物体不那么恐惧,并且探索和反捕食行为较少(Shütz 等,2001)。现代品种鸡采食较密集——它们不大愿意寻找食物,而是较多地从某一局限地点采食。并且它们有更多的性行为。虽然它们倾向于在空间上互相靠得更近,但当新的群体形成之后,现代品种比野生种令人吃惊地更具有侵略性。在野生和家养的品种之间,无论是天然习性还是被学者们称为"舒适行为"的数量上，并没有差异。这些舒适行为包括整理羽毛和沙浴（Shütz和Jensen，2001）。利用现代基因组技术，Jensen和同事（见Jensen，2006）也调查了行为变化的潜在遗传机制，这种行为变化可能与由于人工选择生产性状引起的基因组变化相关。他们的研究采用数量性状位点（quantitative trait loci，QTL）分析，结果表明，少数调控基因的变化，可能与许多行为效应有关，这些行为效应被认为是家养品种表现型的组成部分（Jensen，2006）。

关于蛋鸡和原鸡的一些最近研究结果支持了如下观点：驯化和生产性状的人工选择，往往会增加支持更高饲料转化效率和更高繁殖率、使得人类管理处理它们比野生动物更容易的行为发生频率，但不会改变它们许多的基本行为倾向。在野生或半自然的环境下，也对野生群体（那些又重新变成野生的驯养动物）和驯养的鸡（Wood-Gush和Duncan，1976）、猪（Jensen和Recén，1989）和牛（Rushen等，2008）进行了许多研究，以确定动物如何花掉自己的时间，如何组织它们的社会群体，什么资源或特色的物理环境看起来对支持它们的"自然"行为模式比较重要。这些类型的研究并不一定暗示，在自然环境中饲养的动物对它们的福利是必需的。"自然行为"实际上非常易变。自然行为的变化使得动物能适应地理、环境条件和食物供应的变化。此外，自然条件（以及自然行为）并不总是对福利有益，因为它们会导致动物遭受应激或伤害（Spinka，2006）。然而，一些观点认为，物种的一些典型行为可以为我们提供观察它们生理和社会需求的视点，帮助我们理解可能发生在商业化农业环境下的一部分福利问题（Rushen等，2008）。

### 15.2.2　在集约化生产系统中缺乏觅食机会

在集约化生产系统中，畜舍建筑和管理的一些方面偏离了家畜种属典型行为生物学。这些方面包括我们饲养动物的方式、对母性行为和母子关系的管理方式、对畜群大小和组成的确定以及缺乏支持某些行为模式的物理资源（如植被、土壤或基质）。关于采食，个别物种使用各种各样的策略来搜索、发现、准备以及消化其每天所需的营养。例如牛、羊的啃食牧草和反刍，家禽的刨和啄，猪的用鼻拱土和咀嚼。在自然饲养系统中，觅食和采食行为往往占据动物每天时间预算的很大一部分。例如，据观察，放牧的奶牛花在吃草上的时间为 8.6～10 h/d，时间长短视奶牛的品种和浓缩料饲喂水平而改变（McCarthy等，2007）；舍外饲养的妊娠母猪在探究和觅食上花费的时间占日照时间的 12%～51%不等，即使早上已喂给它们一天的饲料标准定量（Buckner等，1998）。这与零放牧系统中奶牛和大多数舍饲系统中母猪获得的放牧和觅食机会正相反。对年轻的哺乳动物，除吸吮行为外采食母乳通常包括接触母亲刺激其乳汁分泌，比如用鼻紧挨或以头抵撞以及吸吮行为。在自由放养系统中，我们观察到牛犊吮乳到 7～14 月龄（见Rushen等，2008），仔猪不管在何处都得抚育到 10～17 周龄（见Widowski等，2008）。大多数奶牛从生下来第一天就开始人工喂养，而商业仔猪通常会在大约 21～28 日龄时断奶，改吃干料，这个时间在某些系统中甚至更早。这些饲养系统中巨大的背离可能导致行为问题，如牛犊的相互吸吮以及仔猪的拱腹、吸腹，并可能促使成年有蹄动物口部刻板行为的发展。这些主题的更多细节将在后面加以论述。

### 15.2.3　筑巢行为的动机很强

由于新生或新孵化出的动物体格较小，而且身体发育不完全，所以和年龄较大的动物相比，它们的环境需求有很大不同。在自然界，新生动物极易受到低温和其他动物掠食的侵害。

因此,大多数鸟类和一些哺乳动物都会筑巢来孵化种蛋和抚育后代。即使母巢(maternal nests)对于雏鸡和仔猪的存活已经不再必要,母鸡和母猪还是分别会在产蛋和产仔前强烈地表现出筑巢行为。母鸡和母猪表达筑巢行为时,会由于受到蛋笼和产仔栏的限制而发生一些行为变化,人们将这些变化解释为由于无法获得筑巢材料而表现出的沮丧。另外,作为自然行为的一部分,很多动物都会清洗或梳洗自己。例如,如果给家养鸟类提供沙浴材料,它们就会定期进行沙浴。在铁丝笼中,它们则进行"假沙浴"——在没有任何沙可用的情况下,做完整套沙浴的动作。这种"真空活动"引出了行为剥夺的概念以及动物在没有机会表达一些对它们很重要的行为模式时是否痛苦的问题。科学家已经用关于动机的研究论述这些问题。

## 15.3　行为由什么控制

动机用来描述动物在不同时间对环境刺激的行为反应产生的内部过程或状态。换句话说,动机的概念解释了为什么动物会做出某种行为。例如,一头猪睡醒之后会走到饲料槽开始采食。是什么引发了猪在睡和吃这两种行为之间的转换?无疑这种转换涉及了神经、激素和生理过程的复杂互作(请参看第 1 章和第 8 章关于驱动行为的核心情感系统的研究发现)。在这种情况下我们通常说,这头猪只是饿了或者它的进食动机发生了变化。饥饿、饥渴和性欲分别是我们在描述采食、饮水和性行为的动机状态时常用的术语。

早期的动机理论将主要由内部生理因素驱使的行为和主要由外部因素或环境刺激驱使的行为划分为两种不同的系统。虽然我们现在知道,大多数动机系统都依赖于内部因素和外部因素更加复杂的互作,但是按照这两种因素分别考虑不同的行为控制机制对我们常常很有帮助。对于明显调节体内平衡的行为系统——采食、饮水、体热调节行为——血糖、血液渗透压或核心体温等内部因素各自占支配地位。但是,也有一些非调节性行为也很大程度上取决于生理因素。家猪的筑巢行为就是一个例子。

### 15.3.1　母猪筑巢行为由内部刺激激发

如果有机会的话,母猪在生仔猪之前就会开始筑巢。生产前一天,母猪会找一个筑巢地点,挖一个浅坑,然后收集各种不同的筑巢材料,例如树枝、树叶和草,用来筑巢。在完成筑巢的几个小时内,母猪将它的幼仔生在巢内。在集约化养猪生产系统中,饲养在产仔栏中的待产母猪依然表达与筑巢有关的行为模式。在产仔前 16 h 左右,母猪就会躁动不安地拱或者挤撞产仔栏的地板或门。不论母猪处于什么环境,这种行为变化都会持续并且可预见地发生在相对短的一段时间内(Widowski 和 Curtis,1990)。母猪的筑巢行为很可能有很大的内部成分,因为它发生在产仔栏这样一个完全缺乏适当外部刺激的环境——狭小而且缺乏筑巢材料。一些也与分娩有关的激素变化,例如前列腺素的释放,促使了筑巢行为的发生(Widowski 等,1990;Gilbert 等,2002)。在自然环境下,草、地面、巢的位置等外部刺激引发了整套行为模式的表达,最终实现了筑巢(Jensen,1993)。考虑到母巢的作用——一个仔猪存活必需的温暖、安全的地方——以及及时将巢筑好的重要性,那么进化出一个稳固的内部控制系统就很合理了。巢必须在幼仔出生之前建好,而和分娩相关的激素的变化触发的行为确保了巢及时建成。

### 15.3.2 由外部刺激触发的行为

相对的,一些行为模式主要由外部刺激触发。反捕食行为——警告叫声,保护姿势,回避行为——是典型的例子,因为它通常只发生在捕食者接近或者某样东西被认为是捕食者这类外部刺激存在的情况下。动物会认为快速移动的、巨大的或逼近的物体是个威胁(参看第5章)。虽然雄性的睾丸激素或者饥饿等生理因素会促使动物参与争斗,但由于出现竞争者是必需的,所以通常情况下攻击也主要取决于环境因素。在任何时间点上,动物可能会受到刺激同时做出不同的反应,因此不同的动机系统其实都在竞争以获得控制。最终表达出的行为实际上是当时动机最强的或者没有受到其他因素抑制的那一种行为。

## 15.4 动物是否有行为需求

情感状态被认为对动机有影响,因为像恐惧、沮丧甚至高兴这样的情绪使动物更可能在正确的时间做正确的事情(Dawkins,1990)。40多年来,科学家们一直在努力解决行为剥夺和动物是否有行为需求的问题(Duncan,1998)。"行为需求"这个术语最早出现在对一份报告的回应中,这份报告来自英国政府建立的回应公众对农场动物福利关注的委员会。Brambell委员会提出,动物拥有"自然的、本能的驱动力和行为模式",不应将动物饲养在对其行为模式有抑制的条件下(Brambell,1965)。从此,这一术语就因为缺少清晰的定义和科学的基础而受到广泛争论,并经常遭到批评(Dawkins,1983)。

随着时间推移,人们逐渐达成了共识,认为"行为需求"这个术语应该指某种特定的对动物很重要的行为模式,如果阻止这种行为模式表达,将会导致动物沮丧或者一些消极的生理状态,并引起痛苦和损害动物福利(Dawkins,1983;Hughes和Duncan,1988;Jensen和Toates,1993)。当驱动行为的因素主要来自内部,并且这种行为本身对动物来说很重要时,人们通常认为这种行为剥夺更有可能损害动物福利(Duncan,1998)。Dawkins(1990)、Fraser和Duncan(1998)提出行为"需求状况",意思是,与恐惧或沮丧等强烈的负面情绪有关的行为可能是为了应付个体(例如逃离捕食者)或后代(例如筑巢)的生存威胁需要采取的立即行动进化出来的。他们同时提出,另外一些不会对生存立刻起到决定性作用的行为、一有机会就可表达的行为(例如玩耍、梳洗)更可能与像喜悦、满足这样的积极情感状态相关。

## 15.5 测量动物情感的科学方法

动物福利科学家们已经设计了一些不同的方法来评估动物如何感受住所和受到的管理。人们使用了两种比较普遍的方法,最近对这两种方法都有综述(Kirkden和Pajor,2006)。第一种普遍的方法是让动物控制一些特别的资源或特别的经历,通过给它们提供选择或机会使它们达到或远离某种选项,然后观察动物做出了什么决定。基本上这就是询问动物它们想要什么(或不想要什么)和想要多少的方法。这种可以用来测试的选项的例子包括地板或畜栏的设计类型,麦秆、锯末或沙子等不同的地面材料,产蛋箱、栖木、社交伴侣等项目以及不同处置和限制方式。一般使用三种标准化测试:偏好测试、动机强度测试和厌恶感测试,这些将在后面仔细解释。另一种通常使用的评估动物情感的方法是将动物置于一个特定的环境下(例如一个铁笼），或者将其暴露于某种特定的经历中（例如冷冻烙印），然后仔细地观察和评估动物的反应，以便辨识出如沮丧、恐惧、忧伤等负面情感的迹象。行为反应可能包括试图逃跑（Schwartzkopf-Genswein 等，1998）、在该种情形下表达出的行为、刻板的步态等（Yue 和 Duncan，2003）。

### 15.5.1　偏好测试

在标准化偏好测试中，科学家使用一个在不同终点处有不同选择的 Y 形或 T 形迷宫。训练动物使用迷宫，它们就会知道在迷宫的不同终点有什么选项。然后对一系列测试中动物的不同选择分别计数。另外，可能给予动物在更长的时间中连续访问不同选项的机会，现场观察或录像会记录它们访问不同选项的频率及其所花费的时间。

偏好测试已被用于研究所有物种各种畜舍设计特点，包括母猪的环境温度（Phillips 等，2000）、家禽不同的光照类型和强度（Widowski 等，1992；Davis 等，1999）、奶牛垫料和地板的不同类型（Widowski 等，1992；Davis 等，1999）甚至空气中的氨水平（Wathes 等，2002）。偏好测试可以提供有关舍饲方式选择的有效信息，但这些测试都必须经过精心设计，以确保动物做出感兴趣的选择，例如并不总是选择左侧。这些测试还必须得到细心解读，因为许多因素可以影响测试结果，比如动物以前的经历（它们可能不愿进入一个具有新地板类型的地方，即使躺在那个地方更舒适）或者该动物在测试期间的动机状态（猪可能会在天冷的时候选择躺在稻草里，而在天热的时候选择躺在裸露的混凝土上）。偏好测试的另一个问题是，动物并不总是做出对其长期健康和福利最有利的选择，这在根据测试结果来提供舍饲建议时需要考虑。一个例子可能是选择一种躺得舒服但对其蹄部长期健康有害的地板类型。

#### 15.5.1.1　家禽对照明的偏好

使用偏好测试的一个好处是，它让我们得以直接询问动物它们是否感知到环境的差异，以及它们在哪些环境中更舒适，而避免依赖人类的看法。在这方面，偏好测试有时能得到令人惊喜的结果。一个例子来自于在鸡舍中使用灯光类型的问题。鸟类的视觉系统与人类有很大不同。鸟类有非常丰富多彩的视觉，它们可以看到人类看不见的各种波长的光。鸟类也有与人类不同的运动感知能力，并能感知闪烁频率远超过人类感知能力的光——这种特性的频率叫临界融合频率（critical fusion frequency，CFF）。CFF 是一个频率，在该频率下无法再感知到运动，或者不连续的光源（闪烁的）看起来是连续的。对人类来说，CFF 为 60 Hz。这意味着，频率高于 60 Hz 的图像序列将融合在一起，看起来是连续的；这就是电影所基于的物理现象。鸟类通常具有比人类更好的运动感知能力。据估计，家鸡的 CFF 约为 105 Hz（Nuboer 等，1992）。

在 20 世纪 90 年代初期，当最初开发出来紧凑型荧光灯时，就提出了关于鸡舍中使用荧光灯对鸡只福利的影响问题。常用的以磁镇流器作为动力源的荧光灯闪烁的频率是电网频率的两倍。北美的供电频率为 60 Hz，而在欧洲只有 50 Hz。这意味着，荧光灯在这两个地区的闪烁频率分别为 120 和 100 Hz。大多数人无法感知这个闪烁，因为它远高于我们的 CFF。由于鸟类的 CFF 接近荧光灯的闪烁频率，因此推测，鸟类可能能够看到荧光灯的闪烁，并可能在不得不忍受闪烁光的环境中觉得厌恶（Nuboer 等，1992）。为了确定蛋鸡是否对荧光灯感到厌恶，在时长 6 h 的偏好测试中，允许它们在两个不同的房间中选择：一个房间使用标准白炽灯照明，另一个房间使用紧凑型荧光灯照明（Widowski 等，1992）。除了灯光类型之外，两个房间完全相同。光照强度也与蛋鸡舍中的情况相似。

根据已知的鸟类 CFF，与我们的预期相反，母鸡花了大约 73% 的时间在荧光灯照明的房间，而在白炽灯照明的房间只花了 27% 的时间。这意味着，或者鸟类没有察觉到荧光灯的闪烁（至少在北美），或者它们察觉到了，但并不回避。事实上，它们发现了荧光灯比白炽灯光更有吸引力的一些方面，并花费大部分时间待在有荧光灯的房间。在英国进行的火鸡偏好测试得到了类似的结果（Sherwin，1999）。目前尚不清楚为什么鸟类喜欢荧光灯照明胜过白炽灯，但这可能是由于光发射的波长差异。使用的紧凑型荧光灯在较短波长的区间（光谱的紫外和蓝色区域）发出更多的能量，而家禽对这个波段的敏感度要高于人类。这些关于鸟类照明偏好的研究结果强调了动物的感官能力和知觉与人类是如何的不同，并且人们很难预测动物会如何反应。最好的获取答案的方式之一是，使用一种实验技术使我们能够直接询问动物。

### 15.5.2 厌恶感测试

厌恶感测试是基于不愉快的感觉或负面情绪会帮助动物学会躲避可能性伤害这一想法。当动物感到害怕、疼痛或不舒适时，它通常就会做出摆脱这些感觉源头的行为（躲避和逃跑）。如果一只动物反复经历不愉悦、疼痛或不舒适，那么它将学会远离跟这些不舒适感觉相联系的地方或条件。大量研究表明，牛将学会踌躇不前或拒绝去曾经被抽打过的地方以躲避粗鲁的管理（Pajor 等，2000），或者选择迷宫臂中和善的管理者而不是粗鲁的管理者（Pajor 等，2003）。相似的研究表明，羊会很快学会通过迷宫臂躲避电固定这种管理方式（Grandin 等，1986）。这些研究表明，牛和羊确实能够区分不同的管理和固定方式，并且它们能够发现某些方式比其他的方式更加令它们厌恶。

虽然大多数厌恶感测试用于家畜管理和固定实践，但该方法也应用于测定动物对屠宰或者安乐死中所用一些气体的厌恶程度。Raj 和 Gregory（1995）训练猪，将其头部放入一个容器中，让它们从这个容器中的一个盒子内吃苹果。在一系列测试期间，这个容器中充满了空气（对照）、含 90% 氩气的空气、含 30% 二氧化碳的空气或含 90% 二氧化碳的空气，并暴露 3 min。在测试时间里，当容器中充满空气或者氩气时，所有的猪都停留在容器中，并且在这 3 min 的大部分时间里都在吃苹果，没有一头猪在以后的测试中会犹豫不想进入测试容器。但是，在容器中充入 90% 二氧化碳的测定日，几乎所有的猪都立刻将它们的头抽回，几乎不会在测试容器中采食，即使饥饿了 24 h 也是如此。猪对 30% 二氧化碳的反应居中。在进行了 90% 二氧化碳测试后第二天，当测试容器中充满空气时，一些猪仍犹豫不前，甚至有一头拒绝进入测试容器，这表明猪对高浓度的二氧化碳极其厌恶（关于气体致昏和安乐死的深入研究，参见第 9、10 章）。

### 15.5.3 动机强度测试

虽然偏好测试确实提供了动物对不同选择的喜恶信息，但并没有告诉我们那样的选择是如何的重要。当给予一只鸡选择时，它可能更喜欢在泥炭土中而不是锯木屑中沙浴，所以如果我们想为它们提供一些材料，我们应该知道它们更喜欢哪种。但是，偏好测试结果并没有告诉我们它想要沙浴材料的程度。当我们考虑动物是否遭受行为剥夺这类更复杂的问题时，这个信息显得尤为重要。Dawkins（1983）是使用另外一种类型测试——需求测试的先驱，即测试动物对特定资源的动机强度。需求测试基于经济学家使用的技术，根据购买行为判断人们会把哪些物品当作必需品或奢侈品。用于动物的需求测试设计为,使动物通过行为付出资源代价。它们必须通过付出代价来得到资源,如放弃采食机会以便待在较大的笼子中或者得到一个伴侣。更常见到的是,使动物掌握一项操作技术,如啄一把钥匙,用鼻子或蹄子按下杠杆,以便得到奖励。一旦动物学会了这项技能,它们不得不更加努力去获得奖励。它们必须啄更多次钥匙以获取奖励。经常对动物得到某种资源如垫草或稻草的愿望与它们希望得到食物的愿望进行对比;食物被认为是动物需求的黄金标准。其他类型的测试例如阻碍测试,也被应用于研究动物有多想获得资源。例如推开经过加重更难打开的门(Duncan 和 Kite,1987)或者通过变窄的更难经过的缝隙(Cooper 和 Appleby,1996)。有时在剥夺动物的资源前后对其进行测试,以便确定动物失去这个资源一段时间后是否会觉得资源价值增加或者"眼不见,心不烦"(Duncan 和 Petherick,1991)。

### 15.5.3.1　用动机研究来确定蛋鸡对筑巢和沙浴的需求

人们强烈批评蛋鸡笼养系统,部分原因是因为母鸡缺乏筑巢和沙浴的机会。实际上,已开展的数以百计的研究可以帮助我们了解这些行为的动机,近来有几篇这方面工作的综述(Cooper 和 Albentosa,2003;Olsson 和 Keeling,2005)。通过比较我们所知的控制行为的因素以及母鸡对筑巢和沙浴的意愿程度,表明这些行为与母鸡福利指标有重要区别。

自从 Wood-Gush 和 Gilbert 的研究证明了筑巢是由排卵过程中释放的激素刺激的,并会在翌日产蛋前表达一系列行为以来(见 Wood-Gush 和 Gilbert,1964),母鸡的产蛋前行为被广泛研究了 40 多年。母鸡在产蛋前几个小时,就开始显露出寻找筑巢地点的迹象,它们会增加运动以及搜索潜在的筑巢地点。在搜索阶段之后,是一段卧在最终产蛋地点的阶段;在那里母鸡会通过转动身体以形成一个空洞以及安排材料筑巢(Duncan 和 Kite,1989)。

大多数母鸡喜欢在一个单独的封闭的产蛋箱中产蛋,并且其前往产蛋箱的动机强度已通过多种方式得到验证(图 15.1)。实验已经证明,母鸡愿意挤过窄缝(Cooper 和 Appleby,1996),推开沉重的门(Follensbee 等,1992),穿过陌生的或领头母鸡的领地,以获得一个产蛋箱(Freire 等,1997)。Cooper 和 Appleby(2003)证明母鸡在产蛋前 40 min 为到达拥有木质产蛋箱的鸡笼所付出的工作频率(推开一个锁着的门),等于其在不进食 4 h 之后返回自己的鸡笼的工作频率,而且在产蛋前 20 min 时,前往产蛋箱的工作频率是前面的两倍。母鸡可以变得十分努力以获得一个产蛋箱。如果训练母鸡推开一道门以到达一个产蛋箱,当阻止它这样做的时候,轻型杂交母鸡会在 1 h 内平均尝试 150 次,试图推开门(Follensbee,1992)。图 15.2展示了一个门装置,用于测量动机强度。

当没有产蛋箱可用时,母鸡会更加积极,在产蛋前走的时间更长,并且经常表现出被称为"刻板慢走"的行为,这种行为差异已被解释为挫折的信号(Wood-Gush 和 Gilbert,1969;Yue 和 Duncan,2003)。Yue 和 Duncan(2003)发现,接触不到产蛋箱的笼养母鸡花费产蛋前超过20% 的时间慢走,而有产蛋箱的母鸡则花 7% 左右的时间慢走。在一个僻静的地方筑巢是一种高度优先的行为,可以通过为母鸡提供一个产蛋箱来实现。

### 15.5.3.2　沙浴有多重要

家养雏鸡在孵化后头几周就开始表达沙浴行为。该行为包括明显的平卧、抖毛和摩擦等一系列的运动模式,以完成在羽毛下扩散沙的过程。沙浴由内在因素和环境因素交互控制,而其动机系统与筑巢的情况有很大不同。平均约 2 d,沙浴就会出现一次,并且呈现昼夜节律:大多数沙浴发生在中午前后(Lindberg 和 Nicol,1997)。很多环境因素也对母鸡的沙浴动机有影

图 15.1　排卵释放的激素引起母鸡寻找筑巢地点用来产蛋。大多数母鸡喜欢
在一个封闭的铺有锯末、稻草或人造草皮的产蛋箱中产蛋。

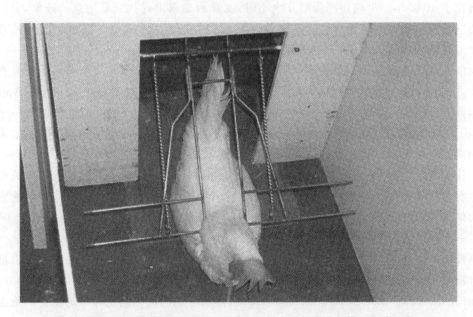

图 15.2　训练母鸡推开门以测量它愿意花多大的努力获得资源如产蛋箱。
鸡学会推门以后，在水平横杆末端增加重量。母鸡开门愿意抬起的重量可
以测量母鸡的动机强度。

响，包括泥土材料的可视性（Petherick 等，1995）、环境温度、光照和热辐射源（Duncan 等，
1998）。外部因素（如阳光和泥炭块）可以强烈刺激沙浴的表达，并且这种行为在合适的条件下
基本上都可表达。

在剥夺母鸡沙浴机会的一段时间之后，通过各种操作性和障碍性测试，测试了母鸡为了获

得沙浴的泥土进行努力的意愿,但结果却充满变数(见 Cooper 和 Albentosa 的综述,2003;Olsson 和 Keeling,2005)。Widowski 和 Duncan(2000)发现,为了在泥炭上进行沙浴而推开加重过的门的意愿,母鸡各个体之间存在相当的差异,虽然大多数被测母鸡在被剥夺了褥草之后推动更多的重量,但有的母鸡却在自己笼中刚完成一次沙浴之后就推动更多的重量。也有些其他的母鸡推开了门,但之后并不进行沙浴。母鸡在本研究测试中的行为显然不同于以往关于产蛋箱的研究。我们认为这些结果不支持沙浴的"需求"动机模型,而是母鸡在机会出现时进行了沙浴。但是,该行为对母鸡来说很可能是有益的。

鸟类在得不到沙浴基质后,当再次获得沙浴材料时,它们会更迅速地开始沙浴,会使用更长的时间,进行更激烈的沙浴。这通常称为反弹效应,被认为是在一段时间的剥夺之后沙浴动机"建立"的证据(Cooper 和 Albentosa,2003)。然而,任何被认为是与挫折相关的行为,如踱步、摇头或异位整理羽毛等,在剥夺沙浴的实验中很少被提及。虽然真空沙浴的出现令人关注,在提供了沙浴条件的笼养母鸡却常常在鸡笼网面上进行沙浴。Olsson 和 Keeling(2005)认为,沙浴的"需求"模型和"机遇"模型更可能取决于母鸡的内部状态。如果给予母鸡极具吸引力的沙浴材料,它可能会表达沙浴行为,即使它刚刚进行过一次。但是,对于被剥夺了一段时间泥土的母鸡,对沙浴的需求将取代任何外部因素,即使没有泥土,它也会进行沙浴。

关于沙浴和筑巢的各项研究引导一些科学家得出这样的结论:缺乏合适的僻静的产蛋箱是传统笼养系统中最大的福利问题之一,若母鸡不能接近产蛋箱,可能会受到挫折(Duncan,2001;又见 Cooper 和 Albentosa,2003;Weeks 和 Nicol,2006)。在一个僻静的地方筑巢是一种有利于提高雏鸡野外生存率的固有行为模式。另一方面,沙浴似乎是一个优先级较低的行为(见第 1 章和第 8 章)。筑巢动机可以通过提供封闭的衬有木屑、秸秆或人工草皮的产蛋箱来满足(Struelens 等,2005,2008)。已经开发出来的配有产蛋箱、栖木、沙浴盘的各种鸡笼为母鸡表达各种行为提供了机会,同时也有利于保持鸡笼的卫生(Tauson,2005)。

## 15.6 行为剥夺的后果

虽然动机的研究可以告诉我们很多关于何种类型的行为动机很强或者对动物是很重要的信息,但关于剥夺这些行为对动物生理和健康上的影响却知道得很少。联系行为剥夺与其对动物生理或异常行为发育的任何影响的一些最好的例子都与摄食行为有关。采食和饮水是直接对身体功能产生影响的"调控"行为模式。表现与采食和饮水相关的行为模式会增加动物饱腹感,并在消化过程发生或血渗透压平衡重新建立之前,有助于将该动物已吃过或喝过的信号传递给脑。在生产情况中,往往出现动物的饲养方式与其自然摄食行为不匹配的情况。

### 15.6.1 犊牛互吮问题

年轻的哺乳动物有很强的动机表达吸吮行为,因为它们的生存依赖于这一行为。肉牛犊和奶牛犊通常在出生一天左右,就会被从母牛身边带走实行断奶,并用桶给它们喂食牛奶(或奶制品)。当犊牛群养时,它们往往发展出相互吸吮行为,包括吸吮其他犊牛的耳朵、口鼻、尾巴、包皮、乳房或阴囊。相互吸吮会损害犊牛的健康。在某些情况下,相互吸吮可导致喝尿和体重下降。在没有其他犊牛的情况下,犊牛往往会直接对围栏进行吸吮。

为了确定控制犊牛吸吮行为的因素及其造成的生理后果，科学家已经进行了许多研究。(de Passillé，2001；也见 Rushen 等，2008)。在调查控制犊牛吸吮的研究中，de Passillé 和同事(2001)发现，当犊牛刚采食完之后最常发生相互吸吮行为，而当提供人工奶嘴之后，相互吸吮行为减少了。他们的研究还表明，吸吮行为的动机是牛奶的味道。甚至通过在嘴中注射少量的牛奶或奶制品(5 mL)也能触发吸吮，牛奶制品越浓，则吸吮行为出现越多。增加每次采食的牛奶体积并不会减少吸吮动机，虽然该行为与饥饿不完全独立。少采食一次或采食少量牛奶后的犊牛确实在随后一次的采食中增加了非营养性吸吮。不论犊牛是否已经能够吸吮，喂奶后 10 min 内吸吮动机自发减弱。另外，吸吮行为的表达似乎与犊牛的饱腹信号和消化功能有联系。用桶喂奶后给犊牛提供一个人造奶嘴，相比于无法吸吮的犊牛，肝门静脉中的血浆胆囊收缩素(cholecystokinin，CCK)和血清胰岛素浓度显著增加。在饲喂后提供干燥奶嘴，也能使犊牛心率更低，休息更多。提供一个干燥的奶嘴或者用奶瓶喂犊牛都能减少相互吸吮。许多先进的生产商已经发现，用奶瓶喂犊牛比用桶喂有多种优点。行为模式及其生理支持系统之间有着紧密的联系，犊牛吸吮行为的研究为此提供了一个很好的例证。

### 15.6.2　仔猪断奶问题

在商业化养殖中，断奶年龄和饲喂系统对仔猪来说也会产生一些问题。早期断奶仔猪在采食固体饲料上经常遇到麻烦，花大量的时间饮水，发生拱腹行为，即有节奏地按摩其他仔猪的腹部或肚脐(见 Widowski 等，2008)。与按摩的效果相似，仔猪通常通过刺激母猪的乳房来刺激母乳分泌。拱腹行为和吮腹会导致受体猪损伤(Straw 和 Bartlett，2001)(图 15.3)。断奶年龄对拱腹行为发生率有显著影响，断奶越早，拱腹行为发生得越多。这似乎是对吸吮、采食和饮水控制系统的混淆造成的。提供一个供仔猪吸吮的假乳头或者供按摩的假乳房可以显著减少拱腹行为以及花在饮水上的时间。饮水器设计也能影响拱腹行为：那些采用触压式饮水器(push-bowl drinker)的仔猪，拱腹行为显著少于那些采用乳头式饮水器的仔猪(Torrey 和 Widowski，2004)。即使乳头式饮水器的名称暗示该饮水器可以吸吮，但是水实际上还是倒入仔猪的嘴里，不能满足仔猪的吸吮动机。尽管我们对仔猪吸吮的生理效应了解得比犊牛的少，但我们确实知道那些拱腹行为多的仔猪生长得较差，在极端案例中，甚至出现消瘦。对商业农场的一次调查中，我们发现即使短短的 2 h 的抽样录像也足以监测到断奶仔猪是否发生拱腹行为(Widowski 等，2003)。很多美国和加拿大的生产者已经停止了极早期断奶，回到在 21～28 日龄断奶，晚一些断奶有助于帮助仔猪减少拱腹和其他异常行为。

### 15.6.3　成年有蹄类动物的口部刻板行为

在成年有蹄类动物中，限饲和缺乏机会去搜寻食物都有可能导致口部刻板行为的发生(Bergeron 等，2006)。这种行为通常在饲喂时或者之后不久达到高峰，那些能增加饱腹感的因素会减少这种行为。人们已提出一些假说来解释口部刻板行为发生的原因。一个假说认为原因是提供的简单日粮并不满足所需要——缺少能量或一些其他营养素。对限饲母猪，增加喂饲量或者日粮纤维和蓬松程度会减少空嚼和咬栏等行为的发生。另一个关于口部刻板行为发生的假说认为，在马和反刍动物中，这种行为会增加消化道的一些功能。例如，牛的卷舌和马的空嚼导致其唾液增加，进而起到缓冲消化道的作用，一些研究支持这个观点。最后，有一种观

**图 15.3**　拱腹是异常行为,会给其他猪造成伤害。断奶太早的仔猪常表达
更多的拱腹行为。

念是,缺乏机会觅食和饲料加工(减少反刍时间)可以导致口部刻板行为发生。虽然我们对口
部刻板行为发生机制的了解还不完全,但确实表明,更需要给予关注的是为家畜匹配自然饲养
系统的饲喂方式。提供干草或者其他多纤维的粗饲料可以有助于防止母猪、奶牛和马的这种
口部异常行为。

## 15.7　评估群养母猪的攻击行为

一些福利问题可以通过评估农场动物行为来解决。尽管实际福利评估中行为观察常常太
费时间,但我们仍可以间接地评估一些攻击行为和其他造成伤害的行为。对猪之间因打斗而
受伤(Séguin 等,2006;Turner 等,2006;Baumgartner,2007)以及鸡之间因攻击和啄羽而使
羽毛脱落(Bilčík 和 Keeling,1999)进行评分表明,这些损伤与实际打斗和啄斗行为有关。注
意受伤的特征(在身体的位置)或者与管理有关的受伤时间有助于确定行为的种类及发生
时间。

例如,在猪群中,肩膀和头部的受伤和划蹭伤痕与相互打斗有关,这些损伤在有攻击性的
动物中更普遍,而受到其他猪攻击的猪腹部或后部的损伤更普遍(图 15.4)(Turner 等,
2006)。Baumgartner(2007)也发现,混群的猪(来自不同圈栏已打斗过的猪)相比非混群猪,
头部和肩部损伤更普遍,而尾部和耳朵损伤并不是这样。在母猪群饲系统中,攻击行为是一个
问题。当重新混群时,猪之间的打斗几乎不可避免,因为猪群参与几个小时的激烈打斗是为了
建立它们的优先序列。如果母猪需要竞争食物或空间,也可能发生慢性攻击。

**图 15.4** 一头攻击性母猪正在啃咬其他母猪的后躯。一些母猪位次低下,更易受到其他母猪的欺凌和攻击。后躯有划蹭伤痕的母猪和其他猪往往受到其他动物攻击。

### 15.7.1 用划蹭伤痕评分来判定初始混群后是否发生持续争斗

观察并记录猪身上的损伤相对混群的时间,可以帮助我们确定攻击行为发生的时间,以及在一段较长的时间内慢性攻击是否是个问题。为了观察我们研究站将部分妊娠舍从限位栏转化为群饲系统对母猪福利的影响,Séguin 等(2006)对混合后 5 周内群饲系统中的母猪皮肤表面的划蹭伤痕进行每周一次的打分。评分系统非常简单。通过对每个肩膀的划蹭伤痕数量进行计数,然后获得相应分值:无划蹭伤痕 0 分;小于 5 处划蹭伤痕 1 分;5～10 处划蹭伤痕 2 分;10 处以上划蹭伤痕 3 分(图 15.5),并对两个肩膀的分数加和。图 15.6 和图 15.7 显示了每一组具有中度和重度划蹭伤痕数的母猪百分比以及母猪随时间变化的平均得分。跟踪重度划蹭伤痕得分的母猪对于鉴别在混群中发生的争斗引起的损伤

**图 15.5** 肩膀有严重划蹭伤痕的母猪。争斗引起的肩膀划蹭伤痕可用简单的4分评分系统评分:无划蹭伤痕0分;小于5处划蹭伤痕1分;5～10处划蹭伤痕2分;10处以上划蹭伤痕 3 分。肩膀划蹭伤痕数与相互争斗相关。攻击性动物通常肩膀划蹭伤痕更多。

最有用处。超过 30% 的母猪在混群后第一天有重度的得分记录,但这个得分随着时间的推延而下降,到混群后 3 周只有 5% 左右的母猪有很多划蹭伤痕。猪栏空间分配较宽裕,饲养密度 2.3～3.5 m²/头,群体大小 11～31 头。生产经验显示,大于 60 头母猪的大群饲养会减少争斗 (第 14 章)。收集了 15 个群组数据。母猪在地上饲养(图15.8)。群饲母猪与同一农场单体妊娠栏圈养的母猪相比,窝仔数和仔猪体重较高。体况评分良好而且在组内不随时间而变,没有疾病或外阴撕咬。我们认为这个系统的福利良好,由于争斗导致的划蹭伤痕是群饲母猪混群后的短期效应。当使用损伤得分评估群饲系统中的攻击行为和福利状态时,考虑相关损伤严重程度的得分和母猪混群的时间至关重要。

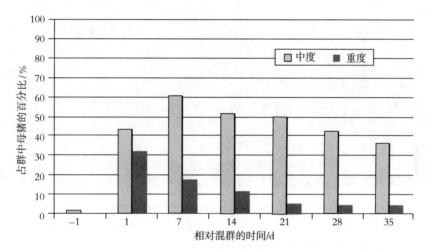

**图 15.6**　混群后每组 11～31 头母猪,它们两肩划蹭伤痕得分为 2(中度) 或 3(重度)的母猪所占百分比。在混群后前 7 d,18%～30% 的母猪有重度划蹭伤痕,到第 21 天具有重度划蹭伤痕的母猪降至 5% 以下。

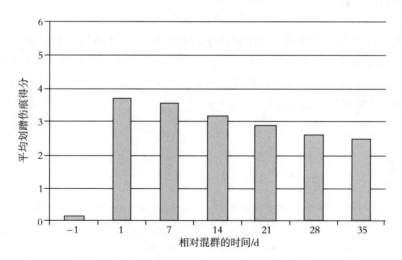

**图 15.7**　群饲系统中混群后母猪肩部划蹭伤痕平均得分。此图包括重度、中度和轻度划蹭伤痕得分。跟踪具有重度和中度划蹭伤痕(轻度划蹭伤痕很难评分)的母猪在群体中所占百分比随时间的变化非常容易。

图15.8　将饲料撒在地上的群饲系统中的母猪。这种饲喂系统因争夺饲料可能会增加争斗水平。圈栏有部分分区,地面空间大,可能利于提供逃跑空间。这个农场管理良好,与母猪妊娠栏比,在这些圈栏中母猪产仔更多。当添置新设备时,强烈推荐使用能减少采食争斗的其他类型饲养设备。

## 15.8　结论

　　不同类型的行为动机可以用一种非常科学和客观的方式来测量。研究清楚地表明,某些自然行为比其他行为具有更强烈的动机,并且当动物不能表现这些行为时,可能会产生行为、生理和福利方面的不良后果。大多数研究人员认为,当家畜或家禽饲养在集约化系统中,这类有强烈动机的行为应该得到满足。

（顾宪红、魏星灿译校）

## 参考文献

Baumgartner, J. (2007) How to deal with complex data of skin lesions in weaner pigs. *Animal Welfare* 16, 165–168.

Bergeron, R., Badnell-Waters, A.J., Lambton, S. and Mason, G. (2006) Stereotypic oral behaviour in captive ungulates: foraging, diet and gastrointestinal function. In: Mason, G. and Rushen, J. (eds) *Stereotypic Animal Behaviour Fundamentals and Application to Welfare*, 2nd edn. CAB International, Wallingford, UK, pp. 19–57.

Bilcík, B. and Keeling, L.J. (1999) Changes in feather condition in relation to feather pecking and aggressive behaviour in laying hens. *British Poultry Science* 40, 444–451.

Brambell, R.W.R. (chairman) (1965) *Report of the Technical Committee to Enquire into the Welfare of Animals Kept Under Intensive Livestock Husbandry Systems*. Command paper 2836. Her Majesty's Stationery Office, London.

Buckner, L.J., Edwards, S.A. and Bruce, J.M. (1998)

Behaviour and shelter use by outdoor sows. *Applied Animal Behaviour Science* 57, 69–80.

Cooper, J.J. and Albentosa, M.J. (2003) Behavioural priorities of laying hens. *Avian and Poultry Biology Reviews* 14, 127–149.

Cooper, J.J. and Appleby, M.C. (1996) Demand for nest boxes in laying hens. *Behavioural Processes* 36, 171–182.

Cooper, J.J. and Appleby, M.C. (2003) The value of environmental resources to domestic hens: a comparison of the work-rate for food and for nests as a function of time. *Animal Welfare* 12, 39–52.

Davis, N.J., Prescott, N.B., Savory, C.J. and Wathes, C.M. (1999) Preferences of growing fowls for different light intensities in relation to age, strain and behaviour. *Animal Welfare* 8, 193–204.

Dawkins, M.S. (1983) Battery hens name their price: consumer demand theory and the measurement of ethological 'needs'. *Animal Behaviour* 31, 1195–1205.

Dawkins, M.S. (1990) From an animal's point of view: motivation, fitness and animal welfare. *Behavioural and Brain Sciences* 13, 1–14.

Dawkins, M.S. (2004) Using behaviour to assess animal welfare. *Animal Welfare* 13, 3–7.

de Passillé, A.M. (2001) Sucking motivation and related problems in calves. *Applied Animal Behaviour Science* 72, 175–187.

Duncan, I.J.H. (1996) Animal welfare defined in terms of feelings. *Acta Agriculturae Scandinavica (Section A – Animal Science)* 27 (Supplement), 29–35.

Duncan, I.J.H. (1998) Behavior and behavioral needs. *Poultry Science* 77, 1766–1772.

Duncan, I.J.H. (2001) The pros and cons of cages. *World's Poultry Science Journal* 57, 381–390.

Duncan, I.J.H. and Kite, V.G. (1987) Some investigations into motivation in the domestic fowl. *Applied Animal Behaviour Science* 18, 387–388.

Duncan, I.J.H. and Kite, V.G. (1989) Nest site selection and nest-building behaviour in domestic fowl. *Animal Behaviour* 37, 215–231.

Duncan, I.J.H. and Petherick, J.C. (1991) The implications of cognitive processes for animal welfare. *Journal of Animal Science* 69, 5017–5022.

Duncan, I.J.H., Widowski, T.M., Malleau, A.M., Lindberg, A.C. and Petherick, J.C. (1998) External factors and causation of dustbathing in domestic hens. *Behavioural Processes* 43, 219–228.

Follensbee, M. (1992) Quantifying the nesting motivation of domestic hens. MSc thesis, University of Guelph, Guelph, Ontario, Canada.

Follensbee, M.E., Duncan, I.J.H. and Widowski, T.M. (1992) Quantifying nesting motivation of domestic hens. *Journal of Animal Science* 70(1), 164.

Fraser, D. (2003) Assessing animal welfare at the farm and group level: the interplay of science and values. *Animal Welfare* 12, 433–443.

Fraser, D. and Duncan, I.J.H. (1998) 'Pleasures', 'pains' and animal welfare: toward a natural history of affect. *Animal Welfare* 7, 383–396.

Freire, R., Appleby, M.C. and Hughes, B.O. (1997) Assessment of pre-laying motivation in the domestic hen using social interaction. *Animal Behaviour* 54, 313–319.

Gilbert, C.L., Burne, T.H., Goode, J.A., Murfitt, P.J. and Walton, S.L. (2002) Indomethacin blocks pre-partum nest building behaviour in the pig (*Sus scrofa*): effects on plasma prostaglandin F metabolite, oxytocin, cortisol and progesterone. *Journal of Endocrinology* 172, 507–517.

Grandin, T., Curtis, S.E., Widowski, T.M. and Thurmon, J.C. (1986) Electro-immobilization versus mechanical restraint in an avoid-avoid choice test for ewes. *Journal of Animal Science* 66, 1469–1480.

Hughes, B.O. and Duncan, I.J.H. (1988) The notion of ethological 'need'. Models of motivation and animal welfare. *Animal Behaviour* 36, 1696–1707.

Jensen, P. (1993) Nest building in domestic sows – the role of external stimuli. *Animal Behaviour* 45, 351–358.

Jensen, P. (2006) Domestication – from behaviour to genes and back again. *Applied Animal Behaviour Science* 97, 3–15.

Jensen, P. and Recén, B. (1989) When to wean – observations from free-raging domestic pigs. *Applied Animal Behaviour Science* 23, 49–60.

Jensen, P. and Toates, F.M. (1993) Who needs 'behavioural needs'? Motivational aspects of the needs of animals. *Applied Animal Behaviour Science* 37, 161–181.

Kirkden, R.D. and Pajor, E.A. (2006) Using preference, motivation and aversion tests to ask scientific questions about animals' feelings. *Applied Animal Behaviour Science* 100, 29–47.

LayWel (2009) Available at: www.laywel.eu (accessed 19 June 2009).

Lindberg, A.C. and Nicol, C.J. (1997) Dustbathing in modified battery cages. Is sham dustbathing an adequate substitute? *Applied Animal Behaviour Science* 55, 113–128.

Mason, G.J. and Latham, N.R. (2004) Can't stop, won't stop: is stereotypy a reliable indicator of welfare? *Animal Welfare* 13, S57–S69.

Mason, G. and Rushen, J. (2006) *Sterotypic Animal Behaviour Fundamentals and Application to Welfare*, 2nd edn. CAB International, Wallingford, UK, 367 pp.

McCarthy, S., Horan, B., Rath, M., Linnane, M., O'Connor, P. and Dillon, P. (2007) The influence of strain of Holstein-Friesian dairy cow and pasture-based feeding system on grazing behaviour, intake and milk production. *Grass and Forage Science* 62, 13–26.

Nuboer, J.F.W., Coemans, M.A.J.M. and Vos, J.J. (1992) Artificial lighting in poultry houses: do hens perceive the modulation of fluorescent lamps as flicker? *British Poultry Science* 33, 123–133.

Olsson, I.A.S. and Keeling, L.J. (2005) Why in earth? Dustbathing behaviour in jungle and domestic fowl reviewed from a Tinbergian and animal welfare perspective. *Applied Animal Behaviour Science* 93, 259–282.

Pajor, E.A., Rushen, J. and de Pasillé, A.M. (2000) Aversion learning techniques to evaluate dairy cattle handling practices. *Applied Animal Behaviour Science* 69, 89–102.

Pajor, E.A., Rushen, J. and de Pasillé, A.M. (2003) Dairy cattle's choice of handling treatments in a Y-maze. *Applied Animal Behaviour Science* 80, 93–107.

Petherick, J.C., Seawright, E., Waddington, D., Duncan, I.J.H. and Murphy, L.B. (1995) The role of perception in the causation of dustbathing behaviour in domestic fowl. *Animal Behaviour* 49, 1521–1530.

Phillips, P.A., Fraser, D. and Pawluczuk, B. (2000) Floor temperature preference of sows at farrowing. *Applied Animal Behaviour Science* 67, 59–65.

Price, E.O. (2003) *Animal Domestication and Behavior.* CAB International, Wallingford, UK, 297 pp.

Raj, A.B.M. and Gregory, N.G. (1995) Welfare implication of the gas stunning of pigs 1. Determination of aversion to the initial inhalation of carbon dioxide or argon. *Animal Welfare* 4, 273–280.

Rushen, J. (1996) Using aversion learning techniques to assess the mental state, suffering, and welfare of farm animals. *Journal of Animal Science* 74, 1990–1995.

Rushen, J., de Passillé, A.M., von Keyserlingk, M.A.G. and Weary, D.M. (2008) *The Welfare of Cattle.* Springer, Dordrecht, The Netherlands, 310 pp.

Schwartzkopf-Genswein, K.S., Stookey, J.M., Crowe, T.G. and Genswein, B.M. (1998) Comparison of image analysis, exertion force, and behavior measurements for use in the assessment of beef cattle responses to hot-iron and freeze-branding. *Journal of Animal Science* 76, 972–979.

Séguin, M.J., Barney, D. and Widowski, T.M. (2006) Assessment of a group-housing system for gestating sows: effects of space allowance and pen size on the incidence of superficial skin lesions, changes in body condition and farrowing performance. *Swine Health and Production* 14, 89–96.

Sherwin, C.M. (1999) Domestic turkeys are not averse to compact fluorescent lighting. *Applied Animal Behaviour Science* 64, 47–55.

Shütz, K.E. and Jensen, P. (2001) Effects of resource allocation on behavioural strategies: a comparison of red junglefowl (*Gallus gallus*) and two domesticated breeds of poultry. *Ethology* 107, 753–765.

Shütz, K.E., Forkman, B. and Jensen, P. (2001) Domestication effects on foraging strategy, social behaviour and different fear responses: a comparison between the red jungle fowl (*Gallus gallus*) and a modern layer strain. *Applied Animal Behaviour Science* 74, 1–14.

Spinka, M. (2006) How important is natural behaviour in animal farming systems? *Applied Animal Behaviour Science* 100, 117–128.

Straw, B.E. and Bartlett, P. (2001) Flank or belly nosing in weaned pigs. *Journal of Swine Health and Production* 9, 19–23.

Struelens, E., Tuyttens, F.A.M., Janssen, A., Leroy, T., Audoorn, L., Vranken, E., de Baere, K., Ödberg, F.,

Berckmans, D., Zoons, J. and Sonck, B. (2005) Design of laying nests in furnished cages: influence of nesting material, nest box position and seclusion. *British Poultry Science* 46, 9–15.

Struelens, E., Van Nuffel, A., Tuyttens, F.A.M., Audoorn, L., Vranken, E., Zoons, J., Berckmans, D., Ödberg, F., van Dongen, S. and Sonck, B. (2008) Influence of nest seclusion and nesting material on pre-laying behaviour of laying hens. *Applied Animal Behaviour Science* 112, 106–119.

Tauson, R. (2005) Management and housing systems for layers – effects on welfare and production. *World's Poultry Science Journal* 61 477–490.

Torrey, S. and Widowski, T.M. (2004) Effect of drinker type and sound stimuli on early-weaned pig performance and behaviour. *Journal of Animal Science* 82, 2105–2114.

Tucker, C.B., Weary, D.M. and Fraser, D. (2003) Effects of three types of free stall surfaces on preferences and stall usage by dairy cows. *Journal of Dairy Science* 86, 521–529.

Turner, S.P., Farnworth, M.J., White, I.M.S., Brotherstone, S., Mendl, M., Knap, P., Penny, P. and Lawrence, A.B. (2006) The accumulation of skin lesions and their use as a predictor of individual aggressiveness in pigs. *Applied Animal Behaviour Science* 96, 245–259.

Wathes, C.M., Jones, J.B., Kristensen, H.H., Jones, E.K.M. and Webster, A.J.F. (2002) Aversion of pigs and domestic fowl to atmospheric ammonia. *Transactions of the American Society of Agricultural Engineers* 45, 1605–1610.

Weeks, C.A. and Nicol, C.J. (2006) Behavioural needs, priorities and preferences of laying hens. *World's Poultry Science Journal* 62, 296–307.

Widowski, T.M. and Curtis, S.E. (1990) The influence of straw, cloth tassel, or both on the prepartum behavior of sows. *Applied Animal Behaviour Science* 27, 53–71.

Widowski, T.M. and Duncan, I.J.H. (2000) Working for a dust-bath: are hens increasing pleasure rather then reducing suffering? *Applied Animal Behaviour Science* 68, 39–53.

Widowski, T.M., Curtis, S.E., Dziuk, P.J., Wagner, W.C. and Sherwood, O.D. (1990) Behavioral and endocrine responses of sows to prostaglandin F2alpha and cloprostenol. *Biology of Reproduction* 43, 290–297.

Widowski, T.M., Keeling, L.J. and Duncan, I.J.H. (1992) The preferences of hens for compact fluorescent over incandescent lighting. *Canadian Journal of Animal Science* 72, 203–211.

Widowski, T.M., Cottrell, T., Dewey, C.E. and Friendship, R.M. (2003) Observations of piglet-directed behaviour patterns and skin lesions in eleven commercial swine herds. *Swine Health and Production* 11, 181–185.

Widowski, T.M., Torrey, S., Bench, C.J. and Gonyou, H.W. (2008) Development of ingestive behaviour and the relationship to belly nosing in early-weaned piglets. *Applied Animal Behaviour Science* 110, 109–127.

Wood-Gush, D.G.M. and Duncan, I.J.H. (1976) Some behavioural observations on domestic fowl in the wild. *Applied Animal Ethology* 2, 255–260.

Wood-Gush, D.G.M. and Gilbert, A.B. (1964) The control of the nesting behavior of the domestic hen, II. The role of the ovary. *Animal Behaviour* 12, 451–453.

Wood-Gush, D.G.M. and Gilbert, A.B. (1969) Observations on the laying behaviour of hens in battery cages. *British Poultry Science* 10, 29–36.

Yue, S. and Duncan, I.J.H. (2003) Frustrated nesting behaviour: relation to extra-cuticular shell calcium and bone strength in White Leghorn hens. *British Poultry Science* 44, 175–181.

# 有用网址

## 动物行为专业社团和学术期刊

动物行为学会(Animal Behavior Society)
优秀网站链接和教材,《动物行为》(*Animal Behavior*)期刊出版
www. animalbehaviorsociety. org

《应用动物行为科学》(*Applied Animal Behaviour Science*)
本期刊的行为摘要链接
www. scirus. com

动物行为研究协会(Association for the Study of Animal Behaviour)
许多行为学会的链接
http://asab. nottingham. ac. uk

动物科学学会联盟(Federation of Animal Science Societies),包括《科研和教学中农业动物的看护和使用指南》(*Guide for Care and Use of Agricultural Animals in Research and Teaching*)(农业指南)
www. fass. org

国际应用行为学学会(International Society of Applied Ethology)
许多农场和动物行为的研究人员都属于这个学会
www. applied-ethology. org

《应用动物福利科学杂志》(*Journal of Applied Animal Welfare Science*,JAAWS)存档文章
www. psyeta. org/jaaws/index. html

《动物行为学期刊》(*Journal of Ethology*)
在谷歌中键入文章标题,可获取摘要

动物福利大学联盟(Universities Federation Animal Welfare)
出版《动物福利杂志》(*Journal of Animal Welfare*)

www. ufaw. org. uk

## 行业和兽医机构

美国肉类协会(American Meat Institute)
包含人道屠宰指南和福利审核表格
www. animalhandling. org

美国兽医协会(American Veterinary Medical Association)
《美国兽医协会杂志》(*Journal of the American Veterinary Medical Association*)出版者
www. avma. org

全世界兽医协会索引
www. vetmedicine. about. com

动物运输协会(Animal Transportation Association)
包含相关法规和运输信息
www. aata. animaltransport. org

澳大利亚肉类行业委员会(Australian Meat Industry Council)
包含福利指南
www. amic. org. au

英国兽医协会(British Veterinary Medical Association)
《兽医记录》(*Veterinary Record*)出版者
www. bva. co. uk;www. bvapublications. com

国际航空运输协会(International Air Transport Association,IATA)
包括国际运输法规
www. iata. org

## 政府网站

澳大利亚农业、渔业和林业部(Agriculture,Fisheries and Forestry of Australia)
包含福利和运输准则
www. daff. gov. au

美国农业部(US Department of Agriculture,USDA)动植物健康检验局(Animal and

Plant Health Inspection Service)

www. aphis. usda. gov

加拿大食品检验机构(Canadian Food Inspection Agency)

包含人道屠宰和食品安全条例

www. inspection. gc. ca

联邦科学和行业研究组织(Commonwealth Scientific and Industrial Research Organization,CSIRO)

澳大利亚农业和家畜研究可搜索的数据库

www. csiro. au

英国环境、食品、农村事务部[Department for Environment,Food and Rural Affairs (Defra)in the UK]

包含福利和运输准则

www. defra. gov. uk

欧盟(European Union)

包含福利和运输准则,在谷歌中输入欧洲动物福利

www. europa. eu

提供关于欧盟福利质量®项目(EU Welfare Quality® Project)的信息

www. welfarequality. net

联合国粮农组织(Food and Agriculture Organization of the United Nations)

在谷歌中输入 FAO animal welfare

www. fao. org

美国农业部(USDA)食品安全与检验局(Food Safety and Inspection Service)

包含人道屠宰和食品安全条例

www. fsis. usda. gov

国家肉类协会(Instituto Nacional de Carnes)(乌拉圭蒙得维的亚)

动物福利指南

www. inac. gub. uy

蛋鸡福利(LayWel)

包括评估蛋鸡福利的评分系统

www. laywel. eu

美国国家农业图书馆,动物福利信息中心(Animal Welfare Information Center,AWIC)
动物福利信息数据库
www. nal. usda. gov/awic

世界动物卫生组织(World Organization for Animal Health)
包含运输和人道屠宰准则
www. oie. int

美国金宝动物营养公司(Zinpro)
包含奶牛跛腿评分视频
www. zinpro. com

## 关于行为、运输和福利信息的网站

爱思唯尔学术期刊搜索引擎
搜索科学文献
www. scirus. com

密歇根州立大学动物法律和历史中心(Michigan State University Animal Legal and His-
torical Center)
包含许多国家的动物福利法
www. animallaw. info

兽医网(NetVet)——莫斯比(Mosby)网上兽医指导
许多关于家畜的网页链接
在谷歌网或雅虎网上输入 NetVet
www. netvet. wustl. edu

加拿大大草原猪中心(Prairie Swine Centre in Canada)
关于猪行为的研究性学习
www. prairieswine. com

美国国家医学图书馆文献服务检索系统(PubMed National Library of Medicine)
搜索科学文献
在谷歌中输入 Pubmed

食品动物福利普渡中心(Purdue Centre for Food Animal Well-Being)
学术期刊和动物行为研究的链接

在谷歌中输入该中心的名字

Temple Grandin 的网站
关于操作处理、人道屠宰、运输和设施设计的信息
www.grandin.com

兽医学资源(VetMed Resource)(CABI)
非常适用于作者检索
www.cabi.org/vetmedresource

虚拟家畜图书馆(Virtual Livestock Library)
俄克拉荷马州立大学动物科学系(Animal Sciences Department，Oklahoma State University)管理的许多好网站链接
在谷歌中输入 Virtual Livestock Library
www.ansi.okstate.edu/library

萨斯喀彻温省西部动物医学学院(Western College of Veterinary Medicine Saskatchewan)(Joe Stookey 的网站)
行为研究和信息的许多网站链接
www.usask.ca/wcvm/herdmed/applied-ethology

## 非政府动物福利组织

美国家畜品种保护(American Livestock Breeds Conservancy)
在谷歌中输入名字搜寻关于稀有品种的信息
www.albc-usa.org

世界农场动物福利协会(Compassion in World Farming)(CIWF)
www.ciwf.org.uk

农场动物福利协会(Farm Animal Welfare Council，FAWC)
动物福利报告出版者
www.fawc.org.uk

人道屠宰协会(Humane Slaughter Association)
培训材料出版商
www.hsa.org.uk

美国人道协会(Humane Society of the USA)

www. humanesociety. org

国家可持续农业信息服务(National Sustainable Agriculture Information Service)
关于可持续农业的有用信息
www. attra. org

善待动物协会(People for the Ethical Treatment of Animals,PETA)
www. peta. org

世界动物保护协会(World Society for the Protection of Animals)
www. wspa-international. org

（尹德华译，顾宪红校）

# 索　引

（刘吉茹）